超值多媒体光盘
多媒体语音视频教程
实例素材和源文件

✓ 总结了作者多年电路设计教学心得
✓ 全面讲解Altium Designer 8.0的要点和难点
✓ 包含大量电路设计的典型实例
✓ 提供丰富的实验指导和习题
✓ 配书光盘提供了多媒体语音视频教程

■ 石磊 张国强 等编著

Altium Designer 8.0
中文版电路设计
标准教程

清华大学出版社

北京

内 容 简 介

本书以 Altium Designer 8.0 软件为操作平台，详细讲解了在 Altium Designer 中进行电路原理图设计、印刷电路板设计、电路仿真和 PCB 信号分析等操作的相关专业知识。本书将 Protel 的各项功能与具体的应用实例紧密联系在一起，适当插入了相关原理和背景知识，便于读者尽快掌握电路设计的方法和操作技巧。书中在每一章都安排了丰富的"课堂练习"，提供大量上机练习辅助读者巩固知识。本书配套光盘附有多媒体语音视频教程和大量的图形文件，供读者学习和参考。

本书可作为高校电子、自动化设计等相关专业的教学培训用书，对于有经验的 Protel 电路设计人员也有一定的参考价值。

本书封面贴有清华大学出版社激光防伪标签，无标签者不得销售。
版权所有，侵权必究。举报：010-62782989，beiqinquan@tup.tsinghua.edu.cn。

图书在版编目（CIP）数据

Altium Designer 8.0 中文版电路设计标准教程 / 石磊等编著. —北京：清华大学出版社，2009.11（2025.2重印）
ISBN 978-7-302-20512-8

Ⅰ．①A… Ⅱ．①石… Ⅲ．①印刷电路–计算机辅助设计–应用软件，Altium Designer 8.0–教材 Ⅳ．①TN410.2

中国版本图书馆 CIP 数据核字（2009）第 108698 号

责任编辑：冯志强
责任校对：徐俊伟
责任印制：沈　露

出版发行：清华大学出版社
网　　址：https://www.tup.com.cn, https://www.wqxuetang.com
地　　址：北京清华大学学研大厦 A 座　　　　邮　编：100084
社 总 机：010-83470000　　　　　　　　　　邮　购：010-62786544
投稿与读者服务：010-62776969，c-service@tup.tsinghua.edu.cn
质 量 反 馈：010-62772015，zhiliang@tup.tsinghua.edu.cn
印 装 者：涿州市般润文化传播有限公司
经　　销：全国新华书店
开　　本：185mm×260mm　　印　张：22.5　　字　数：559 千字
　　　　　附光盘 1 张
版　　次：2009 年 11 月第 1 版　　　　　　　印　次：2025 年 2 月第 12 次印刷
定　　价：59.80 元

产品编号：021898-03

前　言

　　Protel 设计系统是世界上第一套 EDA（电路设计自动化）引入 Windows 环境的 EDA 开发工具，是功能强大的电子设计 CAD 软件，一向以其高度的集成性和扩展性著称于世。Altium Designer 8.0 是美国 Altium 公司开发设计电路板软件 Protel 的最新版本，在沿袭前续版本的强大的设计功能的基础上增加了一些功能模块，以适应当前电子行业高密度和信号高速度的要求。

　　本书以最新版本的 Altium Designer 8.0 软件为操作平台，从实用的角度出发，详细讲解了在 Altium Designer 中进行电路原理图设计和印制电路板设计的方法，并对电路仿真和 PCB 信号分析进行重点讲解。本书在讲解过程中以实例贯彻全书，在每个知识点的讲解中均结合相应的工程设计实例进行讲述。

1. 本书内容介绍

　　本书以专业知识为基础，以灵活使用 Altium Designer 电路板设计为主线，以常用电路板为训练对象，带领读者全面学习 Altium Designer 软件，以达到快速入门和独立绘图的目的。全书共分 12 章，各章的具体内容如下。

　　第 1 章　简要介绍印制电路板基础知识，并详细介绍使用 Altium Designer 软件进行电路板设计的操作环境、功能和特点，以及在该开发环境进行文件组织的方法和管理方式。

　　第 2 章　详细介绍电路原理图的操作环境、该操作环境中常用工具的使用方法，以及使用栅格和光标的方法。此外还介绍了文档参数的定义方法。

　　第 3 章　介绍元器件从载入到准确放置的所有专业内容，以便为后续电路图的高级设计打好基础。

　　第 4 章　介绍 Altium Designer 原理图中布线的方法，以及在该环境中设置原理图环境参数的方法。

　　第 5 章　介绍在 Altium Designer 8.0 中自定义元器件的方法，以及建立和编辑元器件库的方法和技巧。并通过生成元器件报表了解元器件库中的各种元器件信息及规则检查等报表。

　　第 6 章　介绍层次原理图的创建和编辑方法，以及生成报表、检查电气线路连接和打印输出电路原理图的方法。

　　第 7 章　介绍使用 Altium Designer 8.0 进行 PCB 文件的建立、PCB 中的视图操作，以及在 PCB 环境中进行 PCB 图的编辑操作等内容。

　　第 8 章　介绍 PCB 电路板设计的前续准备工作，以及各种电路板的制作和简单的布线方法。

　　第 9 章　介绍元器件库的装入、元器件的封装以及元器件的布局方式。另外还介绍了 PCB 的自动布线规则和布线的方法。

　　第 10 章　介绍创建元件和元件库封装的方法，以及编辑和管理元器件封装的方法。

此外，还重点介绍了 SCH 和 PCB 交互验证方法，以及生成各种 PCB 报表的方法。

第 11 章　介绍电路板仿真操作的基本方法和步骤，其中包括各种仿真元器件的仿真方法和属性设置、各种激励源和分析方式的属性定义方法等。

第 12 章　介绍 Altium Designer 中的信号完整性分析器的设置和使用，向用户提供了详细的信号完整性分析规则以及其他的一些选项设置，并简略介绍了波形编辑器的使用等。

2．本书主要特色

本书内容全面翔实，注重应用，引导读者快速掌握 Altium Designer 的应用与开发知识。主要体现以下特色。

❏ **内容的全面性和实用性**

本书从提纲的定制到内容编写，力求将 Altium Designer 专业知识囊括全面，并对容易混淆的知识点进行对比分析，帮助读者快速掌握各方面的知识。

❏ **知识点全面**

本书具有完整的知识结构，书中对 Altium Designer 8.0 所有知识点进行了细致地讲解，力争使读者能够将基础知识学通和学精。

电路仿真和电路完整性分析是电路板的高级设计部分，在知识点安排中同样将各环节知识点拓展开来，尽可能使读者全面了解和灵活运用 Altium Designer 辅助电路板设计。

3．随书光盘内容

为了帮助读者更好地学习和使用本书，本书专门配带了多媒体学习光盘，提供了本书实例源文件、最终效果图和全程配音的教学视频文件。本光盘使用之前，需要首先安装光盘中提供的 tscc 插件才能运行视频文件。这两个文件夹的具体内容介绍如下。

❏ example 文件夹提供了本书主要实例的全程配音教学视频文件。

❏ downloads 文件夹提供了本书实例素材文件。

4．本书适用的对象

本书讲述的全部开发过程均提供了源程序，它对电路板开发人员，特别是利用 Altium Designer 或之前版本进行电路板设计的人员极有帮助。本书内容循序渐进，叙述深入浅出，适合作为高校电子和自动化相关专业师生的学习用书，也可以作为从事电子设计应用开发和自动化设计等相关专业人员的参考书。

参与本书编写的除了封面署名人员外，还有陈彦涛、王敏、马海军、祁凯、孙江玮、田成军、刘俊杰、赵俊昌、王泽波、张银鹤、刘治国、何方、李海庆、王树兴、朱俊成、康显丽、崔群法、孙岩、倪宝童、王立新、王咏梅、辛爱军、牛小平、贾栓稳、赵元庆、郭磊、杨宁宁、郭晓俊、方巍、王黎、安征、亢凤林、李海峰等。由于时间仓促，水平有限，疏漏之处在所难免，欢迎读者朋友登录清华大学出版社的网站 www.tup.com.cn 与我们联系，帮助我们改进提高。

目 录

第 1 章 Altium Designer 8.0 应用基础 1
1.1 电子电路基础知识 2
 1.1.1 电路板的组成和连接方式 2
 1.1.2 板层结构和工作层类型 3
 1.1.3 元器件封装的基本知识 4
1.2 Altium Designer 8.0 入门知识 5
 1.2.1 Altium Designer 软件发展史 5
 1.2.2 Altium Designer 8.0 开发环境 7
 1.2.3 Altium Designer 基本功能 9
 1.2.4 Altium Designer 8.0 新增功能 13
 1.2.5 电路设计的基本流程 15
1.3 Altium Designer 的组成 16
 1.3.1 原理图设计系统 17
 1.3.2 印刷电路板设计系统 19
1.4 文件的组织和管理 20
 1.4.1 文件类型 20
 1.4.2 文件管理 22
 1.4.3 使用快捷菜单和设计管理器 23
 1.4.4 文件编辑 23
 1.4.5 显示辅助查看工具 24
1.5 管理工作界面 25
 1.5.1 屏幕分辨率设置 25
 1.5.2 系统参数设置 25
1.6 课堂练习 1-1：Altium Designer 文档管理 26
1.7 课堂练习 1-2：绘制桥式电路原理图和 PCB 图 .. 29
1.8 思考与练习 32

第 2 章 电路原理图环境 34
2.1 认识原理图编辑环境 35
 2.1.1 电路原理图的设计步骤 35
 2.1.2 原理图的基本操作 36
2.2 原理图设计工具 38
 2.2.1 原理图菜单 38
 2.2.2 原理图工具栏 39
 2.2.3 图纸的放大或缩小 40
2.3 设置图纸 42
 2.3.1 图纸大小设置 42
 2.3.2 图纸方向和标题设置 43
 2.3.3 设置图纸颜色 45
 2.3.4 设置系统字体 45
2.4 栅格和光标设置 46
 2.4.1 图纸栅格可视性设置 46
 2.4.2 设置图纸栅格形状和颜色 47
 2.4.3 设置电气栅格点和光标 47
2.5 文档参数 49
 2.5.1 设置系统文档参数 49
 2.5.2 自定义文档参数 50
2.6 课堂练习 2-1：建立一个项目和原理图文件 51
2.7 课堂练习 2-2：原理图图纸设置 53
2.8 思考与练习 54

第 3 章 电路原理图设计初步 56
3.1 装载元器件库 57
 3.1.1 加载和卸载元器件库 57
 3.1.2 查找元器件 59
3.2 放置元器件 60
 3.2.1 利用【库】管理器放置元器件 60
 3.2.2 通过菜单工具放置元器件 61
 3.2.3 利用工具栏放置元器件 62
3.3 编辑元器件 62
 3.3.1 编辑元器件的属性 63

		3.3.2 编辑元器件组件的属性 …… 64
3.4	调整元器件位置 …… 65
	3.4.1	选取和取消选取元器件 …… 65
	3.4.2	移动元器件 …… 67
	3.4.3	旋转元器件 …… 67
	3.4.4	剪贴元器件 …… 68
	3.4.5	阵列式粘贴元器件 …… 69
	3.4.6	撤销、恢复和删除元器件 …… 70
3.5	排列和对齐元器件 …… 71
3.6	课堂练习 3-1：绘制 Power 原理图 …… 74
3.7	课堂练习 3-2：绘制 Iv 电路 原理图 …… 76
3.8	思考与练习 …… 79

第 4 章 电路原理图设计进阶 …… 81

4.1	放置电气对象 …… 82
	4.1.1 放置导线 …… 82
	4.1.2 放置总线及进出端点 …… 84
	4.1.3 放置网络标号 …… 86
	4.1.4 放置电源和接地符号 …… 87
	4.1.5 放置节点和连接线路 …… 88
	4.1.6 放置电路输入/输出端口 …… 90
	4.1.7 放置电路方块图 …… 92
4.2	放置几何对象 …… 93
	4.2.1 放置直线 …… 93
	4.2.2 放置贝塞尔曲线 …… 94
	4.2.3 放置弧 …… 95
	4.2.4 放置椭圆弧 …… 96
	4.2.5 放置椭圆或圆 …… 97
	4.2.6 放置饼图 …… 98
	4.2.7 放置矩形和圆角矩形 …… 99
	4.2.8 放置多边形 …… 100
4.3	放置其他对象 …… 101
	4.3.1 放置标注 …… 101
	4.3.2 放置文本框 …… 102
	4.3.3 放置图像 …… 103
4.4	设置原理图的环境参数 …… 104
	4.4.1 设置原理图环境 …… 104

		4.4.2 设置图形编辑环境 …… 105
		4.4.3 设置默认原始环境 …… 107
4.5	保存原理图文件 …… 108
4.6	课堂练习 4-1：绘制 Digit holder 原理图 …… 109
4.7	课堂练习 4-2：绘制 Led Matrix Digit 原理图 …… 112
4.8	思考与练习 …… 116

第 5 章 制作元器件和建立元器件库 …… 118

5.1	元器件编辑器 …… 119
	5.1.1 认识元器件与元器件 编辑器 …… 119
	5.1.2 元器件编辑器接口简介 …… 119
5.2	元器件库管理 …… 122
	5.2.1 创建和删除元器件 …… 122
	5.2.2 编辑元器件 …… 123
	5.2.3 利用工具菜单管理 元器件 …… 126
5.3	元器件绘图工具 …… 127
	5.3.1 绘图工具 …… 127
	5.3.2 绘制和管理元器件引脚 …… 128
	5.3.3 放置 IEEE 符号 …… 130
5.4	生成项目工程元器件库 …… 131
5.5	生成元器件报表 …… 132
	5.5.1 元器件报表 …… 132
	5.5.2 元器件库报表 …… 133
	5.5.3 元器件规则检查表 …… 134
5.6	课堂练习 5-1：制作 LED 元器件 …… 135
5.7	课堂练习 5-2：生成元器件库 …… 138
5.8	思考与练习 …… 139

第 6 章 原理图高级设置 …… 141

6.1	层次原理图设计 …… 142
	6.1.1 层次原理图的设计结构 …… 142
	6.1.2 自顶向下的层次原理 图设计 …… 143
	6.1.3 自底向上的层次原理 图设计 …… 144

6.1.4 重复性层次图的设计方法 ································ 144
6.2 建立并编辑层次原理图 ············· 145
    6.2.1 建立层次原理图 ············· 145
    6.2.2 层次原理图之间的切换 ······ 147
    6.2.3 生成新原理图总的 I/O 端口符号 ······················ 148
    6.2.4 由原理图文件生成方块电路符号 ···················· 149
6.3 电气法则测试 ······················· 149
6.4 生成报表 ···························· 150
    6.4.1 网络报表 ······················ 150
    6.4.2 产生元器件列表 ············· 152
    6.4.3 交叉参考表 ··················· 153
    6.4.4 组织结构文件输出 ··········· 154
6.5 打印输出电路原理图 ··············· 154
    6.5.1 页面设置 ······················ 155
    6.5.2 打印输出 ······················ 156
6.6 课堂练习 6-1：创建温度传感器层次原理图 ······················· 158
6.7 课堂练习 6-2：创建端口交换机层次原理图 ······················· 164
6.8 思考与练习 ·························· 169

第 7 章 PCB 图设计环境 ··············· 171
7.1 PCB 基础知识 ······················· 172
    7.1.1 PCB 的结构和种类 ·········· 172
    7.1.2 PCB 设计流程 ················ 173
7.2 新建 PCB 文件 ······················ 174
    7.2.1 通过向导生成 PCB 文件 ···· 174
    7.2.2 手动生成 PCB 文件 ········· 176
    7.2.3 通过模板生成 PCB 文件 ···· 177
7.3 PCB 图工作环境 ···················· 177
7.4 PCB 中的视图操作 ················· 179
    7.4.1 视图的移动 ··················· 179
    7.4.2 视图缩放 ······················ 179
7.5 设置电路板工作层 ·················· 180
    7.5.1 层的管理 ······················ 181
    7.5.2 工作层的设置 ················ 183

7.6 课堂练习 7-1：创建 4 层 PCB 板 ··· 187
7.7 课堂练习 7-2：向导生成圆形 PCB 板 ································ 189
7.8 思考与练习 ·························· 190

第 8 章 PCB 图设计初步 ··············· 192
8.1 准备原理图和网络表 ··············· 193
8.2 PCB 电路参数设置 ················· 193
    8.2.1 常规设置 ······················ 193
    8.2.2 颜色设置 ······················ 195
    8.2.3 默认设置 ······················ 196
    8.2.4 图纸设置 ······················ 197
8.3 规划电路板 ·························· 197
    8.3.1 定义板的外形 ················ 198
    8.3.2 定义板的物理边界 ··········· 198
    8.3.3 设定电气边界 ················ 199
    8.3.4 设定螺丝孔 ··················· 199
8.4 PCB 面板制作简介 ················· 200
8.5 PCB 布线工具 ······················· 202
    8.5.1 放置导线 ······················ 202
    8.5.2 放置圆弧导线 ················ 205
    8.5.3 放置焊点 ······················ 207
    8.5.4 放置焊盘过孔 ················ 208
    8.5.5 放置矩形填充 ················ 208
    8.5.6 放置敷铜 ······················ 209
    8.5.7 放置切分多边形 ············· 210
    8.5.8 放置泪滴 ······················ 211
    8.5.9 放置字符串 ··················· 211
    8.5.10 放置标注 ···················· 212
    8.5.11 放置坐标 ···················· 213
    8.5.12 放置元器件 ················· 214
8.6 课堂练习 8-1：绘制 Amp 电路 PCB 图 ····························· 215
8.7 课堂练习 8-2：绘制 Amplify 电路 PCB 图 ··························· 219
8.8 思考与练习 ·························· 223

第 9 章 PCB 图设计进阶 ··············· 225
9.1 网络表与元器件装入 ··············· 226
    9.1.1 装入元器件库 ················ 226

9.1.2 浏览元器件库 …… 226
9.1.3 装入网络表与元器件封装 …… 227
9.2 元器件封装 …… 228
　9.2.1 元器件封装简介 …… 228
　9.2.2 常用元器件封装 …… 229
9.3 元器件自动布局 …… 232
9.4 编辑元器件的布局 …… 233
　9.4.1 选取元器件 …… 233
　9.4.2 移动元器件 …… 235
　9.4.3 旋转元器件 …… 236
　9.4.4 排列元器件 …… 236
　9.4.5 调整元器件标注 …… 237
　9.4.6 剪贴复制元器件 …… 238
　9.4.7 删除元器件 …… 240
9.5 自动布线规则 …… 240
　9.5.1 自动布线规则简介 …… 240
　9.5.2 电气规则设置 …… 242
　9.5.3 布线规则设置 …… 244
　9.5.4 贴片封装元器件规则设置 …… 247
　9.5.5 掩膜层规则设置 …… 248
　9.5.6 电源层规则设置 …… 249
　9.5.7 测试点规则设置 …… 250
　9.5.8 规则设置向导 …… 251
9.6 添加网络连接 …… 252
9.7 PCB 布线 …… 254
　9.7.1 自动布线 …… 254
　9.7.2 手工调整布线 …… 257
9.8 课堂练习 9-1：装入网络表生成 PCB 图 …… 258
9.9 课堂练习 9-2：PCB 布线 …… 259
9.10 思考与练习 …… 260

第 10 章　PCB 图高级设计 …… 262
10.1 元件和元件库封装编辑器 …… 263
　10.1.1 启动元件封装编辑器 …… 263
　10.1.2 元件封装编辑环境的组成 …… 263
10.2 创建新的元件和元器件库封装 …… 264

10.2.1 采用手工绘制方式设计元件封装 …… 264
10.2.2 利用元件封装向导绘制元件封装 …… 266
10.2.3 元件封装参数设置 …… 268
10.2.4 创建元器件集成库 …… 269
10.3 元器件封装管理 …… 269
　10.3.1 元器件封装参数设置 …… 269
　10.3.2 修改和删除元器件 …… 270
　10.3.3 编辑元器件封装引脚焊盘的属性 …… 271
10.4 原理图与 PCB 图之间交互验证 …… 272
10.5 PCB 三维效果图 …… 274
10.6 生成 PCB 报表 …… 275
　10.6.1 生成电路板信息报表 …… 275
　10.6.2 生成网络状态表 …… 276
　10.6.3 生成元器件报表 …… 277
　10.6.4 PCB 报表的其他项目 …… 278
10.7 打印输出 PCB 图 …… 278
10.8 课堂练习 10-1：手动绘制 JDIP14 元器件 …… 280
10.9 课堂练习 10-2：利用向导制作元件封装 …… 282
10.10 思考与练习 …… 284

第 11 章　电路仿真 …… 286
11.1 仿真概述 …… 287
11.2 仿真相关元件参数设置 …… 288
　11.2.1 安装仿真元器件 …… 288
　11.2.2 设置原理图中元件参数 …… 289
　11.2.3 放置激励源 …… 296
11.3 初始状态设置 …… 302
　11.3.1 节点电压设置 NS …… 302
　11.3.2 初始条件设置 IC …… 303
　11.3.3 特殊状态预置符 …… 303
11.4 设置仿真方式 …… 304

11.4.1 选择仿真工作的一些
        宏观参数 ················ 304
11.4.2 仿真分析简介 ··········· 305
11.5 设计仿真原理图 ················ 313
11.5.1 加载元件库 ············· 313
11.5.2 仿真原理图元器
        件的选用 ················ 314
11.6 观察仿真信号 ···················· 315
11.7 管理仿真信号 ···················· 316
11.7.1 添加新波形显示 ········ 316
11.7.2 波形的层叠显示 ········ 317
11.7.3 调整波形的显示范围 ··· 317
11.8 课堂练习 11-1：半波整流仿
      真电路 ································ 318
11.9 课堂练习 11-2：低通滤波器
      电路仿真 ··························· 321
11.10 思考与练习 ······················ 324

第 12 章 PCB 信号完整性分析 ············ 326

12.1 信号完整性概述 ················ 327
12.2 添加信号完整性模型 ········ 328
12.2.1 信号完整性分析的环境 ··· 328
12.2.2 常规设置 ··················· 329
12.2.3 设置中止方式 ············ 330
12.2.4 菜单操作 ··················· 331

12.3 信号完整性的设计规则 ············ 334
12.3.1 飞升时间的下降边沿和
        上升边沿 ···················· 334
12.3.2 阻抗限制 ························ 335
12.3.3 信号超调的下降边沿和
        上升边沿 ···················· 335
12.3.4 信号基值 ························ 336
12.3.5 激励信号 ························ 336
12.3.6 信号上位值 ···················· 336
12.3.7 下降和上升沿斜率 ········ 337
12.3.8 供电网络标号 ··············· 337
12.3.9 信号下冲的下降边沿和
        上升边沿 ······················ 337
12.4 PCB 验证和错误检查 ··············· 338
12.4.1 PCB 图设计规则检查 ······ 338
12.4.2 生成检查报告 ··············· 339
12.5 进行信号完整性的分析 ············ 340
12.5.1 前期准备 ······················· 340
12.5.2 使用菜单工具进行
        波形分析 ······················ 340
12.6 课堂练习 12-1：变频器信号
      完整性分析 ···························· 344
12.7 课堂练习 12-2：低通滤波器
      信号完整性分析 ···················· 346
12.8 思考与练习 ······························ 348

第1章

Altium Designer 8.0 应用基础

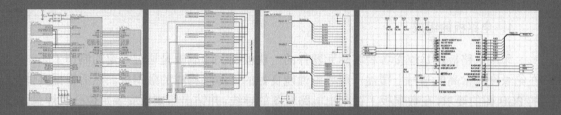

Protel 系列软件一直以其易学易用而深受广大电子设计者的喜爱，系列软件是 EDA 软件的突出代表，它操作简单、易学易用、功能强大。特别是 Altium Designer 8.0 作为 Altium 公司的最新产品（新一代的板卡级设计软件），无论是在界面还是在功能上都有了很大的改进。Altium 以独一无二的 DXP 技术集成平台可为设计系统提供所有的工具和编辑器的相容环境，并且友好的界面环境及智能化的性能可为电路设计者提供最优质的服务。

本章简要介绍印刷电路板基础知识，并详细介绍使用 Altium Designer 软件进行电路板设计的操作环境、功能和特点，以及在该开发环境进行文件组织的方法和管理方式。

本章学习目的

- ➢ 了解电子电路的基础知识
- ➢ 了解 Altium Designer 软件的发展历程
- ➢ 熟悉 Altium Designer 8.0 操作界面
- ➢ 了解 Altium Designer 软件基本功能
- ➢ 了解 Altium Designer 8.0 新增功能
- ➢ 熟悉 Altium Designer 软件组成模块
- ➢ 灵活进行文件的组织和管理方法
- ➢ 熟悉管理工作界面的方法

1.1 电子电路基础知识

电子设计技术的发展加快了电子产品更新换代的步伐,进一步推动了信息社会的发展。电子设计自动化(Electronic Design Automation,EDA)技术是推动电子设计技术发展的重要技术。EDA 主要辅助进行 3 方面的设计工作,分别为电子电路设计及仿真、印刷电路板设计、可编程 IC 设计及仿真。而印刷电路板是所有设计步骤的最终环节,所有电气连接的实现最终依赖于印刷电路板的设计。

1.1.1 电路板的组成和连接方式

通常意义上说的电路板指的就是印刷电路板,即完成了印刷线路或印刷电路加工的板子,包括印刷线路和印刷元器件或者由两者组合而成的电路。具体来讲,一个完整的电路板应当包括一些具有特定电气功能的元器件,以及建立起这些元器件电气连接的铜箔、焊盘及过孔等导电器件。

1. 电路板的组成

印刷电路板就是连接各种实际元器件的一块板图。印刷板是通过一定的制作工艺,在绝缘度非常高的基材上覆盖一层导电性能良好的铜薄膜构成的敷铜板。然后根据具体的 PCB 图的要求,在敷铜板上蚀刻出电路板图的导线,并钻出印刷板安装定位孔及焊盘,做金属化处理,以实现焊盘和过孔的不同层之间的电气连接。

印刷板设计效果如图 1-1 所示。

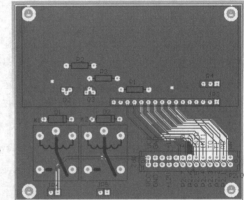

图 1-1 印刷电路板

- **焊盘** 用于安装和焊接元器件引脚的金属孔。
- **过孔** 用于连接顶层、底层或中间层导电图件的金属化孔。
- **安装孔** 主要用来将电路板固定到机箱上,其中安装孔可以用焊盘制作而成,图 1-1 所示安装孔由焊盘制作而成。
- **元器件** 这里指的是元器件封装,一般由元器件的外形和焊盘组成。
- **导线** 用于连接元器件引脚的电气网络铜箔。
- **接插件** 属于元器件的一种,主要用于电路板之间或电路板与其他元器件之间的连接。
- **填充** 用于地线网络的敷铜,可以有效地减小阻抗。
- **电路板边界** 指的是定义在机械层和禁止布线层上的电路板的外形尺寸制板。最后就是按照这个外形对电路板进行剪裁的,因此用户所设计的电路板上的图件不能超过该边界。

2. 电路板的电气连接方式

电路板内的电气构成主要包括两部分，即电路板上具有电气特性的点（包括焊盘过孔以及由焊盘的集合组成的元器件）和将这些点互连的连接铜箔（包括导线、矩形填充和多边形填充）。具有电气特性的点是电路板上的实体，而连接铜箔是将这些点连接到一起实现特定电气功能的手段。

总的来说，通过连接铜箔将电路板上具有相同电气特性的点连接起来，实现一定的电气功能，然后再将无数的电气功能集合便构成了整块电路板。

以上介绍的电路板电气构成属于电路板内的互连，还有一种电气连接是属于板间互连，指的是多块电路板之间的电气连接，主要采用接插件或者接线端子来实现连接。

1.1.2 板层结构和工作层类型

根据印刷电路板的结构不同，印刷电路板可分为多种板层类型，并根据板层的要求在设计电路板时分别定义信号层、内部层和防护层等工作层类型。

1. 印刷电路板层结构

印刷电路板常见的板层结构包括单层板（Single Layer PCB）、双层板（Double Layer PCB）和多层板（Multi Layer PCB）3 种，下面对这 3 种板层结构进行简要介绍。

❑ 单层板

单层板（Single Layer PCB），即只有一面敷铜而另一面没有敷铜的电路板，通常元器件放置在没有敷铜的一面，敷铜的一面主要用于布线和焊接，如图 1-2 所示。

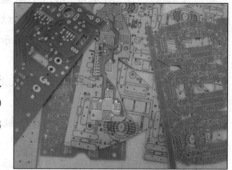

图 1-2　单层板结构示意图

❑ 双层板

双层板（Double Layer PCB），即两个面都敷铜的电路板，通常称一面为顶层（Top Layer），另一面为底层（Bottom Layer）。一般将顶层作为放置元器件面，底层作为元器件焊接面，如图 1-3 所示。

❑ 多层板

多层板（Multi Layer PCB），即包含多个工作层面的电路板，除了顶层和底层外还包含若干个

图 1-3　双层板结构示意图

中间层，通常中间层可作为导线层、信号层、电源层和接地层等。层与层之间相互绝缘，层与层的连接通常通过孔来实现。图 1-4 所示为四层板结构的电路板，这个四层板除了

顶层和底层外，还有一个中间地层和一个中间电源层。

Altium Designer 支持多达 74 层板的设计，但在实际应用中，六层板就已经基本满足电路设计的要求，板层过多将给设计带来更多的麻烦，并且造成很大的浪费。

2．印刷电路板的工作层类型

印刷电路板包括许多类型的工作层面，如信号层、防护层、机械层、丝印层和内部电源层等，下面针对主要工作层的作用进行简要介绍。

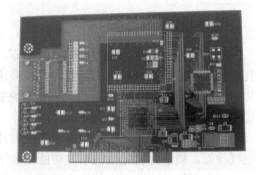

图1-4 多层板结构示意图

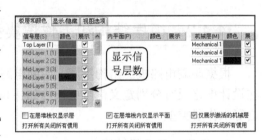

图1-5 信号层

- ❑ **信号层** 主要用来放置元器件或布线，通常包含30个中间层，即Mid-Layer1～Mid-Layer 30，中间层用来布置信号线。顶层和底层用来放置元器件或敷铜，如图1-5所示显示信号层数。
- ❑ **防护层** 主要用来确保电路板上不需要镀锡的地方不被镀锡，从而保证电路板运行的可靠性。
- ❑ **机械层** 系统共提供了16个机械层（Mechanical 1~Mechanical 16），主要用于放置电路板的边框和标注尺寸，一般情况下只需要一个机械层。
- ❑ **丝印层** 主要用来在印刷电路板上印上元器件的流水号、生产编号和公司名称等。
- ❑ **内部电源层** 主要用来作为信号布线层，Altium Designer中共包含16个内部电源层。
- ❑ **其他层** 包括4种类型的层，其中钻孔方位层（Drill Guide）用于印刷电路板上钻孔的位置；禁止布线层（Keep-Out Layer）用于绘制电路板的电气边框；钻孔绘图层（Drill Drawing）主要用于设定钻孔形状；多层（Multi-Layer）用于设置多面层。

1.1.3 元器件封装的基本知识

所谓元器件封装，是指元器件焊接到电路板上时，在电路板上所显示的外形和焊点位置的关系。它不仅起着安放、固定、密封和保护芯片的作用，而且是芯片内部世界和外部沟通的桥梁。

不同的元器件可以有相同的封装，相同的元器件也可以有不同的封装。因此在进行印刷电路板设计时，不但要知道元器件的名称、型号，还要知道元器件的封装。常用的封装类型包含以下两种类型。

1. 直插式封装

该封装形式是指将元器件的引脚插过焊盘导孔，然后进行焊接，如图 1-6 所示。值得注意的是，在采用直插式封装设计焊盘时应将焊盘属性设置为多层（Multi-Layer）。

2. 表贴式封装

该封装形式是指元器件的引脚与电路板的连接，仅限于电路板表层的焊盘，如图 1-7 所示。

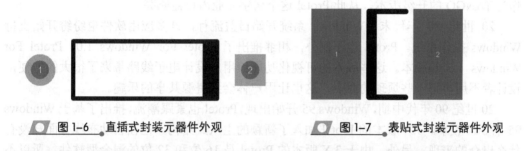

图 1-6　直插式封装元器件外观　　　　图 1-7　表贴式封装元器件外观

1.2　Altium Designer 8.0 入门知识

Altium Designer 软件作为功能最为强大、使用最为广泛的电子 CAD 软件，可准确、快速、有效地完成产品的原理图设计和印刷板设计。而 Altium Designer 8.0 作为 Protel 的最新版本，它具有自动布线、自动布局、进行逻辑检测、逻辑模拟等强大的功能。使用这些功能，可以更好地帮助电子电子工程师们设计更加精密复杂的电路板。

1.2.1　Altium Designer 软件发展史

Protel 系列电子设计软件因为其功能强大、界面友好和操作简便、实用等优点，已成为 EDA 行业尤其是 PCB 设计领域中发展最快、应用时间最长、运用范围最广泛的 MDA 软件之一。

说到 Protel 系列软件，就不能不提到 Altium 公司。Altium 公司是全球最大的 EDA 软件供应商之一，其当家软件 Protel 一直是电路设计人员的必备工具，Altium 公司是提供在 Microsoft Windows 环境下桌面电子设计自动化（EDA），以及内嵌软件设计工具的全球领先开发商和供应商。

Protel 系列是传入到我国的最早的 EDA 软件，因此该软件在国内的覆盖率很高，很多电路设计者都习惯于使用 Protel 软件进行电路板的设计。Protel 软件目前在国内拥有最大的用户群，已成为国内电子设计人员必须掌握的基础工具之一。这不仅是因为该软件易学易用，更重要的是因为其具有强大的、无与伦比的电路设计功能。

Altium 公司致力于向每位电子电子工程师提供最优质的设计工具，多次对该软件进行了技术改进，使其在界面环境、软件功能以及软件兼容性等方面都有了很大的提高。

纵观其发展历史，Protel 软件主要经历了如下几个阶段的产品升级。

随着计算机业的发展，20 世纪 80 年代中期，计算机应用进入各个领域。在这种背景下，由美国 ACCEL Technologies Inc 推出了第一个应用于电子线路设计的软件包——TANGO，这个软件包开创了电子设计自动化（EDA）的先河。此软件包现在看来比较简陋，但在当时却给电子线路设计带来了设计方法和方式的革命，人们纷纷开始用计算机来设计电子线路。直到今天，国内许多科研单位还在使用这个软件包。

在电子业飞速发展的时代，TANGO 日益显示出其不适应时代发展需要的弱点。为了适应科学技术的发展，Protel Technology 公司以其强大的研发能力推出了 Protel For Dos 作为 TANGO 的升级版本，从此 Protel 这个名字在业内日益响亮。

20 世纪 80 年代末，Windows 系统开始日益流行，许多应用软件也纷纷开始支持 Windows 操作系统。Protel 也不例外，相继推出了 Protel For Windows 1.0、Protel For Windows 1.5 等版本。这些版本的可视化功能给用户设计电子线路带来了很大的方便，设计者不用再记一些烦琐的命令，这也让用户体会到资源共享的乐趣。

20 世纪 90 年代中期，Windows 95 开始出现，Protel 也紧跟潮流，推出了基于 Windows 95 的 3.X 版本。3.X 版本的 Protel 加入了新颖的主从式结构，但在自动布线方面却没有什么出众的表现。另外，由于 3.X 版本的 Protel 是 16 位和 32 位的混合型软件，所以不太稳定。

1998 年 Protel 公司推出了给人全新感觉的 Protel 98，Protel 98 以其出众的自动布线能力获得了业内人士的一致好评。

1999 年 Protel 公司推出了 Protel 99，Protel 99 既有原理图逻辑功能验证的混合信号仿真，又有 PCB 信号完整性分析的板级仿真，从而构成了从电路设计到真实板分析的完整体系。

2000 年 Protel 公司推出了 Protel 99 se，其性能进一步提高，可以对设计过程有更大的控制力。

2001 年 8 月 Protel 公司更名为 Altium 公司。2002 年 Altium 公司推出了新产品 Protel DXP，Protel DXP 集成了更多工具，使用更方便，功能更强大。在 2003 年推出的 Protel 2004 对 Protel DXP 进行了完善。

2006 年初，Altium 公司推出了 Protel 系列的高端版本 Altium Designer 6.0。并在以后的几年中分别推出 Altium Designer 6.3、6.5、6.7、6.8、6.9、7.0 和 7.5 等版本。

2008 年，Altium Designer Summer 8.0 将 ECAD 和 MCAD 两种文件格式结合在一起，Altium 在其最新版的一体化设计解决方案中为电子电子工程师带来了全面验证机械设计（如外壳与电子组件）与电气特性关系的能力。此外，还加入了对 OrCAD 和 PowerPCB 的支持能力。

2008 年 12 月，Altium Designer Winter 09（Bulid 8.0.0.15895）推出，此新版软件发布的 Altium Designer 引入新的设计技术和理念，以帮助电子产品设计创新，利用技术进步，使一个产品的任务设计更快地获得走向市场的方便。增强功能的电路板设计空间，让设计者可以更快地设计；全三维 PCB 设计环境，避免出现错误和不准确的模型设计。

最新版的 Altium Designer 8.0 更是以其操作简单、功能强大而深受设计者的青睐。它不仅可以完成原理图、PCB 在线编辑与输出，而且可以完成错误校验、自动布线、规则设置和同步设计等工作，同时其信号仿真技术和可编程逻辑设计技术的融合使得电子设计软件能处理更为复杂的系统，从而真正地向每位电子电子工程师提供最优质的设计工具。

1.2.2 Altium Designer 8.0 开发环境

Altium Designer 8.0 是 Protel 系列软件基于 Windows 平台的最新产品，是 Altium 公司总结了多年技术的研发成果，是对 Altium Designer 不断修改、扩充新设计模块和多次升级完善后的产物。该新版软件能够面向 PCB 设计项目，为用户提供板级的全线解决方案，多方位实现设计任务，是一款具有真正的多重捕获、多重分析和多重执行设计环境的 EDA 软件。

Altium Designer 的开发环境（Design Explorer）是设计人员和 Altium Designer 交流的地方，所有的 Altium Designer 的功能都是从这个环境中启动的。与其他版本的 Altium Designer 软件相似，该新版软件启动后将进入自己的主界面，在主界面中可以完成新建或打开文件，进入原理图编辑器、PCB 编辑器，以及进入元器件库编辑器等操作，Altium Designer 8.0 操作界面如图 1-8 所示。

1. 标题栏

主窗口大小可通过窗口控制按钮进行调整。一般情况下，主窗口具有 3 种变化状态：最大化窗口、一般窗口和最小化窗口。其中最大化窗口覆盖整个桌面，用户只要单击最大化按钮▢或者双击标题栏，窗口就会呈现最大化状态，而这时最大化按钮▢将变成一个还原按钮▢。如果单击

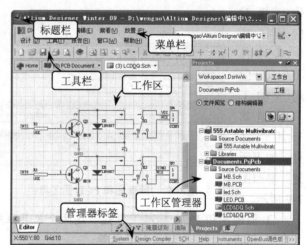

图 1-8　Altium Designer 8.0 操作界面

该还原按钮或者再次双击标题栏，窗口将恢复原来的状态。

最小化窗口在桌面上没有属于自己的区域，而只在任务栏上有一个标题按钮。当用户单击最小化按钮▬时，窗口就变成最小化状态。需要恢复时，只需在任务栏上单击 Altium Designer 标题按钮即可。

实际上标题按钮是一个双重开关，单击一次时，窗口发生相应变化，再单击一次时又恢复原来的状态。一般窗口区别于最大化和最小化窗口，在桌面上具有自己的区域，但不占据整个桌面。

一般窗口的大小是可以调整的。当用户移动鼠标指针到窗口的边界时，指针将变成带有双向箭头的线条，这时可以按住鼠标左键不放，然后拖动鼠标，就可以改变窗口的宽度或者高度。用户在标题栏上按住鼠标左键不放，并拖动鼠标时还可以移动整个窗口的位置。

2. 菜单栏

菜单栏位于 Altium Designer 界面的上方左侧，启动 Altium Designer 8.0 后，系统显示 DXP、文件、察看、放置、设计、报告和帮助等基本操作菜单项。用户使用这些菜单项内的命令选项，同样可以打开 Altium Designer 中的设计模块，或设置系统参数，菜单及工具栏将自动更新，以适应文档编辑的要求。

例如执行 DXP 命令，将显示系统菜单，可以在这里通过相应的菜单项进行系统参数设置，使所有其他菜单和工具栏自动改变以适应将要编辑的文档。

3. 工具栏

Altium Designer 的主窗口总是以固定位置显示一个主工具栏。随着其他编辑器的打开，窗口中还可出现其他工具栏。工具栏主要是为了方便用户的操作而设计的，一些菜单项的运行都可以通过工具栏按钮来实现。

在 Altium Designer 8.0 中主要操作环境就是原理图设计和封装设计环境，这两个操作环境对应的工具栏名称各不相同，但对应的工具类型却有相似之处，如下所述，参照图 1-9 所示。

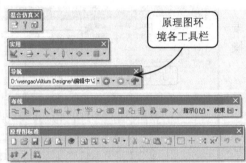

图 1-9　原理图和 PCB 图工具栏

- **原理图和 PCB 标准工具栏**　这两个工具栏用于一些基本操作，如新建、打开、保存、打印、放缩和移动等。
- **实用和应用程序工具栏**　这两个工具栏由快捷工具按钮组成，单击该按钮等同于选择相应菜单命令。
- **导航工具栏**　由浏览器地址编辑框、后退快捷按钮、前进快捷按钮、回主页快捷按钮组成。其中地址编辑框用于显示当前工作区文件的地址。
- **布线工具栏**　这个工具栏包含各自操作环境常用布线工具，例如在原理图中放置导线、总线和总线入口，在 PCB 环境放置导线、焊盘和过孔。
- **过滤器工具栏**　通过设置过滤对象，仅仅显示该过滤对象，而其他所有对象处于灰显或其他显示状态。

4. 工作区

工作区位于 Altium Designer 界面的中间，是用户编辑各种文档的区域。在无编辑对象打开的情况下，工作区将自动显示为系统默认主页，主页内列出了常用的任务命令，单击某个命令即可快速启动相应的工具模块。

Altium Designer 是一个优秀的 EDA 软件，每个设计人员在使用时都可以通过设置系统参数，使开发环境更贴近个人的习惯，可以进一步提高设计人员的工作效率。

当设计人员创建了自己的设计文件文档后，就能在各个文档之间随意切换，Altium Designer 的设计浏览器将会根据当前所工作的编辑器自动在编辑器之间转换，并显示与当前文档相对应的系统菜单和工具条。如图 1-10 所示，将鼠标移动至标签时将显示标签中图形显示效果，单击即可按照该标签名称切换至当前工作区中。

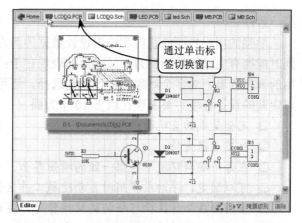

图 1-10　切换电路图

5．工作区管理器

Altium Designer 为用户提供了大量的工作区管理器，如项目管理器、器件库管理器等，分别位于 Altium Designer 界面的左右两侧和下部。用户可以使用工作区管理器右上部分的小按钮移动、修改或修剪面板，单击相应的面板标签还可以显示、隐藏、移动或切换管理器，图 1-11 所示为移动管理器。

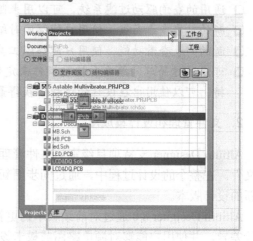

图 1-11　移动管理器

1.2.3　Altium Designer 基本功能

Altium Designer 是完全一体化电子产品开发系统的一个新版本，是业界第一款也是目前唯一一款完整的板级设计解决方案。该软件可同时进行 PCB 和 FPGA（现场可编程行阵列）设计及嵌入式设计，具有将设计方案从概念转变为最终成品所需的全部功能。

1．可定制的设计环境

Altium Designer 是在 Altium 的 Design Explorer 软件集成平台上构建的。Design Explorer 允许 Altium Designer 系统的所有零件能够像一个设计应用程序那样表现，其超强的设计环境使得设计工作能更有效地实现，设计者可以选择最适当的设计途径使软件按照最想要的方式进行工作。

Altium Designer 设计系统完全利用了 Windows XP 平台的优势，具有改进的稳定性、增强的图形功能和超强的用户界面，更注重于使用方便和直观控制，以及跨编辑器的界面一致性。

增强的用户界面能获得和编辑设计数据的新方法，用户在查看、编辑对象或应用规则时能拥有完整的控制能力。最主要的表现在于：用户能够对项目中的所有对象进行通用的列表查看，对多个对象进行过滤和选择，还可以快速方便地对设计进行全局编辑。可定制的设计环境主要表现在以下10个方面。

- ❑ 完全集成的直观设计环境。
- ❑ 双显示器支持。
- ❑ 在每个编辑环境下提供一致的增强界面。
- ❑ 可以固定、浮动或不用时自动隐藏工作区管理器。
- ❑ 当用户在工作区执行任何编辑操作时，浮动面板和工具条将会自动弹出。
- ❑ 通过自定义菜单项，用户可以完全定制工具条和外观。
- ❑ 通用的查询驱动过滤系统，可以用来隐藏、选择或放大被选定的对象。
- ❑ 新的对象查看面板，使用户能够同时编辑所有选定目标的一般属性。
- ❑ 新的列表查看功能，使用户能够以工具条列表方式查看设计的对象。
- ❑ 可以通过简单的单击和拖动操作来定制所有的工作环境，对多显示器的本地支持，可以使用户在设计的过程中获得最佳的查看效果。

2．文件管理和设计集成度

Altium Designer 支持项目级别的文件管理，在一个项目文件中包括设计中生成的一切文件。在整个的设计过程中，通过同步更新可以保证所有的设计文件都能准确地反映最新的设计版本。

Altium Designer 8.0 通过对前续版本的更新，功能强大的对比引擎会突出文件之间的设计差异，并使用户能够对源电路图或板卡设计进行全局性更新，也可在每个差异的基础上为所有的改动建立一个完整的 ECO 报告。通用校验和项目级同步系统可确保在整个的设计过程中整个的设计项目没有错误且保持同步。

用户还可以通过 Altium Designer 8.0 来方便有效地执行设计文件不同版本的对比和管理工作。从 Protel 的 Design Explorer 环境到任何支持通用 SCC 界面的第三方版本控制系统，如 Microsoft Visual SourceSafe 等界面，并且 Altium Designer 8.0 对版本控制的全面界面的支持，使得工作团队的项目和文件能够受到有效的保护。

该版本完美的文件管理和设计集成度主要表现在 5 个方面：可进行项目级双向同步更新和通用的输出配置，并且具有强大的错误检查功能和强大的文件对比功能，此外还具有强大的项目级设计校验和调试功能。

3．设计输入

Altium Designer 8.0 为 PCB 和 FPGA 应用程序提供了一个通用且完全集成的设计输入系统，它不限制数据页码和阶层式设计的深度，功能强大的原理图编辑器为用户在简图和项目等级之间提供了直观的连接。

此外，该软件还提供了丰富的集成元件库，其中包括元件的符号模型、封装模型，有的还包括仿真模型及信号完整性模型。在原理图编辑器和 PCB 编辑器中，从元件的库管理面板中都可以查看及添加元件的对应形式。特殊的库元件可以很容易地通过 Protel 的交叉库搜索进行定位。Altium Designer 8.0 兼容以前各版的 Protel 原理图及 PCB 的库格式，从而确保了自定义的库元件可以应用到 Altium Designer 的环境中。

Altium Designer 具有真正的多通道设计方法，这是一种方便快捷的设计手法。只需在原理图编辑器中绘制一份原理图，在 PCB 设计时用户就可以多次参考，并且允许在任何时间更新设计和通道的数目。多通道的设计结构一直会延续到 PCB 布局，用户可以在已有的通道对电路板的布局进行修改与设计。Protel 支持元件与图纸之间总线级的连接，以确保复杂的设计变得快速而有效。该软件设计输入功能主要表现在以下 8 个方面。

- ❑ 电路图和 FPGA 应用程序的设计输入。
- ❑ 为 Xilinx 和 Altera 设备族提供了完整的巨集和基元库。
- ❑ 直接从电路图产生 EDIF 文件。
- ❑ 多页分级电路图输入。
- ❑ 数据页数量和分级深度不受限制。
- ❑ 真正的多通道设计支持。
- ❑ 多个板卡变量支持。
- ❑ 全面的集成元件库组，可以完成 OrCADV9、V7 电路图和库输入，以及 Rl4~R17 的 AutoCAD 文件的输入/输出。

4．工程分析和验证

Altium Designer 实现了综合的信号仿真，使用户在原理图的设计阶段就能正确地分析电路的工作状态及电路的合理性。直接在原理图编辑器中启动混合信号的 SPICE 3f5/XSpice 电路仿真软件，系统将按照用户的要求实现仿真分析，其中包括一些如温度等先进的仿真的实现。

通过使用 Altium Designer 集成的波形观察仪，模拟结果将以波形的形式显示，波形观察仪可以同时显示多个测得的波形。在元件的集成库中有 16000 多种仿真部件，新的仿真模型也可以很容易地加到任何元件中。工程分析和验证功能主要表现在以下 13 个方面。

- ❑ 真正的 SPICE 3f5 编译混合电路模拟器。
- ❑ 与电路图编辑器的无缝集成使用户可以直接从电路图进行模拟，而无需从网络表输入/输出。
- ❑ 对 XSpice 的数字 SimCode 语言扩展使用户可以进行数字设备传输/传递延迟、输入/输出加载以及独立于电源的行为。
- ❑ 全面的仿真分析，包括 AC 分析、小信号分析、瞬态分析、噪声分析和 DC 转换等。
- ❑ 全面的零件扫描和 Monte Carlo 分析模式用来测试零件变量和公差的影响。
- ❑ 集成的波形观察仪可同时显示多达 4 个测得的图像。
- ❑ 完全支持模拟波形的数学后处理。
- ❑ 可在最终板卡设计和布线完成之前运行初步的阻抗和响应模拟。
- ❑ 用示波器型结果显示方式来对所选择网格内的响应以及失真情况进行快速模拟，

也可完全放大并与结果测量设备相集成。
- 用来研究不同假设分析终止选项的强大的中断顾问。
- 具有根据不同的假设选项分析断点出现的原因的在线断点分析功能模块。
- 信号集成参数（如过冲、下冲、阻抗和信号倾斜要求等）按标准 PCB 信号规则规定。
- 信号集成模块被连接到所集成的零件。

5. 设计实施

Altium Designer 的自动和互动零件布局功能大大地缩短了大量布局工作的时间，除此之外该软件还具备对带有复杂布局定义的多通道布局的增强支持。Altium Designer 8.0 包括一整套智能化的尺寸计算工具，尺寸类型包括直线、基准面、基线和直径等，通过使用该软件可将尺寸直接与所参考的对象相联系。

Altium Designer 拥有 Protel 的规则驱动 PCB 布局和编辑环境，用户可以完全控制整个板的设计进程。与前一版的 Protel DXP 一样，该软件的 PCB 电路板编辑器给用户提供了 10 大类 49 种设计规则，覆盖了元件的电气特性、走线宽度、走线拓扑布局、表贴焊盘、阻焊层、电源层、测试点、电路板制作、图件布局和信号完整性等设计过程中的方方面面。用户可以选择哪些规则应用于哪些对象，从而控制电路板设计的全过程，轻松地完成电路板的设计。同时在布线的过程中，还可以设置布线的宽度及间距来控制工程设计布线的正确性。

除了自动布线功能外，Altium Designer 也提供了交互式布线方式，并为交互式布线提供了更高等级的控制能力，提供了大量适用于任何布线情况的有效的布线模式。设计实施的功能特点主要表现在以下 8 个方面。

- 工作层包含 32 个信号层、16 个内平面（内部电源层）和 16 个机械覆层，以及其他工作层。
- 完全支持盲/埋孔。
- 互动和自动化布局特性。
- 人工、互动和自动布线，包括 situs 拓扑自动布线程序、执行实时布线规则、支持所有零件包装技术、推挤交互式布线、完全的规则驱动设计等。
- 真正的多通道设计支持。
- 多板卡变量支持。
- 源文件和目标板卡设计的自动同步与更新。
- 通用的输入/输出功能，可输入 OrCAD 设计 V9 PCB 和库文件，以及支持 R14 以上版本的 AutoCAD DXF 和 DWG 文件输入/输出。

6. 输出设置和发生

Altium Designer 包括广泛的输出选项，主要包括电路图和 PCB 打印输出、网络表、制造文件（Fabrication File）和物料单材料明细表等。Altium Designer 8.0 允许设计者在打印前对简图纸和 PCB 制图进行预览，从预览窗口中设计者可以有选择地打印部分制图，还可以直接将预览窗口内的内容复制到其他 Windows 应用程序中。输出设置和发生功能主要表现在以下 3 个方面。
- 输出文件的项目级定义，可以在项目中保存输出配置。
- 支持多种文件输出类型，包括装配图和 Pick & Place 文件、原理图和 PCB 图、制造文件（包括 Gerber、NC Drill 以及 ODB++）、网表输出格式（包括 EDIF、VHDL、Spice、Multiwire 以及 Protel）、物料单材料明细表以及模拟报表等。
- 完整的 CAM 功能，包括全面的打印和查看工具、向 ODB++或 Gerber 的输入/输出、特定装配设计规则检查、设计面板化以及 NC 布线路径定义等。

1.2.4　Altium Designer 8.0 新增功能

Protel 最新版本 Altium Designer 8.0 增强了板级设计功能，这将大大增强对处理复杂板卡设计和高速数字信号的支持。同时该新版软件可更加方便、快速地实现复杂板卡的 PCB 版图设计，新增亮点如下。

2008 年 12 月，Altium 发布了其新一代电子设计解决方案 Altium Designer 的最新版本 Winter 09（Bulid 8.0.0.15895）。Altium 持续在市场上推出一系列设计新概念和新技术，开发先进技术，帮助电子产品设计人员更快更好地将设计转化为产品。

在最新版本 Altium Designer 8.0 中，原来已有的三维 PCB 设计功能被提升到了一个更高速的新境界。新功能可以让电子电子工程师管理从产品设计到制造的过程转换，尝试新的设计技术并得以深度挖掘可编程器件的潜力。新增加的应用控制面板帮助电子工程师解决了 FPGA 测试上的难题，并可以远程监控 FPGA 内的设计。新的即插即用型软件平台搭建器让系统的整合更容易，同时提供在可编程器件的软硬件环境里的一系列标准服务以供使用，具体而言新增亮点如下。

1. 三维 PCB 可视引擎性能大提升

以前版本里已经提供的 Altium 三维 PCB 可视设计环境，可以让电子工程师在设计的同时实时观看 PCB 设计的三维外观。通过可视环境，电子工程师可以直接将机械 CAD 信息反应在 PCB 设计上，帮助在元件的放置和距离上做出最好的选择，图 1-12 所示为使用该新版软件进行三维 PCB 可视化显示。

Winter 09 版本优化了内存并将三维 PCB 可视化系统的速度提升至 7 倍之多，

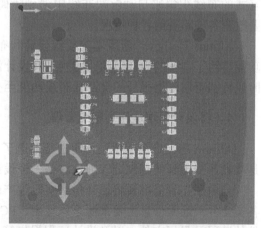

图 1-12　三维 PCB 可视化显示

充分体现了更加准确和快速的设计优势。并且在其他方面性能也有提升，其中包括二维制图速度提升 3 倍，二维透视性能提升 11 倍，高亮和对比度调试性能提升 9 倍，三维旋转性能提升 5 倍。

优化三维 PCB 图形引擎至关重要，由此可以极大地提高整个软件的性能，并降低对硬件的要求，使得系统的反应速度更快，把图形延迟对设计造成的影响变得最小。

2. 增强 PCB 建模功能

Altium 在最新的版本里扩充了三维 PCB 设计功能。最新的版本支持三维建模的纹理映射，使设计师能对设计板和元件进行表面处理，充分体现了 PCB 建模真实表面处理，以及其他可视化功能的增强效果。

Altium 提供增强的过孔功能，并允许在不同信号层上使用不同尺寸的焊盘。过孔的叠加可以支持更高的跟踪密度。此外，还可以通过元件焊盘来实现过孔的偏移。

上述所有的增强型功能都提高了 PCB 设计的精确性，并为设计板布线和可视化提供了新的设计思路。

3. 新的交互式布线功能

Altium 将交互式布线功能推向一个新的层次，新的布线引擎对差分、对信号和总线的布线（多重布线和追踪）进行了增强。而且实现了对当前路径物件的绕过，对现有布线进行环绕并生成新的路径，对路径物件（包括过孔）的推挤和对布线路径的智能完成。

新的引擎同时也保证了布线的速度和流畅性，真正体现高速绕过走线和环绕功能，图 1-13 所示的布线效果充分体现了强大的交互式布线功能。

这样，电子工程师可以在交互式布线的同时实现差分对和单闭端的管脚交换。这在 FPGA 器件设计的时候十分有用，因为在很多时候管脚会发生某种特殊的信号。Altium 同时还通过交互式的布线引擎来自动解决布线中遇到障碍需要改变各种路径的各种情况。

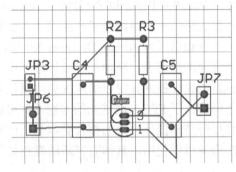

图 1-13　元器件布线效果

Altium Designer 新版本的板级设计和布线功能节约了很多的设计时间。特别是在设计测试设备的设计板，需要对很多管脚布线的时候特别有用。增强后的交互式布线功能至少把效率提高了 10%到 15%。

4. 将设计管理延伸到制造管理

Altium 还新推出一项技术用于帮助电子工程师更好地管理从设计到制造的流程，就是将设计管理延伸到制造管理，这是一个设计新概念。

当电子工程师准备将设计付诸实际生产时，通常会为制造环节的不同人群提供大量各类文件。通常信息主要来源于原理图、PCB 文件、原料清单、元件数据、FPGA 和软件的源码及目标文件，以及设计流程报告等。对于同样的文件，有些使用者需要打印，而有些则只需要相应的 PDF 文档。所以生成正确的文件是一项费时费力的工作，而且随时都有没有及时更新或者发生错误的可能，这在时间和成本方面都有可能代价高昂。

Altium Designer 8.0 的这一新版本增强了对所有设计文件的版本控制，该软件采用新的技术在设计环境中创建并跟踪文件的更新记录，通过集中管理输出文件的定义和产生过程，使整个输出的流程更简单顺畅。所有的文件都可以轻易生成为各种形式，大部分是智能 PDF 和在线的格式。

此外，该功能和三维的 PCB 设计环境相链接，电子工程师可以借此在生成生产文件之前很直观地检测他们的设计，避免不必要的错误。在 PCB 布线阶段，Altium Designer 新版本加入了针对制造的设计规则，以尽量避免在生产阶段出现问题。电子工程师在设计阶段就可以实时进行一系列问题的检查，避免了后期不必要的返工，可以更快速地把产品推向市场。

5．测试 FPGA 控制面板

Altium 在新版本里推出了应用控制面板，以帮助解决 FPGA 设计中的一些问题，并可以远程监测可编程器件内部的设计。

Altium 灵活的设计原理，能够让电子工程师将 FPGA 的设计视为整个设计中一部分。并且新工具可以让电子工程师更好地模拟和探索可编程器件内部的设计。

应用控制面板不需要 Altium Designer 的完全许可证就可以下载并安装，并使面板和 FPGA 设计进行交互，使用户能够调试甚至在产品发布以后增加新的功能。

6．即插即用软件平台搭建器

Altium 还在 Altium Designer 新版本中提出了即插即用的软件平台搭建器的概念，这是创建软件设计中基本软件平台的新方法。

通过 Altium Nano Board 可重构硬件平台，电子工程师可以很容易地"整合"出硬件平台上所需的软件服务。这包括了电子设计中常见的设计元素，例如外部设置、通信模块和支持正常工作所需要的各种驱动规则（由 Nano Board 提供）。

这样，基本且必要的软件模块设计被简化成拖放预先配置软件模块到设计中，电子工程师得到了解放，能够真正地专注于核心的产品智能设计。软件平台搭建器提供一系列的驱动和软件规则来支持通过 Nano Board 设计平台运行的外部设备。

1.2.5　电路设计的基本流程

电路设计是指一个电子产品从设计构思、整体设计、原理设计到各部分物理结构设计的全过程。在利用 CAC 或 EDA 软件进行设计时，其最终结果通常体现为印刷电路板。

为了让读者对电路设计过程有一个整体的认识和理解，下面介绍 PCB 电路板设计的总体设计流程。通常情况下，从接到设计任务书到最终制作出 PCB 电路板，主要经历以下几个基本流程。

1．案例分析

这个步骤严格来说并不是 PCB 电路板设计的内容，但对后面的 PCB 电路板设计又是必不可少的。案例分析的主要任务是决定如何设计原理图电路，同时也影响到 PCB 电路板如何规划。

2．电路仿真

在设计电路原理图之前，有时候会对某一部分电路设计并不十分确定，因此需要通过电路仿真来验证。电路仿真还可以用于确定电路中某些重要元器件的参数。

3．绘制原理图元器件

Altium Designer 8.0 虽然提供了丰富的原理图元器件库，但不可能包括所有的元器件，必要时须动手设计原理图元器件，建立自己的元器件库。

4．绘制电路原理图

找到所有需要的原理图元器件后，即可开始绘制原理图。根据电路复杂程度决定是否需要使用层次原理图。完成原理图后，用 ERC（电气规则检查）工具查错，找到出错原因并修改原理图电路，重复查错直到没有原则性错误为止。

5．绘制元器件封装

与原理图元器件库一样，Altium Designer 8.0 也不可能提供所有的元器件的封装，需要时可自行设计，并建立新的元器件封装库。

6．设计 PCB 电路板

确认原理图没有错误之后，开始 PCB 板的绘制。首先绘制出 PCR 板的轮廓，并确定电路板的工艺要求（使用几层板等）。然后将原理图传输到 PCB 板中，在网络报表（简单介绍来历功能）、设计规则和原理图的引导下布局和布线。最后利用 DRC（设计规则检查）工具查错。

此过程是电路设计时另一个关键环节，它将决定该产品的实用性能，需要考虑的因素很多，不同的电路有不同要求。

7．文档整理

对原理图、PCB 图及元器件清单等文件予以保存，以便以后维护、修改。此外，设计者还可在操作中间过程保存电路板设计文件。

1.3　Altium Designer 的组成

Altium Designer 8.0 是一款 Windows XP 的电子设计系统。该软件提供了一套完全集成的设计，这些工具让开发者很容易地将设计从概念形成最终的印刷电路板设计。Altium Designer 主要由以下 4 大部分组成，其中最常用的操作系统分别为前两个系统。

- ❑ **原理图设计系统（SCH）**　主要用于电路原理图的设计，为印刷电路板的制作进行前期的准备工作，主要表现了电路的原理连接，相对比较直观。
- ❑ **印刷电路板设计系统（PCB）**　这部分系统则主要用于印刷电路板的设计，印刷电路板的生产车间就是根据由它生成的 PCB 文件进行 PCB 板的生产。
- ❑ **FPGA 系统**　用户可以用该系统进行可编程逻辑器件的设计，并将设计完成之后生成的熔丝文件记录到逻辑器件中，即可制作具备特定功能的元器件。
- ❑ **VHDL 系统**　主要用来进行硬件的编程工作。

1.3.1 原理图设计系统

原理图设计是整个 PCB 设计的第一步,也是最基础的一步。原理图绘制的基本思想是：将电路设计概念在计算机软件的设计过程中以图形的形式表现出来。从外观上看,原理图的绘制与传统的绘画非常相近,即将电路元素的图形符号（如元件、导线等）放置到图纸上,便可以形成设计的纪录,而自动的绘图程序和轻松的编辑界面,则可为电路设计提供很大的方便。

Altium Designer 8.0 的原理图设计系统（SCH）是非常优秀的原理图设计系统。电路原理图设计界面如图 1-14 所示。

1. 丰富的元件库以及集成化管理

Altium Designer 8.0 为用户提供了一套丰富的元件库,库中几乎包含了所有电子元器件厂家的元件种类。与 Protel 以前的版本相比,Altium Designer 8.0 的元件库则更为人性化,在原理图编辑器和 PCB 编辑器中,用户可以从元件库的面板中直接查看到元件的原理图符号、封装名称以及封装形式,如图 1-15 所示。

图 1-14 电路原理图设计界面

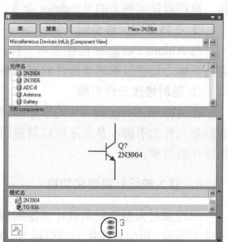

图 1-15 元件库面板

【库】管理器中的元器件模型名称被选中,此时图形显示区域中将显示原理图符号。同时在下面的文字说明区则介绍了元件的封装名称,而最下面的封装显示区则向用户展示出封装形式。

2. 支持分层组织的模块化设计方法

Altium Designer 8.0 支持分层组织的模块化设计方法。这样做的目的是将一个复杂的设计项目化整为零,逐个完成,使项目设计变得条理清楚。

在设计过程中,用户可以将待设计系统划分为若干子系统,子系统再划分为若干功能模块,功能模块再分为若干基本模块。设计好基本模块电路,再定义好基本模块与基本模块、功能模块与功能模块以及子系统与子系统的连接关系,即可完成这个设计过程。另外也可以从基本模块开始,逐级向上设计。用户可以同时读入和编辑多张原理图或设计文件,图纸之间的切换非常方便和快捷。

3. 丰富而又灵活的编辑功能

在进行原理图设计过程中,Altium Designer 为设计者不仅提供快捷、方便的编辑修改工具，并且还提供以下丰富又灵活的编辑功能。

❑ 自动连接功能

在原理图设计时，可利用专门的自动化特性来加速电气件的连接电气栅格特性，并提供了所有电气件（包括端口、原理图入口、总线、总线端口、网络标号、连线和元件等）的真正自动连接。

当这些电气件被激活时，一旦光标走到电气栅格的范围内，它就自动跳到最近的电气节点上。接着光标形状发生变化，指示出连接点这一特性和自动加入连接点特性配合使用时，连线工作就变得非常轻松。

❑ 交互式全局编辑

在任何设计对象（如元件、连线、图形符号、字符等）上，只要双击鼠标左键，就可以打开对应的对话框。此时对话框将显示该对象的属性，可以立即进行修改，并可将这一修改扩展到同一类型的所有其他对象，即进行全局修改，如果需要，还可以进一步指定作全局修改的范围。

❑ 便捷的选择功能

可以选择全体，也可以选择某个单项，或者一个区域。已选中的对象可以移动、旋转，也可以使用熟悉的 Windows 命令，如剪切、复制、粘贴、清除等。

❑ 在线编辑元件参数

与 Altium Designer 前续版本一样，Altium Designer 8.0 可以在双击元件打开元件参数对话框之后在线编辑该元件的有关参数。

❑ 随时修改元件引脚

在 Altium Designer 8.0 的原理图编辑器中，用户不打开库文件同样可以修改、添加和删除元件的引脚，甚至还可以调整引脚的顺序。这样的设计显然可以极大地提高原理图设计的效率。

4．强大的设计自动化功能

原理图对大型的复杂设计能根据用户指定的物理逻辑特性进行快速检查，输出各种冲突的报表。例如未连接的网络标号、未连接的电源、空的输入引脚等，同时还可将 ERC 的结果直接标记在原理图中。

5．方便的查询功能

Altium Designer 8.0 支持多种查询，其中包括 Inspector 查询、语句查询、元件库查询、元件查询以及文本查询等。

6．与 PCB 板的双向设计同步功能

Altium Designer 8.0 支持双向设计同步。同步功能是为了保证用户在设计电路的过程中 PCB 文件与 SCH 文件同步更新而产生的。

在 Altium Designer 中，用户可以随时通过修改网络表文件，以及使用原理图编辑器的设计同步器，来实现 PCB 文件与 SCH 文件之间的同步。在信息向 PCB 文件传递的过程中，系统会自动更新 PCB 文件中的电气连接，并会对错误的连接向用户报警。

1.3.2 印刷电路板设计系统

PCB设计阶段是整个电路板设计的关键，从本质上讲就是将电路设计的元件及电气特性信息（通常包含在对应的原理图中）应用到物理的印刷电路板上。

这一过程主要包括电路板形状及结构的定义、加强电路板必要的机械和电气特性的设计规则、电路板的布局以及布线操作，还有一些设计的后期工序，如敷铜、添加安装孔及注释等。如果有必要也可以进行PCB设计仿真实验，以及信号完整性分析等，以确保电路设计的正确性。

印刷电路板（PCB）设计模块主要是将经过仿真后确认无误的电路原理图生成虚拟的PCB板，设计者可以对其中不妥的布线进行手工调整，从而达到设计要求，PCB设计效果图如图1-16所示。

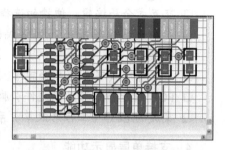

图1-16 PCB设计效果图

与早期的版本相比，Altium Designer 8.0提高了手动布线和自动布线的融合度，提高了用户布线的效率；更可以在PCB电路板的布线完成之后，使用设计规则检验（DRC）来保证PCB电路板内没有与原理图电气连接不符的接线。

1. 详细的设计法则

Altium Designer 8.0的印刷电路板设计系统中为用户提供了细致的设计法则分类，如图1-17所示。从图中可以看出，在印刷电路板设计系统中已经改变了以往版本的Protel软件采用的选项卡式的风格，而采用了Windows系列使用的树型结构，使得用户浏览更加方便。

图1-17 【PCB规则及约束编辑器】对话框

在Altium Designer 8.0的PCB设计系统中为用户提供了设计法则，从而使用户的布线工作更加事半功倍。

2. 过滤功能的引入

Altium Designer具有工作区间的过滤功能，这个功能使得用户要检查某一个网络线或者元件变得更便于操作，而且只有需要显示的元件或者网络线会以正常亮度显示，而其他的元件和连线则相对较暗，如图1-18所示。

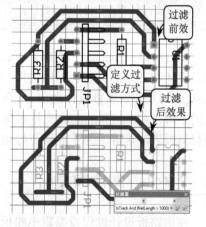

图1-18 过滤前后对比效果

3．编辑封装库更为方便

当用户创建了新的元件封装后，可以使用元件封装管理器进行管理，除了具备包括元件封装的浏览、添加和删除操作，以及通过字母或文字搜索获得组件信息等操作功能，Altium Designer 的封装库还具有以下几个特点。

- 交互式全局编辑、便捷的选择功能、多层撤销或重做功能。
- 支持飞线编辑功能和网络编辑。用户无需生成新的网络表即可完成对设计的修改。
- 手工重布线可自动去除回路。
- PCB 图能够同时显示元件引脚号和连接在元件引脚上的网络号。
- 集成的 ECO（工程修改单）系统会记录下每一步修改，并将其写入 ECO 文件。

4．支持单层显示功能

如果用户在编辑 PCB 文件的过程中，需要屏蔽其他图层，而只显示当前的工作图层，那么只需要按 Ctrl+Shift 快捷键，就可以只显示所需要的图层。

5．卓越的电路仿真功能

在 Altium Designer 8.0 系统中，集合了更为完善的电路仿真功能，用户不仅可以导入和导出波形数据，还可以层叠的方式显示多个波形，甚至可以多个波形图平铺浏览。可以说，人性化的电路仿真功能让用户的电路设计工作变得更为简单。

6．高频电路信号完整性分析功能的增强

在高频电路的设计中，难免要用到信号完整性分析。Altium Designer 8.0 在早期版本的基础上，完善了信号完整性分析功能，使用户在电路图设计阶段就能完成绝大部分的电路调试工作，为电路的调试工作提供了方便。

1.4 文件的组织和管理

Altium Designer 是一套基于 Windows 的真正的 32 位电子设计系统，它全面支持 PCB 项目设计和 FPGA 项目设计，并且提供了和其他设计系统之间的接口。在使用 Altium Designer 8.0 开始项目设计之前，应该对该软件的文档组织管理方法和文档结构有一个大致的了解。Altium Designer 支持多种文件格式，如：原理图文档、PCB 文档、结构文件和材料报表清单等。为了能够更好地组织管理这些文档引入了设计工程的概念。

1.4.1 文件类型

在电路板设计过程或编辑电路板时，根据不同的要求需要创建不同的文件类型，其中包括 SCH 图文件、PCB 图文件和 PCB 图库文件等等。此外在执行删除或保存文件时还将产生自由文件，并且可通过保存文件产生存盘文件。

1. 项目文件

Altium Designer 支持项目级别的文件管理，在一个项目文件中包括设计中生成的一切文件，一个项目文件类似于（并不等同于）Windows 系统中的"文件夹"。

在项目文件中可以执行对文件的各种操作，如新建、打开、关闭、复制和删除等。但项目文件只起到管理的作用，在保存文件时，项目文件以及项目中的各个文件都是以单个文件的形式保存的。例如当用户在对项目文件保存之前并没有将项目中的其他文件进行保存，系统会自动地提示保存的其他文件，只有完成了项目中各个文件的保存后才能进行项目文件的保存。

按照设计工程的思想，在实际设计过程中一般先建立一个扩展名为.Prj***（"***"的具体内容由所实际建立的工程项目类型决定）的工程文件。在该工程文件中只是定义了工程中所涉及的各个文件之间的关系，文件本身并不包含在其中。

实际上，在项目设计过程中，原理图文件等文件都是以分立形式保存在计算机中的，能够实现文件的分立保存主要应归功于工程文件这个联系纽带。虽然项目中所涉及的相关文件没有包含在同一个文件夹中，但是只要打开工程文件就可以看到与工程相关的所有文件。当然，也可以不建立工程文件，而是单独建立一个原理图文档或者 PCB 文档，这在以前的 Protel 软件版本中是无法做到的。

如图 1-19 所示，通过 Projects 管理器可查看 WeatherChannel.PrjPCB 项目文件。由该图可以看出该项目文件包含了与整个设计相关的所有文件，其中包含 10 个原理图文件（.SChDoc）、2 个 PCB 文件（.PcbDoc）、1 个原理图库文件（.SchLib）、2 个 PCB 库文件（.PcbLib）和一系列生成文件。

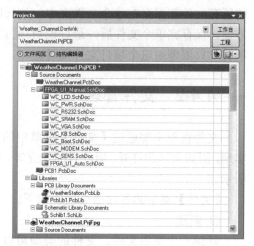

图 1-19　项目文件

> **提　示**
>
> 为了看到完整的路径名称，可以将鼠标移到管理器的右侧，当鼠标变成双箭头的时候按住鼠标左键不放，然后向右拖动边框即可将面板拉宽。

2. 自由文件

自由文件是指游离于项目文件之外的文件，Altium Designer 通常将这些文件存放在惟一的文件夹中。自由文件有以下两个来源。

❑ **删除项目文件产生自由文件**

当将某文件从项目文件夹中删除时，该文件并没有从 Projects 管理器消失，而是成为自由文件。该功能类似于 Windows 中的回收站，这样当需要将文件还原到项目文件中时操作起来比较方便。但是如果用户在项目中关闭了文件，然后对该文件进行删除操作，则此文件将从 Projects 管理器中彻底消失。

❑ **文件存盘产生自由文件**

打开 Altium Designer 8.0 的一个存盘文件（非项目文件）时，该文件将成为自由文件。自由文件的存在方便了设计的进行，当将文件从自由文件中删除时文件将彻底消失。当需要对自由文件进行编辑时，用户可以将自由文件拖动到项目文件中，这与 Windows 下文件的拖动方法一样。

3. **存盘文件**

存盘文件即在将项目文件存盘时生成的文件。Altium Designer 保存文件时并不是将整个项目文件保存，而是单独保存的。项目文件只起到管理的作用，这样的保存方法有利于进行大型电路的设计，用户不用打开整个项目文件就可以调用项目中的一个单独的文件。

为了使保存的单个文件比较有条理，用户可以新建一个文件夹，然后将一个项目中的所有文件都保存在这个文件夹中，这样的保存方式在进行多个设计时管理起来是非常方便。保存完单个文件后，最好也对项目文件进行保存操作，这样以后如果想调用整个项目时只要调用这个项目文件即可。

1.4.2 文件管理

文件管理主要通过【文件】菜单中的各命令来实现，例如文件的打开、新项目的建立等，如图 1-20 所示。

【文件】菜单的各项命令功能如下。

❑ **新建**

新建一个空白文件，文件的类型可以是原理图（SCH）文件、印刷电路板（PCB）文件、原理图元件库（Schlib）编辑文件、印刷电路元件库（PCBlib）编辑文件、文本文件以及其他文件等。

并且可在子菜单中新建立一个设计库，所有的设计文件将在这个设计库中统一的管理，该命令与用户还没有创建数据库前的【新建】命令执行过程一致。

图 1-20 【文件】菜单

❑ **打开**

打开已存在的电路板文件，执行该命令后，系统将打开图 1-21 所示的对话框，用户可以选择需要打开的文件对象或设计数据库。

❑ **关闭**

关闭当前已经打开的设计文件或已经打开的设计库。

图 1-21 Choose Document to Open 对话框

❑ 全部保存

保存当前所有已打开的文件。

❑ 导入

将其他文件导入到当前设计库，成为当前设计数据库中的一个文件。执行该命令，将显示导入文件对话框，如图 1-22 所示，用户可以选取所需要的任何文件，将此文件包含到当前设计库中。

图 1-22　Import File 对话框

1.4.3　使用快捷菜单和设计管理器

无论是哪一种设计模块，都使用快捷菜单和工作区管理器辅助进行电路板设计，其中包括在快捷菜单中调用文件操作命令，在管理器中打开文档文件或修改文件参数信息。

1．使用快捷菜单

在上节中菜单命令可以从快捷菜单中输入。用户可以在当前设计数据库使用键盘输入字母 F，系统将打开【文件】快捷菜单，用户可以从中选择操作命令。

此外用户也可以完全使用键盘来实现选择某项命令。例如执行【文件】菜单中的【打开】命令，可首先使用键盘按 F 键，用户可以看到系统打开了一个菜单，然后按 O 键，则系统将执行【打开】命令，并打开 Choose Document to Open 对话框。

使用键盘操作是 Protel 低版本的操作方法，目前 Altium Designer 8.0 软件仍然保留该功能，可以方便以前的用户使用该软件。

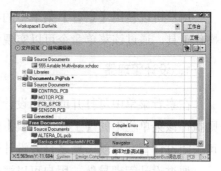

图 1-23　设计管理器

2．设计管理器

Altium Designer 8.0 有一个强大的设计管理器，如图 1-23 所示，包括导航、设计窗口和标签等，它允许用户浏览和修改项目设计数据库。

1.4.4　文件编辑

用户可以对文件对象进行复制、粘贴、剪切和删除等编辑操作，并且可通过类似过滤方式选中或取消选中对象，这些文件编辑工具位于【编辑】菜单中，如图 1-24 所示。

图 1-24　【编辑】菜单

- ❏ **剪切** 对选中的文件实现剪切操作，暂时保存于剪贴板中，然后用户可以进行粘贴复制。
- ❏ **拷贝** 将选中的文件复制到剪贴板中，用户可以进行粘贴复制。
- ❏ **粘贴** 该命令用来实现将已保存在剪贴板中的文档复制到当前位置。
- ❏ **删除** 该命令用来删除当前选中的文档，如果执行该命令，系统将打开对话框提示用户是否真的删除该文件。

删除文档只是将文档放到设计数据库的回收站中，实际上并没有真正删除，而形成自由文件。如果要彻底删除一个文档，可以首先选取该文档，并先按住 Shift 键不放，然后按 Delete 键，即可完全删除该文件。

> **提 示**
> 如果文档没有彻底地删除掉，那么还可以进行恢复。打开回收站文件夹，在窗口中右击需要恢复的文档，然后在弹出的快捷菜单中执行【恢复】命令即可。

1.4.5 显示辅助查看工具

用户可以使用【察看】菜单中的各命令来打开一些比较重要的查看工具，以及文件操作工具。通过该菜单命令可以实现设计管理器、工具栏、图标等的打开与关闭。

1．设计管理器

在察看菜单中可打开或关闭设计管理器。如果设计管理器导航当前处于打开状态，则执行该菜单栏中的【工作区面板】命令，然后在打开的菜单中执行【管理器】命令，可关闭设计管理导航，反之打开设计管理器以树状列表形式显示。

通过设计管理导航，用户可以清楚地查看当前设计平台上的设计数据库的情况，也可以导入其他设计数据库到当前设计平台中。

2．状态栏

执行该命令可显示或关闭状态栏，可以在设计界面的下方显示或关闭状态栏。状态栏一般显示设计过程的操作点坐标位置等。

3．命令状态

执行该命令可显示或关闭命令状态，命令状态位于设计界面的下方，显示当前命令的执行情况。

4．刷新

执行该命令可刷新当前设计数据库中的文件状态，用户也可以直接按 F5 键激活该命令。

1.5 管理工作界面

本章以上章节主要讲解了如何绘制电路原理图和制作 PCB 板，但是对于刚接触 Altium Designer 的用户来说，了解 Altium Designer 8.0 界面环境设置是学习该软件的重要一步。如果没有设置好界面，就有可能使用户产生一些误解。本章主要讲述两个方面的环境设置，即屏幕分辨率设置和系统参数设置。

1.5.1 屏幕分辨率设置

EDA 程序对屏幕分辨率的要求一向比其他类型的应用程序要高一些。例如在 Advanced Schematic 中，如果屏幕分辨率没有达到 1024×768 像素，则某些管理器就会被切掉一部分，此时用户将无法使用到被遮蔽的那部分。在这种情形下当然很不方便，所以用户应尽量将屏幕分辨率调高到 1024×768 像素以上。

当屏幕尺寸太小时，在高分辨率方式下屏幕上的字就会变得很小，以致看起来很吃力，所以配置大尺寸的显示器是非常必要的。

当然，高分辨率的显示器必须要有相应的显示卡与之配合。配有 1MB 的显示卡可以显示 256 种颜色，对于 Advanced Schematic 来说这已经够用了，但如果显示卡配有 2MB 以上的显存，则可支持更高的分辨率及更多的色彩，如在 1024×768 像素分辨率下可以显示 65536 种颜色。

要查看或修改分辨率，可在电脑桌面空白处右击，然后执行【属性】命令，并在打开的【显示 属性】对话框中切换至【设置】选项卡，并在【屏幕分辨率】栏中拖动滑块改变分辨率，如图 1-25 所示。

图 1-25　【显示 属性】对话框

1.5.2 系统参数设置

系统参数设置可以使用户清楚地了解操作界面和对话框的内容，因为有时候，如果界面字体设置不合适，界面上的字符可能没法完全显示出来，可在【喜好】对话框中修改界面字体，并且还可设置自动保存文件的时间和操作路径，避免因为停电或其他意外而造成文件操作丢失现象。

1. 界面字体设置

用户可以执行系统的【优先选项】命令进行字体设置，该命令从 Altium Designer 的主界面菜单栏 DXP 的下拉命令菜单选择，此时从该菜单选择执行 Preferences 命令，系统将打开【喜好】对话框。

在该对话框左侧列表框中选择 System | General 目录节点，将打开 System | General 选项卡，如图1-26所示。

在该选项卡中，禁用【系统字体】复选框，并单击【保存】按钮，将打开【保存优先文件】对话框。可输入新的文件名称，将该参数修改文件以自定义名称进行保存，然后单击【保存】按钮即可。则系统界面字体就变小，并且在屏幕上全部显示出来。

如果用户单击该选项卡中的【更改】按钮，将打开图1-27所示的【字体】对话框，即可在该对话框按照常规Windows软件修改字体的方法定义新的字体类型。

2．自动保存文件

电路板的设计过程往往很长，如果在设计过程中遇到一些突发事件，如停电、运行程序出错等，就会使正在进行的设计工作被迫终止而又无法存盘，使得已经完成的工作全部丢失。为了避免这种情况发生，就需要在设计过程中不断存盘。

Altium Designer 具有文件自动存盘功能，通过对自动存盘参数进行设置，就可以满足文件备份的要求，这样既保证了设计文件的安全性，又省去了许多麻烦。下面介绍如何设置文件自动存盘参数。

如果用户希望在设计工作过程中，系统定时自动保存文件，则可以在【喜好】对话框中选择左侧列表框下的 System | Backup 目录节点，将打开 System | Backup 选项卡，如图1-28所示。

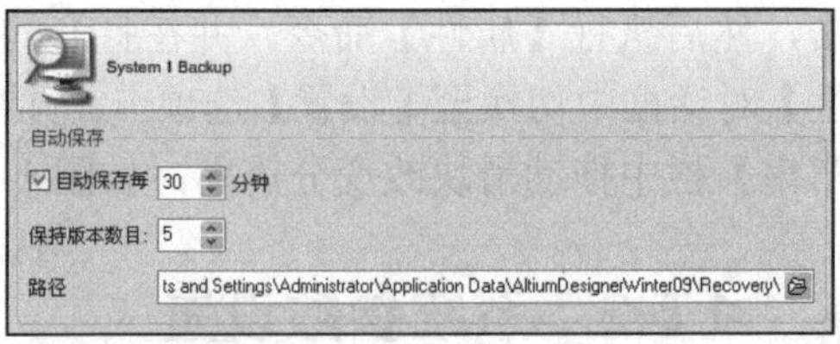

图1-26　System | General 选项卡

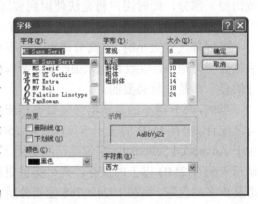

图1-27　【字体】对话框

图1-28　System | Backup 选项卡

此时启用"自动保存每"复选框，并且可在其右侧的列表框中输入自动保存文件时间，则系统将会备份保存修改前的图形文件。

1.6　课堂练习1-1：Altium Designer 文档管理

本实例通过介绍 Altium Designer 中有关创建新工程和新文档的基本操作，来进一步讲解 Altium Designer 中的文档管理方法，如图1-29所示。其中包括新建一个新的电路板设计工程，并进行关闭和打开工程文件操作。然后分别添加原理图和PCB文档，并对其多个文档进行切换,最后将不必要的文档进行关闭或删除。

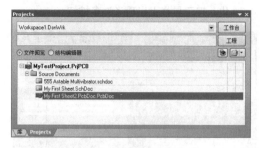

图 1-29 管理新建或打开的文件

操作步骤:

1. 建立一个专门用于存放所有与后续操作建立的工程相关文件的文件夹,这样可以便于设计人员以后进行文件管理。

2. 启动 Altium Designer 8.0 软件,然后在该开发环境中执行【文件】|【新建】|【工程】|【PCB 工程】命令,将会创建一个新的工程文件并出现在 Projects 管理器中,如图 1-30 所示。

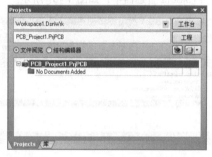

图 1-30 新建 PCB 工程文件

3. 然后在该管理器中右击新创建的 PCB 工程文件,并在打开的菜单中执行【保存工程为】命令,将打开图 1-31 所示的对话框,即可在该对话框中自定义文件名称,如"MyTestProject"。

4. 完成上述操作后,单击该对话框中的【保存】按钮,则工程文件将以新名称出现在 Projects 管理器中,如图 1-32 所示。完成新的工程文件的创建工作,以后该工程的所有文档之间的关联关系都将保存在该工程文件中。

图 1-31 另存工程文件

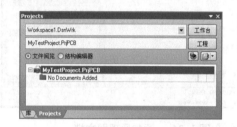

图 1-32 重命名工程文件名称

5. 如果要打开一个工程文件,只需执行【文件】|【打开】命令,然后在打开的 Choose Document to Open 对话框内选择该工程后,单击【打开】按钮即可。图 1-33 所示为打开 555 Astable Multivibrator.schdoc 原理图文件。

图 1-33 Choose Document to Open 对话框

6 添加原理图文档。执行【文件】|【新建】|【原理图】命令，系统将启动原理图编辑器，同时在当前的工程中添加一个新的空原理图文档，并且使用默认的文件名，如图1-34所示。从图中可以看出，此时的整个窗口已经和开始大不相同，并且在工具栏上出现了许多按钮。

图中可以看出，此时的整个窗口已经发生变化，在工具栏上出现了许多按钮。

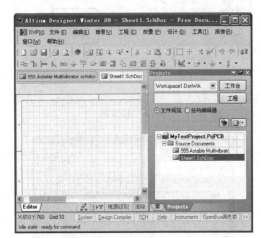

图 1-36　PCB 操作环境

图 1-34　添加原理图文档

9 按照和添加原理图文档相同的方法可以重新对 PCB 文档命名，例如命名为"My First Sheet2.PcbDoc"，更改效果将立即显示在 Projects 管理器中，如图 1-37 所示。

7 然后执行【文件】|【保存】命令，在打开的文件保存对话框中输入文件的新名称，如"My First Sheet"，同时选择存储路径，接着单击【保存】按钮，即可按新名称存储原理图文档。此时，在图 1-35 所示的 Projects 管理器中将会看到新的文档已经加入。

图 1-37　重命名 PCB 文件

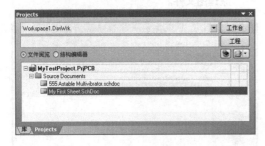

10 单击如图 1-38 所示的工程面板中的相应文档名字，就可以在启动相应的文档编辑器的同时打开该文档。另外，从该图中可以看出，在窗口的上部增加了一些不同的标签，单击这些标签就可以实现在不同类型的编辑器或者相同类型的文档之间的自由切换。

图 1-35　Projects 管理器

11 从工程中删除文档。如果想要从当前工程中删除某个文档，只需在文档的名字上单击鼠标右键，在如图 1-39 所示的弹出的快捷菜单中执行【从工程中移除】命令，并在打开的确认对话框中单击 Yes 按钮，即可从当前

8 添加 PCB 文档。执行【文件】|【新建】| PCB 命令，系统将启动 PCB 编辑器，同时在当前的工程中添加一个新的空 PCB 文档，并且使用默认的文件名，如图 1-36 所示。从

工程中删除该文件。

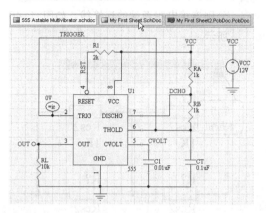

▶ 图 1-38　切换文档

▶ 图 1-39　删除文档

12 如果要关闭某个文档,只需在文档名上右击,在图 1-40 所示的弹出的快捷菜单中执行【关闭】命令,即可将该文档关闭。

13 当关闭文档后,如果后续操作中需要打开工程文件中的该文档,只需在 Projects 管理器中找到要打开的文档名并双击该文档名即可。

▶ 图 1-40　关闭文档

1.7　课堂练习 1-2：绘制桥式电路原理图和 PCB 图

本实例通过绘制一个简单的桥式电路的原理图和 PCB 图,详细介绍使用 Altium Designer 8.0 绘制电路板项目的步骤,为进一步学好 Altium Designer 8.0 打下基础,绘制效果如图 1-41 所示。

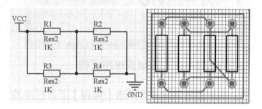

▶ 图 1-41　原理图和 PCB 图

操作步骤:

1 首先建立一个文件夹,专门用于存放所有与后续操作建立的工程相关的文件。然后启动 Altium Designer 8.0 软件,并执行【文件】|【新建】|【工程】|【PCB 工程】命令,将会创建一个新的工程文件并出现在 Projects 管理器中,如图 1-42 所示。

▶ 图 1-42　新建 PCB 工程文件

② 在该管理器中右击新创建的 PCB 工程文件，在弹出的快捷菜单中执行【保存工程为】命令，在打开的对话框中自定义文件名称为"qiaoshidianlu.PrjPCB"。单击该对话框中的【保存】按钮，则工程文件将以新名称出现在 Projects 管理器中，如图 1-43 所示。

图 1-43 另存工程文件

③ 执行【文件】|【新建】|【原理图】命令，系统将启动原理图编辑器，同时在当前的工程中添加一个新的空原理图文档，并且使用默认的文件名，如图 1-44 所示。

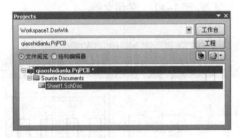

图 1-44 添加原理图文档

④ 在原理图环境中，单击【实用】工具栏中的【电阻（1K）】按钮，分别按照图 1-45 所示的格式放置这些电阻元器件。

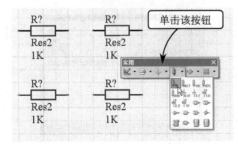

图 1-45 放置电阻元器件

⑤ 单击【布线】工具栏中的【放置线】按钮，分别连接电阻两端的连接线，如图 1-46 所示。

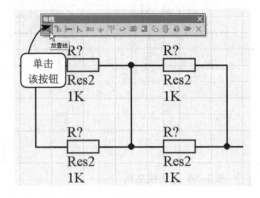

图 1-46 放置连接线

⑥ 单击各电阻上方对应的"R?"，然后在激活的文本框中修改电阻标识名称，效果如图 1-47 所示。

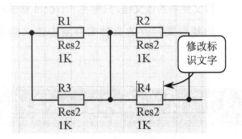

图 1-47 修改电阻标识名称

⑦ 单击【实用】工具栏中的【放置 GND 端口】按钮，放置接地端口，然后单击【放置 VCC 电源端口】按钮放置电源端口，效果如图 1-48 所示。

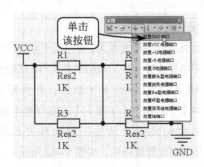

图 1-48 放置电源端口和接地端口

8 执行【文件】|【保存】命令，在打开的文件保存对话框中输入文件的新名称为"qiaoshi.SchDoc"，同时选择存储路径，然后单击【保存】按钮，即可按新名称存储原理图文档。此时，在图1-49所示的Projects管理器中将会看到新的文档已经加入。

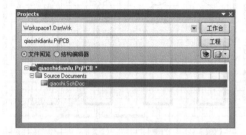

图1-49　Projects 管理器

9 添加PCB文档。执行【文件】|【新建】|PCB命令，系统将启动PCB编辑器，同时在当前的工程中添加一个新的空PCB文档，并且使用默认的文件名，如图1-50所示。

图1-50　PCB 操作环境

10 定义物理边界。在PCB操作环境中执行【放置】|【走线】命令，在PCB图中定义的一个500mil×500mil的物理边界，如图1-51所示。

11 执行【设计】|【板子外形】|【重新定义板子外形】命令，然后沿物理边界定义PCB板的形状，如图1-52所示。

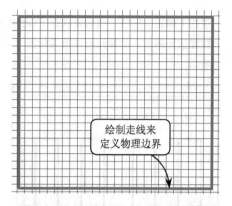

图1-51　绘制走线来定义物理边界

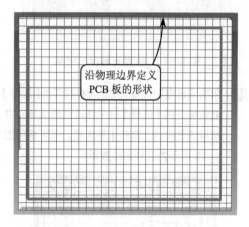

图1-52　定义 PCB 板的形状

12 单击【布线】工具栏中的【放置器件】按钮，将打开如图1-53所示的【放置元件】对话框，在该对话框按照图1-53所示进行设置，查找Res2元器件。

图1-53　【放置元件】对话框

13 完成上述操作后，单击【放置元件】对话框中的【确定】按钮，然后依次在 PCB 板中放置该元器件，放置元器件效果如图 1-54 所示。

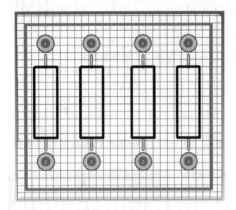

图 1-54　放置元器件的效果

14　依次双击电阻元器件，然后在打开的【元件】对话框下的【注释】栏中修改注释文本，并禁用该栏中的【隐藏】复选框，即可获得图 1-55 所示的注释名称效果。

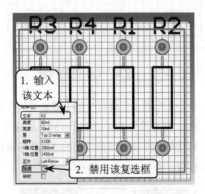

图 1-55　修改注释文本

15　执行【放置】|【走线】命令，然后按照图 1-56 所示走线路线放置各走线，将电阻按照原理图进行连接。

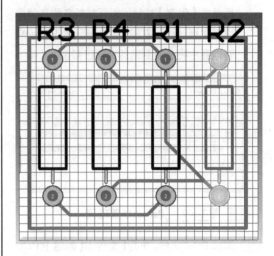

图 1-56　放置走线

16　按照和添加原理图文档相同的方法可以重新对 PCB 文档命名，例如命名为"qiaoshi.PcbDoc"，更改效果将立即显示在 Projects 管理器中，如图 1-57 所示。

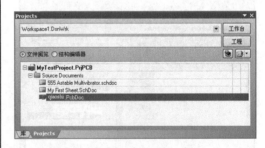

图 1-57　保存 PCB 文件

1.8　思考与练习

一、填空题

1. 一个完整的电路板应当包括一些具有特定电气功能的元器件，以及建立起这些元器件电气连接的铜箔、焊盘及过孔等_____。

2. 电路板电气构成包括电路板内的互连和板间互连，其中_____指的是多块电路板之间的电气连接，主要采用接插件或者接线端子来实现连接。

3. 元器件封装是指器件焊接到电路板上时，在电路板上所显示的外形和焊点位置的关系。常用的封装类型有两种，分别为_____和表贴式。

4. Altium Designer 8.0 是一款 Windows XP

的电子设计系统，主要是由4大部分组成的，其中最常用的操作系统分别为_____和印刷电路板设计系统（PCB）。

5．执行删除文档操作，只是将文档放到设计数据库的回收站中，实际上并没有真正删除，而形成自由文件。如果要彻底删除一个文档，可以首先选取该文档，并在按 Delete 键之前先按住_____键不放，即可完全删除该文件。

二、选择题

1．_____属于元器件的一种，主要用于电路板之间或电路板与其他元器件之间的连接。

　　A．接插件　　B．焊盘
　　C．过孔　　　D．导线

2．_____指的是定义在机械层和禁止布线层上的电路板的外形尺寸制板。最后就是按照这个外形对电路板进行剪裁的，因此用户所设计的电路板上的图件不能超过该边界。

　　A．元器件　　B．导线
　　C．电路板边界 D．焊盘

3．Winter 09 版本优化了内存并将三维 PCB 可视化系统的速度提升至最高达_____倍之多，充分体现了更加准确和快速的设计优势。

　　A．10　　　　B．20
　　C．8　　　　 D．7

4．_____是整个 PCB 设计的第一步，也是最基础的一步。该类视图设计的基本思想就是将电路设计概念在计算机软件的设计过程中以图形的形式表现出来。

　　A．PCB 设计　B．原理图设计
　　C．FPGA 设计 D．VHDL 设计

5．在电路板设计过程或编辑电路板时，执行不同操作将获得不同的文件类型，但不会生成_____文件类型。

　　A．项目文件　B．模型文件
　　C．自由文件　D．存盘文件

三、问答题

1．简要介绍电路板层的结构和工作层类型。
2．Altium Designer 8.0 开发环境主要由哪几部分组成？
3．简要介绍电路设计的基本流程。
4．Altium Designer 软件主要由哪几个基本模块组成？

四、上机练习

1．Altium Designer 文档管理

本练习进行 Altium Designer 8.0 常用文档管理，为巩固以本章介绍文件的组织，以及管理工作界面的专业知识，可通过新建原理图、PCB 图、原理图库文件和 PCB 库文件，从而进入不同的操作环境，了解各个环境基本组成部分。

2．绘制原理图和对应 PCB 图

按照本章课堂练习 1-2 绘制原理图的方法，绘制图 1-58 所示的原理图，并绘制对应的 PCB 图。可首先新建项目文件，并在该项目文件下新建原理图，然后按照课堂练习设计步骤绘制该原理图，其中当需要旋转电阻时，可在放置后双击元器件，并在打开的对话框中定义方位值，即旋转 90°。完成原理图的绘制后，即可通过原理图绘制 PCB 图。

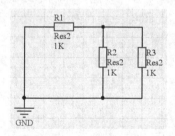

图 1-58　电路原理图

第 2 章
电路原理图环境

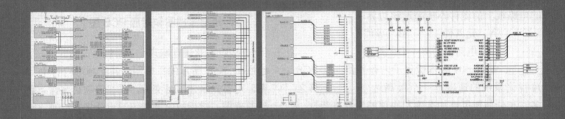

原理图设计是电路设计的基础，它除了可以表达电子设计工程师的设计思想外，在电路图的设计过程中，还为各个元器件的连线提供了依据，而且只有在设计出电路原理图的基础上才可以进行印刷电路板的设计和电路仿真等。

在进行电路原理图的设计之前，应当先熟悉电路原理图的工作环境。通过该环境可以设置出符合设计要求的电路图纸，原理图环境设置主要是指图纸和光标设置。绘制原理图首先要设置图纸，如设置纸张大小、标题框、设计文件信息等，确定图纸的有关参数。图纸上的光标对于放置组件和连接线路等带来很多方便。

本章将详细介绍电路原理图的操作环境、该操作环境中常用的工具使用方法，以及使用栅格和光标的方法。此外还介绍了文档参数的定义方法。

本章学习目的

- ➢ 掌握电路原理图的设计步骤
- ➢ 熟练掌握原理图的创建方法
- ➢ 熟练运用原理图的设计工具
- ➢ 掌握图纸和字体的设置方法
- ➢ 掌握网络和光标的设置方法
- ➢ 熟悉绘图参数的设置方法
- ➢ 熟悉管理工作界面的方法

2.1 认识原理图编辑环境

使用计算机绘制原理图是现代电子技术设计的重要组成部分,在掌握了电路、数字电路和模拟电路的知识之后,就应该学习使用软件进入原理图编辑环境设计电路图。

2.1.1 电路原理图的设计步骤

电子电路设计的基础是设计原理图,原理图设计的好坏直接影响到后续工作的进展,如网络表的生成、印刷电路板的设计等。

按照电路原理图的设计方向,大致分为创建工程、设置原理图选项和载入元器件库等几个步骤,其流程图如图 2-1 所示。

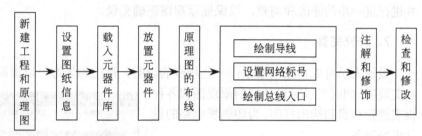

图 2-1 原理图设计步骤

1. 创建工程和原理图

在具体的设计之前首先需要建立一个工程,并在工程中建立原理图文件。之后在进行工程和文件的保存时,应建立专用文件夹,用于保存工程中用户建立和系统产生的各种文件,便于日后对文件的管理。

在进行 SCH 设计系统之前,首先要构思好原理图结构,即必须明确所设计的项目需要哪些电路来完成,然后使用 Altium Designer 8.0 来绘制出电路原理图。

2. 设置原理图选项

设计人员可以根据个人的绘图习惯、公司单位的标准化要求,以及图纸的大小等情况,设置原理图图纸的大小、方向和标题栏的参数。另外,还可以根据实际电路的复杂程度来设置图纸的大小。在电路设计的整个过程中,图纸的大小允许不断地调整。因此,设置合适的图纸大小是完成原理图设计的第一步。

3. 载入元器件库

Altium Designer 8.0 拥有众多的、种类齐全的元件库,但并非每个元件库在进行设计的过程中都会应用到。装入所需元件库就是将用户设计中需要用到的元器件库载入当前的环境中,以便在绘图过程中随时查找和使用库中的元器件。

4. 放置元器件

根据实际电路的需要,从元器件库中选取所需的各种元器件,逐一放置到图纸的合适位置,并对组件的名称、封装进行定义和设定。还可根据组件之间的走线等联系,对组件在工作平面上的位置进行调整和修改,使得原理图美观而且易懂,以便为下一步的布线工作打好基础。

5．原理图的布线

将图纸中放置的元器件用具有电气意义的导线、网络标号等连接起来,使各元件之间具有用户所设计的电气连接关系,以构成一幅完整的电路原理图。

6．检查、修改和调整

当完成原理图布线后,利用 Altium Designer 8.0 提供的错误检查报告修改原理图,并进行进一步的修改和调整,以保证原理图正确无误。

7．补充完善

设计人员可以在原理图上作一些相应的说明、标注和修饰,以提高原理图的可读性和美观度。同时可以对设计好的原理图和各种报表进行存盘和输出打印,为印刷板电路的设计做好准备。

2.1.2 原理图的基本操作

在创建原理图之前,应先创建或打开一个工程,然后再创建原理图到该工程中并进行保存,以便于对原理图进行设置和管理等操作。

1．创建和保存 PCB 工程

启动 Altium Designer 8.0 后,在 Files 管理器中,选择【新的】|Blank Project(PCB)选项,将打开一个默认的 PCB 工程,如图 2-2 所示。

图 2-2 创建 PCB 工程

此时,程序将自动切换到 Projects 管理器中,并创建一个名称为 PCB_Project1.PrjPCB 的默认 PCB 工程。在工程列表框中右击该工程,执行【保存工程】命令保存该工程,如图 2-3 所示。

执行【保存工程】命令后,将打开 Save(保存)对话框。在该对话框【文件名】文本框中,可输入 PCB 工程的名称,例如 PCB_Prj_Demo2.PrjPCB。其中".PrjPCB"是

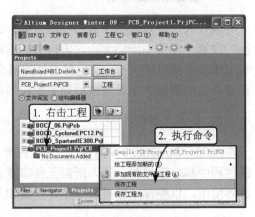

图 2-3 保存工程

PCB 工程的扩展名,如图 2-4 所示。然后单击【保存】按钮保存工程文件。

执行上述的操作后，在 Projects 管理器中将显示名为 PCB_Prj_Demo2.PrjPCB 的 PCB 工程文件。此时可以执行【文件】|【保存工程为】命令，然后在打开的对话框中改变项目的保存路径和项目名称。

2．创建和保存原理图

当创建了 PCB 工程后，需要在项目中进行具体的设计工作，这就要求建立相关的文件，如原理图文件、印刷电路板文本等。可以执行【工程】|【给文件添加新的】| Schematic 命令，或者从快捷菜单中执行相关的命令建立原理图文件。

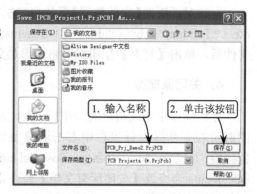

图 2-4　Save（保存）对话框

例如，要在 PCB_Prj_Demo2.PrjPCB 工程文件中创建一个原理图时，可在 Projects 管理器的列表框中，右击 PCB 工程文件 PCB_Prj_Demo2.PrjPCB，在弹出的快捷菜单中执行【给工程添加新】| Schematic 命令后，即可创建原理图文件，如图 2-5 所示。

创建原理图后，将在右侧的工作区中看到一张空白电路图纸，如图 2-6 所示。如同 PCB 工程文件一样，可右击该原理图并执行【保存】

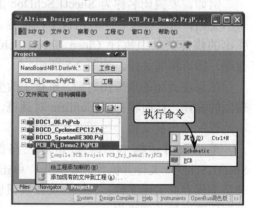

图 2-5　创建原理图

命令，并在 Save 对话框中将新原理图文件保存在指定的位置。

3．打开原理图

如果已经设计了一张原理图，并且保存为一个文件，那么可以将该文件直接添加到工程中。在工程管理器中右击 PCB 工程，在弹出的快捷菜单中执行【添加现有的文件到工程】命令，将打开图 2-7 所示的 Choose Documents to Add to Project 对话框。

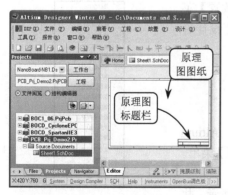

图 2-6　原理图操作环境　　　　图 2-7　Choose Documents to Add to Project 对话框

在该对话框的【文件类型】下拉列表框中，可以指定要打开的文件类型，例如：Design file（*.Pcbdoc;*.pcb;*.schdoc;…）、Schematic file（*.sch；*.schdoc）等。选择指定原理图文件后，单击【打开】按钮即可将其添加到工程中，并打开该文件。

4．关闭原理图

在原理图中完成指定的操作后，关闭原理图时可在工作区上标签栏中右击原理图的文档标签，并执行 Close …命令、Close Schematic Documents 命令或【关闭所有文档】命令，即可关闭原理图文档。

例如，要关闭名称为 Sheet1.SchDoc 的原理图文档，可在标签栏中右击该文档标签，在弹出的快捷菜单中执行 Close Sheet1.SchDoc 命令，即可将其关闭，如图 2-8 所示。

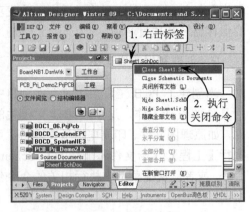

图 2-8 关闭原理图

如果在关闭的原理图之前，执行了改变原理图的操作，此时将打开 Confirm 对话框，提示是否保存当前文件，如图 2-9 所示。

单击该对话框中 Yes 按钮时，将保存 Sheet1.SchDoc 文件并执行关闭操作；单击 No 按钮不保存并关闭文件；单击 Cancel 按钮后将取消原理图的关闭操作。

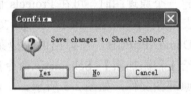

图 2-9 提示是否保存对话框

> **提示**
> 在关闭文件时，执行 Close Schematic Documents 命令，将关闭所有打开的原理图文档；执行【关闭所有文档】命令，将关闭当前打开的所有类型的文档。

2.2 原理图设计工具

Altium Designer 8.0 为原理图的设计提供了【放置】菜单和工具栏，使用该菜单和工具栏可以极大地方便设计者的操作。下面分别对其进行介绍。

2.2.1 原理图菜单

在工作区中显示了打开或创建的原理图后，Altium Designer 8.0 的菜单栏中将自动显示原理图的【放置】菜单。该菜单提供了原理图中各对象绘制的工具。

当打开原理图后打开【放置】菜单，如图 2-10 所示。执行其中的一个命令后，即可在原理图中进行对应的布线操作。

图 2-10 【放置】菜单

使用【放置】菜单中的工具除了可以在原理图中绘制需要的总线和元器件等对象外，还可以添加文本、使用绘图工具和注释工具。表 2-1 列出了【放置】菜单中各工具的使用说明。

表 2-1　【放置】菜单中工具的功能说明

图　标	名　　称	功　能　说　明
	总线	用于绘制原理图的总线
	总线进出口	用于绘制原理图的总线出入口
	器件	用于在原理图中放置一个元器件
	手工节点	用于放置原理图的节点
	电源端口	用于绘制原理图的电源端口或者接地端口
	线	用于绘制原理图的导线
	网络标号	用于绘制原理图的网格标号
	端口	用于在原理图中放置输入/输出端口
	离图连接	用于在原理图中放置离图连接
	图表符	用于在原理图中放置电路方框图
	添加图纸进入口	用于在原理图中放置电路方框图进出点
	器件图表符	用于在原理图中放置器件图标
	线束	提供了在原理图中放置的各种线束（如信号线束）
	指示	提供了在原理图中放置的各种指示（如探针和仪器探头）
	文本字符串	用于在原理图中放置文本字符串
	文本框	用于在原理图中放置带文本框的字符串
	绘图工具	提供了绘图的各种工具（如弧、椭圆弧和线等）
	注释	提供了在原理图中放置各种注释（如注释和椭圆注释）

2.2.2　原理图工具栏

Altium Designer 8.0 提供了 5 个用于原理图设计的工具栏，分别是【原理图标准】工具栏、【布线】工具栏、【实用】工具栏、【格式化】工具栏、【混合仿真工具栏】，如图 2-11 所示。充分利用这些工具将极大地方便电路原理图的绘制。

1.【原理图标准】工具栏

该工具栏提供了最基本的原理图文档的操作，如建立文件、打开文件和保存原理图，以及原理图中布线对象的剪切、拷贝和粘贴等操作。通过执行【察看】|【工具条】|【原理图标准】命令，可以打开或关闭【原理图标准】工具栏。

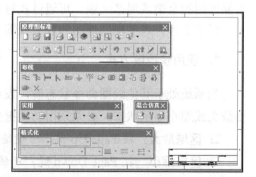

图 2-11　原理图工具栏

2.【布线】工具栏

该工具栏提供了常用的布线的工具，如放置线、放置总线和放置信号线束等工具。可执行【察看】|【工具条】|【布线】命令，打开或关闭【布线】工具栏。

3.【实用】工具栏

在该工具栏中提供了实用工具（如放置线、放置多边形等）、排列工具（如器件左对齐、器件右对齐等）、电源（如放置GND端口、放置VCC电源端口等）、数字器件（如1K电阻、10K电阻等）、仿真源（如电源供给+5伏、电源供给–5伏等）和栅格（循环跳转栅格、切换可视栅格等）工具。可执行【察看】|【工具条】|【实用】命令，打开或关闭【实用】工具栏。

4.【格式化】工具栏

在该工具栏中提供了原理图中对象的颜色、区域颜色、字体名称和字体大小等设置。可执行【察看】|【工具条】|【格式化】命令，打开或关闭【格式化】工具栏。

5.【混合仿真】工具栏

在该工具栏中提供了运行混合信号仿真、设置混合信号仿真和生成XPICE网络表3个命令。可执行【察看】|【工具条】|【混合仿真】命令，打开或关闭【混合仿真】工具栏。

> **提 示**
> 右击菜单栏，在弹出的快捷菜单中执行其中的命令，同样可以打开或关闭原理图工具栏。

2.2.3 图纸的放大或缩小

电路设计人员在绘制原理图的过程中，需要经常对绘图区域进行放大或缩小，以查看原理图的全部或局部区域。可通过执行【察看】菜单中的命令或通过【原理图标准】工具栏等多种方式实现原理图的放大或缩小。

1. 使用快捷键方式

当系统处于其他绘图命令状态时，设计人员无法使用鼠标去执行一般的命令，此时要放大或缩小显示状态，必须采用功能键来实现。

- ❑ 区域放大　按Page Up键，可使绘图区域放大。
- ❑ 区域缩小　按Page Down键，可使绘图区域缩小。
- ❑ 移至中心　按Home键，可使绘图区以光标为中心进行移动。
- ❑ 图面更新　按End键，可对绘图画面进行刷新。
- ❑ 区域移动　按方向键可以使绘图区域分别向上、下、左、右4个方向移动。

2. 使用菜单放大或缩小图纸显示

在 Altium Designer 8.0 提供的【察看】菜单中，执行其中的控制图形区域的命令时，即可放大或缩小原理图，如图 2-12 所示。使用该菜单中的命令执行放大或缩小操作时，无须使用键盘进行操作。

该菜单中包含了多个放大或缩小原理图的命令，其说明介绍如下。

- **适合文件** 显示整个文件，用来查看整张电路图。
- **适合所有对象** 使绘图区中的图形填满整个工作区。

图 2-12 【察看】菜单中的放大缩小命令

- **区域** 放大显示鼠标选定的区域。此方式是通过选定绘图区域中对角线上的两个角的位置来确定需要进行放大的区域。执行【区域】命令后，单击目标区域的左上角位置，然后再单击目标区域的右下角位置，即可放大所框选的区域。
- **点周围** 该命令可放大显示所选定的区域。通过确定选定区域的中心位置和选定区域的一个角的位置来确定需要进行放大的区域。执行【点周围】命令，单击目标区域的中心，然后单击目标区域的右下角，即可放大选定区域。
- **被选中的对象** 该命令可放大显示所选中的原理图中的对象。
- **用不同的比例显示** 【察看】菜单中提供了 50%、100%、200%和 400%共 4 种比例显示方式。
- **放大/缩小** 放大或缩小绘图区域。
- **上一次缩放** 返回到上一次缩放的效果。
- **摇镜头** 将当前原理图的绘图区域的左上角显示到工作区的中心点位置。
- **全屏** 全屏显示工作区域，隐藏 Altium Designer 8.0 的标题栏、状态栏和控制面板。

提 示

【刷新】命令可用于更新画面。在滚动画面、移动元器件等操作时，有时会造成画面显示含有残留的斑点或图形变形问题，这虽然不影响电路的正确性但不美观，可以执行【刷新】命令来更新画面。

3. 使用原理图标准工具栏按钮

原理图标准工具栏中提供了 3 个缩放按钮，专门用于快速放大绘图区域和对象，下面分别介绍这 3 个缩放按钮的作用。

- **适合所有对象** 该按钮与【察看】菜单中【适合所有对象】命令的功能相同，可使绘图区中的图形填满整个工作区。
- **缩放区域** 该按钮与【察看】菜单中【区域】命令的功能相同，可放大显示鼠标选定的区域。
- **缩放选择对象** 该按钮与【察看】菜单中【缩放选中对象】命令的功能相同，可放大选中的对象。

4．使用鼠标滚轮

如果当前为三键鼠标，则可以在按住 Ctrl 键的同时，滚动鼠标中键（滚轮），即可放大或缩小绘图区域。如果在图纸中按住并拖动鼠标滚轮，也可以放大或缩小绘图区域。

> **提　示**
> 在图纸中右击并拖动，可移动电路原理图显示指定的图纸区域。

2.3　设置图纸

设计人员可以根据需要在原理图的【文档选项】对话框中进行设置，设置满足符合需要的原理图图纸使用标准，如图纸类型、图纸方向等。

2.3.1　图纸大小设置

在绘制原理图之前，首先应该确定图纸的大小。选择合适的图纸将有利于电路图的绘制和打印，同时也为设计工作提供了便利，并节省了磁盘空间。

1．选择标准图纸

系统提供了 18 种可用的标准类型的图纸，如 A1、A2、A3 和 A4 等。设计人员可根据需要选择合适的图纸，以方便电路原理图设计完成后的显示或打印等操作。

关于图纸大小设置，可执行【设计】|【文档选项】命令，打开【文档选项】对话框。并在【方块电路选项】选项卡中进行设置，如图 2-13 所示。

【文档选项】对话框提供了多个原理图文档选项设置。单击【标准类型】选项区域中的【标准类型】下拉列表框后的下三角按钮时，即可在其列表框中选择指定的标准图纸类型，例如 A4 和 A3 等。表 2-2 列出了【标准类型】列表框中提供的标准图纸的尺寸。

图 2-13　【文档选项】对话框

2．自定义图纸大小

如需自定义图纸尺寸，可在图 2-13 所示的【文档选项】对话框的【定制类型】选项区域中设置。当启用【使用定制类型】复选框后，即可激活自定义图纸功能。该栏中共有 5 个参数设置，其中各项的说明如下。

表 2-2 【标准类型】列表框中的标准图纸

尺寸	宽度×高度（英寸）	宽度×高度（毫米）
A4	11.69×8.27	297×210
A3	16.54×11.69	420×297
A2	23.39×16.54	594×420
A1	33.07×23.39	840×594
A0	46.80×33.07	1180×840
A	11.0×8.5	279.42×215.90
B	17.0×11.0	431.80×279.42
C	22.0×17.0	558.80×431.80
D	34.0×22.0	863.60×558.80
E	44.0×34.0	1078.00×863.60
Letter	11.00×8.50	279.4×215.9
Legal	14.0×8.50	355.6×215.9
Tabloid	17.0×11.0	431.8×279.4
OrCAD A	9.90×7.90	251.15×200.66
OrCAD B	15.40×9.90	391.16×251.15
OrCAD C	20.60×15.60	523.24×396.24
OrCAD D	32.60×20.60	828.04×523.24
OrCAD E	42.80×32.80	1087.12×833.12

- ❑ **定制宽度** 设置图纸的宽度，其单位为 1/100 英寸，1000 代表 10 英寸。
- ❑ **定制高度** 设置图纸的高度，其单位为 1/100 英寸，800 代表 8 英寸。
- ❑ **X 区域计数** 指定 X 轴参考坐标分格数。
- ❑ **Y 区域计数** 指定 Y 轴参考坐标分格数。
- ❑ **刃带宽** 指定边框的宽度。

完成以上的参数设定后，单击【从标准更新】按钮和【确定】按钮，即可自定义一张所需的图纸尺寸。

> **提示**
> Altium Designer 8.0 中原理图图纸所能接受的最大自定义的图纸尺寸为 65 英寸×65 英寸。

2.3.2 图纸方向和标题设置

在【文档选项】对话框中，还可以设置原理图图纸的显示效果，如图纸显示方向、标题栏类型等，可在【方块电路选项】选项卡的【选项】选项区域中进行设置。下面分别介绍该选项区域中的选项设置。

1. 设置图纸方向

图纸的方向有两种状态，即纵向和横向。可打开【文档选项】对话框，然后在【选项】选项区域的【方位】下拉列表框中选择选项，即可设置图纸的显示方向。其中选项 Landscape 表示图纸为横向显示，而选项 Portrait 则表示图纸为纵向显示。

原理图允许电路图图纸在显示及打印时选择为横向（Landscape）或纵向（Portrait）格式，但图纸中的对象并不会随着图纸方向的改变而改变。通常情况下，在绘制及显示时设置为横向，在打印时设置为纵向。

2. 设置图纸标题栏

原理图图纸的标题栏中记录了当前图纸的名称、尺寸、版本和日期等信息。系统共提供了两种标题栏类型，一种是标准类型的标题栏，另一种是 ANSI 类型的标题栏（美国国家标准协会类型）。

在【选项】选项区域中启用【标题块】复选框后，即可在其后的下拉列表框中选择标题栏类型 Standard（标准类型）和 ANSI。单击【确定】按钮后，图纸中将显示图 2-14 所示的标题栏。

如果禁用【标题块】复选框，图纸中将不显示上述图中的标题栏。启用该复选框并选择 Standard 选项时，【方块电路数量空间】文本框将被激活，可在其中输入数字设置 Sheet 后的空间值。

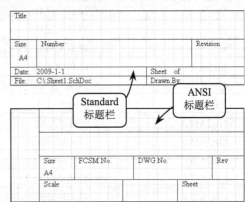

图 2-14　图纸标题栏

3. 其他设置

在【选项】选项区域中除了对图纸方向及图纸标题的设置外，还可以设计图纸的边框显示效果，下面介绍应用于图纸边框的选项。

- □ **显示零参数**　该复选框可用于设置图纸参考坐标的显示或隐藏。一般情况下该复选框启用，显示参考坐标。在其对应的下拉列表框中包含两个选项。
  - ➤ **Default: Alpha Top to Bottom，Numeric Left to Right**　该选项表示默认选项，边框字母从顶部到底部，数字从左向右的顺序显示。
  - ➤ **ASME Y14：Alpha Bottom to Top，Numeric Right to Left**　该选项表示边框字母从底部到顶部，数字从右到左的顺序显示。
- □ **显示边界**　该复选框可用于设置是否显示图纸的边框，如果需要使用最大的可用工作区时，可以将边框隐藏。如果某些打印机或绘图仪不能打印到图纸边框的区域时，需要多次测试可打印的实际可用工作区。另外，原理图在打印时，允许以一定比例缩放输出进行补偿。
- □ **显示绘制模板**　该复选框可用于设置是否显示模板中的图形、文字以及专用字符串等。通常用于显示自定义的标题区块或公司商标时，可启用该复选框。

2.3.3 设置图纸颜色

Altium Designer 8.0 所提供的图纸颜色设置，包括图纸边框颜色（Border Color）设置和图纸底色（Sheet Color）设置。

1. 边框颜色设置

边框颜色默认为黑色，当需要修改边框的颜色时，设计人员可在【文档选项】对话框中，单击【方块电路选项】选项卡中【选项】选项区域的【边界颜色】颜色框，打开【选择颜色】对话框，进行选取和设置新的边框颜色，如图 2-15 所示。

【选择颜色】对话框中包含了【基本的】、【标准的】和【定制的】3 个颜色设置选项卡，设计人员可以根据需要或习惯进行设置。

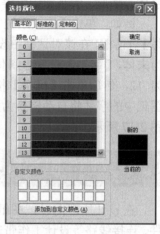

图 2-15 【选择颜色】对话框

❑ **基本颜色**

该选项卡的【颜色】列表框中列出了 239 种基本颜色，用于当前所使用的颜色。如果需要改变当前使用颜色，可直接在【颜色】框和【自定义颜色】选项区域中选取所需颜色，并单击【确定】按钮，改变图纸边框颜色。

❑ **标准颜色**

该选项卡中显示了 Windows 系统的【颜色】对话框提供的标准颜色，定位于当前所使用的颜色。

❑ **定制颜色**

该选项卡为 Windows 系统的自定义颜色对话框，设计人员可以在该选项卡中自定义颜色。可以对色调（E）、饱和度（S）、亮度（L）、红（R）、绿（G）、蓝（U）等项进行设置，调出满意的颜色后，单击【确定】按钮将其添加到【边界颜色】颜色框中。

2. 图纸底色设置

图纸的底色默认为浅黄色，要变更图纸底色时，可单击【选项】选项区域的【方块电路颜色】颜色框色块，将打开【选择颜色】对话框。在该对话框中选取所需颜色后，单击【确定】按钮，将该颜色添加到【方块电路颜色】颜色框中。图纸底色与边框颜色的设置相同，边框颜色的设置操作均适用于图纸底色设置。

2.3.4 设置系统字体

在图纸中经常需要插入很多文字标识，在考虑到图纸的美观和样式的统一时，系统可以为这些插入的字符设置字体的样式。如果在插入文字时，不单独进行修改字体，则默认使用系统的字体。系统字体的设置可以使用字体设置模块来实现。

当设置系统字体时,可打开【文档选项】对话框,并在【方块电路选项】选项卡中单击【更改系统字体】按钮,打开图 2-16 所示的【字体】对话框。可在该对话框中设置系统的默认字体,如设置字体、字形、大小和颜色等。

例如,单击【更改系统字体】按钮,打开【字体】对话框。在该对话框中设置图纸的默认【字体】为宋体,【字形】设置为斜体,字号【大小】设置为 12,然后单击【确定】按钮确认操作,这样在图纸中的字体将自动转换为所设置的字体效果,如图 2-17 所示。

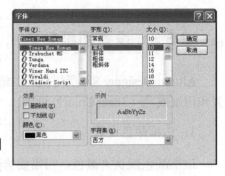

图 2-16　【字体】对话框

2.4 栅格和光标设置

在设计原理图时,图纸上的栅格为放置元器件、连接线路等设计工作带来了极大的方便。在进行图纸的显示操作时,可以设置栅格的种类以及是否显示栅格,同时也可以对光标的形状进行设置。

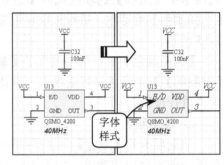

图 2-17　设置系统字体前后效果图

2.4.1 图纸栅格可视性设置

如果要设置图纸中栅格是否可见或光标在栅格上移动的间距时,可在【文档选项】对话框中进行设置。在【栅格】选项区域中包含了【可见的】和 Snap 两个复选框,用于指定栅格的可见性和移动间距。

1. 设置光标移动间距

启用 Snap 复选框后,可以改变光标的移动间距。其后的文本框中指定了移动的基本单位值,系统默认值为 10 像素。禁用该复选框后,光标移动时以 1 个像素点为基本单位移动。

2. 设置栅格可见性

启用【可见的】复选框后,表示在图纸中显示栅格。在右边的文本框中输入数值,可改变图纸中栅格间的距离,系统默认距离为 10 像素。禁用该复选框后,表示在图纸中不显示栅格。

例如,在该对话框中,启用【可见的】复选框,并在其后的文本框中输入"15",单击【确定】按钮确认操作,图纸中栅格间距将以 15 像素显示,如图 2-18 所示。

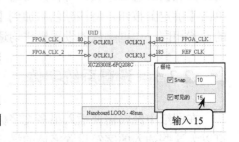

图 2-18　图纸栅格间距为 15

> **提 示**
>
> 如果将【栅格】选项区域中的两个选项的值设置相同的值，光标每次移动一个栅格；如果将【可见的】选项的值设置为 20，而将 Snap 的值设置为 10，光标每次移动半个栅格。

2.4.2 设置图纸栅格形状和颜色

在绘制图纸时，图纸中的栅格可起到很大的辅助作用。图纸中栅格有两种形状，即线状（Line）栅格和点状（Dot）栅格，可以根据需要设置栅格的形状。系统还允许更改栅格的显示颜色，使设计人员可以设置成不同的风格。

设置栅格的形状时，可执行【工具】|【设置原理图参数】命令，打开【喜好】对话框。在左侧的树状目录中，选择 Schematic | Grids 目录节点，打开 Schematic-Grids 选项卡，如图 2-19 所示。在该选项卡中可设置以下参数。

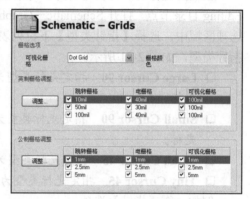

图 2-19　Schematic-Grids 选项卡

❑ **设置栅格形状**

在【栅格选项】选项区域的【可视化栅格】下拉列表框，包含了两个选项，分别为 Dot Grid 和 Line Grid，即点状栅格和线状栅格。

❑ **设置栅格颜色**

单击【栅格颜色】颜色框，打开【选择颜色】对话框。此时选取指定的颜色，单击【确定】按钮确认操作后，即可改变栅格的显示颜色。

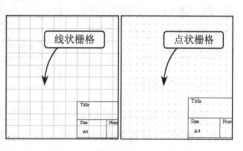

图 2-20　线状栅格和点状栅格

例如，为图纸的栅格分别指定"线状栅格"和"点状栅格"，并指定栅格的颜色，然后单击【确定】按钮确认操作，则在图纸中将显示不同风格的栅格，如图 2-20 所示。

在设置栅格的颜色时，应尽量设置较浅的颜色，而不要设置太深的颜色，否则将影响原理图的绘制工作。

> **提 示**
>
> 在 Schematic-Grias 选项卡中通过单击【英制栅格调整】选项区域和【公制栅格调整】选项区域中的【调整】按钮，可设置图纸放大达到的尺寸时显示栅格。

2.4.3 设置电气栅格点和光标

在设计原理图时，图纸上的栅格为放置元器件、连接线路等设计工程带来了极大的方便。通过对电气栅格的设置,在放置元器件和绘制导线时,光标将自动搜索并移到最近指定的栅格或其他位置上。也可以对光标的形状进行设置,使光标在图纸中位置更加精确。

1. 设置光标

光标是指在图纸中绘图或添加元器件时光标的形状。Altium Designer 8.0 共提供了 4 种类型光标,可用于绘制图形、放置元器件和连接线路中。

在设置光标时,可在【喜好】对话框的左侧的树状目录中选择 Schematic | Graphical Editing 目录节点,打开 Schematic－Graphical Editing 选项卡。然后在该选择卡的【指针】选项区域中,选择【指针类型】下拉列表框中的指针类型,如图 2-21 所示。

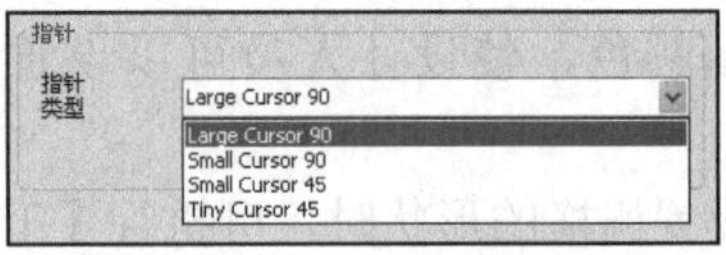

- **Large Cursor 90** 指定光标类型为 90°大光标。
- **Small Cursor 90** 指定光标类型为 90°小光标。
- **Small Cursor 45** 指定光标类型为交叉的 45°光标。
- **Tiny Cursor 45** 指定光标类型为极小的 45°光标。

例如,在【指针】选项区域中选择不同的光标类型,则在图纸上绘制图形时,对应的光标显示也不相同,如图 2-22 所示。

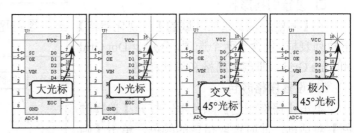

图 2-21 【指针类型】下拉列表框

图 2-22 光标类型

2. 电气栅格

在绘制导线时,系统会以电气栅格中设置的值为半径,以光标所在位置为中心,向四周搜索电气栅格点。如果在搜索半径内有电气栅格点,则光标将自动移到该节点上,并且在该节点上显示一个圆点;如果取消该项功能,则无自动寻找电栅格点的功能。

要设置电气栅格时,可执行【工具】|【文档选项】命令,打开【文档选项】对话框。在该对话框的【方块电路选项】选项卡中,通过对【电栅格】选项区域下的【使能】和【栅格范围】设置,以指定电气栅格是否打开和自动搜索电栅格点范围。

其中启用【使能】复选框,表示启用电气栅格功能,并可在【栅格范围】框中设置电气栅格的搜索半径。

> **技 巧**
>
> 设置栅格是否可见,执行【察看】|【栅格】|【切换可视栅格】命令,或使用 Shift+Ctrl+G 组合键也可实现。另外,执行【切换电气栅格】命令或使用 Shift+E 组合键,可快速设置【电气栅格】功能是否可用。

2.5 文档参数

在一个系统中，其功能可能需要多个控制电路来实现，并且某些电路图也可能由多个部分共同组成，同时电路图的设计组织也是文档的重要属性，所以需要对文档参数进行设置。

2.5.1 设置系统文档参数

Altium Designer 8.0 为原理图文档指定了多个默认的文档参数。例如，公司名称、地址、图样的编号，以及图样的总数、文件的标题名称、日期等。除了默认的参数外，系统还允许用户添加自定义参数，并为该参数指定规则和属性。

在设置文档参数属性时，可以在【文档选项】对话框的【参数】选项卡中进行设置。在该选项卡的列表框中列出了所有文档参数的名称、值及类型等参数值，如图 2-23 所示。

【参数】选项卡的列表框中，【名】项中显示了所有的参数项，包括系统默认参数和用户自定义参数；【值】项中显示对应参数的值；【类型】项中显示对应参数的类型，系统共提供了 STRING、BOOLEAN、INTEGER 和 FLOAT 这 4 种类型。

当选择系统默认参数后，【参数】选项卡中【删除】按钮呈灰色显示。其中系统文档参数含义如下所述。

- **Address1、Address2、Address3、Address4** 用于设置公司或单位的地址。

图 2-23 文档参数设置

- **ApprovedBy** 用于指定批准人的姓名。
- **Author** 用于指定设计人姓名。
- **CheckedBy** 用于指定审校人的姓名。
- **CompanyName** 用于设置公司的名称。
- **CurrentDate** 用于指定当前日期。
- **CurrentTime** 用于指定当前时间。
- **Date** 用于设置日期。
- **DocumentFullPathAndName** 用于指定文档名称及完整保存路径。
- **DocumentName** 用于指定文档名称。
- **DocumentNumber** 用于指定文档的数量。
- **DrawnBy** 用于指定绘图人的姓名。

- **Engineer** 用于指定工程师的姓名。
- **ModifiedDate** 用于设置修改日期。
- **Organization** 用于设置设计机构名称。
- **Revision** 用于设置版本号。
- **Rule** 用于设置规则信息。
- **SheetNumber** 用于指定原理图编号。
- **SheetTotal** 用于指定工程中的原理图总数。
- **Time** 用于设置时间。
- **Title** 用于设置原理图的标题。

可以使用两种方式设置系统默认文档参数的值和类型，第一种是在列表框中直接指定；第二种为通过【编辑】按钮，在打开的【参数工具】对话框中指定。

1．通过列表框设置参数

在【参数】选项卡的列表框中，选择对应参数名称的【值】项，并在文本框中输入该参数的值。然后，在其后的【类型】列表框中，选择该参数的类型。例如，在图 2-23 所示的【参数】对话框中，在参数 Address1 后的文本框中，可输入公司的地址。

2．通过编辑按钮设置参数

当指定的文档参数属性值与原理图不匹配时，则可以对文档参数属性值进行修改并加以指正。在列表框中选中要进行编辑的参数后，单击【编辑】按钮打开【参数工具】对话框，在该对话框中可设置指定参数的值和属性等参数项，如图 2-24 所示。

图 2-24 【参数工具】对话框 1

- **名** 当前编辑的参数。当编辑系统默认文档参数时，该选项区域呈灰色状态。
- **值** 在该选项区域的文本框中，可指定当前选择参数的值。如果启用【锁定】复选框则该参数的值将不可修改。
- **属性** 在该选项区域中可以为参数指定参数值的类型和唯一标识 ID，两种属性设置如下所述。
  - **类型** 用于指定参数值的类型。共包含了 4 种类型，分别为 STRING、BOOLEAN、INTEGER 和 FLOAT。
  - **唯一 ID** 指定参数的唯一标识 ID，该标识为 8 位的纯字母字符串。可单击【复位】按钮随机生成该标识 ID，该字符串与其他参数 ID 不重复。

2.5.2 自定义文档参数

除了系统提供的默认参数项外，设计人员还可以根据需要为文档自定义参数项。例如，如果当前原理图为某所学校学生的作业时，可以为文档添加系别、专业、班级名称、学号和备注等参数。

1．添加文档参数

当需要为原理图添加文档参数时，设计人员可在【文档选项】对话框【参数】选项卡中单击【添加】按钮，将打开【参数工具】对话框，如图 2-25 所示。

图 2-25　【参数工具】对话框 2

在该对话框的【名】和【值】选项区域中，可以指定要添加参数的名称和值，并且可以指定参数的可见状态和锁定状态。在【属性】选项区域中提供了以下多种规则设置。

- **位置 X**　设置参数的所放位置的 X 坐标值。
- **位置 Y**　设置参数的所放位置的 Y 坐标值。
- **颜色、字体**　设置该参数值的字体和颜色。
- **方位**　设置参数值放置的方向。单击选项右边的下拉式按钮，即可打开下拉列表。其中包括 4 个选项：0 Degrees、90 Degrees、180 Degrees 和 270 Degrees，分别表示网络名称的放置方向为 0°、90°、180°和 270°。
- **正确**　设置参数值的位置。前一个列表框中包括 3 个选项：Button、Center 和 Top，代表了底部、中心和上部；后一个列表框中包括 3 个选项：Left、Center 和 Right，代表了左侧、中心和右侧。

2．删除文档参数

在【参数】选项卡的参数列表框中，选择要删除的自定义参数，单击【删除】按钮，即可将其删除。如果是正在使用的参数，则不建议删除该参数。

3．编辑文档参数

选择自定义文档参数后，单击【编辑】按钮打开的【参数工具】对话框，与系统默认文档参数对话框相同。但编辑自定义参数时，在该对话框中可修改参数的名称项。

4．为文档参数指定规则

在【文档选项】对话框中单击【添加规则】按钮，打开【参数工具】对话框，并对指定的参数修改或设置规则属性。

2.6　课堂练习 2-1：建立一个项目和原理图文件

建立一个项目是进行电路设计工作的第一步，而建立一个项目和一个与之相关联的原理图，可以通过不同的操作完成。在本实例中创建的项目和原理图文件，将使用菜单命令进行创建。根据本章中学习的内容来建立一个"简单模拟交换机"的工程和原理图文件，如图 2-26 所示。

▶ 图 2-26　创建工程和原理图

操作步骤：

1. 启动 Altium Designer 8.0 软件，进入软件的主界面。然后执行【文件】|【新建】|【工程】|【PCB 工程】命令，打开 Projects 管理器。在管理器中，可以看到新的工程文件 PCB Project1.PrjPCB，并包含一个 No Documents Added 文件夹，如图 2-27 所示。

▶ 图 2-27　PCB 工程文件

2. 执行【文件】|【保存工程】命令，将打开 Save 对话框。在该对话框中选取文本保存路径，并在【文件名】文本框中输入工程名称"简单模拟交换机"，单击【保存】按钮保存 PCB 工程，如图 2-28 所示

3. 在 Projects 管理器中，选择 PCB 工程"简单模拟交换机.PrjPCB"。然后执行【文件】|【新建】|【原理图】命令，将打开创建的原理图 Sheet1.SchDoc，如图 2-29 所示。

▶ 图 2-28　保存工程

▶ 图 2-29　创建原理图

4. 执行【文件】|【保存】命令，打开 Save[Sheet1.SchDoc] As 对话框。选择保存路径后，在【文件名】文本框中输入"简单模拟交换机"，并单击【保存】按钮，如图 2-30 所示。此时 Projects 管理器中原理图的文件名变为了"简单模拟交换机.SchDoc"。

▶ 图 2-30　保存原理图

2.7 课堂练习 2-2：原理图图纸设置

原理图图纸参数设置的重要原则，就是从实际出发，根据电路的实际大小、复杂程度等因素进行设置。有了正确的设置，才能为后面的原理图设计工作打下一个良好的基础。本实例将对上例中的"简单模拟交换机"原理图进行图纸参数的设定，效果如图 2-31 所示。

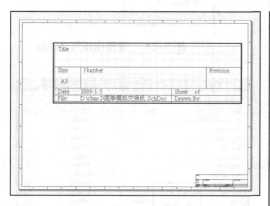

图 2-31 原理图的效果图

操作步骤：

① 在 Projects 管理器中双击"简单模拟交换机.SchDoc"，可将该原理图文件打开。然后执行【设计】|【文档选项】命令，打开【文档选项】对话框，如图 2-32 所示。

图 2-32 【文档选项】对话框

② 设置原理图图纸的大小。单击【标准类型】选项区域中【标准类型】列表框右侧的下三角按钮，然后在打开的下拉列表中选择 A3，将图纸设置为 A3 大小，如图 2-33 所示。

图 2-33 设置图纸大小

③ 设置图纸的标题和边框属性。可在【选项】选项区域右侧第二个下拉列表框中选择 Standard 选项，并指定图纸标题为标准类型标题，如图 2-34 所示。

图 2-34 设置显示和边框属性

④ 单击【边界颜色】颜色框，将打开【选择颜色】对话框。在该对话框的【基本的】选项卡的【颜色】列表框中，选择"5"色块选项，并单击【确定】按钮。【边界颜色】颜色框将变为红色，如图 2-35 所示。

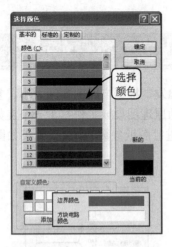

图 2-35　设置边界颜色

的值为"简单模拟交换机",单击【确定】按钮完成设置,如图 2-37 所示。

图 2-36　设置栅格移动间距

[5] 在【栅格】选项区域中,启用 Snap 和【可见的】两个复选框,然后设置栅格值和移动距离的值分别为 10 和 5,即可将栅格的显示设置为可见。并且每次移动半个栅格,如图 2-36 所示。

[6] 在【文档选项】对话框中,单击【参数】标签切换到参数选项卡。在列表框中分别指定参数 Address1 的值为"华山路 12 号"、CompanyName 的值为"艾瑞科技"、SheetNumber 的值为"1-1"及参数 Title

图 2-37　设置参数

2.8　思考与练习

一、填空题

1. 电子电路设计的基础是设计好_____,设计的好坏直接影响到后续工作的进展,如网络表的生成、印刷电路板的设计等。

2. 在具体的设计之前首先需要建立一个_____,并在其中建立原理图文件和 PCB 图文件。

3. 在工作区中显示了打开或创建的原理图后,Altium Designer 8.0 的菜单栏中将自动显示原理图的_____菜单。该菜单提供了原理图中各对象绘制的工具。

4. 电路设计人员在绘制原理图的过程中,需要经常对绘图区域进行_____或_____,以查看原理图的全部或局部区域。

5. 图纸的_____可用于记录当前图纸的名称、尺寸、版本和日期等信息。

二、选择题

1. 按钮电路原理图的设计方向,大致流程为创建工程、设置原理图选项、_____、修改和调整补充等几个步骤。

　　A. 原理图布线、载入元器件库、设置元器件

　　B. 设置元器件、原理图布线、载入元器件库

　　C. 载入元器件库、设置元器件、原理图布线

　　D. 载入元器件库、原理图布线、设置元器件

2. Altium Designer 8.0 提供了 6 个用于原理图工具栏，分别是原理图标准工具栏、格式化工具栏和导航工具栏等，下面_____工具栏不是原理图的工具栏。

　　A．实用　　　　B．应用程序
　　C．混合仿真　　D．布线

3. 使用键盘快捷键可放大或缩小绘图区域，其中_____键可使绘图区域放大。

　　A．Page Up　　B．Page Down
　　C．End　　　　D．Home

4. 在设置原理图图纸时，其中栅格和光标移动距离默认为_____。

　　A．15，15　　　B．10，10
　　C．15，10　　　D．10，15

5. Altium Designer 8.0 提供了 4 种指针类型，在设置时其中_____项是指光标类型为交叉类型的光标。

　　A．Small Cursor 45
　　B．Large Cursor 90
　　C．Small Cursor 90
　　D．Tiny Cursor 45

三、问答题

1. 简述电路原理图的设计步骤。
2. 简述原理图在创建时，应注意的事项有几点。
3. 简述原理图有几种放大和缩小的方法，分别是什么。
4. 简述原理图文档参数的重要意义。

四、上机练习

1. 设置点栅格和光标类型

本练习打开本书配套光盘文件中 PCB 工程 PCB_Prj_Exp1.PrjPcb，对原理图文档"电话原理图.SchDoc"的栅格类型和光标类型进行设置，效果如图 2-38 所示。打开原理图文档后，执行【工具】|【设置原理图参数】命令，可在打开的【喜好】对话框中进行设置。

在 Schematic－Graphical Editing 选项卡中，可设置光标类型为大光标。在 Schematic－Grids 选项卡中，可设置栅格类型为点栅格。需要注意的是，在设置栅格类型时，还可指定栅格的颜色。

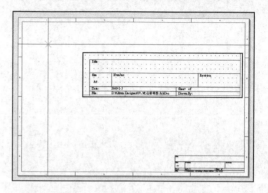

图 2-38　点栅格和大光标

2. 自定义图纸大小

本练习打开本书配套光盘文件中原理图文档 Exa606.SchDoc 的图纸大小进行设置，效果如图 2-39 所示。该原理图的大小默认为 A4，可执行【设计】|【文档选项】命令，在打开的【文档选项】对话框中进行图纸的设置。

其中难点在于自定义原理图的宽度和高度。在设置时可经过多次改变图纸尺寸或移动原理图元器件位置，来完成图纸大小的设置。

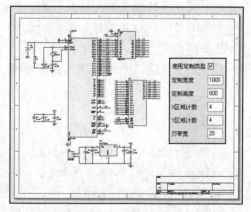

图 2-39　自定义图纸大小

第 3 章

电路原理图设计初步

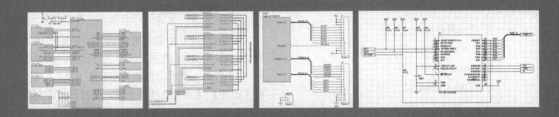

在 Altium Designer 中设计电路图,除了具备以上章节介绍的基本知识以外,最重要的一点就是使用该软件准确、快速、有效地获得原理图设计效果,这是使用该软件的根本所在。因此在掌握了前面的基础知识后,现在就可以进行真正的电路图的设计及绘制工作。其中包括加载并放置和编辑元器件,以及调整、排列和对齐元器件,从而保证元器件准确和位置适当。

本章主要介绍元器件从载入到准确放置的所有专业内容,以为后续的电路图高级设计打好基础。

本章学习目的

➢ 熟悉加载和查找元器件的方法
➢ 掌握放置元器件的各个方法
➢ 了解编辑元器件的方法
➢ 掌握各种调整元器件的方法
➢ 掌握排列和对齐元器件的方法

3.1 装载元器件库

电路原理图中有两大元素,分别为元件和线路。绘制一张原理图首先是要把有关的元器件放置到工作平面上。在放置元器件之前,必须明确各个元器件所在的元件库,并把相应的元件库装入到原理图管理浏览器中。

3.1.1 加载和卸载元器件库

元器件库就是将原理图组件与 PCB 封装和信号完整性分析联系在一起,关于某个组件的所有信息都集成在一个模块库中,所有的组件信息被保存在一起。Altium Designer 8.0 将元器件分类放置在不同的库中,在放置这些元器件之前需要打开元器件所在的库,并将该库添加到当前项目中。

1. 打开元器件库

在 Altium Designer 中,元件库管理浏览器与设计管理器集成在一起。用户只需打开或关闭设计管理器即可。

执行【察看】|【工作区面板】| system |【库】命令,将打开【库】管理器,如图 3-1 所示。

用户利用【库】管理器,可以向原理图中添加查找需要的元器件,并且可以在该对话框中对这些元器件进行编辑。

图 3-1 【库】管理器

- **库** 单击该按钮,将打开【可用库】对话框,用于加载或删除元器件所在的库。
- **搜索** 单击该按钮,将打开【搜索库】对话框,利用该对话框可以在原理图中搜索需要的元器件。
- **Place** 选择不同的元器件对应位置将显示不同名称的按钮。例如选择某一元器件,然后单击该按钮,将所选的元器件载入到原理图中。
- **库** 在库列表框中列出当前加载的库文件,如果单击其后的 ··· 按钮,在打开的对话框中,可以选择库中元器件的样式,如"封装"库中的元器件或显示"3D 模式",如图 3-2 所示。
- **搜索** 该列表框用于检索当前库中的元器件,并在【元件】栏中显示出来。其中"*"号表示将库中所有元器件显示出来。

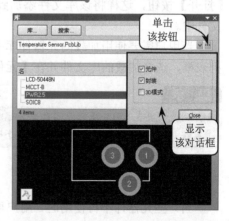

图 3-2 通过库列表框筛选元器件

- ❏ **元件名** 列出【库】列表框中的元器件库的元器件名称。
- ❏ **元件** 该栏中显示出当前库中所有的元器件的名称、Foot Print 等信息。
- ❏ **模型** 在该栏中显示出选择的元器件的模式名,并且在其下显示出该模型的示意图。
- ❏ **供应商链接和供应商信息** 这两个面板主要用于显示所选元器件的供应商信息,如厂商信息或元器件的单价等。

提 示

用户单击右侧栏中的【库】按钮也可以打开【库】对话框,或者打开原理图项目时,执行【设计】|【浏览库】命令,同样可以打开【库】对话框。

2. 加载元器件库

在向电路图中放置元件之前,必须先将该元件所在的元件库载入内存。如果一次载入过多的元件库,将会占有较多的系统资源,同时也会降低应用程序的执行效率。所以最好的做法是只载入必要而常用的元件库,当需要加载其他特殊的元件库时,再载入特殊元器件即可。

在设计原理图时,需要用到更多元器件,可以在【可用库】对话框中加载元器件库。单击【库】管理器中的【库】按钮,则打开【可用库】对话框,如图 3-3 所示。

在该对话框的【已安装】选项卡中显示出该原理图所用的元器件库。如果用户需要加载元器件库,可以单击该选项卡中的【安装】按钮,打开【打开】对话框。在该对话框中选择需要添加的库文件(扩展名为"intlib")。然后单击【打开】按钮,这样将该库文件添加到文件中。

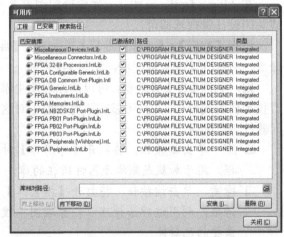

图 3-3 【可用库】对话框

当用户需要使用加载的元器件库中的元器件时,就可以在【库】对话框中的【库】列表框,选择加载的库文件并在【元件名】列表框中选择需要的元器件即可。

提 示

如果用户需要在工程中加载元器件库,可以在【可用库】对话框中的【工程】选项卡中单击【添加库】按钮,同样打开【打开】对话框,选择需要加载的元器件库,即可将该库添加到工程中。

3. 卸载元器件库

当一些元器件不再使用时,用户可以将其卸载。即在【可用库】对话框的【已安装】选项卡中选择需要卸载的库文件名称,单击【删除】按钮即可。

3.1.2 查找元器件

Altium Designer 8.0 提供了大量的元器件库,在如此众多的元器件库中有时候很难找到自己需要的元器件。为了方便用户使用,该软件同时支持元器件的搜索功能。从元器件库中找到需要的元器件,并把它们放置到原理图图纸上,有以下两种不同的途径。

1. 利用【搜索库】对话框查找元器件

选定元器件后,可以看到元器件的原理图符号预览和 PCB 封装预览。如果元器件库中的元器件太多,而寻找元器件的时候又不知道元器件的确切名称,则可以在关键字过滤栏中输入与要找的元器件相关的关键字,就可以将其他元器件过滤,而只在列表框中列出与关键字相关的元器件,缩小查找的范围。

如果用户需要查找元器件,可以单击【库】管理器中的【搜索】按钮,打开【搜索库】对话框,在该对话框中进行搜索元器件,如图 3-4 所示。

在【搜索库】对话框中,通过设定需要查找的对象和范围,可以快速找到所需的元器件。下面介绍该对话框中的选项含义。

❑ 过滤

该选项区域中用于设置需要查找的对象的条件,最多设置 10 个条件,可以单击【添加列】或【移除列】按钮对条件进行增加或删除。在【域】列表框中列出查找的范围。而在【运算符】列表框中显示出 equals、contains、starts with 和 ends with 运算符。

在【值】列表框中可设置查询元器件的型号名称,例如查找 2N3904 元器件,可在该列表框中输入该名称,然后单击【搜索】按钮,系统将执行搜索操作,如图 3-5 所示,搜索两个元器件信息。

❑ Advanced

单击 Advanced 按钮,【搜索库】对话框将变为图 3-6 所示的对话框,在该空白区域输入需要查找对象的表达式。

❑ 范围

该选项区域用于设置查找元器件的范围。

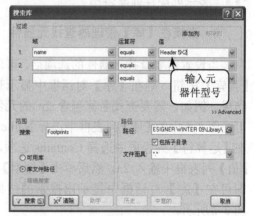

图 3-4 【搜索库】对话框

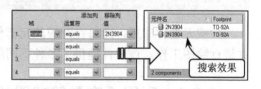

图 3-5 搜索元器件

图 3-6 【搜索库】对话框

【搜索】列表框用于设置搜索的对象。当选择 Database Components 选项时,则其下将出现用于搜索数据库组件的【表】列表框。

另外，单击【可用库】单选按钮，则系统将在已经加载的元器件库中查找；单击【库文件路径】单选按钮，则系统将在指定的路径中查找；单击【精确搜索】按钮，则系统将只搜索匹配的元器件。

❑ 路径

该选项区域用于设置查找元器件的路径。该选项只有在【范围】选项区域中选择【库文件路径】单选按钮时才有效。在【路径】文本框中，可设置查找目录；如果启用【包括子目录】复选框，则对包含在指定目录中的子目录也进行搜索；如果单击该文本框右侧的按钮，则打开【浏览文件夹】对话框，用于设置搜索路径；选择【文件面具】列表框的选项，可设置查找对象文件匹配域，默认为"*.*"表示匹配任何字符串。

2. 直接在【库】管理器查找元器件

当设置需要查找元器件的选项后，可以单击【搜索】按钮，则在【库】对话框中显示查找的结果。例如，需要查找名称包含 2n 的元器件，可在图 3-5 中的【域】列表框中选择 Name 选项，在【运算符】列表框中选择 Contains 选项，并在【值】列表框中输入 2n，然后单击【搜索】按钮，即可在【库】对话框中显示出搜索的结果，如图 3-7 所示。

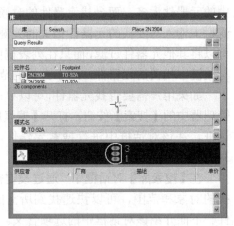

图 3-7 显示搜索结果

3.2 放置元器件

加载元器件库后，即可在对应的元器件库中选择元器件，并在原理图上放置元器件并进行绘图工作。该软件提供了多种不同的放置元器件的方法，方便用户设计原理图。

3.2.1 利用【库】管理器放置元器件

前面介绍利用【库】管理器向原理图中加载元器件库，当加载元器件库之后，可以通过【库】管理器，在加载的库中选择需要放置的元器件，并放置到原理图中。

利用【库】管理器放置元器件时，在【库】管理器中选择需要插入的元器件，此时 Place 按钮的名称变为选择元器件的名称。单击该按钮，此时鼠标指针处出现选择的元器件图标。将鼠标移到工作面板上并单击，这样即可将该元器件放置原理图中，如图 3-8 所示。

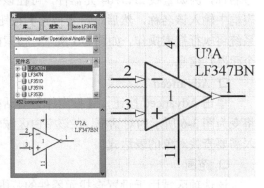

图 3-8 利用【库】管理器放置元器件

> **提 示**
>
> 在放置过程中，可以在原理图中放置多个元器件。如果用户不需要放置该元器件，可以右击或按 Esc 键退出放置状态。

3.2.2 通过菜单工具放置元器件

利用【放置端口】对话框放置元器件是最常用的放置方法。通过该对话框，不仅可以在原理图中放置元器件，并且可以利用该对话框修改元器件的标识、注释等相关信息。

与利用元器件库工作面板放置元器件一样，首先需要将含有要放置元器件名称的库文件装载到系统中。然后执行【放置】|【器件】命令，或单击【布线】工具栏中的【放置元器件】按钮，还可以在原理图图纸中右击，在弹出的快捷菜单中执行【放置】|【器件】命令，都将打开【放置端口】对话框，如图 3-9 所示。

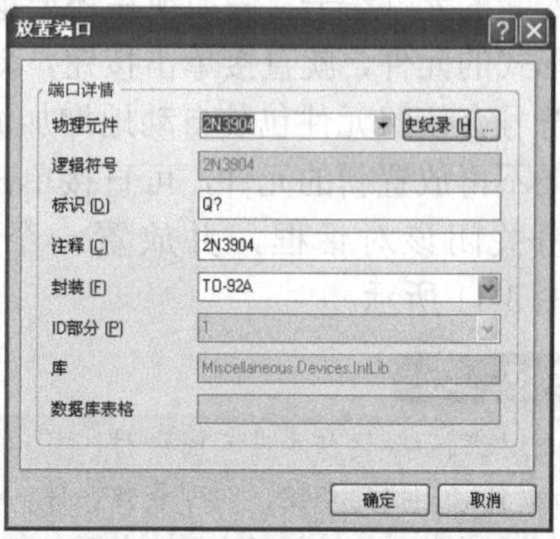

【放置端口】对话框用来指定将要放置的元器件名称和标识，其中最重要的是指定物理元件名称和标识值，如下所述。

图 3-9 【放置端口】对话框

1. 定义物理元件

在【物理元件】列表框中显示需要放置的元器件名称，可直接在该列表框中输入元件名称。如果用户需要选择其他元件库中的元器件，可以单击【浏览库】按钮，打开【浏览库】对话框，如图 3-10 所示。

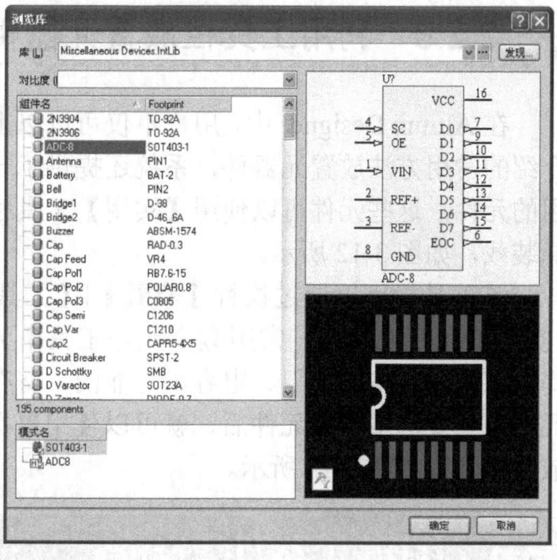

用户可以在该对话框中选择需要的元器件，然后可以在元器件列表中选择自己需要的元件，在预览框中可以察看元件图形。也可以单击【发现】按钮，查找加载的元器件（参考前面讲解）。

图 3-10 【浏览库】对话框

2. 设置流水序号

在【标识】文本框中输入当前元件的流水序号（例如 U1）。事实上，无论是单张或多张图纸的设计，都绝对不允许两个元件具有相同的流水序号。

在当前的绘图阶段可以完全不理会流水号设置，即直接使用系统的默认值 U?。等到完成电路全图之后，再使用 Schematic 内置的重编流水序号（通过执行【工具】|【注

解】命令）功能，就可以轻易地将电路图中所有元件的流水序号重新编排，既省时、省力又不易出错。

假如现在就为这个元件指定流水序号（例如 U1），则在以后放置相同形式的元件时，其流水序号将会自动增加（例如 U2、U3、U4 等），不过系统自动增加的顺序一般是 U1A、U1B、WA、U2B……。设置完毕后，单击该对话框中的【确定】按钮，屏幕上将会出现一个可随鼠标指针移动的元件符号，将它移到适当的位置，然后单击鼠标左键使其定位即可。

可放置多个相同元器件，然后按 Esc 键，系统会再次打开【放置端口】对话框，等待输入新的元件编号。假如现在还要继续放置相同形式的元件，就直接单击按钮，新出现的元件符号会依照元件包装自动地增加流水序号。如果不再放置新的元件，可直接单击【确定】按钮关闭该对话框，并放置一个元器件，如图 3-11 所示。

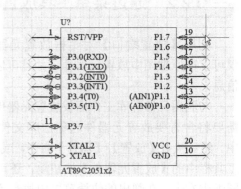

图 3-11 放置元器件

技 巧

当放置一些标准元件或图形时，可以在绘制前调整位置。调整的方法为：在选择了元件，但还没有放置前，按空格键，即可旋转元件，这时用户可以选择需要的角度放置元件；如果按 Tab 键，则会进入元件属性对话框，用户也可以在属性对话框中进行设置。

3.2.3 利用工具栏放置元器件

在 Altium Designer 中，用户不仅可以以上章节介绍的常用方法放置元器件，系统还提供了一些常用的元件，这些元件可以使用【实用】工具栏来选择装载，如图 3-12 所示。

该工具栏可以通过执行【察看】|【工具条】|【实用】命令来装载。常用数字元件工具条为用户提供了常用规格的电阻、电容、与非门、寄存器等元件，只要选中了某元件后，就可以使用鼠标进行放置操作，如图 3-13 所示。

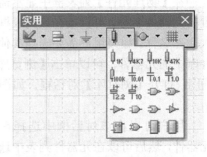

图 3-12 【实用】工具栏

3.3 编辑元器件

在原理图中放置元器件后，还经常需要对元器件进行各种编辑操作，其中最主要的编辑操作就是通过修改元器件的属性参数，以及定义元器件组件的属性修改元器件参数，从而使元器件符合当前电路板设计的要求。

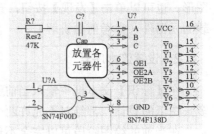

图 3-13 放置元器件

3.3.1 编辑元器件的属性

原理图中所有的元件对象都各自拥有一套相关的属性。其中某些属性只能在元件库编辑中进行定义,而另一些属性则只能在绘图编辑时定义。

在真正将元件放置在图纸之前,元件符号可随鼠标移动,此时如果按 Tab 键就可打开【元件属性】对话框,可在此对话框中编辑元件的属性,如图 3-14 所示。

如果已经将元件放置在图纸上,又要更改元件的属性,可以双击元器件,同样将打开【元件属性】对话框,用户就可以进行元件属性编辑操作。

1. 属性设置

在【属性】选项区域中可设置元器件基本属性信息,其中包括设置流水号、元器件注释和属性描述等参数,分别介绍如下。

图 3-14 【元件属性】对话框

- **标识** 在该文本框中输入元件在电路图中的流水序号。可启用【可见的】复选框,则流水序号为可见;启用【锁定】复选框,则该流水号无法就行编辑操作。
- **注释** 在【注释】文本框中输入元器件名称注释,默认注释文本与元器件库中的元器件名称一致。并且可设置这些对象的隐藏或显示效果。
- **描述** 在该列表框中输入元器件属性描述信息。
- **唯一 ID** 元器件的唯一标识,可单击【复位】按钮重新设定。
- **类型** 与当前元器件相连接的子设计项目工程文件。该文件可以是一个可编程的逻辑元器件,也可以是一张子原理图,单击列表框右侧小三角按钮,可以定位子设计文件。

2. 库链接设置

在该选项区域中可设置描述元器件的主要信息,即元器件名称和该元器件所属库名称。此外,还可单击【选择】按钮,然后在打开的【浏览库】对话框中按照上述浏览库设置方法进行操作。

3. 图形设置

在【绘制成】选项区域中显示了当前元件的图形信息,包括图形位置、旋转角度、填充颜色、线条颜色、管脚颜色,以及是否镜像处理等。

用户可以修改 X、Y 位置坐标移动元件位置，设定一定旋转角度，以旋转当前编辑的元件。用户还可以启用【反映】复选框，将元件镜像处理。对元件镜像处理也可在放置元件时按 X 键来实现。

此外，还可以禁用【锁定 Pin】复选框，使该元器件所有引脚处于可编辑状态；启用【本地化颜色】复选框，可分别进行元器件内部填充颜色、线条颜色和引脚颜色的设置，如图 3-15 所示。

4．元器件参数列表设置

在该对话框右侧上部为元器件参数列表，其中包括了一些与元器件特性相关的常用参数。如果用户启用某个参数对应的复选框，则该参数即会在图纸上显示。另外，还可以添加、删除和编辑这些参数和规则，如图 3-16 所示。

5．元器件模式列表设置

在该对话框的右下侧为元器件模型列表，其中包括了与元器件相关的引脚类型（封装）、信号完整性模型和仿真模型，如图 3-17 所示。可在此添加、移去和编辑元器件模型。

3.3.2 编辑元器件组件的属性

当需要对元器件标识和名称等参数进行编辑操作时，可不必通过【元件属性】对话框进行设置，可根据需要单独修改这些参数值。

如果在元件的某一属性上双击鼠标左键，则会打开一个针对该属性的【参数工具】对话框。例如在显示文字 LCD1 上双击，由于它是 DMC-50448N 元器件的流水序号属性，所以出现对应的【参数工具】对话框，如图 3-18 所示。

1．编辑参数值

在【值】选项区域中设置编辑对象的值，例如在文本框中输入流水序号名称。启用【可见的】复选框，则流水序号为可见；启用【锁定】复选框，则该流水号无法进行编辑操作。

2．编辑属性

在【属性】选项区域中可设置 X、Y 坐标值、旋转角度、颜色、字体，以及其他属

图 3-15　【绘制成】选项区域

图 3-16　元器件参数列表

图 3-17　元器件模式列表

图 3-18　【参数工具】对话框

性参数，分别介绍如下。

- 位置 X 在该文本框中设置 X 轴坐标值。
- 位置 Y 在该文本框中设置 Y 轴坐标值。
- 方位 在该列表框中选择旋转角度，其中包括 0°、90°、180°和 270°。
- 颜色 单击色块将打开【选择颜色】对话框，可在该对话框指定对象颜色。
- 字体 单击【更改】按钮将打开【字体】对话框，可在该对话框指定对象字体类型。

3.4 调整元器件位置

为了使绘制电路图时布线方便简洁、清晰明了，需要对图纸上的元器件位置进行适当的调整。元件位置的调整就是利用各种命令将元件移动到工作平面上所需要的位置，并将其旋转成所需要的方向。

3.4.1 选取和取消选取元器件

要对原理图中的元器件进行各种操作，首先要选中该对象。Altium Designer 为了便于用户对元器件进行操作，提供了多种对象选取的方法，分别介绍如下。

1．元器件的直接选取

最简单、最常用的元器件选取方法是应用鼠标框选和快捷键辅助选取对象，如下所述。

- 拖动鼠标法

在原理图图纸的合适位置按住鼠标不放，光标将变成十字形。此时移动鼠标到合适位置，直接在原理图图纸上拖出一个矩形框，框内的组件（包括导线等）就全部被选中，如图 3-19 所示。在原理图上判断组件是否被选取的标准是：被选取的组件周围有绿色的边框。在拖动过程中，千万不可将鼠标松开。

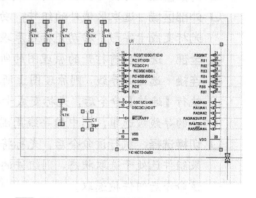

图 3-19 框选区域

- 使用 Shift 键

按住 Shift 键不放，单击选取的组件，即可选取元器件，如图 3-20 所示。选取完毕后，释放 Shift 键即可。

2．利用主工具栏中的选取工具

除了对元器件直接选取以外，还可利用【原理图标准】工具栏中的工具辅助选取单个

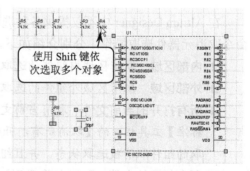

图 3-20 使用 Shift 键选取对象

或多个元器件，如下所述。

- 选择区域内部的对象

该选取工具的功能是选中区域里的组件。单击区域选取工具图标后，光标将变为十字形，在图纸的合适位置单击鼠标左键，确认区域的起点，移动游标到合适位置单击鼠标形成矩形框。与拖动鼠标法唯一不同的是不需要一直按住鼠标不放。

- 移动选择对象

移动被选取组件工具的功能是移动图纸上被选取的组件。单击移动被选取组件工具图标后，光标变成十字形，单击被选中的区域，图纸上被移动区域的所有组件都随游标一起移动，如图 3-21 所示。

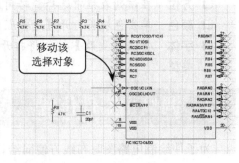

图 3-21 移动选择对象

3．利用菜单的选取命令

在 Altium Designer 中除了提供以上选取工具以外，还可通过执行【编辑】|【选中】命令，将打开【选中】子菜单，分别介绍如下。

- 内部区域　与主工具栏里的区域选取命令功能相同。
- 外部区域　选取区域外的组件，功能与区域选取命令功能相反。执行该命令后，光标变成十字形，移动光标在原理图上形成一个矩形框，则框外的组件被选中。
- 全部　选取当前打开的原理图的所有组件。
- 连接　选定某导线，则原理图上所有与该导线相连的导线都被选中。具体方法是执行【连接】命令后，光标变成十字形，在某个导线上单击鼠标，则与该导线相连的导线被选中，选中的导线周围有绿色的边框。
- 切换选择　执行该命令后，光标将变成十字形。此时在某个组件上单击鼠标，如果组件已处于选取状态，则组件的选取状态被取消；如果组件没被选取，则执行该命令后组件被选取。

4．利用菜单中的取消组件命令

在 Altium Designer 中不仅提供各种选取工具，还可通过执行【编辑】|【取消选中】命令取消元器件选取操作，分别介绍如下。

- 内部区域　取消区域内组件的选取状态。
- 外部区域　取消区域外组件的选取状态。
- 所有打开的当前文件　取消当前文件中所选取的一切组件。此外，单击【原理图标准】工具栏中的【取消所有打开的当前文件】按钮，则图纸上所有全部被选取的组件取消被选取状态，并且组件周围的绿色边框消失。
- 所有打开的文件　取消当前项目打开的文档中所选取的一切组件。
- 切换选择　与组件选取命令中的【切换选择】命令功能相同。

3.4.2 移动元器件

移动元器件就是改变元器件在当前原理图的位置，可根据需要一次移动单个元器件或同时移动多个元器件。

1. 移动单个元器件

框选或使用 Shift 键选取元器件后，该对象周围将显示一个虚线框，此时按住鼠标左键拖动，该元器件将随之移动，在适当的位置处单击，即可获得移动对象效果，如图 3-22 所示。

选取元器件后，执行【编辑】|【移动】|【移动】命令，可以完成元器件的移动功能，不同的是执行该命令完成移动操作后，该命令仍然处于激活状态。

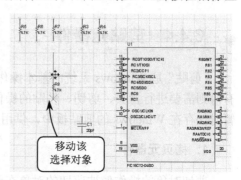

图 3-22　移动单个元器件

2. 移动多个元器件

有时一组组件的相对位置已经调整好，但是与其他组件的位置需要调整，此时就涉及到多个组件的移动。

框选或使用 Shift 键选取多个元器件后，先按住 Ctrl 键不放，然后单击选取的组件，拖动鼠标就可以实现选取的组件以及选取组件相连的导线（导线没有被选取）跟随游标一起移动。将游标移动到合适位置，单击鼠标确认即完成组件的拖动。同样可按空格键实现一组组件的方向改变。

> **提　示**
>
> 执行【编辑】|【移动】命令，然后使用对应子菜单命令，同样可辅助移动元器件。

3.4.3 旋转元器件

为了方便直观地布线，有时需要对元器件进行旋转操作，也就是改变元件的放置方向。这样有利于图纸的绘制，并且可增强可视化。

在旋转元器件之前，用鼠标左键选取元器件，并按住鼠标左键不动，同时按键盘以下 3 个键，即可完成对元器件的 3 种旋转方式的操作。

❑ **空格键**

在原理图中单击选择要旋转的元器件，鼠标光标变成十字形后，按空格键就可以使元器件旋转，每按一次空格键，被选中的元件逆时针旋转 90°。

❑ **X 键**

使元件进行左右对调，在原理图中单击选择要旋转的元器件，光标变成十字形后，按住鼠标左键不放按一下 X 键，可以将元器件左右对调。然后释放鼠标即完成操作。

❑ Y 键

使元件进行上下对调，在原理图中单击选择要旋转的元器件，光标变成十字形后，按住鼠标左键不放按一下 Y 键，可以将元器件垂直对调。

另外，用户还可以通过在【元件属性】对话框实现元器件的旋转操作。双击元器件，然后在打开的【元件属性】对话框下的【绘制成】选项区域中设定旋转角度，如图 3-23 所示。

图 3-23　【绘制成】选项区域

3.4.4 剪贴元器件

"剪贴"是 Windows 系统的基本操作之一，在图纸中进行编辑时有时需要移动对象，有时则需要进行拷贝、剪切、粘贴的操作。拷贝和剪切对象的时候，对象的副本都会被暂时保存在 Windows 的剪贴板中，供用户取用，以实现资源共享。

1．拷贝元器件

剪切对象的操作使被剪切的对象在图纸中消失，而拷贝对象的操作对图纸中的原对象则没有任何影响。

首先在图纸中选中要进行拷贝的对象，将会在对象周围显示出黄色方框，然后执行【编辑】|【拷贝】命令或使用 Ctrl+C 键，此时鼠标箭头变为十字光标，移动十字光标到被选中的对象的基准点单击，即可完成拷贝操作。而图纸中的对象没有任何变化。

2．剪切元器件

在图纸中剪切对象，则被剪切的对象将从图纸上消失，它的副本将被保存在剪贴板中，供用户取用。但是，如果用户进行了新的剪切或拷贝操作，剪贴板中的内存将被更新。

首先在图纸中选中要进行剪切的对象，它的周围显示出黄色方框。然后执行【编辑】|【剪切】命令或使用 Ctrl+X 键，此时移动十字光标到选中对象的基准点，即用来确定对象位置的参考点处单击，即可完成剪切操作，则被剪切的对象将从图纸中消失。

3．粘贴元器件

对被选中的对象进行了剪切或拷贝操作以后，被剪切或拷贝的对象的副本就保存在 Windows 的剪贴板中，然后进行粘贴操作，就可以将剪切或拷贝的对象粘贴在图纸中的任何位置。

❑ 简单粘贴

进行拷贝或剪切工作后，执行【编辑】|【粘贴】命令，鼠标箭头变为十字光标。此时将十字光标移动到图纸中的适当位置单击，将剪贴板中的对象放置在图纸中，新放置的对象周围也显示出黄色方框，表示处于被选中的状态。

粘贴在图纸中的对象与剪切或拷贝的原对象具有相同的属性，如果要修改它的属性，只需要在图纸中双击该对象，即可打开用来修改其属性的对话框。

❑ **重复粘贴**

在图纸中粘贴对象的操作非常简单，但是，按照以上步骤，每次只能在图纸中粘贴一个对象。如果用户需要在图纸中重复粘贴同一个对象，可以使用该软件提供的【橡皮图章】工具。

对被选中的对象进行了剪切或拷贝操作以后，单击【原理图标准】工具栏中的【橡皮图章】按钮，可在图纸中重复粘贴同一个对象，如图3-24所示。

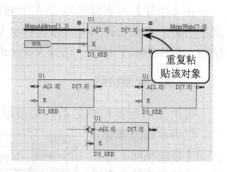

图 3-24　重复粘贴对象

❑ **精确粘贴**

复制一个或一组元件时，当用户选择了需要复制的元件后，系统还要求用户选择一个复制基点，该基点很重要，用户应该很好地选择该基点，这样可以方便后面的粘贴操作。当粘贴元件时，在将元件放置到目标位置前如按 Tab 键，将打开 Paste To Position 对话框，如图3-25所示，用户也可以在该对话框中精确设置目标点。

图 3-25　Paste To Position 对话框

3.4.5　阵列式粘贴元器件

阵列式粘贴是一种特殊的粘贴方式，该粘贴方式一次可以按指定间距将同一个元件重复地粘贴到图纸上。

执行【编辑】|【灵巧粘贴】命令，或单击【实用】工具栏中的【灵巧粘贴】按钮，将打开【智能粘贴】对话框，如图3-26所示。

1. 参数项注释

在该对话框可分别设置行数和纵列数目，以及行间距和列间距，此外还可根据设计需要设置文本增量参数，各参数项具体设置如下。

❑ **纵列设置**

在【纵列】栏中可设置纵列数目和间距值，其中包括在【数目】文本框中设置所要粘贴的组件在纵列方向的个数；在【间距】列表框中输入所要粘贴的组件在纵列方向的间距。

图 3-26　【智能粘贴】对话框

❑ **行设置**

在【行】栏中可设置行数目和间距值。在【数目】文本框中输入所要粘贴的组件在行方向的个数；在【间距】列表框中输入所要粘贴的组件在行方向的间距。

❑ 文本增量

在【指导】列表框中包含 3 个列表项，默认为 None 选项处于选择状态，表示没有文本增量；如果选择 Horizontal First 选项，则下面的文本框将处于激活状态，可设置要粘贴元器件的水平间距；选择 Vertical First 选项，可设置粘贴元器件的垂直间距。

2．执行智能粘贴

每次使用智能粘贴之前，必须通过复制和粘贴等命令将选取的组件剪贴在原理图上。然后单击 ■ 按钮，打开【智能粘贴】对话框。然后依次输入参数值，并单击【确定】按钮确认操作。此时光标位置将显示 4 行 3 列对象，如图 3-27 所示。

系统将要求用户在图纸上选择一个合适的点作为插入点，选择了插入点后，系统就在图纸上生成 4 行 3 列元器件。

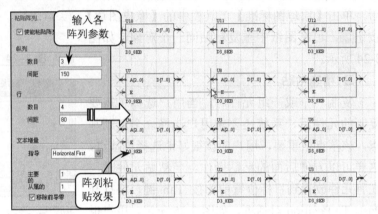

图 3-27 粘贴阵列

3.4.6 撤销、恢复和删除元器件

在调整元器件位置过程中，如果放置的位置不正确，可撤销或恢复该对象调整操作，必要时将其删除。

1．撤销或恢复元器件

在 Altium Designer 中，撤销和恢复操作工具与 Windows 中撤销和恢复操作工具的含义和操作方法完全相同。

如果执行【编辑】|Undo 命令，或单击【原理图标准】工具栏中的【取消】按钮 ■，撤销最后一步操作，恢复到最后一步操作之前的状态，如果想恢复多步操作，只需多次执行该命令即可。

如果执行【编辑】|Redo 命令，或单击【原理图标准】工具栏中的【取消】按钮 ■，恢复到撤销前的状态，如果想恢复多步操作，只需多次执行该命令即可。

2．删除元器件

当图形中的某个元件不需要或错误时，可以对其进行删除。删除元件可以使用【编辑】菜单中的两个删除命令，即【清除】和【删除】命令。

【清除】命令的功能是删除已选取的元件，执行该命令之前需要选取元件，执行该命令之后，已选取的元件立刻被删除。

【删除】命令的功能也是删除元件，只是执行该命令之前不需要选取元件，执行该命令后，光标变成十字状，将光标移到所要删除的元件上单击鼠标，即可删除元件。

另外，使用 Delete 键也可实现元件的删除，但是在用此快捷键删除元件之前，先要点取元件，点取元件后，元件周围会出现虚框，按此快捷键即可实现删除。

> **提 示**
>
> 点取与选取是不同的，点取元件的方法是在元件图的中央，单击一下鼠标，元件即可被选中，被选中的元件周围出现虚框；而用选取方法选中的元件周围出现的是黄框。

3.5 排列和对齐元器件

Altium Designer 提供一系列排列和对齐功能，可以极大地提高工作效率，这种功能适合于各种元器件。元器件的排列和对齐功能集中在【编辑】菜单栏下的【对齐】子菜单中，如图 3-28 所示。

此外，还可通过单击【实用】工具栏中的与该子菜单对应的各种【对齐】工具，辅助用户执行对齐元器件操作，如图 3-29 所示。以下将详细介绍各种排列和对齐工具的使用方法。

1. 左对齐元器件

执行左对齐元器件操作，就是将多个元器件统一放置在最左边处同一条直线上，从而获得左侧对齐的放置效果。

移动鼠标框选所要排列对齐的元器件，此时光标将变成十字形状，然后执行【左对齐】命令或单击【左对齐】按钮，系统将执行左对齐元器件操作，可以看到随机分布的元件的最左边处于同一条直线上，如图 3-30 所示。

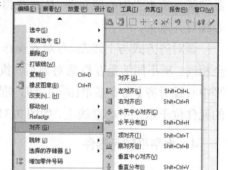

图 3-28 【对齐】子菜单

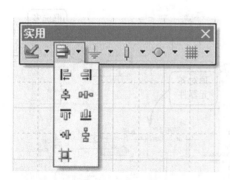

图 3-29 【实用】工具栏

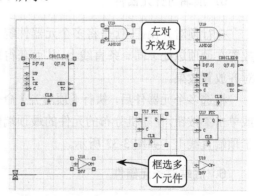

图 3-30 左对齐元器件

2. 右对齐元器件

执行右对齐元器件操作，就是将多个元器件统一放置在最右边处于同一条直线上，从而获得右侧对齐的放置效果。

该对齐方式与左对齐操作方法完全相同，所不同的是在框选对象后，执行【右对齐】命令或单击【右对齐】按钮 后，随机分布的元件的最右边处于同一条直线上。

> **注 意**
>
> 在执行左对齐或右对齐元器件操作之前，如果所选取的元器件是水平放置，执行这些操作后将造成元器件的重叠。

3. 水平中心线对齐元器件

执行水平中心线对齐操作，就是将多个元器件统一按水平中心线对齐，从而获得水平中心线对齐效果。

该对齐方式与上述左、右对齐操作方法完全相同。所不同的是在框选对象后，执行【水平中心线对齐】命令或单击 按钮，随机分布的元件位于水平中心直线上，如图3-31 所示。

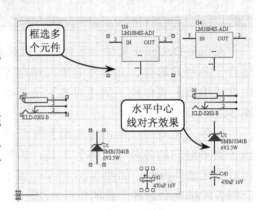

图 3-31　水平中心线对齐元器件

4. 水平平铺元器件

执行水平平铺元器件操作，就是将多个元器件沿水平方向平铺，即水平方向间距相等。

框选对象后，执行【水平平铺元器件】命令或单击 按钮，则随机分布的元件位于水平中心直线上，如图3-32 所示。

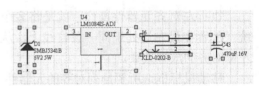

图 3-32　水平平铺元器件

5. 顶端对齐元器件

执行顶对齐操作，就是将多个元器件统一放置在最顶边处于同一条直线上，从而获得顶对齐放置效果。

框选多个元器件后，执行【顶对齐】命令或单击 按钮，使随机分布的元件的最顶端位于顶端直线上，如图3-33 所示。

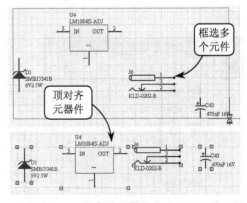

图 3-33　顶对齐元器件

6. 底端对齐元器件

执行底对齐操作，就是将多个元器件统一放置在底边处于同一条直线上，从而获得底对齐放置效果。

框选多个元器件后，执行【底对齐】命令或单击按钮，使随机分布的元件的最底端位于底端直线上。

7．垂直中心线对齐元器件

执行垂直中心线对齐操作，就是将多个元器件的中心位于同一条直线，从而获得垂直中心线放置效果。

框选多个元器件后，执行【垂直中心线对齐】命令或单击按钮，随机分布的元件的中心将位于同一条直线，如图3-34所示。

8．元器件垂直均步

执行元器件垂直均步对齐操作，就是将多个元器件垂直，并保持均匀距离，从而获得元器件垂直均步放置效果。

框选多个元器件后，执行【元器件垂直均步】命令，随机分布的元件垂直分布，同时保持均匀距离。

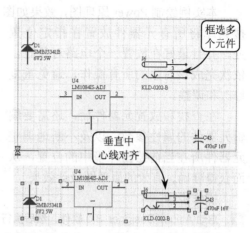

图 3-34　垂直中心线对齐元器件

9．同时进行综合排列或对齐

以上介绍的各种对齐方式，无法进行连续操作。为实现连续对齐操作，Altium Designer提供了【同时进行综合排列或对齐】功能。

框选多个元器件后，执行【对齐】命令，将打开【排列对象】对话框，如图3-35所示。

该对话框分别包含【水平排列】和【垂直排列】选项区域，选取不同的单选按钮将实现以上对齐元器件效果。如图3-36所示，分别选择【水平排列】选项区域中的【居中】单选按钮，以及【垂直排列】选项区域中的【均匀分布】单选按钮，则被选中的元器件将进行两种不同的排列或对齐操作。

图 3-35　【排列对象】对话框

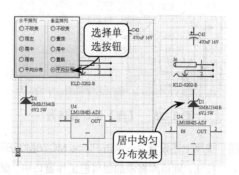

图 3-36　对齐操作

3.6 课堂练习 3-1：绘制 Power 原理图

本实例绘制 Power 原理图，效果如图 3-37 所示。该原理图包含多个元器件，可通过搜索库将所有元器件放置在指定位置处，并且最好在放置一个电路对象时，依次完成该对象的所有操作，避免重复修改和调整。

在查找和放置元器件后，还需要编辑元器件的属性参数，以及不断地调整元器件所在当前绘图环境中的位置，从而获得准确、有效的原理图设计效果。

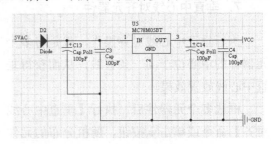

图 3-37　Power 电路原理图

操作步骤：

1. 启动 Altium Designer 8.0 软件，然后执行【文件】|【新建】|【原理图】命令，系统将进入原理图操作环境。此时执行【文件】|【另存为】命令，将该原理图文件另存为名称为 Power.SCHDOC 的图形文件。

2. 执行【察看】|【工作区面板】|system|【库】命令，打开【库】设计管理器。此时单击【搜索】按钮，将打开【搜索库】对话框。然后在该对话框中输入元器件型号"MC78M05BT"，并单击【搜索】按钮，将执行搜索操作，如图 3-38 所示。

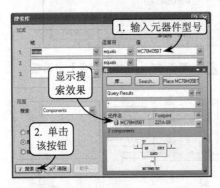

图 3-38　【库】设计管理器

3. 按照上述设置后，单击 Place MC78M05BT 按钮，则该库将添加到当前工作窗口中。然后单击元器件上方的"U?"字样，并在打开的【参数工具】对话框下的【值】列表框中输入"U5"，效果如图 3-39 所示。

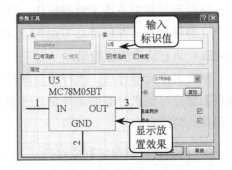

图 3-39　放置元器件

4. 在打开的【库】设计管理器中单击【搜索】按钮，将打开【搜索库】对话框。然后在该对话框中输入元器件名称"Cap Pol1"，并单击【搜索】按钮，将执行搜索操作，如图 3-40 所示。

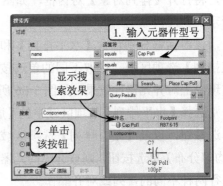

图 3-40　【库】设计管理器

5 按照上述设置后，单击 Place Cap Pol1 按钮，则该库将添加到当前工作窗口中。然后双击元器件上方的"C?"字样，并在打开的【参数工具】对话框下的【值】列表框中输入"CB"，如图 3-41 所示。

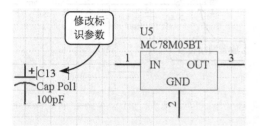

图 3-41　放置元器件

6 在打开的【库】设计管理器中单击【搜索】按钮，在打开的【搜索库】对话框中输入元器件型号"Cap"，单击【搜索】按钮，将执行搜索操作，如图 3-42 所示。

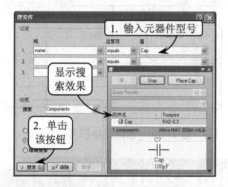

图 3-42　【库】设计管理器

7 按照上述设置后，单击 Place Cap 按钮，则该库将添加到当前工作窗口中。然后单击元器件上方的"C?"字样，修改标识为"C3"，如图 3-43 所示。

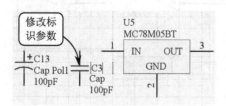

图 3-43　放置元器件

8 选取步骤放置的两电容元器件，然后执行【编辑】|【复制】命令，并执行【编辑】|【粘贴】命令，即可获得图 3-44 所示的粘贴元器件效果，使用上述修改元器件标识的方法修改各粘贴元器件的标识名称。

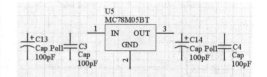

图 3-44　复制粘贴元器件

9 在打开的【库】设计管理器中单击【搜索】按钮，打开【搜索库】对话框。然后在该对话框中输入元器件型号"Diode"，单击【搜索】按钮，将执行搜索操作，如图 3-45 所示。

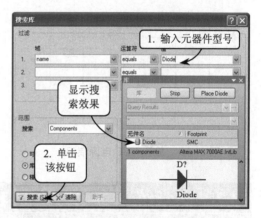

图 3-45　【库】设计管理器

10 按照上述设置后，单击 Place Diode 按钮，则该库将添加到当前工作窗口中。单击元器件上方的"D?"字样，修改标识为"D2"，如图 3-46 所示。

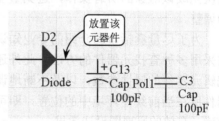

图 3-46　放置元器件

⑪ 单击【布线】工具栏中的【放置线】按钮，以元器件引脚为起始点，依次按照图 3-47 所示的放置方式放置各连接导线。

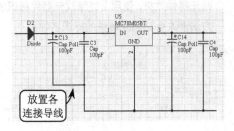

◆ 图 3-47　放置导线

⑫ 单击【布线】工具栏中的【VCC 电源端口】按钮，按空格键调整电源端口方向，即可获得图 3-48 所示放置效果。然后单击该工具栏中的【GND 端口】按钮，按空格键调整电源端口方向放置 GND 端口。

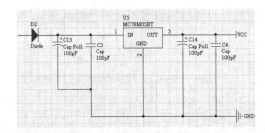

◆ 图 3-48　放置 VCC 电源端口

⑬ 单击【布线】工具栏中的【放置网络标号】按钮，在图 3-49 所示的总线和导线上放置网络符号。

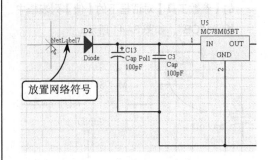

◆ 图 3-49　放置网络符号

⑭ 双击各网络符号，然后在打开的对话框中修改网络文字，即可获得图 3-50 所示的修改符号参数效果。

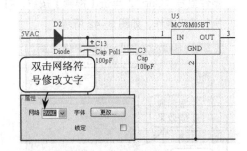

◆ 图 3-50　修改网络符号

3.7　课堂练习 3-2：绘制 Iv 电路原理图

本实例绘制 Iv 原理图，效果如图 3-51 所示。从原理图的结构来看，主要由元器件、电源接地符号、导线等图形对象组成。在绘制该原理图时极有必要按照绘图先后顺序进行绘制，并且最好在放置一个电路对象时，依次完成该对象的所有操作，避免重复修改和调整。

为了尽量囊括本章介绍的专业知识，本例采用多种查找元器件的方法。此外还需要编辑元器件的属性参数，以及不断地调整元器件所在当前绘图环境中的位置，即可获得准确、有效的原理图设计效果。

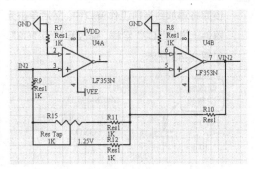

◆ 图 3-51　Iv 电路原理图

操作步骤:

1. 启动 Altium Designer 8.0 软件,然后执行【文件】|【新建】|【原理图】命令,然后执行【文件】|【另存为】命令,将该原理图文件另存为名称为 lv.SCHDOC 的图形文件。

2. 执行【察看】|【工作区面板】|system|【库】命令,打开【库】设计管理器。此时单击【搜索】按钮,并在打开的【搜索库】对话框输入元器件型号,然后单击【搜索】按钮,将执行搜索操作,如图 3-52 所示。

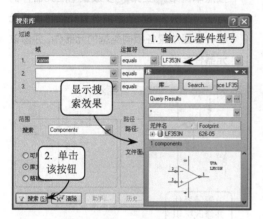

图 3-52 【库】设计管理器

3. 按照上述设置后,单击 Place LF353N 按钮,则该库将添加到当前工作窗口中。此时按照图 3-53 所示放置方式放置元器件,然后单击"U?A"标识,将"?"修改为"4"。

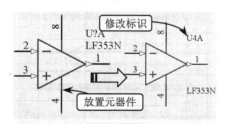

图 3-53 放置元器件

4. 在打开的【库】设计管理器中,按照图 3-54 所示的库名称和元件名称查找元器件。

5. 按照上述设置后,单击 Place Res1 按钮,则该库将添加到当前工作窗口中。此时按照图 3-55 所示放置方式放置元器件。

图 3-54 【库】设计管理器

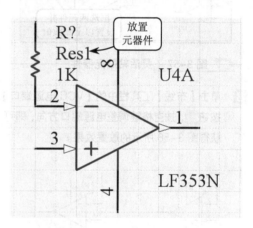

图 3-55 放置元器件

6. 双击元器件上方的"R?"字样,将打开【参数工具】对话框,如图 3-56 所示。此时在【值】列表框中输入"R7"。

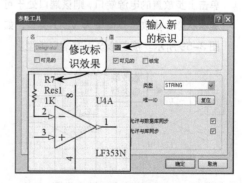

图 3-56 修改元器件参数

第 3 章 电路原理图设计初步

7 框选这两个元器件，然后使用 Ctrl+C 键复制两元器件，然后单击【实用】工具栏中的【灵活粘贴】按钮，将打开【智能粘贴】对话框。此时按照图 3-57 所示输入参数值，即可获得图中所示粘贴效果，然后将之前放置的元器件删除掉。

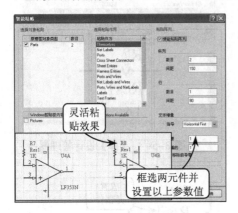

图 3-57 灵活粘贴元器件

8 单击【布线】工具栏中的【VCC 电源端口】按钮，按空格键调整电源端口方向，即可获得图 3-58 所示的放置效果。

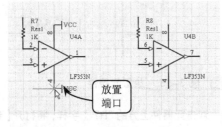

图 3-58 放置 VCC 电源端口

9 单击上步放置的电源端口，则该端口处于可编辑状态，修改端口类型为 VDD 类型，如图 3-59 所示。接着修改下方端口类型。

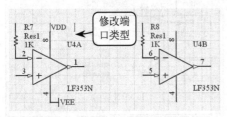

图 3-59 修改电源端口类型

10 单击【实用】工具栏中的【放置信号地电源端口】按钮，按空格键调整电源端口方向，即可获得图 3-60 所示的放置效果。

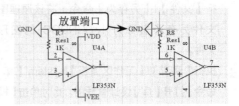

图 3-60 放置信号地电源端口

11 按照本例第 4 至第 6 步放置电阻元器件的方法，在图 3-61 所示的位置处通过调整器件位置放置各相同类型的元器件，并修改元器件标识。

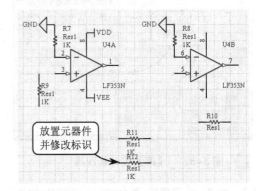

图 3-61 放置电阻元器件

12 在打开的【库】设计管理器中，按照图 3-62 所示的库名称和元件名称查找元器件。

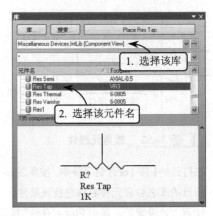

图 3-62 【库】设计管理器

⑬ 按照上述设置后，单击 Place Res Tap 按钮，则该库将添加到当前工作窗口中。此时按照图 3-63 所示放置方式放置元器件。

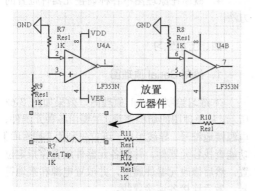

图 3-63 放置元器件

⑭ 单击元器件上方的 "R?" 字样，将打开【参数工具】对话框，并在【值】列表框中输入"R7"，如图 3-64 所示。

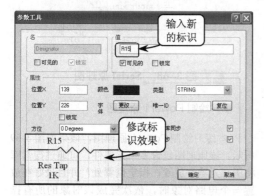

图 3-64 修改元器件参数

⑮ 单击【布线】工具栏中的【放置线】按钮，以元器件引脚为起始点，依次按照图 3-65 所示的放置方式放置各连接导线。

⑯ 单击【布线】工具栏中的【放置网络标号】按钮，在图 3-66 所示总线和导线上放置网络符号。

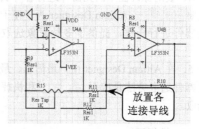

图 3-65 放置导线

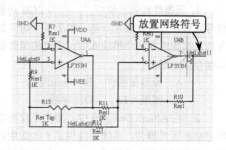

图 3-66 放置网络符号

⑰ 双击各网络符号，然后在打开的对话框中修改网络文字，即可获得图 3-67 所示的修改符号参数效果。

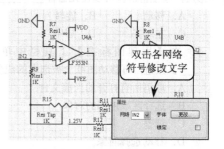

图 3-67 修改网络符号

3.8 思考与练习

一、填空题

1. 电路原理图中有两大元素，分别为_____和线路。绘制一张原理图首先是要把有关的元器件放置到工作平面上。在放置元器件之前，必须明确各个元器件所在的元件库，并把相应的元件库装入到原理图管理浏览器中。

2. 在向电路图中放置元件之前，必须先将该元件所在的_____载入内存。如果一次载入过多的元件库，将会占有较多的系统资源，同时也会降低应用程序的执行效率。

3. 在【_____】对话框的右下侧为元器件模型列表，其中包括了与元器件相关的引脚类型（封装）、信号完整性模型和仿真模型。

4. 要对原理图中的元器件进行各种操作，首先要_____。Altium Designer 为了便于用户对元器件进行操作，提供了多种对象选取的方法。

5. 在 Altium Designer 中，最简单、最常用的元器件选取方法是应用_____和快捷键辅助选取。

二、选择题

1. 元器件库就是将_____与 PCB 封装和信号完整性分析联系在一起，关于某个组件的所有信息都集成在一个模块库中，所有的组件信息被保存在一起。

　　A．原理图组件　　B．电源端口
　　C．图纸入口　　　D．导线

2. 在 Altium Designer 中，用户不仅可以常用方法放置元器件，系统还提供了一些常用的元件，这些元件可以使用【_____】工具栏来选择装载。

　　A．原理图标准　　B．布线
　　C．实用　　　　　D．格式化

3. 在原理图中选取元器件，鼠标光标变成十字形后，按空格键就可以使元器件_____。

　　A．移动　　　　　B．旋转
　　C．左对齐　　　　D．居中

4. 在【原理图标准】工具栏中单击【_____】按钮，可移动图纸上被选取的组件。

　　A．取消所有打开的当前文件
　　B．选择区域内部的对象
　　C．调整
　　D．移动选择对象

5. Altium Designer 提供一系列排列和对齐功能，可以极大地提高工作效率，这种功能适合于各种元器件。元器件的排列和对齐功能集中在【编辑】菜单栏下的【_____】子菜单中。

　　A．对齐　　　　　B．排列
　　C．选中　　　　　D．移动

三、问答题

1. 简述装载和查找元器件的方法。

2. 在 Altium Designer 中放置元器件的方法有哪些？

3. Altium Designer 提供哪些编辑元器件的方法？

4. 概述在原理图中各种调整元器件位置的方法。

四、上机练习

1. 绘制 Serial 原理图

本练习绘制 Serial 原理图，效果如图 3-68 所示。从原理图的结构来看，主要由各种元器件、电源接地符号、导线组成。可首先利用【搜索库】功能查找各元器件，并将各元器件放置在指定位置。然后修改元器件属性，并放置电源和接地符号，最后连接各连接导线。

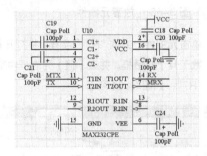

图 3-68　Serial 原理图

2. 绘制 Power1 原理图

本练习绘制 Power1 原理图，效果如图 3-69 所示。该原理图包含多个元器件，可通过搜索库将所有元器件放置在指定位置处，并且最好在放置一个电路对象时，依次完成该对象的所有操作，避免重复修改和调整。为提高绘图效率，可采用灵活粘贴的方法将该电路图右侧多个图形对象粘贴在下侧，从而获得准确、有效的原理图设计效果。

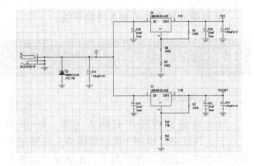

图 3-69　Power1 原理图

第 4 章
电路原理图设计进阶

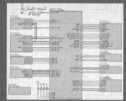 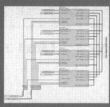 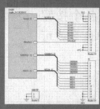 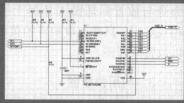

布线是原理图最重要的组成部分，布线的要求不仅仅只是在原理图上的各个元器件之间建立起电气连接，好的布线要在元器件之间建立正确的电气连接的基础上使整张原理图清晰易懂，尤其是对复杂的原理图更为重要。利用原理图提供的绘图功能辅助设计原理图，可以满足放置说明性图形的基本要求，增加原理图的说服力和数据的完整性。

本章主要介绍 Altium Designer 原理图中布线的方法，以及在该环境中设置原理图环境参数的方法。

本章学习目的

- ➢ 掌握各种电气对象的放置方法
- ➢ 掌握各种几何对象的放置方法
- ➢ 掌握其他对象的放置方法
- ➢ 熟悉保存原理图的方法
- ➢ 了解设置原理图环境参数的方法

4.1 放置电气对象

放置原理图与制作原理图元件不一样，后者是在元件编辑管理器环境下工作的，而放置电路原理图是在原理图设计管理器工作的。并且前面所做的元件放置等工作是放置原理图的准备工作，真正实质性的工作是对在工作平面上的元件进行布线。

在 Altium Designer 中提供了 3 种方法来放置原理图，设计者可根据需要选择任何一种方法。

1．利用工具栏

在电路原理图设计时具有电气意义的图件调用快捷工具，该方法直接用鼠标单击【布线】工具栏中的各个按钮，以选择适当的绘图命令。【布线】工具栏如图 4-1 所示。

2．利用菜单命令

选择【放置】菜单下的各命令，这些命令与放置原理图工具栏上的各个按钮相互对应，只要选取相应的菜单命令就可以放置原理图。

图 4-1 【布线】工具栏

3．利用快捷键

菜单中的每个命令下都有一个带下划线的字母。按住 Alt 键，再配合这些字母就可通过键盘来选取该命令，这些键被称为功能键。另一种命令的选取方法是直接按带划线的字母键，以选取该命令，这种方法会使下拉菜单命令出现在光标处。在以下章节中将结合有关电路设计实例，分别对各命令进行讲解。

4.1.1 放置导线

导线是原理图中最重要的图元之一。放置原理图工具中的【导线】工具具有电气连接意义，而使用【放置线】工具没有电气连接意义，在原理图中是可有可无的图元。

1．放置导线

当放置导线时，首先指定导线的起始点，然后拖动鼠标指定导线路径，并指定最终点，即可获得导线创建效果。

单击【放置线】按钮，光标变成十字状，表示系统处于放置导线状态。此时将光标移到所放置导线的起点，单击鼠标左键，再将光标移动到下一个折点或导线终点。然后单击鼠标左键，即可放置出第一条导线。以该点为新的起点，继续移动光标，放置第二条导线，如图 4-2 所示。

如果要放置不连续的导线，可以在完成前一条导线后，单击鼠标右键，将光标移动到新导线的起点,并单击鼠标左键,然后按前面的步骤放置另一条导线,如图 4-3 所示。

放置完所有导线后,连续单击鼠标右键两次,即可结束放置导线状态,光标由十字状变成箭头状。

在绘制电路图的过程中,按空格键可以切换放置导线模式。Altium Designer 提供 3 种放置导线方式,分别是直角走线、45°走线和任意角度走线,放置导线直角走线效果如图 4-4 所示。

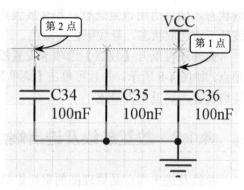

图 4-2 放置导线

2. 设置导线属性

当需要修改导线的颜色和线宽等参数时,可在放置导线状态下按 Tab 键,即可打开【线】对话框,如图 4-5 所示。主要设置以下参数。

❑ 线宽

设置导线的宽度。单击【线宽】项右边的下拉式箭头,即可打开下拉式列表,列表中有 4 个项可供选择,即 Smallest(最细)、Small(细)、Medium(中)和 Large(粗)导线,如图 4-6 所示。

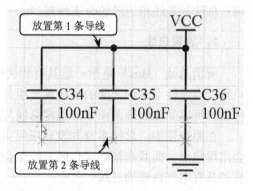

图 4-3 放置不连续导线

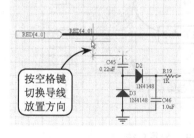

图 4-4 调整放置方式

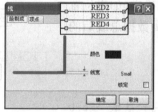

图 4-5 【线】对话框

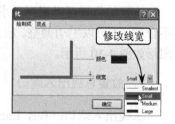

图 4-6 设置线宽

❑ 颜色

用于设置导线的颜色,单击【颜色】项右边的色块后,将打开【选择颜色】对话框,如图 4-7 所示。该对话框提供了 238 种预设颜色,选择所要的颜色并单击【确定】按钮,即可完成导线颜色的设置。此外,也可以单击【添加自定义颜色】按钮,选择自定义颜色。

❑ 锁定

其功能是设定放置完导线后该导线是否处于被选

图 4-7 【选择颜色】对话框

取状态。如果启用该复选框,那么放置完导线后,该导线处于被选取状态,导线颜色为黄色。

此外还可展开【顶点】选项卡设置添加和删除导线顶点,如图4-8所示。并且可单击【菜单】按钮进行顶点详细设置,这里不再赘述。

图 4-8　设置顶点

4.1.2　放置总线及进出端点

总线及进出端点是原理图的重要组成部分。其中总线是为了迎合人们绘制电路图的习惯,其目的仅是为了简化连线的表现方式,而总线进出端点就是单一导线进出总线的端点总线与导线相连时的分支线端口。

1. 放置总线

所谓总线(Bus)是指一组具有相关性的信号线口,原理图使用较粗的线条来代表总线。当元件与元件之间的连线是一组并行的导线,就可以用总线来代替这组导线。这样设置可以简化原理图图面,通常总线与总线支线配合使用。

在原理图中,总线本身并没有任何实质上的电气意义,也就是说尽管在放置总线时会出现热点,而且在拖动操作时总线也会维持其原先的连接状态,但这并不表明总线就真的具有电气性质的连接。

放置总线时,可单击【放置总线】按钮,或执行【放置】|【放置总线】命令,然后在图形屏幕上放置数据总线,如图4-9所示。

放置的位置可以根据要求确定,如果位置不合适,还可以手动调整。放置数据总线后的图形如图4-10所示。

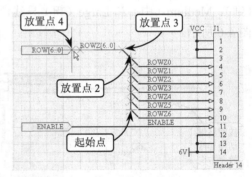

图 4-9　放置总线

2. 放置总线出入端口

总线出入端口(Bus Entry)是单一导线进出总线的端点总线与导线相连的出入端口线,在设计总线时必须用总线分支线。

总线出入端口没有任何的电气连接意义,只是让电路看上去更具有专业水准。因此,有没有总线出入端口,与电气连接没有任何关系,也就是说总线出入端口也可以用一般的导线代替。

单击【放置总线入口】按钮,或执行【放置】|【放置总线入口】命令,光标变成十字状,并且上面有一段45°或135°的线,表示系统处于放置总线出入端口状态,如图

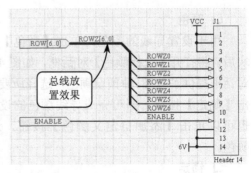

图 4-10　放置导线效果

4-11 所示。

此时将光标移到所要放置总线出入端口的位置，光标上出现一个圆点，表示移到了合适的放置位置，单击鼠标即可完成一个总线出入端口的放置。

在绘制电路图的过程中按空格键，总线出入端口的方向将逆时针旋转 90°；按 X 键总线出入端口左右翻转；按 Y 键总线出入端口上下翻转，如图 4-12 所示，旋转导线入口。

放置完所有总线出入端口后，单击鼠标右键，即可结束放置总线出入端口状态，光标由十字状变成箭头，效果如图 4-13 所示。

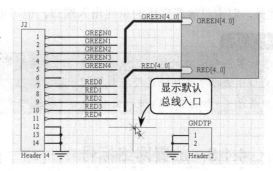

图 4-11　放置总线入口

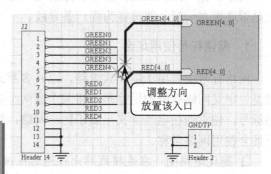

图 4-12　旋转导线入口

> **提　示**
>
> 习惯上，连线应该使用总线出入端口（Bus Entry）符号来表示与总线的连接。但是，总线出入端口同样也不具备实际的电气意义。所以当选取网络时，总线与总线出入端口并不呈现高亮显示。

3. 设置总线出入端口属性

当需要设置总线出入端口位置参数和颜色等属性参数时，可在放置总线出入端口状态下按 Tab 键，将打开【总线入口】对话框，如图 4-14 所示。其中 3 个项设置与导线对话框中的有关设置相同，即线宽、颜色和锁定与【线】对话框中对应选项完全一样，其他 4 项说明如下。

- 位置 X1　设置总线出入端口中第一个点的 X 轴坐标值。
- 位置 Y1　设置总线出入端口中第一个点的 Y 轴坐标值。
- 位置 X2　设置总线出入端口中第二个点的 X 轴坐标值。
- 位置 Y2　设置总线出入端口中第二个点的 Y 轴坐标值。

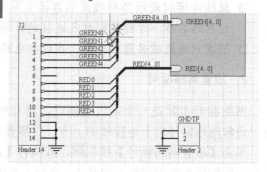

图 4-13　完成总线出入端口设置

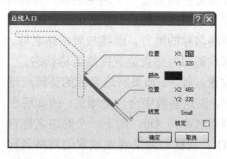

图 4-14　【总线入口】对话框

通过设置 X1、X2、Y1、Y2 的值，可以对总线出入端口进行空间位置的准确布置。

此外，双击已放置完毕的总线出入端口，也可以进入【总线入口】对话框。

> **技 巧**
>
> 当放置一些标准元件、总线出入端、网络名称等时，可以在放置前调整位置。调整的方法为：在选择了元件但还没有放置前，按空格键，即可旋转元件，此时可以选择需要的角度放置元件。如果按 Tab 键则会进入元件属性对话框，用户也可以在属性对话框中进行设置。

4.1.3 放置网络标号

网络名称（Net Label）具有实际的电气连接意义，具有相同网络名称的导线不管图上是否连接在一起，都被视为同一条导线。

1．网络标号使用场合

网络标号主要用于层次式电路，以及多重式电路中的各个模块电路之间的连接，也就是说定义网络标号的用途是：将两个或两个以上没有相互连接的网络，命名相同的网络标号，使它们在电气含义上属于同一网络，这在印制电路布线时非常重要。通常在以下场合使用网络名称。

- □ **简化电路图** 在连接线路比较遥远或线路过于复杂，而致使走线困难时，可利用网络名称代替实际走线使电路图简化。
- □ **总线连接时表示各导线间的连接关系** 通过总线连接的各个导线必须标上相应的网络名称，才能达到电气连接的目的。
- □ **层次式电路或多重式电路** 在这些电路中表示各个模块电路之间的连接。

2．放置网络标号

网络标号实际是一个电气连接点，具有相同网络标号的电气连线表明是连在一起的。通常网络标号位于连接线的上方，仅需要指定连接线上一点即可定位该标号。

单击【放置网络标号】按钮，或执行【放置】|【放置网络标号】命令，将光标移到放置网络名称的导线或总线上，光标上产生一个小圆点，表示光标已捕捉到该导线，单击鼠标即可正确放置一个网络名称，如图 4-15 所示。

指定一个网络名称后，将光标移到其他需要放置网络名称的地方，继续放置网络名称。单击鼠标右键即可结束放置网络名称状态。

在放置过程中，如果网络名称的头部或尾部为数字，则这些数字会自动增加。例如现在放置的网络名称为 D0，则下一个网络名称自动变为 D1。同样，如果现在放置的网络名称为 NetLabel6，则下一个网络名称自动变为 NetLabel7，图 4-16 所示即是顺序放置网络名称的电路图部分。

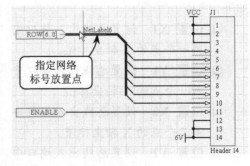

图 4-15　放置网络标号

3. 设置网络名称属性

在放置网络名称的状态下，如果要编辑所要放置的网络名称，按 Tab 键即可打开【网络标签】对话框，如图 4-17 所示。其中【颜色】项和【锁定】项与【线】对话框内有关设置相同，这里不再叙述。其余各个设置项功能说明如下。

- **网络** 在该下拉列表框中选择网络名称。
- **位置 X** 设置网络名称所放位置的 X 坐标值。
- **位置 Y** 设置网络名称所放位置的 Y 坐标值。
- **方位** 设置网络名称放置的方向。单击选项右边的下拉式按钮，即可打开下拉式列表。其中包括 4 个选项：0 Degrees、90 Degrees、180 Degrees 和 270 Degrees，分别表示网络名称的放置方向为 0°、90°、180° 和 270°。但一般不在对话框内设置网络名称的方向，而是在放置网络名称状态下，通过按空格键来设置网络名称及合适的放置方向。
- **字体** 设置所要放置文字的字体，单击【更改】按钮将打开【字体】对话框，在该对话框中设置相应的文字。

按照上述设置网络名称属性的方法分别设置相应的网络名称，并修改其位置，即可获得图 4-18 所示的网络标签放置效果。

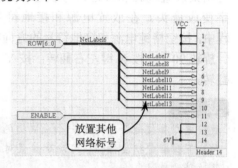

图 4-16　按照顺序排列网络标号

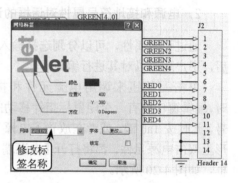

图 4-17　【网络标签】对话框

4.1.4 放置电源和接地符号

电源和接地符号是电路图不可缺少的组件，在电路原理图设计中，不管是放置电源还是放置接地符号，其方法是一样的。原理图通过网络名称将 VCC 电源元件与 GND 接地元件区别开来，有别于一般电气元件。

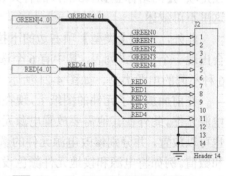

图 4-18　正确放置网络标签

1. 放置电源和接地符号

放置电源和接地符号的方法与放置网络标号的方法相似，仅需要在指定连接线的端点单击，即可定位该符号。

单击【GND 端口】按钮，或执行【放置】|【GND 端口】命令，将光标移到所

要放置电源和接地符号的位置，单击鼠标即可完成一个电源和接地符号的放置，如图 4-19 所示。

放置完所有符号后，单击鼠标右键，即可结束放置电源和接地符号状态，光标由十字变成箭头。在放置电源和接地符号的过程中，按空格键电源和接地符号的方向将逆时针旋转 90°；按 X 键左右翻转；按 Y 键上下翻转。

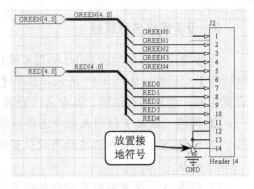

图 4-19　放置接地符号

技　巧

放置电源和接地符号还有一个最快捷的方法就是：单击【实用】工具栏中【电源和接地符号】下拉框中相应按钮，可准确放置对应电源和接地符号，不必通过【电源端口】对话框修改符号属性。

2. 电源和接地符号属性对话框的设置

通过设置属性，可以分别选择输入常见的电源节点元件，在图纸上放置了这些元件后，用户还可以对其进行编辑。

单击 按钮来调用电源元件和接地元件时，编辑窗口中有一个随鼠标指针移动的电源符号。此时按 Tab 键，或者在放置了电源元件的图形上双击电源元件，都将打开【电源端口】对话框，如图 4-20 所示。

其中网络、位置 X、位置 Y、方位、颜色和锁定项与【网络标签】对话框内的有关设置相同，这里不再叙述。

此外，单击【类型】项右边的下拉式按钮，会出现一个下拉式列表，其中有 6 个选项，对应 6 种不同的电源类型，如图 4-21 所示。

在前面放置了元件的图纸上，现在继续放置电源元件。此外在其他需要放置电源元件的地方也可以放置，并分别修改电源元件的颜色、类型和数值。例如将电源和接地元件颜色设定为传统的棕色，图形类型分别设置为 VCC 和接地，修改后的元件如图 4-22 所示。

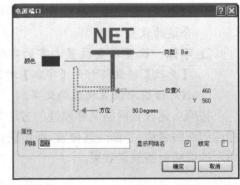

图 4-20　【电源端口】对话框

图 4-21　电源和接地元件类型

4.1.5　放置节点和连接线路

在原理图中放置线路节点和连接线路，其主要作用就是连通电路。其中放置线路节点就是将交叉的两条导线连在一起，使它们在电气上连通；而设置连接线路则是按照电路设计的要求建立网络的实际连通性。

1．放置节点

线路节点用来区分两条导线交叉时是否相交。如果没有节点，则可以认为两条导线在电气上是不相通的；如果存在节点，则认为两条导线在电气上是相互连接的。

在某些情况下，原理图会自动在连线上加上节点，放置节点如图 4-23 所示。但是，通常许多节点需要设计者动手才可加上，例如默认情况下十字交叉的连线不会自动加上节点。

若要自行放置节点，可执行【放置】|【手工节点】命令，将编辑状态切换到放置节点模式。此时鼠标指针会由空心箭头变为大十字，并且中间还有一个小黑点。这时，只需将鼠标指针指向欲放置节点的位置上，然后单击鼠标左键即可。要将编辑状态切换回待命模式，可单击鼠标右键或按 Esc 键。

当需要修改节点时，可在节点尚未放置到图纸中之前按 Tab 键，或是直接在节点上双击鼠标左键，可打开【连接】对话框，如图 4-24 所示。该对话框包括以下参数项。

- 位置 X、位置 Y　节点中心点的 X 轴、Y 轴坐标。
- 尺寸　选择节点的显示尺寸。
- 颜色　选择节点的显示颜色。
- 锁定　设置是否锁定显示位置。当禁用该复选框时，如果原先的连线被移动以至于无法形成有效的节点时，本节点将自动消失；当启用该复选框时，无论如何移动连线，节点都将维持在原先的位置上。

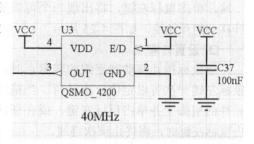

▶ 图 4-22　放置接地和电源元件

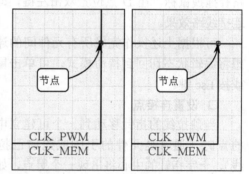

▶ 图 4-23　放置节点

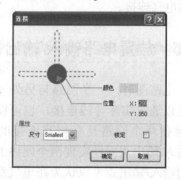

▶ 图 4-24　【连接】对话框

2．放置连接线路

当所有电路对象与电源元件放置完毕后，现在可以着手进行电路图中各对象间的连线。连线的最主要目的是按照电路设计的要求建立网络的实际连通性。

要进行连线操作时，可单击【放置线】按钮，或执行【放置】|【放置线】命令，将编辑状态切换到连线模式。

- 显示预拉线

此时鼠标指针的形状也会由空心箭头变为大十字，只需将鼠标指针指向欲拉连线的一端，单击鼠标左键，将出现一个可以随鼠标指针移动的预拉线，如图4-25所示。

❑ 设置转弯点

当鼠标指针移动到连线的转弯点时，每单击鼠标左键一次可以定位一次转弯。当拖动虚线到元件的引脚上并单击鼠标左键，或在任何时候双击鼠标左键时，将终止该次连线。

如图4-26所示，指定A点，然后沿B、C、D路径拖拽鼠标，在D点位置双击左键，即可获得连接线路效果。

可根据上述操作完成所有元件间的连线。若想将编辑状态切回到待命模式，可单击鼠标右键或按Esc键。

❑ 设置连接点

当预拉线的指针移动到一个可建立电气连接的点时（通常是元件的引脚或先前已拉好的连线），十字指针的中心将出现一个黑点，如图4-27所示。它提示在当前状态下单击鼠标左键将形成一个有效的电气连接。

4.1.6 放置电路输入/输出端口

在设计电路图时，一个网络与另外一个网络的连接，可以通过实际导线连接，也可以通过放置网络名称使两个网络具有相互连接的电气意义。放置输入/输出点同样实现两个网络的连接，相同名称的输入/输出点可以认为在电气意义上是连接的。输入/输出点也是层次图设计不可缺少的组件。

1. 放置电路输入/输出端口

放置电路输入/输出端口时，仅需要将端口两侧的位置点确定，即端口的一端为端口起始位置点，另一端与总线连接。

单击【放置端口】按钮，或执行【放置】|【放置端口】命令，光标变成十字状，并且在它上面出现一个输入/输出点的图标。在合适的位置放置，光标上会出现一个圆点，表示此处有电气连接端口，如图4-28所示。

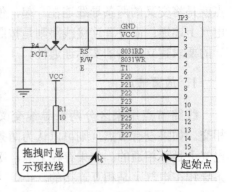

图4-25　显示预拉线

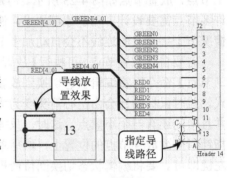

图4-26　设置转弯点

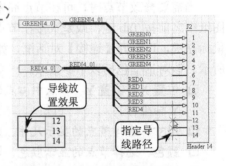

图4-27　设置连接点

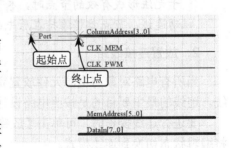

图4-28　放置电路输入/输出点

单击鼠标即可定位输入/输出端口的一端，移动鼠标使输入/输出端口的大小合适，然后单击鼠标，即可完成一个输入/输出端口的放置。单击鼠标右键，即可结束放置输入/输出端口状态。

> **提 示**
>
> 通过制作 I/O 端口，使某些 I/O 端口具有相同的名称，这样就可以将它们视为同一网络或者认为它们在电气上是相连的。

2．设置输入/输出端口

当需要修改端口输入/输出属性时，可在放置输入/输出点状态下按 Tab 键，或者在放置了输入/输出端口后用鼠标双击元件，都将打开【端口属性】对话框，如图 4-29 所示。该对话框下的【放置成】选项卡中包含多个参数项，如下所述。

❑ **名**

在该列表框中定义 I/O 端口的名称，具有相同名称的 I/O 端口的线路在电气上是连接在一起的，图中的名称默认值为 Port。

❑ **类型**

设定端口的外形，I/O 端口的外形种类一共有 8 种，分别为 None、Left、Right 和 Left & Right 等，Left& Right 为系统默认的种类。

❑ **I/O 类型**

设置端口的电气特性，也就是对端口的 I/O 类型进行设置，它会对电气法则测试（ERC）提

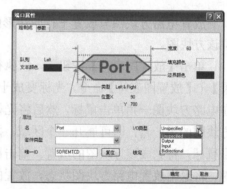

图 4-29 【端口属性】对话框

供一些依据。端口的类型设置有 4 种，分别为 Unspecified（未指明或不确定）、Output（输出端口型）、Input（输入端口型）、Bidirectional（双向型）。例如，当两个同属 Input 输入类型的端口连接在一起的时候，电气法则检测时会产生错误报告。

❑ **队列**

设置端口的布置形式，端口的布置形式与端口的类型是不同的概念，端口的形式仅用来确定 I/O 端口的名称在端口符号中的位置，而不具有电气特性。端口的布置形式共有 3 种，分别为 Center（中间）、Left（左）、Right（右）。

其他项目的设置包括 I/O 端口的宽度、位置、边线的颜色、填充颜色，及文字标注的颜色等。这些项目用户可以根据自己的要求来设置，设置操作与前面有关元件类似。

如图 4-30 所示，分别对端口、名称、I/O 类型和放置位置进行必要的修改，以适应各个端口设计要求。

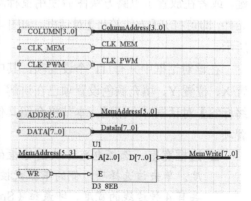

图 4-30 放置电路输入/输出点

4.1.7 放置电路方块图

电路方块图（Sheet Symbol）是层次式电路设计不可缺少的组件，层次式电路设计将在以后的章节里详细介绍。简单地说，电路方块图就是设计者通过组合其他元器件自定义的一个复杂器件。

这个复杂器件在图纸上用简单的方块图来表示，至于这个复杂器件由哪些元件组成、内部的接线又如何，可以由另外一张电路图来详细描述。它的功能是指定该零件内部电路图所在的文件。因此，零件、自定义零件、电路方块图没有本质上的区别，大致可以将它们等同看待。

1. 放置电路方块图

放置电路方块图与放置平行四边形的方法类似，即指定方框图的两个角点，即可定位该方块图。

单击【放置图表符】按钮，或执行【放置】|【放置图表符】命令，光标变成十字状，在电路方块图一角单击鼠标，然后将光标移到方块图的另一角，即可展开一个区域。接着单击鼠标，将完成该方块图的放置。单击鼠标右键，将退出放置电路方块图状态，放置的电路方块图如图 4-31 所示。

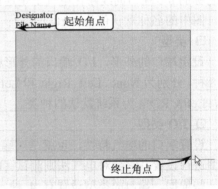

图 4-31　放置电路方块图

2. 编辑电路方块图属性

当需要编辑方块符号的位置、颜色和宽度等参数时，可在放置电路方块图状态下按 Tab 键，或者在放置了电路方块图后使用鼠标双击元件，即可打开【方块符号】对话框，如图 4-32 所示。

在该对话框中共有 11 个设置项，其中位置 X、位置 Y、填充颜色设置项已在讲解【网络标签】对话框时介绍过，本节将介绍其他设置项。

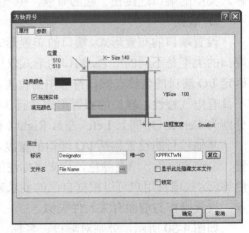

图 4-32　【方块符号】对话框

- ❏ 边框宽度　选择电路方块图边框的宽度。单击该选择项，侧的下拉式按钮，共有 4 种边线的宽度，即最细（Smallest）、细（Small）、中（Medium）和粗（Large）。

- □ **X-Size** 设置电路方块图的宽度。
- □ **Y-Size** 设置电路方块图的高度。
- □ **边界颜色** 设置电路方块图的边框颜色。
- □ **拖曳实体** 设置电路方块图内是否要填入填充颜色操作所设置的颜色。
- □ **文件名** 设置电路方块图所对应的文件名称。

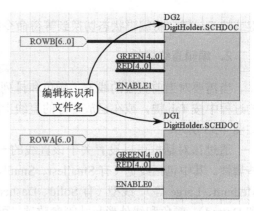

例如对电路方块图进行修改设置，将填充颜色修改为绿色，标识修改为 DG1 和 DG2，文件名修改为 DigitHolder.SCHDOC，修改后的电路方块图如图 4-33 所示。

图 4-33 编辑电路方块图属性

4.2 放置几何对象

在电路图中加上一些说明性的文字或是图形，除了可以让整个电路图显得生动活泼，还可以增强电路图的说服力及数据的完整性。原理图提供的绘图功能，可以满足放置说明性图形的基本要求，是在电路原理图设计时非电气意义的图件调用快捷工具。

由于图形对象并不具备电气特性，所以在作电气规则检查（ERC）和转换成网络表时，它们并不产生任何影响，也不会附加在网络表数据中。

4.2.1 放置直线

直线（Line）在功能上完全不同于元器件之间的放置线（Wire）。其中放置线具有电气意义，通常用来表现元件间的物理连通性，而直线并不具备任何电气意义，只是用它来放置说明性的图形而已。

1. 放置直线

单击【放置线】按钮，或执行【放置】|【绘图工具】|【线】命令，此时鼠标指针除了原先的空心箭头之外，还多出了一个大十字符号。将大十字指针符号移动到待放置直线的一端，单击鼠标左键然后移动鼠标，屏幕上会出现一条随鼠标指针移动的预拉线，如图 4-34 所示。

如果不满意这条预拉线，可以单击鼠标右键或按 Esc 键取消这条直线的放置。然后将指针移动到直线的另一端，再单击一下鼠标左键，即可完成这条直线的放置。

由于现在仍处于放置直线模式下，可以按照上述步骤继续放置第二条直线，直到单击鼠标右

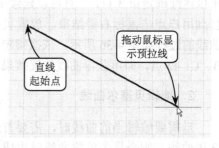

图 4-34 放置直线显示预拉线

键或按 Esc 键，将编辑状态切换到等待命令模式为止。

2. 编辑直线属性

当需要对当前直线的线宽、颜色和排列风格等属性参数进行修改时，可在放置直线的过程中按 Tab 键，或在已放置好的直线上双击鼠标左键，都将打开 PolyLine 对话框，如图 4-35 所示。

通过该对话框可以设置关于该直线的一些属性。其中包括线宽（有 Smallest、Small、Medium、Large 等）、线型（有 Solid、Dashed 和 Dotted）、颜色和线外形尺寸等参数项，可根据需要进行编辑操作。

当选取直线对象时，直线的两端会各自出现一个四方形的小黑点，即所谓的控制点，可以通过拖动控制点来调整这条直线的起点与终点位置。另外，还可以直接拖动直线本身来改变其位置。

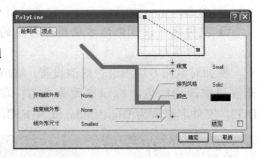

图 4-35　PolyLine 对话框

4.2.2　放置贝塞尔曲线

在【实用】工具栏中提供【放置贝赛尔曲线】工具。使用该工具可以在图纸中放置正弦波、抛物线等曲线特征，并且能够获得很好的拟和效果。下面以放置抛物线曲线为例，说明这一工具的使用方法。

1. 放置贝塞尔曲线

放置贝塞尔曲线，就是通过依次指定的 4 个限位点来控制曲线的弯曲程度，从而形成的曲线特征。

单击【放置贝塞尔曲线】按钮，或执行【放置】|【绘图工具】|【贝塞尔曲线】命令，将显示十字光标。

此时可以在图纸上放置曲线，当确定第一点后，系统会要求确定第二点，确定的点数大于或等于 2，就可以生成曲线。当只有两点时，将生成一条直线。确定了第二点后，可以继续确定第 3 点，一直可以延续下去，直到用户点击鼠标右键结束。放置贝塞尔曲线的过程如图 4-36 所示，依次指定 A、B、C、D 点，即可获得曲线放置效果。

2. 编辑贝塞尔曲线

当需要编辑当前曲线时，需要首先框选该曲线．则会显示放置曲线时生成的控制点，如图 4-37 所示。这些控制点其实就

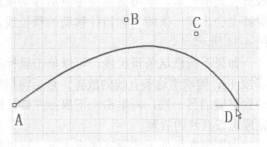

图 4-36　放置贝塞尔曲线

是放置曲线时确定的点，通过拖动这些控制点改变曲线结构。

如果想编辑曲线的属性，则可以使用鼠标双击曲线，将打开【贝塞尔曲线】对话框，如图 4-38 所示。在该对话框中可分别设置曲线的宽度、颜色，以及执行锁定曲线操作。

4.2.3 放置弧

在 Altium Designer 中，用户可利用【放置弧】工具放置圆形和圆弧对象，以下仅以放置一个圆弧线为例介绍该工具的使用方法，圆形对象放置方法类似。

1．放置圆弧

放置圆弧时，需要依次指定圆心、半径、圆弧起始点和圆弧终止点这 4 个参数才能确定其位置。当起始点与终止点重合时即为圆形。

执行【放置】|【绘图工具】|【弧】命令，首先在待绘图形的圆弧中心处单击鼠标，然后移动鼠标会出现圆弧预拉线。调整好圆弧半径，并单击鼠标，指针会自动移动到圆弧缺口的一端，调整好其位置后再单击鼠标，指针会自动移动到圆弧缺口的另一端，调整好其位置后单击鼠标就结束了该圆弧线的放置，接着进入下一个圆弧线的放置流程。这样下一次圆弧的默认半径为刚才放置的圆弧半径，开口也一致，如图 4-39 所示。

结束放置圆弧操作后，单击鼠标右键或按 Esc 键，即可将编辑模式切换回等待命令模式。

2．编辑圆弧属性

如果设计者需要调整圆弧线的形状或者修改圆弧线的某些属性，可在放置圆弧线过程中按 Tab 键，或者单击已放置好的圆弧线，将打开 Arc 对话框，如图 4-40 所示。

在该对话框中控制半径的参数只有【半径】选项，其他参数项包括中心点的 X 轴、Y 轴坐标、线宽、开始角度、结束角度、颜色等等。选择对应的参数项并修改参数值，然后单击【确定】按钮，则原有圆弧对象将按照属性设置进行更新。

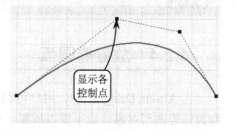

图 4-37　显示贝塞尔曲线控制点

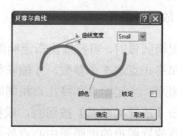

图 4-38　【贝赛尔曲线】对话框

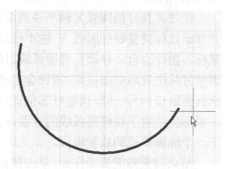

图 4-39　放置圆弧

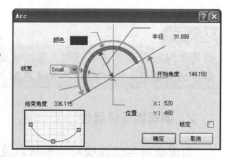

图 4-40　Arc 对话框

> **提 示**
>
> 如果单击已放置好的圆弧线,可使其进入点选取状态,此时其半径及缺口端点处会出现控制点,可以拖动这些控制点来调整圆弧线的形状。此外,也可以直接拖动圆弧线本身来调整其位置。

4.2.4 放置椭圆弧

在 Altium Designer 中,用户可利用【放置椭圆弧】工具放置圆形、椭圆形、椭圆弧和圆弧等图形对象,以下仅以放置一个椭圆弧线为例介绍该工具的使用方法,其他对象放置方法类似,这里不再赘述。

1. 放置椭圆弧

放置椭圆弧时,需要依次指定椭圆弧圆心、椭圆弧长半轴半径、椭圆弧短半轴半径、起始点和终止点这 5 个参数,才能获得椭圆弧创建效果。当长、短半轴半径相同时即为圆弧或圆形,当起始点和终止点相同时即为椭圆或圆形。

单击【放置椭圆弧】按钮,或执行【放置】|【绘图工具】|【椭圆弧】命令,首先在待放置图形的椭圆弧中心点处单击鼠标,然后移动鼠标会出现椭圆弧预拉线,如图 4-41 所示。

接着调整好椭圆弧 X 轴半径后单击鼠标,并移动鼠标调整好椭圆弧 Y 轴半径后再单击鼠标,指针会自动移动到椭圆弧缺口的一端,调整好其位置后单击鼠标,指针会自动移动到椭圆弧缺口的另一端,调整好其位置后再次单击鼠标就结束了该椭圆弧线的放置,同时进入下一个椭圆弧线的放置流程。

结束放置椭圆弧操作后,单击鼠标右键或按 Esc 键,即可将编辑模式切换回等待命令模式。

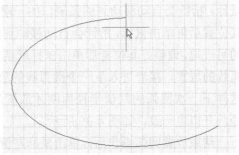

图 4-41 放置椭圆弧

> **提 示**
>
> 椭圆弧线与圆弧线略有不同,圆弧线实际上是带有缺口的标准圆形,而椭圆弧线则为带有缺口的椭圆形。所以利用放置椭圆弧线的功能也可以放置出圆弧线。

2. 编辑椭圆弧属性

当需要对当前弧线对象形状以及其他参数进行修改操作时,可在放置椭圆弧线的过程中按 Tab 键,或者单击已放置好的椭圆弧线,可打开【椭圆弧】对话框,如图 4-42 所示。

该对话框包括 X 半径、Y 半径两种参数项,而 Arc 对话框仅包含【半径】控制参数。

其他的属性与圆弧属性设置完全相同，这里不再赘述。

此外，单击已放置好椭圆弧线，同样可以像调整圆弧线一样，通过调整控制点调整弧线形状，以及拖动椭圆弧线本身调整其位置。

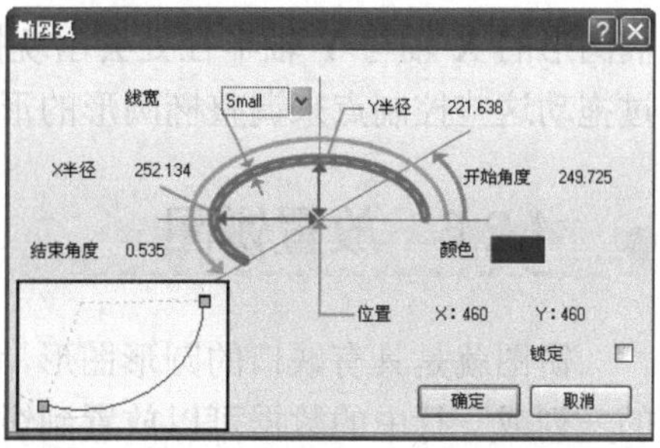

4.2.5 放置椭圆或圆

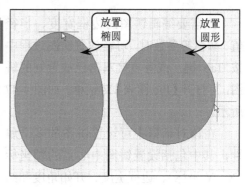

图 4-42 【椭圆弧】对话框

由于圆就是 X 轴与 Y 轴半径一样的椭圆，所以利用放置椭圆的工具，既可放置出标准的圆，也可放置出 X 轴与 Y 轴半径不同的椭圆。

1. 放置椭圆或圆

放置椭圆或圆的方法与放置椭圆弧的方法类似，只不过是在放置该图形对象时不必指定起始点和终止点而已。

单击【放置椭圆】按钮，或执行【放置】|【绘图工具】|【椭圆】命令，将编辑状态切换到放置椭圆模式。此时鼠标指针旁边将显示大十字符号，首先在待放置图形的中心点处单击鼠标左键，然后移动鼠标将出现预拉椭圆形线，分别在适当的 X 轴半径处与 Y 轴半径处单击鼠标左键，即完成该椭圆形的放置，同时进入下一次放置过程。如果设置的 X 轴与 Y 轴的半径相等，则可以放置正圆，如图 4-43 所示。

> **提 示**
> 此时如果希望将编辑模式切换回等待命令模式，可单击鼠标右键或按 Esc 键。

2. 编辑椭圆或圆属性

当需要编辑椭圆或圆的半径、边框宽度和颜色等参数时，可在放置椭圆形的过程中按 Tab 键，或是直接双击已放置好的椭圆形，即可打开【椭圆形】对话框，如图 4-44 所示。

可在该对话框中设置该椭圆形的一些属性，例如椭圆形的中心点 X 坐标与 Y 坐标、椭圆 X 轴与 Y 轴半径和边框宽度等参数。选择对应的参数项并修改参数值，然后单击【确定】按钮，则原有椭圆或圆对象将按照属性设置进行更新。例如将椭圆 X、Y 轴半径设置为相同值，将获得正圆图形效果，如图 4-45 所示。

此外，直接单击已放置好的椭圆形可使其进入点选取状态，在此状态下可通过拖动椭圆形本身来调整其位置。另外，在点选取状态下

图 4-43 放置椭圆和圆

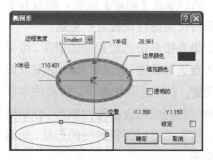

图 4-44 【椭圆形】对话框

椭圆形的 X 轴与 Y 轴半径处会出现控制点，可以通过拖动这些控制点来调整椭圆形的形状。

4.2.6 放置饼图

饼图就是具有缺口的圆形图形，仅排列在工作表的一列或一行中的数据可以放置到饼图中。

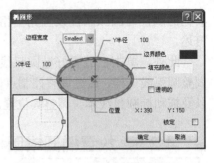

图 4-45 设置圆半径属性

1. 放置饼图

放置饼图与放置圆弧的方法类似，即需要依次指定圆心、半径、饼图起始角度和饼图终止角度，即可获得饼图放置效果。

单击【放置饼形图】按钮，或执行【放置】｜【绘图工具】｜【饼形图】命令，此时鼠标指针旁边会多出一个饼图。首先在待放置图形的中心处单击鼠标，然后移动鼠标会出现饼图预拉线，如图 4-46 所示。

调整好饼图半径后再单击鼠标，鼠标指针会自动移到饼图缺口的一端，调整好其位置后再次单击鼠标，鼠标指针会自动移到饼图缺口的另一端，调整好其位置后单击鼠标左键，即可结束该饼图的放置，同时进入下一个饼图的放置流程。此时如果单击鼠标右键或按 Esc 键，可将编辑模式切换回等待命令模式。

2. 编辑饼图

当需要编辑饼图的边框宽度、半径值、颜色等参数时，可在放置饼图过程中按 Tab 键，或者直接双击已放置好的饼图，可打开【Pie 图表】对话框，如图 4-47 所示。

在该对话框中可设置饼图的多个属性，其中包括设置饼图中心点的轴坐标（X、Y 坐标）、边框宽度、开始角度和结束角度等等。选择对应的参数项并修改参数值，然后单击【确定】按钮，则原有饼图对象将按照属性设置进行更新。

如果直接单击已放置好的饼图，可使其进入点选取状态，此时可拖动饼图以调整其位置。在点选取状态下，饼图的半径及其缺口的两端都会出现控制点，分别拖动这些控制点可以调整饼图的形状，如图 4-48 所示。

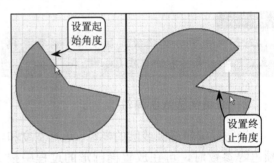

图 4-46 确定饼图形状

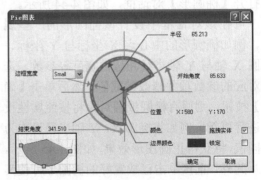

图 4-47 【Pie 图表】对话框

> **提示**
> 如果需要将已经填充颜色的圆饼修改为没有填充颜色的圆饼，则可以单击【颜色】选项右侧的色块，修改填充颜色即可。

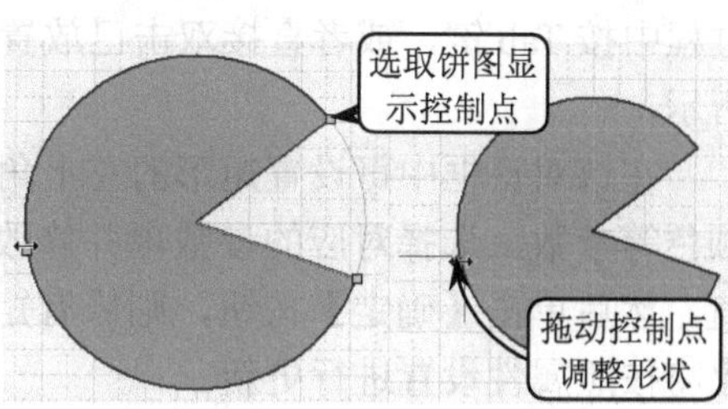

图 4-48 调整饼图形状

4.2.7 放置矩形和圆角矩形

这里的矩形分为直角矩形和圆角矩形，它们的差别在于矩形的 4 个边角是否由椭圆弧线所构成。除此之外，这二者的放置方式与属性均十分相似。

1. 放置矩形

放置矩形的方法与放置方块图的方法类似，即分别指定矩形的两个角点坐标即可获得矩形创建效果。

单击【放置矩形】按钮，或执行【放置】|【绘图工具】|【矩形】命令，此时鼠标指针旁边将显示大十字符号，然后在待放置矩形的一个角上单击鼠标，接着移动鼠标到矩形的对角，再单击鼠标，即完成当前这个矩形的放置．同时进入下一个放置矩形的过程。

若要将编辑模式切换回等待命令模式，可在此时单击鼠标右键或按 Esc 键，放置的矩形如图 4-49 所示。

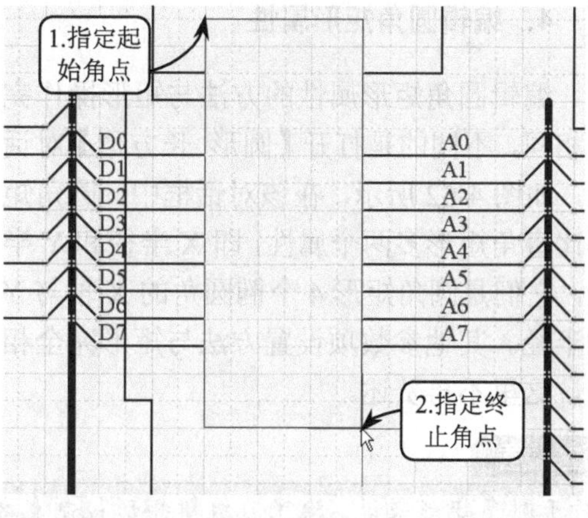

2. 放置圆角矩形

圆角矩形与创建矩形方法完全一样，所不同的是系统按照默认设置参数显示矩形 4 个角圆弧连接线。

单击【放置圆角矩形】按钮，或执行【放置】|【绘图工具】|【圆角矩形】命令，然后按照放置矩形的方法指定矩形两个角点位置，即可获得该矩形创建效果，如图 4-50 所示。

3. 编辑矩形属性

当需要编辑矩形的边框宽度、颜色和位置参数等属性参数时，可在放置矩形的

图 4-49 放置矩形

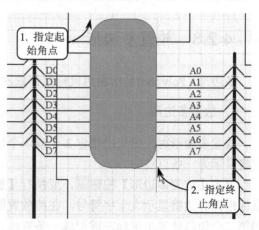

图 4-50 放置圆角矩形

过程中按 Tab 键，或者直接双击已放置好的矩形，将打开【长方形】对话框，如图 4-51 所示。

在该对话框中可设置矩形的左上角坐标、右下角坐标、边框宽度、边框颜色和填充颜色等参数。选择对应的参数项并修改参数值，然后单击【确定】按钮，则原有矩形对象将按照属性设置进行更新。

> **提示**
>
> 如果直接单击已放置好的矩形，可使其进入点选取状态，在此状态下我们可以通过移动矩形本身来调整其放置的位置。在点选取状态下，直角矩形的 4 个角和各边的中点都会出现控制点，可以通过拖动这些控制点来调整该直角矩形的形状。

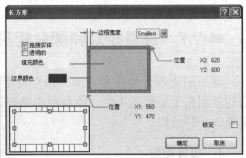

图 4-51 【长方形】对话框

4. 编辑圆角矩形属性

编辑圆角矩形属性的方法与矩形操作完全相同，不同的是打开【圆形 长方形】对话框，如图 4-52 所示，在该对话框中，圆角矩形比直角矩形多两个属性，即 X 半径和 Y 半径，它们是圆角矩形 4 个椭圆角的 X 轴与 Y 轴半径。其他参数项设置方法与矩形完全相同，这里不再赘述。

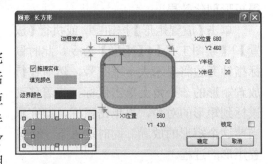

图 4-52 【圆形 长方形】对话框

> **注意**
>
> 对于圆角矩形来说，除了像编辑矩形控制点之外，在矩形的 4 个角内侧还会各自出现一个控制点，这是用来调整椭圆角的半径。

4.2.8 放置多边形

多边形（Polygon）是指利用鼠标指针依次定义出图形的各个边脚所形成的封闭区域。

1. 放置多边形

放置多边形时，可依次指定 3 个或 3 个以上的限位点放置该多边形。当指定两个点时将显示为一条直线。

单击【放置多边形】按钮，或执行【放置】|【绘图工具】|【多边形】命令，鼠标指针旁边将显示大十字符号。在待放置图形的一个边脚处单击鼠标左键，移动鼠标到第二个边脚处单击鼠标左键形成一条直线。再次移动鼠标，这时会出现一个随鼠标指针移动的预拉封闭区域，如图 4-53 所示。

依次移动鼠标指针到待绘图形的其他边相交处单击鼠标左键。如果单击鼠标右键将结束当前多边形的放置，开始进入下一个放置多边形的过程。如果要将编辑模式切换回等待命令模式，可单击鼠标右键或按 Esc 键。

2．编辑多边形属性

当需要修改多边形的颜色、线宽等属性参数时，可在放置多边形的过程中按 Tab 键，或是在已放置好的多边形上双击鼠标左键，将打开【多边形】对话框，如图 4-54 所示。

在对话框中可以设置该多边形的一些属性，如边框宽度、边界颜色和填充颜色等参数。选择对应的参数项并修改参数值，然后单击【确定】按钮，则原有多边形对象将按照属性设置进行更新。

如果直接单击已放置好的多边形，则可使其进入选中状态，此时多边形的各个边脚都会出现控制点，即可通过拖动这些控制点来调整该多边形的形状。此外，也可以直接拖动多边形本身来调整其位置。

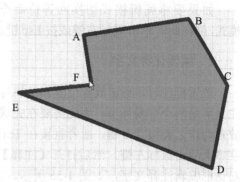

图 4-53　放置多边形

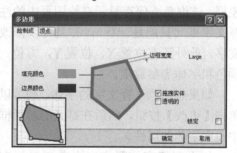

图 4-54　【多边形】对话框

4.3 放置其他对象

在绘制电路图的时候，有时候会感觉仅仅靠图形符号不足以充分表达设计意图，出于解释说明的需要，设计者会在原理图中适当的位置添加文字说明。添加少量的文字可以直接用放置文字的方法来实现，而对于字数较多的文字，可以用添加文本框的方法来实现。

4.3.1 放置标注

在电路原理图中，有时为了更清楚地解释电路中各个元件的关系，便于用户看图，需要在图纸中额外添加单行文字说明。

1．放置标注

放置标注与放置网络标号的方法类似，即在绘图区指定一点放置标注，然后修改标注文字，即可获得放置标注效果。

单击【放置文本字符串】按钮，或执行【放置】|【文本字符串】命令，将编辑模式切换到放置注释文字模式。此时鼠标指针旁边会多出一个大十字和一个虚线框，在欲放置注释文字的位置上单击鼠标左键，绘图页中将出现一个名为 Text 的字串，并进入

下一个操作过程，如图 4-55 所示。

如果要将编辑模式切换回等待命令模式，可在此时单击鼠标右键或按 Esc 键。

2. 编辑注释文字

放置标注时，指定放置位置和编辑标注文字是两个主要环节，因此需要在完成放置动作之前按 Tab 键，或者直接在 Text 字串上双击鼠标左键，然后打开【注释】对话框编辑注释文字，如图 4-56 所示。

在此对话框中最重要的是【文本】列表框，该框负责保存显示在绘图页中的注释文字串（只能是一行），并且可以修改文字。此外还有位置 X、位置 Y、方位、颜色和字体等参数项。

如果想修改注释文字的字体，则可以单击【更改】按钮，然后在打开的对话框中设置字体的属性。

如果直接在注释文字上单击鼠标左键，可使其进入选中状态（出现虚线边框），可以通过移动矩形本身来调整注释文字的放置位置；如果双击该注释文字，可激活该注释修改文本，如图 4-57 所示。

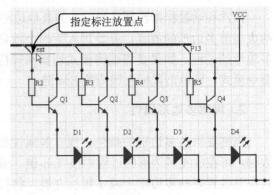

图 4-55　放置标注

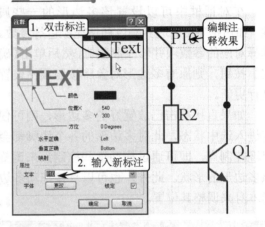

图 4-56　【注释】对话框

4.3.2　放置文本框

前面所介绍的注释文字仅限于一行的范围，如果需要多行的注释文字，就必须使用【文本框（Text Frame）】工具添加多行文字。

1. 放置文本框

放置文本框的方法与放置电路方块图方法类似，即依次指定文本框的两个角点，即可放置该文本框。

单击【放置文本框】按钮，或执行【放置】|【文本框】命令，将编辑状态切换到放置文本框模式。此时鼠标指针旁边将增加一个大十字符号，在需要放置文本框的一个边角处单击鼠标，然后移动鼠标就可以在屏幕上看到一个虚线的预拉框，用鼠标单击该预拉框的对角位置，将结束当前文本框的放置过程，并自动进入下一个放置过程，如图 4-58 所示。

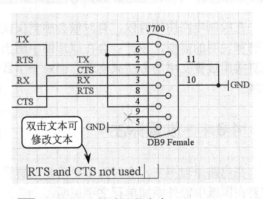

图 4-57　修改注释文本

放置了文本框，当前屏幕上应该有一个白底的矩形框，其中有一个 Text 字串。如果要将编辑状态切换回等待命令模式，可在此时单击鼠标右键或按 Esc 键即可。

2．编辑文本框

当需要对文本框属性进行修改时，可在完成放置文本框的动作之前按 Tab 键，或者直接双击文本框，将打开【文本结构】对话框，如图 4-59 所示。

在这个对话框中最重要的选项是【文本】选项，该选项负责保存显示在绘图页中的注释文字字串，但在此处并不局限于一行。单击该选项右边的【更改】按钮可打开 Text Frame Text 窗口，即可在该文字编辑窗口中编辑显示字串。

在【文本结构】对话框还可设置位置、颜色、字体，以及设置是否自动换行和修剪范围等参数项，设计者可设计或修改相应参数。

此外，在输入文本框文本后，单击该文本框则文本框将处于可编辑状态，修改文本然后单击 ✓ 按钮，将保存文本编辑操作，如图 4-60 所示。

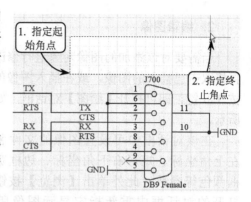

图 4-58　放置文本框

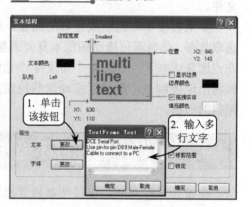

图 4-59　【文本结构】对话框

4.3.3　放置图像

在【实用】工具栏中还提供了一个添加图像的工具，利用该工具可以在图纸中添加图像对象，比如公司的标志、电路实体图效果等。

1．放置图像

放置图像与放置文本框的方法类似，需要首先指定两角点，确定图像大小，然后指定路径选择该图像文件，即可获得放置图像效果。

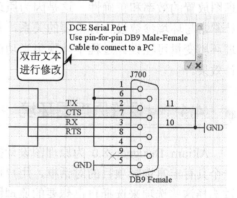

图 4-60　编辑文本

如果希望在绘图区插入相应的图像文件，可单击【放置图像】按钮，或执行【放置】|【绘图工具】|【图像】命令，然后指定图形所在当前原理图窗口中空间大小，将打开【打开】对话框，如图 4-61 所示。

在该对话框指定图像所在的文件夹，在文件类型栏中指定图像的格式，然后在文件列表中选定相应的图像文件名，单击【打开】按钮即可插入图像。

2. 编辑图像

当需要对该添加的图像对象进行修改时，可直接双击已插入的图像，或在插入图像的过程中按 Tab 键，即可打开【绘图】对话框，如图 4-62 所示。

在该对话框中可设置图像的文件名、矩形左上角坐标、矩形右下角坐标、边框宽度、边框颜色等参数。此外单击【浏览】按钮，可在打开的对话框中重新指定显示图像所对应的文件。

如果直接单击已经放置好的图像，可进入点选取状态。此时即可拖动图像本身来调整其位置。在点选取状态下，图像 4 个角及 4 个边的中心点都将出现控制点，用鼠标拖动这些控制点可调整图像的形状。

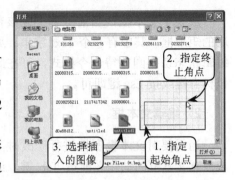

图 4-61 【打开】对话框

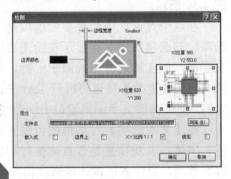

图 4-62 【绘图】对话框

4.4 设置原理图的环境参数

在设计原理图时，仅仅依靠放置原理图图形以及制作电路元件等知识，并不能快速提高原理图放置的效率和正确性。这是因为原理图设计常常与环境参数设置有重要的关系，有效管理环境变量可在设计过程中体现事半功倍的设计效果。

4.4.1 设置原理图环境

Altium Designer 8.0 为原理图设计提供了一个具有丰富选择项目的对话框，用户可以通过选择这些选项来选择自己想要的原理图功能和和操作环境。

要设置原理图环境，可执行 DXP|【优先选项】命令，将打开【喜好】对话框。此时在左侧树状目录中选择 Schematic|General 目录节点，将打开 Schematic|General 选项卡，如图 4-63 所示，该选项卡可以设置的参数如下。

图 4-63 Schematic|General 选项卡

1. 设置引脚参数

在该选项卡下的【pin 参数】选项区域中可分别设置元件的引脚号和名称距离边界

（元件的主图形）的间距。
- **名** 在该编辑框输入的值可以设置引脚名离边界的距离。
- **数量** 在该编辑框输入的值可以设置引脚号离边界的距离。

2．设置 Alpha 数字下标

在【Alpha 数字下标】选项区域中可设置多元件流水号的后缀，有些元件内部是由多个元件组成的，比如 74LS04 就是由 6 个非门组成，则通过该编辑框就可以设置元件的后缀。
- **Alpha** 选择该单选按钮，则多元件流水号的后缀以字母表示，如 A、B 等。
- **数字的** 选择该单选按钮，则多元件流水号的后缀以数字表示，如 1、2 等。

3．设置参数选项

在该选项卡下的【选项】选项区域中可设置拖动或插入元件的方式和嵌套对象的编辑方式等选项参数，以下仅介绍两个常用复选框含义及设置方法。
- **直角拖曳**
启用该复选框，则只能以正交方式拖动或插入元件，或放置图形对象。如果禁用该复选框，则以环境所设置的分辨率拖动对象。
- **使能 In-Place 编辑**
启用该复选框，可以实现对嵌套对象进行编辑，即可以对插入的连接对象实现编辑。

4．默认电源对象名称

在该选项区域中用来设置默认的电源的接地名称，可以分别设置电源地、信号地、接地的默认名称。
- **电源地** 该编辑框用来设置电源地名称，如 GND。
- **信号地** 该编辑框用来设置信号地名称，如 SGND。
- **接地** 该编辑框用来设置接地名称，如 EARTH。

5．默认设置

在【默认】选项区域可以设置默认的模板文件，当设置了该文件后，下次进行新的原理图设计时，将调用该模板文件来设置新文件的环境变量。单击【浏览】按钮可以从一个对话框选择模板文件，单击【清除】按钮则清除模板文件。

4.4.2 设置图形编辑环境

图形编辑环境设置可以通过 Graphical Editing（图形编辑）选项卡来实现，通过该选项卡操作可实现剪切板、字符串转换和颜色设置等编辑参数的更改，更改之后系统将依据当前参数设置为默认编辑参数。

要设置图形编辑环境,可在打开的【喜好】对话框中选择 Schematic | Graphical Editing 目录节点，将打开 Schematic | Graphical Editing 选项卡，如图 4-64 所示，该选项卡可以

设置的参数如下。

1. 选项设置

该选项卡下的【选项】选项区域可用来设置图形编辑环境的一些基本参数，分别介绍如下。

❑ **剪贴板参数**

用于设置将选取的组件复制或剪切到剪贴板时，是否要指定参考点。如果启用此复选框，进行复制或剪贴操作时，系统会要求指定参考点，对于复制一个将要粘贴回原来位置的原理图部分非常重要，该参考点是粘贴时被保留部分的点，建议启用该复选框。

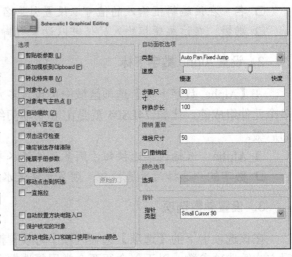

图 4-64 Schematic | Graphical Editing 选项卡

❑ **添加模板到 Clipboard**

启用【添加模板到 Clipboard】复选框，加模块到剪贴板上，当执行复制或剪切操作时，系统会把模板文件添加到剪贴板上。当禁用该复选框时，可以直接将原理图复制到 Word 文档。系统默认为启用状态，建议用户禁用该复选框。

❑ **转换特殊字符串**

启用【转换特殊串】复选框，用于设置将特殊字符串转换成相应的内容，选定此复选项时，在电路图中将显示特殊字符串的内容。

❑ **对象中心**

该复选框的功能是设定移动组件时，游标捕捉的是组件的参考点还是组件的中心。启用该复选框，将可以使对象通过参考点或对象的中心进行移动或者拖动，禁用则固定其位置。

❑ **对象电气主热点**

启用该复选框后，将可以通过对象最近的电气点进行移动或拖动对象，禁用则固定电气点位置。

❑ **自动缩放**

该复选框用于设置插入组件时，原理图是否可以自动调整视图显示比例，以适合显示该组件。

❑ **单击清除选项**

该复选框可用于单击原理图编辑窗口内的任意位置来取消对象的选取状态。禁用该复选框时，取消组件被选中状态需要执行【编辑】|【清除】命令取消组件的选中状态。

❑ **双击运行检查**

启用该复选框，当在原理图上双击一个对象组件时，打开的不是 Component Properties（组件属性）对话框，而是 Inspector 对话框。建议读者禁用该复选框。

❑ **信号 '\' 否定**

启用该复选框后，则可以以 '\' 表示某字符为非或负。

2. 颜色选项

该选项区域用来设置所选择对象和栅格的颜色。单击该栏中的色块可设置所选中对象的颜色，默认为绿色。

3. 自动面板选项

该选项区域各操作项用来自动移动参数，即放置原理图时，常常要平移图形，通过该操作框可设置移动形式和速度。

- ❏ **类型** 单击该选项右边的下拉按钮，将展开下拉列表，其各项对应功能如下所述。
  - ➢ **Auto Pan Off** 取消自动移动功能。
  - ➢ **Auto Pan Fixed Jump** 以【步骤尺寸】和【转换步长】列表框中所设置的值进行自动移动。
  - ➢ **Auto Pan ReCenter** 重新定位编辑区的中心位置，即以游标所指的边为新的编辑区中心。
- ❏ **速度** 用于调节滑块设定自动移动速度。
- ❏ **步骤尺寸** 该文本框用于设置滑块每一步移动的距离值。
- ❏ **转换步长** 该文本框用于设置加速状态下的滑块第5步移动的距离值。

4. 设置指针

在【指针】选项区域中用来设置光标的形式，可分别设置光标类型，其中包括90°大光标、90°小光标和45°小光标。

5. 设置撤销或重做

在【撤销 重做】选项区域中可设置撤销操作和重做操作的最深堆栈次数。设置了该数目后，则用户可以执行此数目的撤销和重做操作。如果启用【撤销组】复选框，则会忽略选择对象的操作。

4.4.3 设置默认原始环境

设置 Altium Designer 原始环境，即设置各种图形对象属性，例如通过该选项卡操作将设置本章介绍的各种布线工具和绘图工具属性默认设置。

要设置默认原始环境，可在打开的【喜好】对话框中选择 Schematic | Default Primitives 目录节点，将打开 Schematic | Default Primitives 选项卡，如图 4-65 所示，该选项卡可以设置的参数如下。

图 4-65　Schematic | Default Primitives 选项卡

1．原始列表设置

在该选项区域单击其下拉按钮，将打开下拉列表。选定下拉列表的某一类别，该类型所包括的对象将在列表框中显示。

其中 All 指全部对象；Wiring Objects 指绘制电路原理图工具栏所放置的全部对象；Drawing Objects 指绘制非电气原理图工具栏所放置的全部对象；Sheet Symbol Objects 指绘制层次图时与子图有关的对象；Library Objects 指与组件库有关的对象；Other 指上述类别所没有包括的对象。

2．原始设置

可以选择【原始的】列表框中显示的对象，并对所选的对象进行属性设置或复位到初始状态。

在该列表框中选定某个对象，例如选择 Bus 选项，然后单击【编辑值】按钮，将打开【总线】对话框。修改相应的参数设置，单击【确定】按钮返回上一个对话框。如果在此处修改相关的参数，那么在原理图上绘制总线时默认的总线属性就是修改过的总线属性设置。

在该列表框中选择某一对象，单击【复位】按钮，则该对象的属性复位到初始状态。

3．功能按钮的使用

当所有需要设置的对象全部设置完毕后，在该选项卡右侧单击【另存为】按钮，保存默认的原始设置。默认的文件扩展名为.dft；要使用以前曾经保存过的原始设置，单击【装载】按钮，选择一个默认的原始设置档就可以加载默认的原始设置；单击【重置所有】按钮，所有对象的属性都回到初始状态。

4．永久设置

启用【永久的】复选框，在原理图编辑环境下，只可以改变当前属性，以后在放置该对象时，其属性仍然是原始属性；如果禁用该复选框，在原理图编辑环境下，可以在放置和拖动一个对象时，按 Tab 键修改该对象的属性，以后再放置该对象，其属性仍是修改后的属性。

4.5 保存原理图文件

电路图放置完毕后要保存起来，以供日后取出修改及使用。当打开一个旧的电路图文件并进行修改之后，单击【保存】按钮，可自动按原文件名将其保存，同时覆盖原先的文件。

在保存时如果不希望覆盖原先的文件，可采用换名保存的方法。执行【文件】|【保存为】命令，将打开 Save Copy As 对话框，如图 4-66 所示。

默认情况下，电路图文件的扩展名为.scha。如果在该对话框中展开【保存类型】下拉列表框，即可看到 Schematic 所能够处理几种文件格式。

- **Advanced Schematic binary**（*.SchDoc）
  Advanced Schematic 电路图纸文件，二进制格式。
- **Advanced Schematic ascii**（*.SchDoc）
  Advanced Schematic 电路图纸文件，文本格式。
- **Orcad SDT Schematic**（*.sch） SDT 电路图纸文件，二进制格式。
- **Advanced Schematic template**（*.dot）
  电路图模板文件，文本格式。
- **Advanced Schematic template binary**（*.SchDot） 电路图模板文件，二进制格式。

图 4-66　Save Copy As 对话框

选择原理图保存路径、文件名称和文件格式后，单击该对话框中的【保存】按钮，即可获得保存原理图文件效果。

4.6　课堂练习 4-1：绘制 Digit holder 原理图

本实例绘制 Digit holder 原理图，效果如图 4-67 所示。从原理图的结构来看，主要由元器件、电源接地符号、导线、总线等图形对象组成。在绘制该原理图时极有必要按照绘图先后顺序进行绘制，并且最好在放置一个电路对象时，依次完成该对象的所有操作，避免重复修改和调整。

首先利用库提取元器件，并编辑元器件各参数值，然后依次放置导线、电源和接地符号，接着放置总线及进出端点和网络标号，最后放置电路输入/输出端口。在放置电路图对象时，如果对象方向不正确，需要按空格键调整其角度。

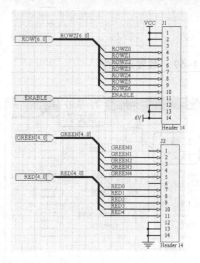

图 4-67　绘制 Digit holder 原理图

操作步骤：

1. 启动 Altium Designer 8.0 软件，然后执行【文件】|【新建】|【原理图】命令，并执行【文件】|【另存为】命令，将该原理图文件另存为名称为 Digit holder 的图形文件。
2. 执行【察看】|【工作区面板】| systeml【库】命令，打开【库】设计管理器，此时按照图 4-68 所示的步骤进行设置。
3. 按照上述设置后，单击 Place Header14 按钮，则该库将添加到当前工作窗口中。此时依次按照图 4-69 所示的放置方式放置元器件。
4. 单击元器件上方的"P?"字样，将打开【参数工具】对话框，如图 4-70 所示。此时在【值】列表框中输入"J1"，使用相同的方法在另一个元器件上方修改值为"J2"。

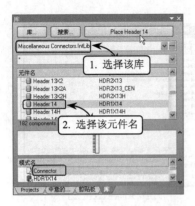

● 图 4-68　【库】设计管理器

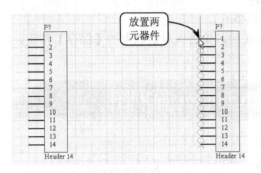

● 图 4-69　放置元器件

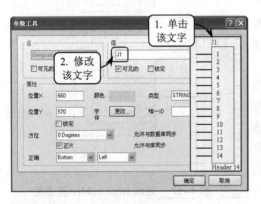

● 图 4-70　修改元器件参数

5 双击元器件，将打开【元件属性】对话框，此时在【放置成】选项区域中禁用【锁定Pin】复选框，则元器件中各引脚处于可独自编辑状态，如图 4-71 所示。

6 双击引脚将打开【Pin 特性】对话框，此时在【电气类型】列表框中选择 input 选项，单击【确定】按钮确认操作，如图 4-72 所示。

所示。

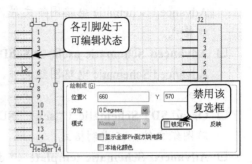

● 图 4-71　取消引脚锁定

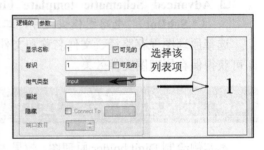

● 图 4-72　设置引脚电气类型

7 使用相同的方法设置其他引脚电气类型，即可获得图 4-73 所示的电气类型设置效果。

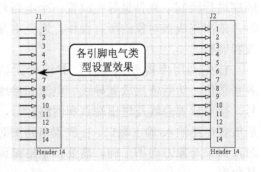

● 图 4-73　设置引脚电气类型

8 单击【放置线】按钮，依次在图 4-74 所示的位置处放置导线，为后续放置电源或接地符号做准备。

9 在【实用】工具栏中单击【放置 VCC 电源端口】按钮，在图 4-75 所示的位置处放置电源端口。然后单击【放置 GND 端口】按钮放置接地端口。接着双击左下侧电源端口，并在打开的对话框中修改参数值，即可获得修改参数值效果。

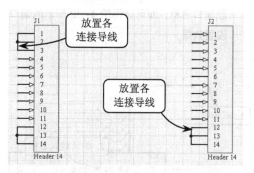

● 图 4-74 放置导线

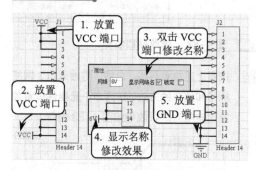

● 图 4-75 放置电源和接地符号并修改

10 单击【放置线】按钮，以元器件引脚为起始点，依次按照图 4-76 所示的放置方式放置各导线。

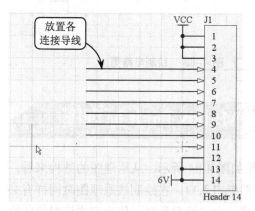

● 图 4-76 放置导线

11 单击【放置总线入口】按钮，在导线的终止点位置处放置总线，如果导线位置不合适，可按空格键进行调整，效果如图 4-77 所示。

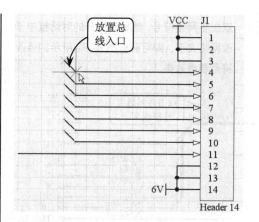

● 图 4-77 放置总线入口

12 单击【放置总线】按钮，在导线入口位置处放置总线，效果如图 4-78 所示。

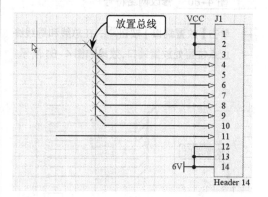

● 图 4-78 放置总线

13 单击【放置网络标号】按钮，在图 4-79 所示的总线和导线上放置网络符号。

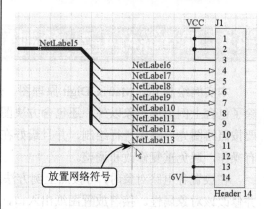

● 图 4-79 放置网络符号

111

14 双击各网络符号,然后在打开的对话框中修改网络文字,即可获得图4-80所示的修改符号参数效果。

16 依次双击各端口,然后在打开的对话框中修改端口名称,即可获得图4-82所示的端口设置效果。

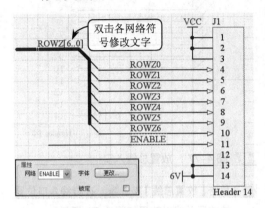

图 4-80 修改网络符号

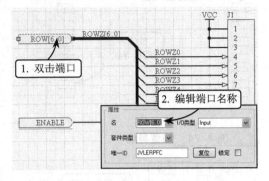

图 4-82 修改端口名称

15 单击【放置端口】按钮,在总线和导线终止点位置处放置端口,效果如图4-81所示。

17 按照上述放置导线、总线、导线入口、网络标号和端口的方法,在另一个元器件位置放置这些电对象,效果如图4-83所示。

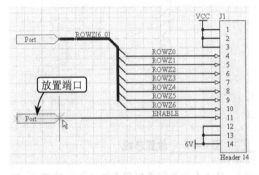

图 4-81 放置端口

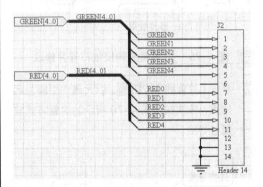

图 4-83 绘制电路图

4.7 课堂练习4-2:绘制 Led Matrix Digit 原理图

　　本实例绘制 Led Matrix Digit 原理图,效果如图4-84所示。从原理图的结构来看,除了包含上例图形对象以外,还包含方块图和图纸出入口。在绘制该原理图时同样有必要按照绘图先后顺序进行绘制,并且最好在放置一个电路对象时,依次完成该对象的所有操作,避免重复修改和调整。

　　在放置各电路对象时,可按照上例方法放置各电路对象,然后指定角点放置方块图,并修改该对象属性。接着放置图纸出入口,并修改各出入口属性参数,即可获得该原理图绘制效果。

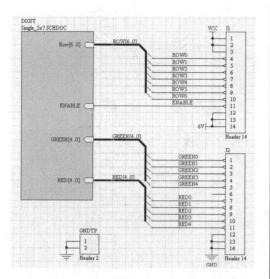

图 4-84 绘制 Led Matrix Digit 原理图

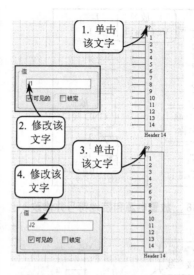

图 4-86 放置元器件

操作步骤：

1. 按照上例新建原理图并另存为 Led Matrix Digit 的图形文件。执行【察看】|【工作区面板】|system|【库】命令，打开【库】设计管理器。此时按照图 4-85 所示步骤进行设置。

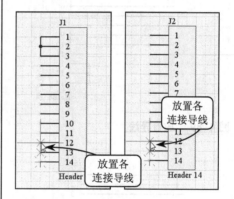

图 4-87 放置导线

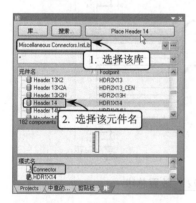

图 4-85 【库】设计管理器

2. 按照上述设置后，单击 Place Header14 按钮，则该库将添加到当前工作窗口中。此时依次按照图 4-86 所示的放置方式放置元器件，并修改元器件上方的"P?"字样。

3. 单击【放置线】按钮，依次在图 4-87 所示的位置处放置导线，为后续放置电源或接地符号做准备。

4. 在【布线】工具栏中单击【VCC 电源端口】按钮，在图 4-88 所示的位置处放置电源端口。然后单击【放置 GND 端口】按钮，放置接地端口。接着双击左下侧电源端口，并在打开的对话框中修改参数值，即可获得修改参数值效果。

5. 单击【放置线】按钮，以元器件引脚为起始点，依次按图 4-89 所示的放置方式放置各导线。

6. 继续使用该工具在下方的元器件左侧放置导线，即可获得图 4-90 所示的导线放置效果。

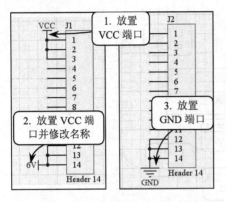

● 图 4-88 放置电源和接地符号并修改

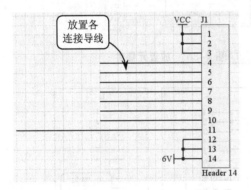

● 图 4-89 放置导线

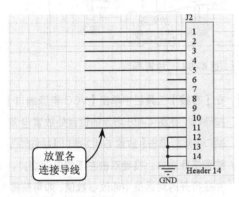

● 图 4-90 放置导线

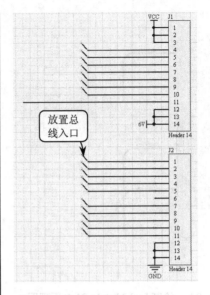

● 图 4-91 放置总线入口

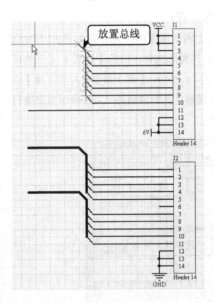

● 图 4-92 放置总线

7 单击【放置总线入口】按钮，在导线的终止点位置处放置总线，如果导线位置不合适，可按空格键进行调整，效果如图 4-91 所示。

8 单击【放置总线】按钮，在导线入口位置处放置总线，效果如图 4-92 所示。

9 单击【放置网络标号】按钮，在总线和导线上放置网络符号。双击各网络符号，然后在打开的对话框中修改网络文字，即可获得图 4-93 所示的修改符号参数效果。

10 单击【放置图表符】按钮，在总线的左侧指定两角点放置图表符。然后单击图表符上侧的标识和文件名进行修改，效果如图 4-94 所示。

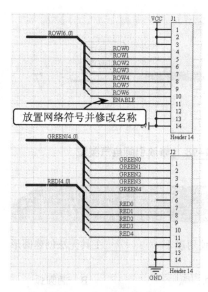

图 4-93 放置网络符号

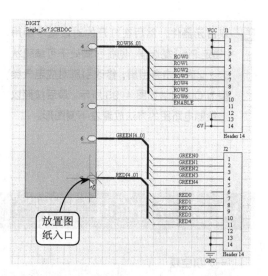

图 4-95 放置图纸入口

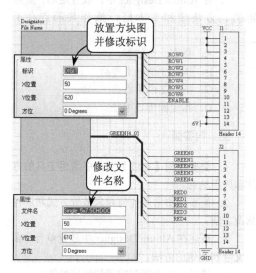

图 4-94 放置图表符

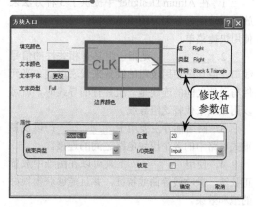

图 4-96 修改图纸入口参数

11 单击【放置图纸入口】按钮,分别在图表符和总线交点位置处放置图纸入口,如图 4-95 所示。

12 双击上步放置的图表符,将打开【方块入口】对话框,按照图 4-96 所示修改边、类型和种类参数,然后设置 I/O 类型为 Input 类型。

13 除了进行上述参数设置以外,还需要按照图 4-97 所示的名称要求在上一个对话框中分别输入相应的名称。

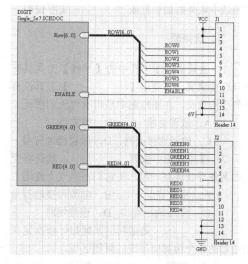

图 4-97 输入图纸入口名称

第 4 章 电路原理图设计进阶

14 双击元器件，然后在打开的对话框中禁用【锁定 Pin】复选框，则各引脚处于可编辑状态。此时双击各引脚，修改引脚对应电气类型为 Output，如图 4-98 所示。最后按照以上绘制电路图的方法放置左下侧图形。

图 4-98　修改引脚电气类型

4.8　思考与练习

一、填空题

1．在 Altium Designer 中提供了 3 种方法来放置原理图，分别为使用工具栏、_____、使用快捷菜单。

2．_____是指一组具有相关性的信号线口，原理图使用较粗的线条来代表该线。当元件与元件之间的连线是一组并行的导线时，就可以用该线来代替这组导线。

3．网络标号主要用于_____，以及多重式电路中的各个模块电路之间的连接。

4．使用_____工具可以在图纸中放置正弦波、抛物线等曲线特征，并且能够获得很好的拟和效果。

5．在电路原理图中，有时为了更清楚地解释电路中各个元件的关系，便于用户看图，需要在图纸中额外添加单行或_____文字说明。

二、选择题

1．放置原理图工具中的【导线】工具具有电气连接意义，而使用【_____】工具没有电气连接意义，在原理图中是可有可无的图元。
　A．放置总线　　　B．放置线
　C．放置连接线路　D．放置接地符号

2．在原理图中放置_____，就是将交叉的两条导线连在一起，使它们在电气上连通。
　A．线路节点　　　B．电源和接地符号
　C．输入/输出端口　D．连接线路

3．_____是指利用鼠标指针依次定义出图形的各个边脚所形成的封闭区域。
　A．饼图　　　　　B．矩形
　C．电路方块图　　D．多边形

4．使用以下_____工具无法创建圆形对象。
　A．弧　　　　　　B．椭圆弧
　C．贝塞尔曲线　　D．椭圆

5．在 Altium Designer 中，放置矩形、圆角矩形、方块图和文本框，操作共同点在于_____。
　A．指定一个放置
　B．指定 3 个以上角点
　C．指定 2 个角点
　D．指定圆形、半径

三、问答题

1．简要介绍【布线】工具中常用工具的方法和应用场合。

2．简要介绍常用几何对象放置方式和属性修改方法。

3．概述在 Altium Designer 中放置单行、多行文字和图像的方法。

4．通常设置原理图的哪些环境参数？

四、上机练习

1．绘制 Temperature Sensor（温度传感器）原理图

本练习绘制 Temperature Sensor（温度传感器）原理图，效果如图 4-99 所示。从该原理图的结构来看，主要由方块图和图纸出入口，以及元器件和电源接地符号组成。因此在绘制该原理图时，可首先放置元器件并放置导线，以及电源和接地符号。然后依次放置方块图和图纸出入口，并放置连接导线。

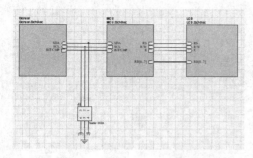

▶ 图 4-99　绘制温度传感器原理图

2. 绘制 MCU（控制器）原理图

本练习绘制 MCU（控制器）原理图，效果如图 4-100 所示。从该原理图的结构来看，主要由多个元器件和电路输入/输出端口，以及各种线路和电源接地符号组成。因此在绘制该原理图时，可首先确定各元器件的位置，然后放置各种线路，并放置电源和接地符号。最后放置电路输入/输出端口和网络标号。

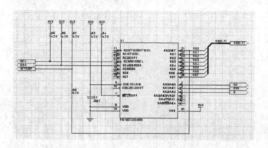

▶ 图 4-100　绘制 MCU(控制器)原理图

第 5 章
制作元器件和建立元器件库

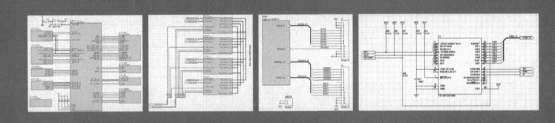

在绘制电路原理图时,应该在放置元器件之前将该元器件所在的库引入,因为元器件一般都保存在元器件库中,这样更利于设计人员对元器件的快速应用。虽然 Altium Designer 8.0 提供了丰富的元器件库,但在设计过程中,仍然会发生在元器件库中找不到需要的元器件的情况。因此可以使用元器件的绘图工具及 IEEE 符号创建元器件,并添加到元器件库中。

本章主要介绍在 Altium Designer 8.0 中自定义元器件的方法,以及建立和编辑元器件库的方法和技巧。并通过生成元器件报表了解元器件库中的各种元器件信息及规则检查等报表。

本章学习目的

- ➢ 掌握元器件编辑器的使用
- ➢ 熟悉元器件库的管理
- ➢ 掌握元器件绘图工具的使用
- ➢ 熟练元器件的制作
- ➢ 掌握生成项目元器件库
- ➢ 了解元器件报表生成方法

5.1 元器件编辑器

Altium Designer 8.0 的元器件库编辑器可用来创建元器件库和制作元器件。在进行元器件制作之前，首先对元器件库编辑器进行说明介绍。

5.1.1 认识元器件与元器件编辑器

元器件是原理图中的重要的对象，在向原理图中放置元器件之前，必须加载该元器件所在的元器件库。如果系统元器件库中没有提供该元器件时，还可通过元器件编辑器进行创建。

1．元器件

元器件是原理图中的重要组成部分，是绘制电路图时不可缺少的对象。元器件包括3个部分，分别是元器件图、元器件引脚和元器件属性。

- **元器件图** 是元器件的主体部分。
- **元器件引脚** 元器件的引脚具有电气意义，颜色是深蓝色的，元器件引脚从外形上分为一般引脚、短引脚、反相引脚和时针脉冲引脚，每只引脚都有引脚号码或引脚名称。
- **元器件属性** 元器件的属性中包括元器件序号、元器件名称、元器件封装等参数。其中元器件序号、元器件名称及元器件封装具有电气意义，是进一步制作电路板不可或缺的部分，其余部分为辅助管理部分。

2．打开元器件编辑器

打开元器件编辑器之后，即可创建或编辑元器件，以及对元器件属性进行设置等。可使用下面的方法进行启动原理图元器件库编辑器。

在当前设计管理器环境下，执行【文件】|【新建】|【库】|【原理图库】命令，系统将在当前设计管理器中创建一个新元器件库，并自动打开元器件编辑环境。此时设计人员可以在当前原理图库中编辑元器件，如图5-1所示。

在打开元器件编辑环境后，Projects 管理器中将添加一个原理图库目录 Libraries，并在该目录下创建一个原理图库目录（Schematic Library Documents）和原理图库文件（Schlib1.SchLib）。其中 .SchLib 是原理图库文件的后缀名，设计人员可制作或添加元器件到该原理图库文件中。

5.1.2 元器件编辑器接口简介

当创建元器件库后，屏幕中将出现元器件库编辑器接口。元器件编辑器主要由原理图库管理器、原理图库标准工具栏、实用工具栏、模式工具栏和编辑区等组成。

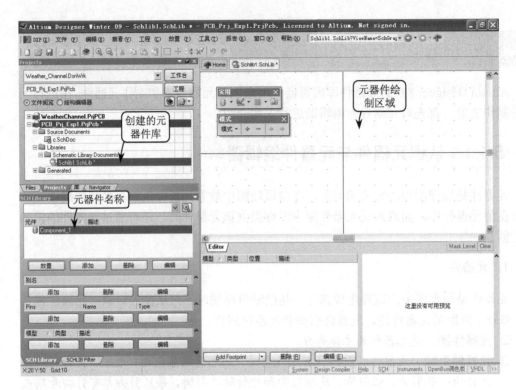

图 5-1 元器件编辑环境

1. SCH Library（原理图库）管理器

SCH Library 管理器在打开后，默认情况下位于 Projects 管理器的下方，另外，也可以拖动该管理器并移动到指定的位置。其中包括了 6 个面板，即组件面板、别名面板、Pins 面板、模型面板、供货商链接面板和供货商信息面板，如图 5-2 所示。

使用 SCH Library 管理器可对当前元器件库中的所有元器件进行编辑和管理，下面分别介绍常用面板的主要作用和功能。

❑ 【元件】面板

【元件】面板的主要功能是管理该原理图库中的所有元器件。可进行添加、删除、编辑、选择及取用元器件。当打开一个元器件库时，元器件库中就会罗列出本元器件库内所有元器件的名称和描述信息。

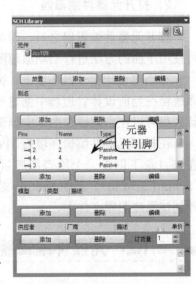

图 5-2 SCH Library 管理器

➢ 放置　该按钮的功能是将所选元器件放置到电路原理图中。点击该按钮后，系统将自动切换到原理图设计接口，同时原器件编辑器退到后台运行。

➢ 添加　该按钮添加一个指定名称的元器件到组件面板的元器件列表中。

> 删除 该按钮可将指定的元器件从列表中删除。
> 编辑 该按钮可打开指定元器件的属性对话框。

❑ 【别名】面板

【别名】面板的主要功能是对指定元器件的别名进行操作,如添加别名、删除别名和修改别名。一个元器件可以同时指定多个别名,且别名不可重复。添加的别名将自动显示到别名面板的列表中。

❑ Pins 面板

该面板中列出了当前元器件的所有引脚的显示名称、标识和电气类型。单击面板中的按钮后,可对指定的引脚进行相应的操作。

> 添加 单击该按钮时,可向元器件编辑区添加引脚。
> 删除 单击该按钮时,则可将指定的元器件引脚删除,相应的编辑区中该引脚同时删除。
> 编辑 单击该按钮时,将打开【Pin 特性】对话框,对指定的引脚的属性进行设置。

❑ 【模型】面板

【模型】面板中列出了当前元器件的模型信息,如模型名称、模型种类和描述信息。设计人员可单击该面板中的按钮,为元器件指定模型和编辑模型信息。

❑ 【供货商链接】面板

该面板中显示了因特网中提供的元器件的厂商信息、元器件描述、库存和单价等,其中默认显示了供应者、厂商、描述和单价信息。通过右击面板中列表框的标题,进行选择显示其他的可用信息,如图 5-3 所示。

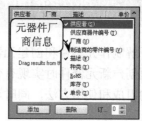

图 5-3 供货商链接面板

在该面板中单击【添加】按钮,可打开【添加供货商链接】对话框。设计人员可在该对话框中从因特网中搜索指定的元器件,并进行订阅元器件。

❑ 【供货商信息】面板

当从因特网中订阅了元器件后,在【供货商链接】面板中选择某个选项,【供货商信息】面板中将显示该元器件的信息,如图 5-4 所示。

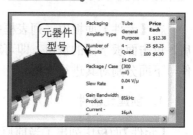

图 5-4 元器件信息

2. 编辑区

编辑区中有一个十字坐标轴,将元器件编辑区划分成 4 个象限。象限的定义和数学上的定义相同,即右上角为第一象限、左上角为第二象限、左下角为第三象限、右下角为第四象限,一般在第四象限进行元器件的编辑工作,如图 5-5 所示。

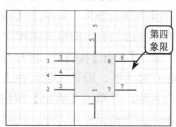

图 5-5 编辑区

3. 工具栏

元器件库编辑器提供了两个重要的工具栏，即【实用】工具栏和【模式】工具栏。其中【实用】工具栏可用于放置图形、IEEE 符号等设置元器件的主体部分；而【模式】工具栏则用于添加显示模式等。

4. 菜单

打开元器件编辑器后，【放置】菜单、【工具】菜单和【报告】菜单中提供了针对元器件进行编辑操作的命令。例如，通过【放置】菜单可向编辑区中添加元器件主体部分的图形（图形、引脚和 IEEE 符号等）。

5. 模型和预览效果

在编辑区的下方，系统提供了元器件的可输出 PCB 模型类型的管理，该 PCB 模型共有 4 种类型，分别为 Simulation、Footprint、PCB3D 和 Signal Integrity。模型右侧的预览框中显示了当前选中模型类型的预览效果图。

5.2 元器件库管理

在了解制作元器件和创建元器件库之前，应先了解元器件管理工具的使用方法，以便为后面创建新元器件时实现有效的管理。下面主要介绍元器件库编辑器左侧的原理图管理器的组成和使用方法，同时还将介绍其他的一些相关命令。

5.2.1 创建和删除元器件

在【元件】面板中，列表框中的每个选项对应了编辑区的一个元器件。选择元器件后，单击面板下面的按钮，即可对面板中的元器件执行相应的操作，如添加和删除元器件，下面分别对其进行介绍。

1. 创建元器件

【元件】面板中列出了当前原理图库中所有元器件。在使用元器件时，如果 Altium Designer 8.0 没有提供该元器件，可单击【添加】按钮，创建元器件并添加到当前原理图库中。

单击【添加】按钮时，将打开 New Component Name 对话框。设计人员可在文本框中输入元器件的名称，并单击【确定】按钮，即可添加一个元器件到当前原理图库中，同时【组件】面板列表中显示该元器件名称，如图 5-6 所示。

图 5-6 添加元器件

> **注意**
>
> 相同原理图库中的元器件名称不能相同，如果在 New Component Name 对话框中，输入已存在的元器件名称时，单击【确定】按钮将提示 "Name already used!（名称已经使用!）"。

2. 删除元器件

当元器件在当前工程中不使用时，可以将该元器件删除以节省内存空间。要删除元器件时，可在【组件】面板中选取该元器件，并单击【删除】按钮。这时将打开 Confirm 对话框，提示是否执行操作，如图 5-7 所示。

在 Confirm 对话框中，提示了要删除元器件的名称和所在原理图库名称。单击 Yes 按钮确认删除；单击 No 按钮取消操作。

5.2.2 编辑元器件

新元器件在创建后，只有一个名称选项，此时可根据该元器件的使用目的来指定元器件的属性（如类型、描述、注释）、参数和模式类型等内容。

图 5-7　删除元器件

在【元件】面板中双击该元器件，或选择该元器件并单击【编辑】按钮后，可打开 Library Component Properties 对话框，即可对元器件的属性、参数和模式类型等内容进行编辑，如图 5-8 所示。

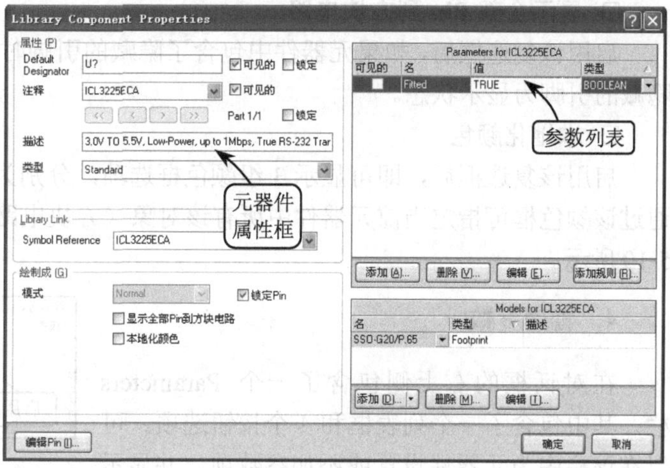

1. 属性栏设置

图 5-8　Library Component Properties 对话框

在该对话框的【属性】选项区域中，可设置元器件的序号、描述信息、元器件类型和注释信息等属性选项。

- ❑ **Default Designator**　在该文本框中可指定元器件的序号。通过启用或禁用【可见的】和【锁定】复选框，可设置元器件序号是否可见和是否可更改。
- ❑ **注释**　用于指定元器件的说明文字。通过启用或禁用【可见的】复选框，设置该说明文字在原理图中是否可见。
- ❑ **导航按钮**　当前元器件包含多个部件时，可对部件进行导航，各种导航按钮含义如下所述。
  - ➢ 第一个部件 `<<`　单击该按钮可快速指定到第一个部件。
  - ➢ 前一个部件 `<`　单击该按钮可指定到上一个部件。

> 下一个部件　　单击该按钮可指定到下一个部件。
> 最后一个部件　　单击该按钮可快速指定到最后一个部件。

❏ 描述　用于指定在【组件】面板中显示的描述信息。
❏ 类型　用于指定元器件的类型。在该列表框中为元器件提供了 6 种类型，默认为 Standard（标准）类型，如图 5-9 所示。

2. 重命令

在 Library Link 选项区域的 Symbol Reference 文本框中，显示了当前所编辑元器件的名称。必要时可利用该文本框重新指定当前元器件的名称。

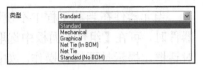

图 5-9　元器件类型

3. 绘制成

在该选项区域中可设置元器件的主体部分的属性，如填充颜色，线路颜色和引脚颜色等，下面分别介绍该栏中的选项。

❏ 锁定 Pin

启用该复选框后，在原理图中放置的元器件，引脚将处于被锁定状态，即不可编辑。

❏ 显示全部 Pin 到方块电路

启用该复选框后，如果元器件中包含了隐藏的引脚时，在原理图中放置该元器件后，隐藏的引脚为显示状态。

❏ 本地化颜色

启用该复选框后，即可显示 3 组颜色框选项，分别为 Fills、线路和 Pin 脚颜色框。通过该颜色框可指定当前元器件中所有该对象（方块电路、线路和引脚）的颜色，如图 5-10 所示。

4. 管理参数

在对话框的右上侧包含了一个 Parameters 栏，其中包含了一个列表框和 4 个按钮选项。可以在该栏中为元器件设置或添加参数项，并显示指定的参数到注释文本之后。

图 5-10　设置元器件中对象颜色

❏ Parameters 列表框　该列表框中包含了 4 个字段，分别为【可见的】、【名】、【值】和【类型】。其中的每一列显示了当前参数的指定参数信息。

> 可见的　该列是一个复选框，启用后该参数将显示在元器件的注释信息之下。例如，在某个参数行中启用【可见的】列复选框后，将元器件放置到原理图中时，该参数的值将被显示，如图 5-11 所示。

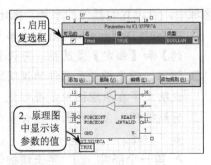

图 5-11　启用【可见的】复选框

- ➢ **名** 用于指定参数的名称。对于未锁定参数的名称,可在列表框中直接单击选中进行修改。
  - ➢ **值** 用于指定参数的值。
  - ➢ **类型** 用于指定参数的类型。参数有4种类型,分别为 STRING、BOOLEAN、INTEGER 和 FLOAT。
- ❑ **按钮操作** 使用列表框下的【添加】、【删除】、【编辑】和【添加规则】按钮,可对列表框中的参数进行管理。
  - ➢ **添加** 单击【添加】按钮后,将打开【参数工具】对话框。设计人员可在该对话框中指定参数的名称、值和各种属性信息。
  - ➢ **删除** 单击该按钮即可删除被选取的参数。
  - ➢ **编辑** 单击该按钮,将打开【参数工具】对话框,可在该对话框中修改指定参数的名称、值和各种属性等信息。
  - ➢ **添加规则** 单击该按钮,打开【参数工具】对话框,即可在该对话框中修改指定参数的除名称、值和类型以外的属性信息。

5. 管理模型

Models 栏位于对话框的右下侧,其中包含1个列表框和3个按钮选项。该列表框中列出了当前元器件可输出的 PCB 模型的类型。

Models 列表框中包含 3 个字段,分别为【名】、【类型】和【描述】。其中【名】列是一个下拉列表框,显示了同一类型的所有模型名称;【类型】和【描述】列则显示了元器件模型的模式类型和描述信息,如图 5-12 所示。

图 5-12 选择模型名称

使用列表框下的按钮,可对列表框中指定的模型进行管理。例如,使用【添加】按钮,可向 Models 列表框中添加一个可输出 PCB 模型,并指定其类型。单击【添加】按钮后,将打开【添加新模型】对话框,设计人员可从该对话框的【模式类型】列表框中选择要添加的类型,如图 5-13 所示。

图 5-13 【添加新模型】对话框

当选择了要添加的模式类型后,单击【确定】按钮,将打开该模式类型的【PCB 模型库】对话框。例如,在【添加新模型】对话框中,选择 PCB 3D 选项,将打开图 5-14 所示的【PCB 3D 模型库】对话框。

在该对话框中,在【PCB 3D 模型】选项区域的【名】文本框中指定模型的名称。并在【PCB

图 5-14 【PCB 3D 模型库】对话框

3D 库】选项区域中选择要创建的库后，单击【确定】按钮，即可在 Models 列表框中添加一个模型。

5.2.3 利用工具菜单管理元器件

元器件的管理功能也可以通过 Tools 菜单命令来实现。该菜单中包含了更为详细的管理元器件的命令，例如添加、删除和移除重复元器件等，如图 5-15 所示。

- **新器件** 添加元器件。执行该命令相当于单击 SCH Library 管理器中【元件】面板的【添加】按钮。
- **移除器件** 删除 SCH Library 管理器中【元件】面板内指定的元器件。
- **移除重复** 删除 SCH Library 管理器中【元件】面板内复制的元器件。
- **重新命名器件** 修改 SCH Library 管理器中【元件】面板内指定元器件的名称。
- **拷贝器件** 将该元器件复制到指定的元器件库中。执行该命令后，将打开 Destination Library 对话框。选择元器件库后单击【确定】按钮即可将该元器件复制到指定的元器件库中。

图 5-15 【工具】菜单

- **移动器件** 将指定的元器件移到目标元器件库中。执行该命令后，将打开 Destination Library 对话框。选择元器件库后单击【确定】按钮即可将该元器件移动到指定的元器件库中。
- **新部件** 在元器件组中添加部件。
- **移除部件** 删除元器件组中指定的部件的名称。
- **模式** 使用该菜单项中的命令可对元器件的模式进行管理。
  - ➤ **前一个** 切换到上一个模式。
  - ➤ **下一步** 切换到下一个模式。
  - ➤ **添加** 添加一个模式。
  - ➤ **移开** 删除一个模式。
  - ➤ **Normal** 切换到默认模式。
- **转到** 使用该菜单项中的命令可以选择指定的元器件。
  - ➤ **下一个部件** 切换到下一个部件。如果元器件无部件时，该命令无效。
  - ➤ **前一个部件** 切换到上一个部件。
  - ➤ **第一个器件** 切换到第一个元器件。
  - ➤ **下一个器件** 切换到当前元器件的下一个元器件。
  - ➤ **前一个器件** 切换到当前元器件的前一个元器件。
  - ➤ **上一个器件** 切换到最后一个元器件。
- **发现器件** 查询符合条件的元器件到【库】管理器中。执行该命令，将打开【搜索库】对话框。设置好查询条件后,单击【搜索】按钮即可将符合条件的元器件显示到【库】管理器中。

- **器件属性** 编辑元器件的属性、参数和可输出模型。执行该命令后,将打开 Library Component Properties 对话框。
- **模式管理** 管理元器件的模型。执行该命令后,将打开【模型管理器】对话框。选择指定的元器件后,即可管理该元器件的模型。
- **XSpice 模型向导** 以向导的方式将 Spice 模型添加到元器件库中。
- **更新原理图库** 将元器件库编辑器中所做的修改,更新到打开的原理图中。

5.3 元器件绘图工具

当了解了元器件的编辑环境及操作方法后,并知道了元器件是由多种绘图工具绘制的电路图形、引脚和 IEEE 符号等组成的后,即可使用系统提供的【放置】菜单和【实用】工具栏中提供的工具来制作元器件。下面先了解制作元器件的各工具的详细使用方法。

5.3.1 绘图工具

绘图工具可用于制作元器件的方块电路,即元器件的主体部分。系统提供了多个用于绘制元器件的工具,如直线、椭圆和矩形等工具。

在使用时绘图工具时,可从【放置】菜单中或者【实用】工具栏中选择,如图 5-16 所示。当【实用】工具栏处于关闭状态时,可执行【察看】|【工具条】|【实用】命令将其打开。然后单击 按钮,并从弹出的下拉列表中选择绘图工具。

在【实用】工具栏的列表框中,除了提供绘图工具外还提供了一些其他的工具。例如,【产生器件】、【添加器件部件】和【放置引脚】命令。对于【实用】工具栏中包含的绘图工具,其功能如表 5-1 所示。

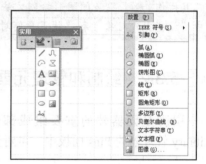

图 5-16 绘图工具

表 5-1 绘图工具功能

按 钮 图 标	对应菜单命令	功　　能
	【放置】|【线】	绘制直线
	【放置】|【贝塞尔曲线】	绘制曲线
	【放置】|【椭圆弧】	绘制圆弧线
	【放置】|【多边形】	绘制多边形
	【放置】|【文本字符串】	放置文字
	【放置】|【文本框】	放置文本框和文字

续表

按钮图标	对应菜单命令	功 能
	【放置】|【矩形】	绘制直角矩形
	【放置】|【圆角矩形】	绘制圆角矩形
	【放置】|【椭圆】	绘制椭圆和圆
	【放置】|【图像】	插入图片

当设计人员选择了工具栏中的某个绘图工具绘制图形时，鼠标指针将多出一个大十字符号，部分绘图工具还显示了绘制图形的形状。

例如，要绘制一个直角矩形，可在【实用】工具栏中单击绘图工具下拉列表框中的【放置矩形】按钮，此时鼠标指针除了多出了一个大十字符号之外，在十字符号的右上侧，显示了填充色为黄色的直角矩形，如图5-17所示。

此时，在图纸中放置矩形的一个角上单击鼠标，接着移动鼠标到矩形的对角，再单击鼠标，即可完成当前该矩形的放置，如图5-18所示。同时进入下一个放置矩形的过程。

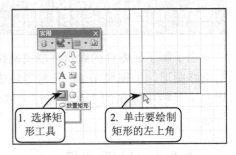

图 5-17 绘制矩形

提 示

表5-1中提供的大部分命令与上一章中介绍的绘图工具操作一致，更多的图形绘制方法请参照第4章中"放置电气对象"和"放置几何对象"。

5.3.2 绘制和管理元器件引脚

引脚是元器件的重要组成部分，在 PCB Library 管理器的 Pins 面板中，可对元器件的引脚进行管理或添加。

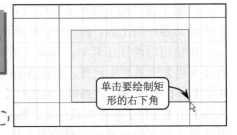

图 5-18 绘制的矩形

1. 添加引脚

引脚的放置可通过执行【放置】|【引脚】命令，或在 PCB Library 管理器的 Pins 面板中单击【添加】按钮，选取放置引脚的工具。此时，在鼠标指针旁边将多出一个十字符号及一条短线，即可进行引脚的绘制工作。

在放置引脚前，可以按空格键改变引脚的方向。指向合适的位置后，单击即可完成引脚放置。当引脚放置完毕后，右击以结束操作，绘制的引脚在元器件图上放置时按钮顺序增加流水号，如图5-19所示。

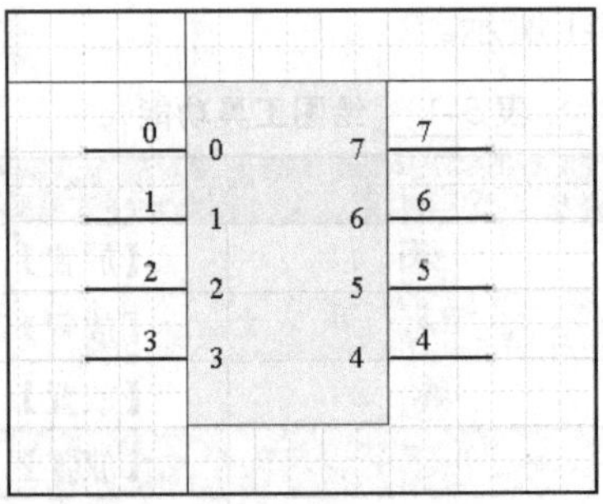

图 5-19 绘制的引脚

2. 设置引脚特性

当引脚被放置到元器件图中之后，在 SCH Library 管理器的 Pins 面板中将显示相应的引脚。如果需要编辑引脚，则可以选择其中的引脚，单击【编辑】按钮，打开【Pin 特性】对话框进行设置，如图 5-20 所示。

该对话框提供了两个选项卡，可用于对引脚的属性和参数进行设置。其中，【逻辑的】选项卡可用于设置引脚的各种属性；而【参数】选项卡则用于管理引脚的参数信息。

图 5-20　【Pin 特性】对话框

- **常用属性**　在【逻辑的】选项卡的左上侧的栏中，提供了引脚的常用属性的设置。
  - **显示名称**　设置引脚的名称，是显示在引脚左边的字符。当启用【可见的】复选框后，引脚名称在图中显示。
  - **标识**　设置元器件引脚序号。启用【可见的】复选框后，引脚号在图中显示。
  - **电气类型**　设置引脚的电气类型，系统提供了 8 种引脚电气类型，例如 Input、IO、Output、Passive、Emitter 和 Power 等。可通过单击列表框进行选择。
  - **描述**　设置引脚的描述信息。
  - **隐藏**　启用【隐藏】复选框后，引脚处于隐藏状态。
  - **端口数目**　选择元器件包括的部件数目。

> 提　示
> 当前元器件包含多个部件时，对话框中【端口数目】选项为可用状态。

- **电气特性设置**　在【符号】选项区域中提供了 4 个列表框选项，可用于设置引脚相应的电气特性。
  - **里面**　设置引脚位于元器件内部的电气特性。
  - **内边沿**　设置引脚位于元器件内部边沿的电气特性。
  - **外部边沿**　设置引脚位于元器件外部边沿的电气特性。
  - **外部**　设置引脚位于元器件外部的电气特性。
- **外观设置**　在【绘制成】选项区域中提供了引脚的位置、长度、方位和颜色的设置。并提供了引脚的可编辑状态。
  - **位置**　设置 X 和 Y 的坐标值来改变引脚的位置。

- ➢ **长度** 设置引脚的长度。
- ➢ **方位** 设置引脚的方向。在该列表框中提供了 4 种引脚方向，分别为 0 Degrees、90 Degrees、180 Degrees 和 270 Degrees。
- ➢ **颜色** 设置引脚的颜色。单击【颜色】颜色框后，将打开【选择颜色】对话框。选择指定的颜色后，单击【确定】按钮即可指定引脚的颜色。
- ➢ **锁定** 启用【锁定】复选框后，则在设计元器件时无法编辑该引脚。
- ❑ **VHDL 参数设置** 在【VHDL 参数】选项区域中引脚的【默认值】和【格式类型】两个选项为灰色禁用状态。单击【复位】按钮将随机生成引脚的 ID 并显示到【唯一的 ID】文本框中。

> **提 示**
> 如果在放置引脚前按 Tab 键，则会打开【Pin 特性】对话框，此时可以先设置引脚属性，然后再放置引脚。

5.3.3 放置 IEEE 符号

在绘制元器件时，除了使用图形工具和引脚外，还可能使用 IEEE 符号。IEEE 符号是一种标准的电气符号，可执行【放置】|【IEEE 符号】子菜单中的命令，或使用【实用】工具栏进行放置。

例如，在绘制元器件时，可单击【实用】中的 按钮，从弹出的列表框中选择要放置的 IEEE 符号的按钮。这时，鼠标指针旁边将多出一个十字符号和一个 IEEE 符号，单击即可完成放置，如图 5-21 所示。

在放置的过程中，按空格键可改变要放置符号的方向。【实用】工具栏中提供了多个 IEEE 符号的放置按钮，其中各按钮的功能如表 5-2 所示。

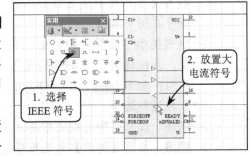

图 5-21 放置 IEEE 符号

表 5-2 IEEE 符号功能

图 标	功 能	图 标	功 能
○	放置低态触发符号	←	放置左向信号
▷	放置上升沿触发时钟脉冲	⊣	放置低态触发输入符号
⌒	放置模拟信号输入符号	✳	放置无逻辑性连接符号
⌐	放置具有暂缓性输出的符号	◇	放置具有开集性输出的符号
▽	放置高阻状态符号	▷	放置高输出电流符号
⊓	放置脉冲符号	⊢⊣	放置延时符号
]	放置多条 I/O 线组合符号	}	放置二进制组合符号
▷	放置低态触发输出符号	π	放置 π 符号

续表

图标	功能	图标	功能
≥	放置大于等于号		放置具有提高阻抗的开集性输出符号
	放置开射极输出符号		放置具有电阻接地的开射极输出符号
#	放置数字输入信号		放置反向器符号
	放置或门符号		放置双向信号
	放置与门符号		放置异或门符号
	放置数据左移信号	≤	放置小于等于号
Σ	放置Σ符号		放置施密特触发输入特性的符号
	放置数据右移符号		放置开路输出符号
	放置左右信号流		放置双向信号流

IEEE 符号放置后，双击已选择的 IEEE 符号，将打开【IEEE 符号】对话框。设计人员可在该对话框中，设置 IEEE 符号的属性，如位置、尺寸和方位等。

例如，打开【IEEE 符号】对话框后，分别在【X 位置】和【Y 位置】文本框中输入"46"和"–108"；然后在【尺寸】文本框中输入"20"，并设置【颜色】为蓝色。完成设置后，单击【确定】按钮确认操作，如图 5-22 所示。可根据该方法依次设置其他的符号。

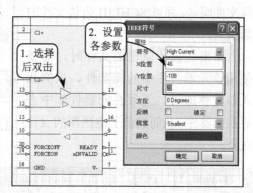

图 5-22　设置 IEEE 符号

5.4 生成项目工程元器件库

生成项目工程元器件库就是将同一项目工程中使用到的所有元器件进行封装，并保存到一个元器件库的过程。因此，项目工程元器件库是专门为某个设计项目工程服务的。设计人员生成该项目的元器件库后，即使未装载其他元器件库也可以找到所需的全部元器件。

当设计人员完成电路原理图设计文件后，即可生成项目工程元器件库。一方面可以丰富自己的元器件库，另一方面也可以加强元器件库的管理工作，便于一个设计组之间的设计交流以及资源共享，从而提高工作效率。

在建立项目工程元器件库时，可先打开一个已设计好的原理图项目文件，其中包含了若干个元器件，如图 5-23 所示。

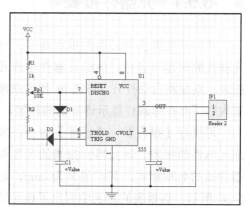

图 5-23　打开的原理图

当执行【设计】|【生成原理图库】命令后，系统将打开 Information 对话框。提示当前所生成项目工程元器件库中已添加元器件的信息，如图 5-24 所示。

图 5-24　Information 对话框

单击 OK 按钮后，系统自动切换到原理图元器件编辑工作窗口，如图 5-25 所示。在 Projects 管理器中，可以看到创建的项目工程元器件库与该项目工程文件同名，并以.SCHLIB 为该文件的后缀名。

如果在设计原理图文件时，需要使用该元器件库中的元器件，只需载入该文件即可，无须在元器件库中去寻找元器件，从而加快了电路图的设计进程。

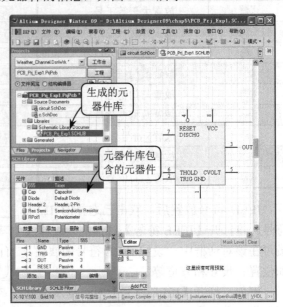

图 5-25　生成的元器件库

5.5　生成元器件报表

在元器件库编辑器环境中，可以生成 3 种报表，分别为元器件报表（Component Report）、元器件库报表（Library Report）和元器件规则检查报表（Component Rule Check Report）。

5.5.1　元器件报表

使用系统提供的元器件报表命令，可对元器件编辑器当前窗口中的元器件生成元器件报表，系统将自动打开 TextEdit 程序来显示其内容，并在标题栏显示该报表的标签。

可执行【报表】|【器件】命令，来生成元器件的报表。该元器件报表的名称与元器件库的名称相同，其扩展名为.cmp，如图 5-26 所示。该报表的列表中列出了该元器件的所有相关信息，如部件的个数、元器件组名称以及各个元器件的引脚细节等。

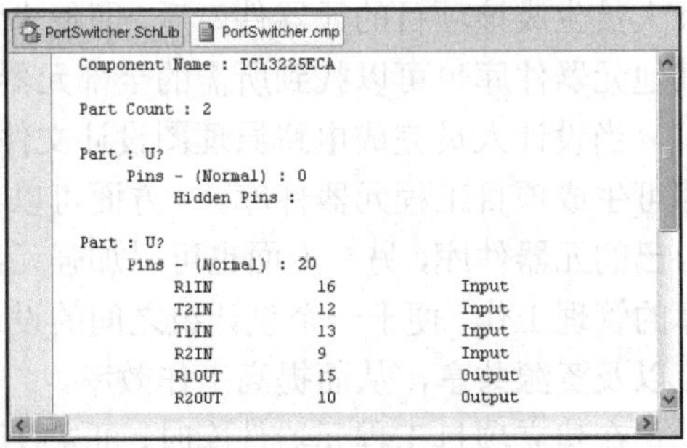

图 5-26　元器件报表窗口

在该窗口的列表中，其中文字"Component Name：ICL3225ECA"是指元器件的名称为 ICL3225ECA；而"Part Count：2"则指定由 2 个元器件组成；下面的文字列表则是元器件的引脚细节。

5.5.2 元器件库报表

系统提供了两个用于生成元器件库的命令，分别生成库列表和库报告。可通过生成的信息，使设计人员详细地了解当前元器件库中的元器件信息描述。

1. 元器件库列表

元器件库列表列出了当前元器件库中所有元器件的名称及其相关描述。可执行【报表】|【库列表】命令，生成两个描述库中所有元器件信息的文件，即数据信息文件和报表文件，其扩展名分别为.csv 和.rep。

- **数据信息文件** 该文件是一个纯文本的数据文件，列出了元器件库中所有元器件的数据信息，如名称、模型等，如图 5-27 所示。
- **报表文件** 该报表中列出了元器件的数量、元器件的名称（Name）和描述（Description）信息，如图 5-28 所示。

图 5-27 数据信息文件

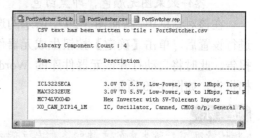

图 5-28 报表文件

2. 元器件库报告

通过使用元器件库的【库报告】命令，可以将生成的元器件报告信息保存为 Word 文档文件（.Doc）或 Html 网页文件（.Html）。例如，执行【报告】|【库报告】命令，将打开【库报告设置】对话框，如图 5-29 所示。

在该对话框中，可以设置元器件库报告的保存类型、保存文件名、包含的参数等信息，下面介绍对话框中的各选项。

- **输出文件名** 在该选项区域中可设置要生成报告的常规信息，如保存的路径、名称等等。
  - **文档类型** 指定生成报告的类型为 Word 文档类型。
  - **浏览器类型** 指定生成报告的类型为 Html 网页类型。

图 5-29 【库报告设置】对话框

- ➤ 打开产生的报告 启用该复选框后，生成报告后将自动打开。
- ➤ 添加已生成的报告到当前工程 启用该复选框后，添加报告到当前工程中。
❑ 包含报告 生成的报告中要包含的信息，其中主要包括元器件参数和 Pin 信息，如下所述。
  - ➤ 元件参数 启用该复选框后，生成的报告中将包含所有元器件的参数信息。
  - ➤ 元件的 Pin 启用该复选框后，生成的报告中将包含所有元器件的引脚信息。
  - ➤ 元件的模型 启用该复选框后，生成的报告中将包含所有元器件的模型的信息。
❑ 绘制预览 在该选项区域中可设置所生成的报告中是否包含元器件或模型的效果图。
  - ➤ Components 启用该复选框后，生成的报告中将包含所有元器件的效果图。
  - ➤ 模型 启用该复选框后，生成的报告中将包含所有元器件模型的效果图。
❑ 设置 该选项区域中包含了一个【使用颜色】复选框，启用后所生成的报告中所有的元器件效果图将使用颜色，否则元器件效果图无颜色，即黑白色。

在该对话框中，按照图 5-29 中所示的选项进行设置后，单击【确定】按钮生成元器件库报告。此时将自动打开该元器件库的 Word 文档报告，如图 5-30 所示。

> **提 示**
>
> 默认情况下，所生成的文档的名称与元器件库的名称相同。如需修改，可在【库报告设置】对话框中的文本框中进行设置。

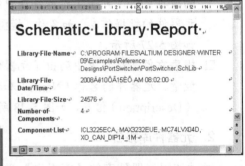

图 5-30 元器件库报告文档

5.5.3 元器件规则检查表

元器件规则检查表主要用于帮助用户进行元器件的基本验证工作，包括检查元器件库中的元器件是否有错，并将有错的元器件列出来，加以指明错误原因等。

执行【报告】|【器件规则检查】命令，将打开【库元件规则检测】对话框，在该对话框中可以设置规则检查的属性，如图 5-31 所示。

在该对话框中包含了两个类型的规则检测，分别为【副本】选项区域和 Missing 选项区域。其中的各选项区域的选项的含义如下所述。

❑ 副本 在该选项区域中分别对库中元器件的名

图 5-31 【库元件规则检测】对话框

称和引脚进行检测。其中启用或禁用【元件名称】复选框,设置检测元器件库中的元器件是否有重名的情况;启用或禁用【Pin 脚】复选框,设置检测元器件的引脚是否有重名的情况。

❑ **Missing** 该选项区域中的各个选项分别用于检测元器件的是否有遗漏的信息,如下所述。

➢ **描述** 检查是否有元器件遗漏了元器件描述。

➢ **pin 名** 检查是否有元器件引脚遗漏了名称。

➢ **封装** 检查是否有元器件遗漏了封装描述。

➢ **Pin Number** 检查是否有元器件遗漏了引脚。

➢ **默认指定者** 检查是否有元器件遗漏了默认流水号。

➢ **Missing Pins Sequence** 检查是否有元器件中没有连续的引脚号。

当在对话框中设置了要进行检测的选项后,单击【确定】按钮,则生成元器件的检查表,如图 5-32 所示。

图 5-32 中所示的检查表列出了元器件的名称和错误的原因。实际上该元器件在使用时并不会出现错误,只是帮助用户指明了一个检测的规则。

图 5-32 检查表

5.6 课堂练习 5-1:制作 LED 元器件

当了解了绘制元器件的过程、绘制工具和设置方法后,此时就可以利用前面介绍的制作工具来制作一个元器件。本实例将结合本章学习内容,制作一个 LED 的七段数码管的元器件,如图 5-33 所示。

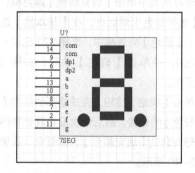

图 5-33 LED 元器件

操作步骤:

1 在 Altium Designer 8.0 中,新建工程并保存工程为 Prj_EXP1.PrjPCB。然后执行【文件】|【新建】|【库】|【原理图库】命令,创建一个原理图库,如图 5-34 所示。

图 5-34 创建原理图库

2. 右击原理图库 Schlib1.SchLib，执行【保存】命令，保存原理图库为 7SEG .SchLib。然后返回到原理图编辑环境下，在 SCH Library 管理器的【元件】面板中，单击【编辑】按钮，打开 Library Component Properties 对话框，并设置元器件的属性值，如图 5-35 所示。

图 5-35　设置元器件属性

3. 单击【确定】按钮，确认操作并关闭对话框。然后执行【放置】|【矩形】命令，选取矩形工具。接着在图纸的第四象限中，绘制一个 12 格×12 格的方块电路，如图 5-36 所示。

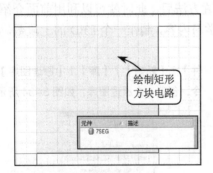

图 5-36　绘制方块电路

4. 使用【矩形】绘制工具在方块电路中绘制 7 个数码管组成一个 8。绘制过程中，可以使用空格键控制矩形绘制的方向，如图 5-37 所示。

5. 方块电路中，双击数码管矩形对象，选择 Rectangle(50,-20) 选项，打开数码管矩形对象的【长方形】对话框，如图 5-38 所示。

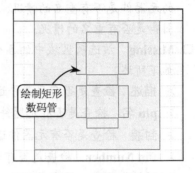

图 5-37　绘制数码管

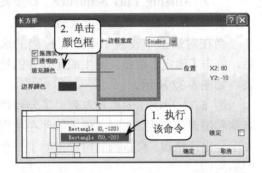

图 5-38　【长方形】对话框

提　示

此外，如果在弹出的菜单中选择 Rectangle(0,-120) 选项时，将打开方块电路的【长方形】对话框。

6. 该对话框中单击【填充颜色】颜色框，打开【选择颜色】对话框。在【基本的】选项卡的【颜色】列表框中，选择 221 色块（深红色），并单击【确定】按钮，如图 5-39 所示。

7. 单击【确定】按钮，完成矩形对象的【填充颜色】的设置。然后依次设置其他数码管矩形对象的【填充颜色】为深红色，效果如图 5-40 所示。

8. 执行【放置】|【椭圆】命令，选取椭圆工具，并在方块电路中绘制两个 X 和 Y 半径为 8 的圆作为小数点。然后设置小数点的【边界颜色】和【填充颜色】为深红色，如图 5-41 所示。

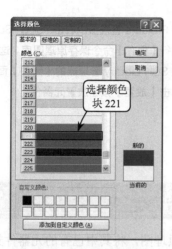

图 5-39 【选择颜色】对话框

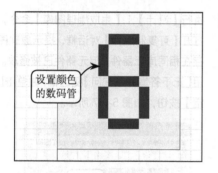

图 5-40 设置数码管矩形的【填充颜色】

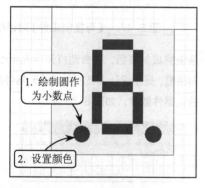

图 5-41 绘制小数点

提 示

如果使用椭圆工具，绘制的圆 X 轴和 Y 轴的半径不相等时，可以双击打开【椭圆形】对话框，并在该对话框中进行设置。

9 执行【放置】|【引脚】命令，选取引脚工具，并在方块电路左侧放置 14 个引脚，如图 5-42 所示。

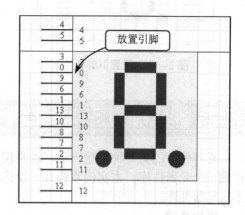

图 5-42 放置引脚

10 在 Pins 面板中的列表框中，选择引脚"0"，并单击【编辑】按钮，打开【Pin 特性】对话框。在【逻辑的】选项卡中，设置引脚的【显示名称】、【标识】和【长度】选项，如图 5-43 所示。

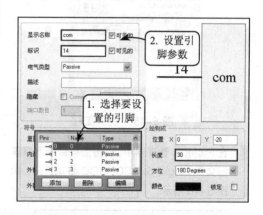

图 5-43 设置引脚特性 1

11 单击【确定】按钮确认操作后，再分别编辑其他引脚的特性。其中分别指定引脚号码为 4、5 和 12 的【显示名称】为空脚。并启用【隐藏】复选框，将其设置为隐藏状态，如图 5-44 所示。

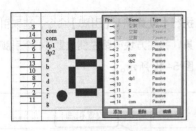

图 5-44 设置引脚特性 2

12 在 Projects 管理器中右击 7SEG .SchLib，执行【保存】命令保存原理图库。这时即可在 SCH Library 管理器的【元件】面板中，单击【放置】按钮放置元器件。

5.7 课堂练习 5-2：生成元器件库

元器件库的另一种创建方法，就是使用已有的原理图，将其中已有的元器件封装保存到一个元器件库。本实例将打开一个已存在的原理图，并使用【生成原理图库】命令生成元器件库。

操作步骤：

1 启动 Altium Designer 8.0 软件，进入软件的主界面。执行【文件】|【打开】命令，打开光盘文件目录中"Chap5\生成元器件库\LedMatrixDigit.PRJPCB"工程，如图 5-45 所示。

图 5-45 打开工程

2 在 Projects 管理器中，双击工程目录下原理图文件 Single_5x7.SCHDOC 将其打开，如图 5-46 所示。

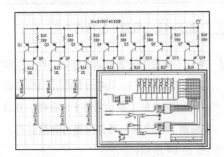

图 5-46 原理图文件

3 执行【设计】|【生成原理图库】命令，将打开【可复制组件】对话框，提示原理图中存在相同库元器件，但元器件已被修改。启用【记下答案并不询问】复选框，并单击【确定】按钮，如图 5-47 所示。

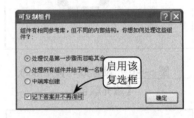

图 5-47 【可复制组件】对话框

4 系统完成封装后，将自动打开 Information 对话框，提示设计人员所生成的元器件库中的元器件数量，如图 5-48 所示。

图 5-48 Information 对话框

5 单击 OK 按钮完成操作，系统自动打开元器件编辑环境。在 SCH Library 管理器的【元件】面板中显示所有封装的元器件的名称，如图 5-49 所示。

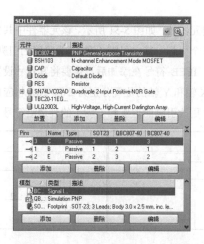

图 5-49　SCH Library 管理器

6 在 Projects 管理器中，右击新生成的元器图库文件 LedMatrixDigit.SCHLIB，执行【保存】命令，打开 Save [LedMatrixDigit.SCHLIB] As...对话框.单击【保存】按钮，将其保存到本地硬盘中，如图 5-50 所示。

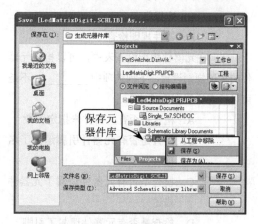

图 5-50　保存原理图库文件

5.8　思考与练习

一、填空题

1. 当系统元器件库中没有提供要使用的元器件时，设计人员可通过_____进行创建。

2. 在元器件的 Library Component Properties 对话框中，可在_____文本框中指定元器件的序号。

3. 可使用系统提供的【放置】菜单和_____工具栏中提供的工具来制作元器件。

4. 当设计人员完成电路原理图设计文件后，可执行【设计】菜单中的_____命令，生成项目工程元器件库。

5. _____报表的列表中列出了该元器件的所有相关信息，如部件的个数、元器件组名称以及元器件引脚细节等。

二、选择题

1. 元器件是原理图中的重要组成部分，元器件包括 3 个部分，下列_____不是元器件的组成部分。

A. 元器件图
B. 元器件引脚
C. 元器件属性
D. 元器件报表

2. 在 Library Component Properties 对话框中可对指定的元器件进行编辑和设置，下面选项中_____不可以在该对话框中设置。

A. 指定元器件序号
B. 为元器件添加参数
C. 为元器件添加引脚
D. 为元器件添加 PCB 模型

3. 在制作元器件时，可以通过【放置】菜单中的命令进行操作，下列选项中_____不是【放置】菜单中可以执行的命令。

A. 放置引脚
B. 放置元器件
C. 放置图形
D. 放置 IEEE 符号

4. 执行【报告】中的命令，可以生成元器件的各种报表。下列_____命令可以生成

Word 文档报告。

  A．器件
  B．库列表
  C．库报告
  D．器件规则检查

5．在元器件规则检查表中，可以检查元器件的多种规则设置，下列选项中_____不是可以检查的规则选项。

  A．检查是否有元器件未指定参数
  B．检查是否有元器件引脚遗漏了名称
  C．检查是否有元器件遗漏了元器件描述
  D．检查是否有元器件遗漏了引脚

三、问答题

1．简述使用菜单创建原元器件库的方法。
2．简述 SCH Library 管理器中各面板的作用。
3．简述生成项目工程元器件库的优点。
4．简述元器件规则检查表有何作用，在什么情况下使用该功能。

四、上机练习

1．制作或非门元器件

本练习将创建一个元器件库，并制作一个或非门元器件，如图 5-51 所示。该元器件中共包含了 5 个引脚，其中引脚 4 和 14 为隐藏的引脚。

  IEEE 符号在添加后，需要将其尺寸设置为 9，X 轴和 Y 轴的位置分别为 2 和–20。相应的还需要更改引脚的位置和引脚 1 的外边沿符号。

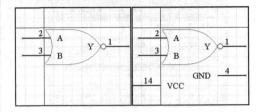

图 5-51　非门元器件（右侧显示隐藏引脚）

2．生成元器件规则检查表

本练习将打开光盘目录"Chap5\生成规则检查表\"中的元器件库 PLL&DDS.SchLib，并生成该元器件库的规则检查表，如图 5-52 所示。在打开【库元件规则检查】对话框时，应启用所有的检查规则。

图 5-52　规则检查报表

第 6 章

原理图高级设置

 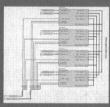 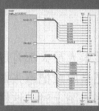 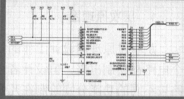

在设计原理图时,除了具备以上几章讲的绘制的原理图图形基本知识以外,还需要生成报表,并对电路图进行电气检查,以便为后续制作印制电路板打好基础。另外,一个大的项目一般是由多个原理图组成的,所以常常需要将项目分为多个子项目,这在原理图绘制中可以通过层次原理图的设计来实现。

本章主要介绍层次原理图的创建和编辑方法,以及生成报表、检查电气线路连接和打印输出电路原理图的方法。

本章学习目的

- ➢ 了解层次原理图的基本概念
- ➢ 掌握各种层次原理图的创建方法
- ➢ 熟悉编辑层次原理图的方法
- ➢ 熟悉生成报表的方法
- ➢ 了解打印输出原理图的方法和技巧
- ➢ 了解检查原理图电路连接的方法

6.1 层次原理图设计

层次电路图设计是在实践的基础上提出的,是随着计算机技术的发展而逐步实现的一种先进的原理图设计方法。该类设计既是一种化整为零、聚零为整的模块式的原理图设计方法,又是一个高效、保密的设计方法。具体到实际操作共有3种方法,即自顶向下、自底向上和重复性设计。

层次化设计不同的方法对应的层次原理图的生成过程略有不同,但基本思想都是将一张复杂的原理图分成若干相对简单的部分单独设计,这种方法可以大大提高工作效率。

6.1.1 层次原理图的设计结构

层次原理图就是要把整个设计项目分成若干原理图来表达。为了达到这一目的,必须建立一些特殊的图符、概念来表示各张原理图之间的连接关系,在介绍层次原理图之前,了解下这些符号是非常必要的。

1. 层次原理图

从事过原理图设计工作的技术人员大都有过这样的经验,尽管可以用一张大图把整个电路都绘制出来,但设计者还是愿意把整张图分成几部分来绘制,特别是当把整个电路按不同的功能分别绘制在几张小图上时。这样做不但便于交流,而且更大的好处是:可以使很复杂的电路变成相对简单的几个模块,结构清晰明了,非常便于检查,也容易修改。很明显,这正是层次化设计方法带来的好处。事实上,这种方法在其他领域也应用得非常广泛。

层次原理图正是这种层次化设计方法的具体体现。Altium Designer 提供了强大的层次原理图功能,整张大图可以分成若干子图,某个子图还可以再向下细分。该软件对同一项目中原理图的张数没有限制,对分层的深度也没有限制,图 6-1 所示为层次原理图总图和各个子图。

对于一个非常庞大的电路原理图,可称之为项目。而项目主管的主要工作是将整个原理图划分为各个功能模块,由各个工作组成员来设计各个功能模块。这样,由子网络的广泛应用,整个项目可以多层次并行设计,使得设计进程大大加快。

简单地说,层次电路原理图设计就是模块化电路图设计,将庞大的电路原理图层次化、模块化,可以大大提高设计的效率。

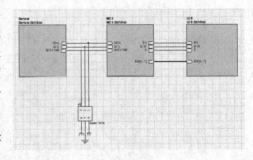

图 6-1 层次原理图

2. 方块电路

方块电路是层次原理图特有的一个概念。代表了本图下一层的子图,每个方块电路都与特定的子图相对应，它相当于封装了子图中的所有电路，从而将一张原理图简化为一个符号。在总图中表现出的方块电路之间的联系，就是各个方块电路所代表的子电路之间的联系。图 6-2 所示为层次原理图方块电路，该方块电路将包含与之对应的另一个原理图。

采用自顶向下的方式设计电路原理图，首先要建立一张总图，在总图中用方块电路来代表它下一层的子系统，然后一层层地分别设计每个方块电路所代表的子图，这样一层层地细化，直至完成整个电路的设计。

3．方块电路端口

该端口是方块电路所代表的下层子图与其他电路连接的端口。通常情况下，方块电路端口与和它同名的下层子图的 I/O 端口相连，如图 6-3 所示。

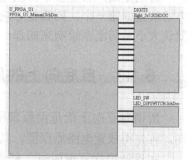

图 6-2　方块电路

4．电源端口

这个符号很特别，在同一设计项目中，所有原理图的电源端口都是连通的（不管层次电路的形式如何）。

5．I/O 端口和网络标号

I/O 端口和网络标号这两个图形对象并非层次原理图所特有的，之所以放这里是因为它们都可以在层次原理图的连接中发挥作用。

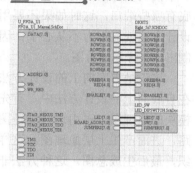

图 6-3　方块电路端口

6．连接线路和元器件

这些图形对象同样不是原理图所特有的，方块电路和电路端口以后还要绘制导线，将各个电路端口连接起来，表达它们之间的连接关系。

6.1.2　自顶向下的层次原理图设计

所谓自顶向下就是由电路方块图产生原理图。因此用自顶向下的方法来设计层次图，首先需要放置电路方块图，其设计示意如图 6-4 所示。

用自顶向下的方法开始设计时，首先建立总图（Master Schematic）。在总图中，用方块电路代表它下一层的子系统，接下来就一幅幅地设计每个方块电路对应的子图，这样分层细化，直至完成整个电路的设计。

很显然，建立总图是这种设计方法的第一步，然后根据总图绘制其他各个串行接口

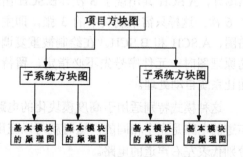

图 6-4　自顶向下层次图设计方法流程

电路。实际上通常的做法是先放置好所有的方块电路，然后再进行参数的修改。这样做的一个明显的好处是：当放置完一个方块电路后，只要用户不单击鼠标右键或按 Esc 键，则程序仍处于放置方块电路的命令状态，这样用户就可以一个个地放置好方块电路。

特别是用户希望多个方块电路具有相同大小时，只要通过先后两次单击鼠标左键的方法放置好第一个，则其他方块电路只要双击鼠标即可完成放置，这是因为方块电路的默认大小总与刚刚绘制完的那一个保持一致。

6.1.3 自底向上的层次原理图设计

所谓自底向上就是由原理图产生电路方块图，因此用自底向上的方法来设计层次图，首先得放置电路原理图，其设计示意如图 6-5 所示。

在设计层次原理图时，经常会遇到在每一个模块设计出之前，并不清楚每个模块到底有哪些端口，这时如果还要用自顶向下的设计方法就显得力不从心了，因为没办法绘制出一张详尽的总图。

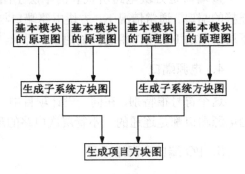

这正是自底向上的设计方法优势所在。在自底向上的设计方法中，首先设计出下层模块的原理图，再由这些原理图产生方块电路，进而产生上层原理图。这样层层向上组织，最后生成总图。这种方法非常有效，也是一种被广泛采用的层次原理图设计方法。

图 6-5　自底向上层次图设计方法流程

6.1.4 重复性层次图的设计方法

重复性层次图是指在层次式电路图中，有一个或多个电路图被重复地调用。绘制电路图时，不必重复绘制相同的电路图。典型的重复性层次图的示意图如图 6-6 所示。

1．重复性层次图的设计思路

在图 6-6 中共有 10 张原理图，除了主电路图外，A.SCH 共出现了 3 次，B.SCH 出现了 6 次。这样只需绘制其中的 3 张，即主电路图、A.SCH 和 B.SCH。在绘制被重复调用的原理图时，元件序号先不必指定，留待后面让系统自动处理。

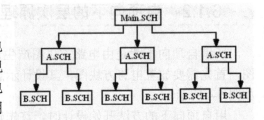

图 6-6　重复性层次图的设计方法

这种模式特别适用于高度模块化的电路设计。比如，一个立体声放大器，它的左右声道的电路是完全相同的，这时就可以应用复杂分层的层次原理图，用同样的方块电路分别代表左右声道的电路。

2. 定义重复性层次图

要让重复性层次图有实用价值，还必须将各个被重复调用的原理图复制成副本，安排好各个副本中元件的序号，才能够产生网络表进行电路板设计。在这种模式中相同的方块电路可以被放置多次，不论是重复放置在同一张原理图上还是同一设计项目的不同原理图上。当然，相同的方块电路将对应相同的子图。

仍然以图 6-6 为例，首先将主电路图、A.SCH 和 B.SCH 这 3 个电路图转化成相互独立并且相关联的 10 张电路图，即将重复性层次图转化为一般性层次图，其操作步骤如下所述。

首先从重复性层次图向一般性层次图转化，并将重复性原理图复制成层次图。待复制完电路图后，必须将各个电路图中的元件进行编号，即设置元件序号。可执行【工具】|【注释】命令，打开【注释】对话框，如图 6-7 所示。

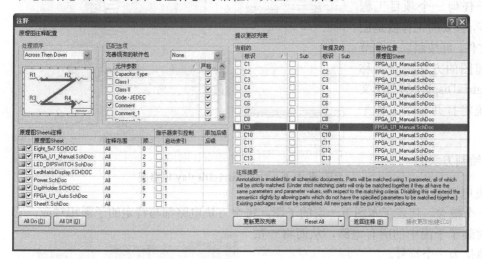

图 6-7　【注释】对话框

设置完对话框后，系统立即自动编号并将编号的结果存为*.rep 文件，作为项目的一部分出现在项目管理器中。同时，系统还会启动文本编辑器，显示报告文件。

6.2　建立并编辑层次原理图

在介绍层次原理图的设计结构和类型后，最重要的操作就是利用这些类型创建出准确、有效的层次原理图，即本章讲解的建立并编辑层次原理图。其中建立层次图是该原理图创建的基本操作，为实现这一操作效果，可利用切换原理图和生成图形等方式辅助快速获得层次原理图创建效果。

6.2.1　建立层次原理图

以上章节分别介绍了层次电路原理图设计的 3 种方法，本节将以其中的自顶向下层次图设计方法为例，简要介绍绘制层次原理图的一般过程。

采用自顶向下的方式设计电路原理图，首先要建立一张总图，在总图中用方块电路来代表它下一层的子系统，然后再一层层地分别设计每个方块电路所代表的子图，这样分层细化，直至完成整个电路的设计。

本例所选 Altium Designer 安装文件 Altium Designer Winter 09｜Examples｜Reference Designs 目录下，名称为 LedMatrixDisplay 的项目工程文件，分别由 FPGA_U1_Manual.SchDoc、Eight_5x7.SCHDOC、LED_DIPSWITCH.SchDoc 组成，如图 6-8 所示。以下将简要介绍该电路图制作过程。

1. 新建层次原理图文件

对于任何一个项目工程文件而言，首要的工作就是创建项目文件，可按照以上章节新建原理图的方法新建名称为 LedMatrixDisplay 的图形文件，系统将打开一个工作平面。

2. 绘制方块图

方块电路是层次原理图

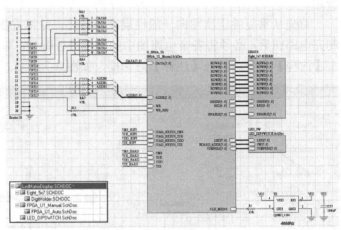

图 6-8　LedMatrixDisplay 电路图

特有的一个概念，代表了本图下一层的子图，每个方块电路都与特定的子图相对应。它相当于封装了子图中的所有电路，从而将一张原理图简化为一个符号。

单击【放置图表符】按钮，分别在当前窗口指定起始角点和终止角点，确定图表符位置，并修改各图表符上方标识和文件名，效果如图 6-9 所示。

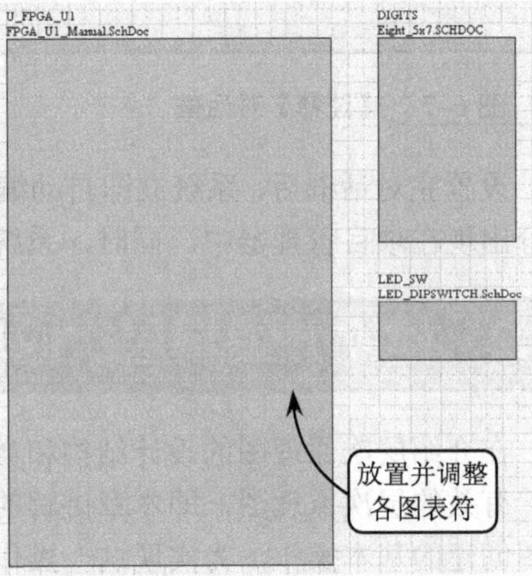

3. 放置方块电路端口

方块电路端口是方块电路所代表的下层子图与其他电路连接的端口。通常情况下，方块电路端口与和它同名的下层子图的 I/O 端口相连。

图 6-9　放置图表符

单击【放置图纸入口】按钮，在各图表符内部放置图纸入口符号，并修改入口名称和 I/O 端口连接方式，效果如图 6-10 所示。

4. 连接导线、总线和其他对象

在图纸中放置方块电路和电路端口以后，还要绘制导线、总线，将各个电路端口连接起来，表达它们之间的连接关系。此外还将放置元器件、电源和接地符号等图形对象，完成该层次原理图整个图形绘制。

5. 后续操作

通过上述步骤建立层次原理图总图，也就完成了电路图设计的上层项目文件。而在绘制下层原理图时，要将各个模块与该层次原理图相对应。各模块所对应的原理图分别在 FPGA_U1_Manual.SchDoc、Eight_5x7.SCHDOC、LED_DIPSWITCH.SchDoc 中。

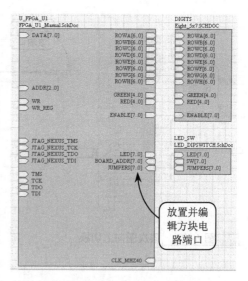

图 6-10　放置并编辑方块电路端口

6.2.2　层次原理图之间的切换

在同时读入或编辑层次电路的多张原理图时，往往需要同时处理多张原理图，不同层次电路图之间的切换是必不可少的操作，使用该软件提供的切换工具可快速在它们之间进行切换。

执行【工具】|【上/下层次】命令，或单击【原理图标准】工具栏中的【上/下层次】按钮，光标变成了十字形状。执行该命令后如果是上层切换到下层，只需移动光标到下层的方块电路上，单击鼠标左键，即可进入下一层，如图 6-11 所示。

利用项目管理器，用户直接

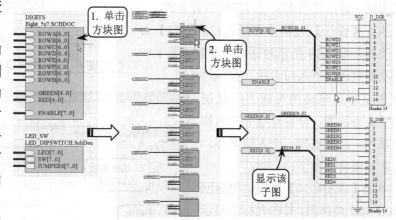

图 6-11　层次图向下切换

可以单击项目窗口的层次结构中所要编辑的文件名即可，如图 6-12 所示。此外，如果是下层切换到上层，只需移动光标到下层的方块电路的某个端口上，单击鼠标左键，即可进入上一层。

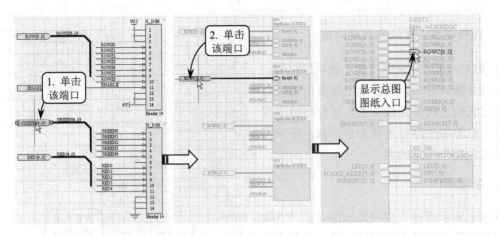

图 6-12　层次图向上切换

6.2.3　生成新原理图总的 I/O 端口符号

在采用自顶向下设计层次电路图时,需要首先建立方块电路,再制作该方块电路相对应的原理图文件。而制作原理图时,其 I/O 端口符号必须和方块电路上的 I/O 端口符号相对应。

Altium Designer 提供由方块电路符号直接产生端口符号的捷径,以下将以图 6-13 所示电路图为例,详细说明 I/O 端口符号放置方式。

执行【设计】|【同步图纸入口和端口】命令,将打开图 6-14 所示对话框,并且显示上一级层次图对应图纸入口名称。在该对话框中显示该电路图对应上一级层次图 6 个方块图,分别对应 6 个名称的选项卡,此时选择一个入口名称,下方的按钮将被激活。

单击【添加端口】按钮,将返回 Digit Holder 电路图,并在光标旁显示 Row[6..0]图纸入口,此时将该入口符号放置在合适位置。按照相同方法将其他图纸入口放置在合适位置,如图 6-15 所示。

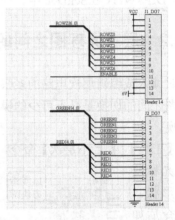

图 6-13　Digit Holder 电路图

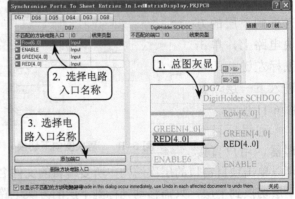

图 6-14　同步图纸入口和端口对话框

6.2.4 由原理图文件生成方块电路符号

如果在设计中采用自底向上的设计方法，则先设计原理图，再设计方块电路。通过 Altium Designer 软件提供的功能，可由一张已经设置好端口的原理图直接产生方块电路符号，这样操作将节省操作时间，从而提高设计效率。

以上节放置图纸入口效果图为例，确认已经绘制底层的各个设计子原理图，并绘制需要与其他子原理图连接的 I/O 端口。

新建一个原理图文件，然后执行【设计】|【HDL 文件或图纸生成图表符】命令，将打开 Choose Document to Place 对话框，如图 6-16 所示。

此时选择要产生的方块电路的文件，例如选择图 6-17 所示的文件 DigitHolder.SCHDOC，然后单击【确定】按钮确认操作。光标旁边将显示与该文件放置端口对应的图表符和图纸入口。

此时在合适的位置单击鼠标左键，并将其定位。则可自动生成名称为 DigitHolder.SCHDOC 的方块电路。使用相同的方法可以产生另外的方块电路符号，然后使用导线或总线连接那些具有电气连接的方块电路图，即可完成层次电路图的总图，这样自底向上的设计过程即可准确、快速完成。

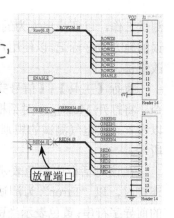

图 6-15 放置端口

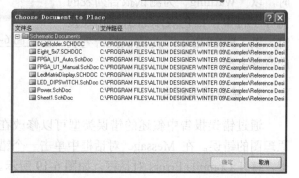

图 6-16 Choose Document to Place 对话框

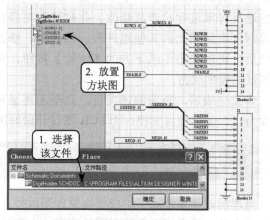

图 6-17 显示图表符和图纸入口

6.3 电气法则测试

电气法则测试就是通常所称的 ERC，利用 ERC 可以对大型设计进行快速检测。电气法则测试可以按照用户指定的物理 / 逻辑特性进行，可以输出相关的物理逻辑冲突报告。例如空的管脚、没有连接的网络标号、没有连接的电源等，生成测试报告的同时，程序还会将 ERC 结果直接标注在原理图上。找到出错原因并修改原理图电路，重新查错到没有原则性错误为止。

1. 查看电气连接状况

在产生网络表之前，可以利用软件来测试用户设计的电路原理图，执行电气法则的测试工作，以便找出人为的疏忽。执行完测试后，能生成错误报告并且在原理图中有错误的地方做好标记，以便用户分析和修改错误。

执行【工具】|【信号完整性】命令，将打开 Messages 对话框，用户可以设置有关电气测试的规则，如图 6-18 所示。

在该对话框中橙色表示当引脚相连接时，以"Error"为测试报告列表的前导字符串；黄色表示当引脚相连接时，以"Warning"为测试报告列表的前导字符串；红色表示当引脚相连接时，以"Fatal Error"为测试报告列表的前导字符串。

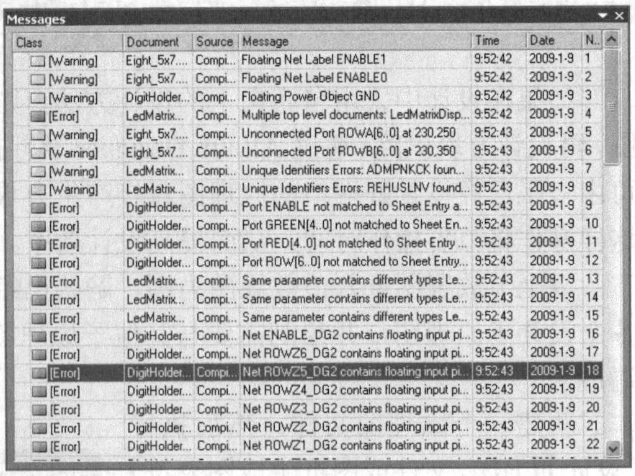

图 6-18　Messages 对话框

2．检查结果报告

通过错误报告中叙述的错误类型可以修改在原理图的错误。在 Message 对话框中单击一个错误，打开 Compile Errors 对话框，如图 6-19 所示。

同时在 Compile Errors 对话框显示错误的详细信息。此时从该对话框中单击错误跳转到原理图的违反对象进行检查或修改。此时修改对象高亮显示，电路图上的其他组件和导线模糊。修改完成后，可以单击图纸下方的【清除】按钮，清除图纸的模糊状态。

修改完成后，重新编译项目，直至不再显示错误为止。保存项目文档，为 PCB 图设计做好准备。

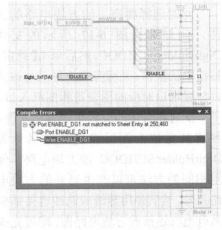

图 6-19　Compile Errors 对话框

6.4　生成报表

原理图设计系统除了生成层次原理图以外，还有一个重要任务是将原理图转化成各种报表文件。报表相当于原理图的档案，它存放了原理图的各种信息，如原理图上各个元件的名称、引脚、各元件引脚之间的连接情况等。这里要介绍的报表有：网络表、元件列表、层次列表、交叉参考元件列表、元件引脚列表和网络比较表。

6.4.1　网络报表

在原理图绘制完成之后，除了要进行以上操作之外，另一项必要的工作就是生成网络表，它的作用是连接电路原理图和印刷电路板图。要生成网络表，可以在原理图编辑器中直接由原理图文件生成，也可以在文本编辑器中手动编辑，另外还可以在 PCB 编辑器中由已经布线的 PCB 图生成网络表。

1. 网络表的作用

网络表是电路板自动布线的灵魂，也是原理图设计系统与印刷电路板设计系统的接口。网络表的获取可以直接从电路原理图转化而来，也可以从印刷电路板设计系统中已布线的电路中获取。网络表的作用主要有以下两点。

- ❑ 网络表文件可支持印刷电路板设计的自动布线及电路模拟程序。
- ❑ 可以与从印刷电路板中得到的网络表进行比较，进行核对查错。

2. 网络表格式

利用原理图生成网络表，是为了进行印刷电路板的自动布线和电路模拟，另外也可以将它与从印刷电路板中导出的网络表进行对比。

网络表文件分为元件声明和网络定义两部分，它们有各自固定的格式和固定的组成部分，缺少任何一部分部可能在 PCB 布线时导致错误。

下面将根据某一原理图生成一个网络表文件，截取其中的一部分说明网络表的格式。

- ❑ **元件声明部分的格式**

在网络表文件中截取元件声明部分的一段，其中包括元件序号、元件的封装和元件注释等，例如[C1 RAD0.2 0.1uf]字符说明如表 6-1 所示。

表 6-1　元件声明部分的字符说明

字　符	字符说明	字　符	字符说明
[	元件声明开始标志	0.1uf	元件注释文字
C1	元件序号	]	元件声明结束标志
RAD0.2	元件封装形式		

元件声明部分以"["开始，以"]"结束，将其内容包含在内。元件声明部分的首先要定义该网络的各端口。元件声明中必须列出连接网络的各个端口。

- ❑ **网络定义部分的格式**

网络定义部分的格式列出的是网络表文件中元件声明和网络定义两部分的格式，用户可以根据此格式在文本文件编辑器中自行设定网络表文件，也可以在系统生成的网络表文件中进行修改。但是不管怎样，一定要注意保证元件定义和各个连接点的正确。在网络表文件中截取网络定义部分的两段，如表 6-2 所示。

表 6-2　网络定义部分的字符含义

字　符	字符含义	字　符	字符含义
(	网络定义开始标志	(	网络定义开始标志
N0001	网络名称（未设网络标号）	A0	网络名称（未设网络标号）
U9-13	网络连接点（元件 U9 的第 13 号引脚）	U1-34	网络连接点（元件 U1 的第 34 号引脚）
R3-1	网络连接点（元件 R3 的第 1 号引脚）	P1-A31	网络连接点（元件 P1 的第 A31 号引脚）
)	网络定义结束		网络定义结束

网络定义以"("开始,以")"结束,将其内容包含在内。网络定义首先要定义该网络的各端口,网络定义中必须列出连接网络的各个端口。

3. 生成网络表

本节以 LedMatrixDisplay.SCHDOC 项目原理图为例,介绍生成网络表的一般步骤。首先执行【设计】|【工程的网络表】| protel 命令,系统将电路原理图的网络关系进行计算,然后生成网络表,如图 6-20 所示。并将其写入相应的 LedMatrix-Display.NET 文件中,保存在该原理图文件所在文件夹下的 Out 子文件夹下。

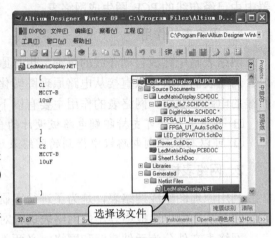

图 6-20　生成网络表

6.4.2　产生元器件列表

元件的列表主要是用于整理一个电路或一个项目文件中的所有元件。它主要包括元件的名称、标注、封装等内容。还是以 DigitHolder.SCHDOC 文件为例,讲述产生原理图的元件列表的基本步骤。

打开原理图文件,然后执行【报告】| Bill of Materials 命令,系统将执行产生元器件列表操作,并打开 Bill of Materials 对话框,如图 6-21 所示。

在该对话框中的【导出选项】选项区域下,可在【文件格式】列表框中选择合适的文件格式,并可选择多个文件格式。此时选择一个文件格式后,接着在该对话框中单击【输出】按钮,则可以将元器件列表导出到项目工程文件夹中,系统将打开 Export For 对话框,如图 6-22 所示。

此时指定保存路径,然后修改保存文件名,并单击【保存】按钮,系统将自动调用用户安装的 Microsoft Excel 应用程序(前提是当前电脑已经安装了 Excel 应用软件)。进入表格编辑器,同

图 6-21　Bill of Materials 对话框

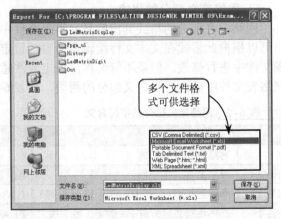

图 6-22　Export For 对话框

时生成后缀名为.xls 的元器件列表，如图 6-23 所示。

此外，也可以单击【菜单】按钮，然后在弹出的快捷菜单中选择指定选项辅助操作。例如执行【导出】命令，相对于以上所讲的【输出】按钮的作用；执行【报告】命令，将打开元器件列表的【报告预览】对话框，如图 6-24 所示。

6.4.3 交叉参考表

在 Altium Designer 中，可使用元器件交叉引用列表输出和端口交叉参考输出功能，快速获得对应的交叉参考表，便于查看或编辑元器件和端口对象。

1. 元器件交叉引用列表输出

元件交叉参考表主要罗列出各个元件的编号、名称以及所在的电路图。元件交叉参考表可为多张原理图中的每个元件列出其元件类型、流水号和隶属的绘图页文件名称。这是一个 ASCII 码文件，扩展名为.xrf。

也可以生成整个工程的元器件清单，但是该清单是将元器件按照所处的不同原理图分组显示的，即所谓的元器件的交叉引用列表。

执行【报告】|Component Cross Reference 命令，将打开 Component Cross Reference 对话框，如图 6-25 所示。在该对话框中可以看到原理图的元件列表。

从上图可以看出，该对话框与上节所介绍的对话框类似，对该列表的操作与前面所述一样。如果单击【菜单】按钮，然后在弹出的菜单中执行【报告】命令则可以生成预览元件交叉参考表报告。如果单击【输出】按钮，则可以将元件报表导出。此时系统打开对应的对话框，选择一个导出的类型即可。

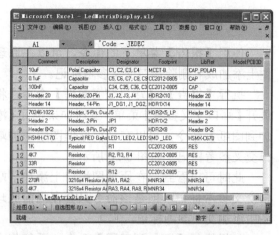

图 6-23 元器件列表 Excel 表格文件

图 6-24 【报告预览】对话框

图 6-25 Component Cross Reference 对话框

2. 端口交叉参考输出

使用【报告】菜单下的命令，可以在原理图上添加成者删除端口交叉参考标记。

执行【报告】|【端口交叉参考】命令，将展开【端口交叉参考】菜单。此时如果执行【添加到图纸】命令，可以在当前原理图中添加端口交叉参考标记，如图 6-26 所示。

此时可以看到，在原理图端口上添加了端口交叉参考标记，但是该命令只会在当前原理图中添加交叉参考标记。

如果执行【添加到工程】命令，系统将在工程中所有的原理图中添加端口交叉标记。执行【从图纸中移除】命令，系统将从当前原理图中将已经添加的端口交叉标记删除；执行【从工程中移除】命令，系统将工程中的所有原理图的端口交叉标记都将删除掉。

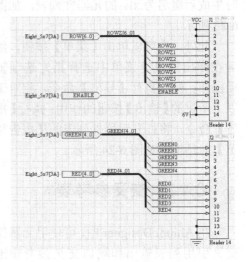

图 6-26　添加端口交叉参考标记

6.4.4　组织结构文件输出

在大的设计工程中，由于采用了层次式的设计方式，所以想要看懂它的设计文件，很重要的一点就是要弄清楚设计文件中所包含的层次化原理图直接的关系。该软件可以很方便地输出工程设计的组织结构文件。

打开现有原理图文件，然后执行【报告】| Report Project Hierarchy 命令，系统将执行组织结构文件输出操作，并在 Projects 管理器中生成一个报告文件，其文件名和工程文件的文件名是相同，但其后级缀为.REP，如图 6-27 所示。

此时将鼠标移动至管理器下的该文件处，双击该文件，即可在当前窗口中打开该文件，打开后的组织结构文件，如图 6-28 所示。

图 6-27　Projects 管理器

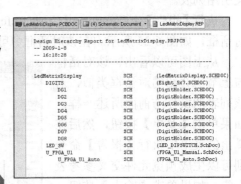

图 6-28　LedMatrixDisplay.REP 文件

6.5　打印输出电路原理图

绘制完原理图后，有时候需要将原理图通过打印机或者绘图仪输出为纸质文件，以便设计人员进行校对或者存档。要将原理图打印输出,首先要保证计算机上正确连接了打印设备。打印之前还要进行一系列的打印设置,包括打印机的选定、纸张大小的设定等。

6.5.1 页面设置

要执行布局窗口打印设置,首先需要进行必要的页面设置操作,即检查页面设置是否符合要求。这是因为对页面设置的改变将很可能影响布局,因此最好在打印前检查所做的改变对布局的影响。

执行【文件】|【页面设计】命令,将打开 Schematic Print Properties 对话框,如图 6-29 所示。可以在该对话框中指定页面方向(纵向或横向)和页边距,还可以指定纸张大小和来源,或者改变打印机属性。

❑ 设置打印纸

在【打印纸】选项区域中单击尺寸列表框后的黑色小三角,在出现的下拉列表中选择打印纸张的尺寸,【肖像图】和【风景图】单选按钮用来设置纸张的打印方式是水平还是垂直。

❑ 设置页边距

【页边】选项区域用于设置打印页面到图框的距离,单位是英寸。页边距也分水平和垂直两种。

图 6-29 Schematic Print Properties 对话框

❑ 缩放比例

该选项区域用于设置打印比例,可以对图纸进行一定比例的缩放,缩放的比例可以是 50%~500%之间的任意值。在【缩放模式】下拉列表框中选择 Fit Document On Page 选项,将表示充满整页的缩放比例,系统会自动根据当前打印纸的尺寸计算合适的缩放比例,使打印输出时原理图充满整页纸。

如果选择了【缩放模式】下拉列表框中的 Scaled Print 选项,则【缩放】列表框将被激活,可以设置 X 和 Y 方向的尺寸,以确定 X 和 Y 方向的缩放比例。

❑ 颜色设置

该选项区域用来设置颜色。其中有 3 个单选按钮,【单色】表示将图纸单色输出;【彩色】表示将图纸彩色输出;【灰色】表示将图纸以灰度值输出。

❑ 高级打印设置

为了使用高级打印设置,可以利用其他输出选项来帮助控制透明度和颜色(特别对于栅格图像,设置效果更明显)。

单击【打印】对话框中的【高级】按钮,将打开【原理图打印属性】对话框,如图 6-30 所示。高级打印具体设置方法如下所述。

在该对话框中可设置打印机的高级属性,一般选择默认的设置即可,没有必要进行修改，如果需要修改，可启用或禁用相应的复选框，这里不再赘述。

6.5.2 打印输出

无论是否进行页面设置，都可在布局窗口激活时打印该窗口。因此在打印时，首先确认布局窗口是当前活动窗口。

执行【文件】|【打印】命令，或单击图 6-29 对话框中的【打印】或【打印设置】按钮，都将显示打印机的 Printer Configuration for... 对话框，如图 6-31 所示。

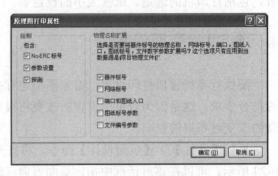

图 6-30　【原理图打印属性】对话框

在对话框中可选择要打印哪些页和打印份数，还可以指定打印机属性，同时也可以指定是否输出到一个文件中。

1．选择打印机名称

最初显示的打印机，是在打印机首选项中设置的默认打印机。这既可以是 Windows 默认打印机，也可以是所选的 Altium Designer 首选打印机。对打印机及其属性进行更改，然后单击【确定】按钮即可。在该对话框中可用的设置因所使用的打印机而异。

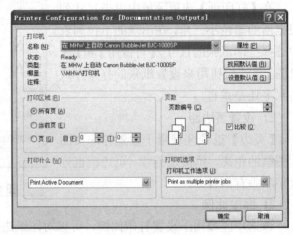

图 6-31　【页面设置】对话框

如果设计者的计算机上安装了不止一台打印机，单击【名称】文本框中的下三角按钮选择要使用的打印机。

2．设置打印区域

该选项区域用来选择原理图的页数。【所有页】表示全部打印、【当前页】表示打印当前页，【页】表示打印所设置的页。

3．设置页数

【页数】选项区域用于设置打印的份数。可在【页数编号】列表框中输入当前原理图的份数。

4．设置打印目标

【打印什么】选项区域用来设置打印的目标。单击列表框后的下三角按钮，在出现的下拉列表4个选项以供选择,其中 Print All Valid Documents 表示打印所有有效文件；Print Active Document 表示打印当前活动文件；Print Selection 表示打印选中的文件；Print Screen Region 表示打印屏幕区域。

5. 打印机选项

该选项区域用来设置打印机参数。单击文本框后的下三角按钮,在出现的下拉列表中有两个选项供选择,选择 Print as single printer job 选项表示多台打印机共同打印；Print as multiple printer jobs 选项表示一个打印机打印。

6. 设置打印机属性

不同的打印机对应属性设置也各不相同,例如选择系统默认的打印机,然后单击【属性】按钮,即可在打开的对话框中设置该打印机属性,如图 6-32 所示。

7. 打印预览

在进行上述页面设置和打印设置后,可以首先预览一下打印时的效果,单击 Schematic Print Properties 对话框中【预览】按钮,或单击【原理图标准】工具栏中【预览】按钮,即可获得打印预览效果,如图 6-33 所示。

8. 执行打印操作

在完成上述页面设置和打印设置后,即可单击【打印】对话框中的【确定】按钮,系统将按照上述设置执行打印操作。例如选择图 6-34 所示的打印机类型,执行打印设置后,即可获得图中所示的打印效果。

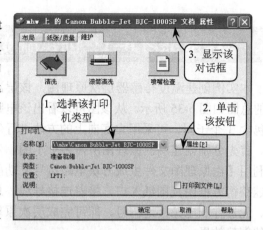

图 6-32　设置打印机属性

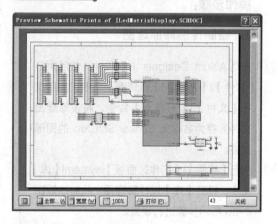

图 6-33　打印预览

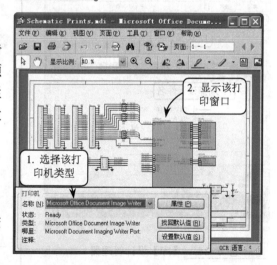

图 6-34　打印布局窗口

6.6 课堂练习 6-1：创建温度传感器层次原理图

本实例创建温度传感器层次原理图，该层次图的总图如图 6-35 所示。从该图可以看出该电路图包含 3 个子图，可采用自底向上的方法进行创建。首先分别创建层次原理图所需各个子图，然后利用【由原理图文件生成方块电路符号】功能快速获得方框图及图纸入口，接着连接导线、总线、元器件和电源接地符号，即可完成层次原理图的创建效果。

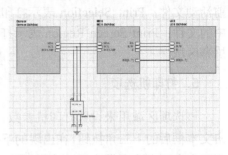

图 6-35　温度传感器层次原理图

操作步骤：

1．绘制传感器原理图

① 启动 Altium Designer 8.0 软件，然后执行【文件】|【新建】|【原理图】命令，然后执行【文件】|【另存为】命令，将该原理图文件另存为名称为 Sensor.SchDoc 的图形文件。

② 执行【察看】|【工作区面板】|Isysteml【库】命令，打开【库】设计管理器。此时按照图 6-36 所示步骤进行设置。

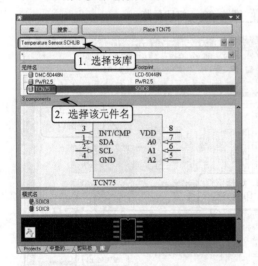

图 6-36　【库】设计管理器

③ 按照上述设置后，单击 Place TCN75 按钮，则该库将添加到当前工作窗口中。此时按照图 6-37 所示的放置方式放置元器件，并修改元器件标识名称。

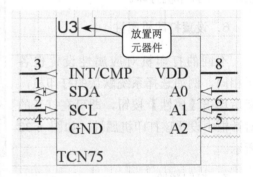

图 6-37　放置元器件

④ 单击【放置线】按钮，以元器件引脚为起始点，依次按照图 6-38 所示的放置方式放置各导线。

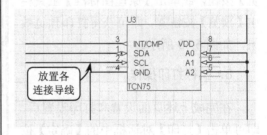

图 6-38　放置导线

⑤ 在【实用】工具栏中单击【放置 VCC 电源端口】按钮，在图 6-39 所示的位置处放置电源端口。然后单击【放置 GND 端口】按

钮放置接地端口。

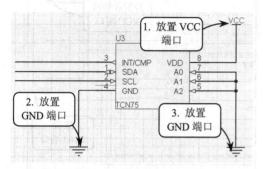

图 6-39 放置接地和电源符号

6 接着单击右上侧电源端口修改参数值,即可获得图 6-40 所示的修改参数值效果。

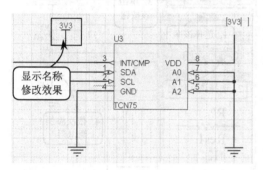

图 6-40 放置电源和接地符号并修改

7 单击【放置端口】按钮,在总线和导线终止点位置处放置端口,效果如图 6-41 所示。

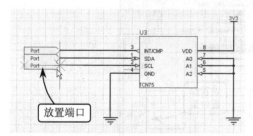

图 6-41 放置端口

8 依次双击各端口,然后在打开的对话框中修改端口名称,即可获得图 6-42 所示端口设置效果。

2. 绘制液晶二极管原理图

1 执行【文件】|【新建】|【原理图】命令,

然后执行【文件】|【另存为】命令,将该原理图文件另存为名称为 LCD.SchDoc 的图形文件。

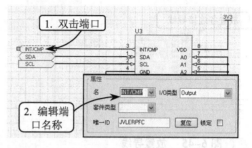

图 6-42 修改端口名称

2 执行【察看】|【工作区面板】|system|【库】命令,打开【库】设计管理器。此时按照如图 6-43 所示步骤进行设置。

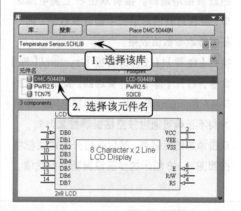

图 6-43 【库】设计管理器

3 按照上述设置后,单击 Place DMC-50448N 按钮,则该库将添加到当前工作窗口中。此时依次按照图 6-44 所示的放置方式放置元器件。

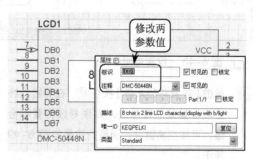

图 6-44 放置元器件

4 单击【放置线】按钮，以元器件引脚为起始点，依次按照图6-45所示的放置方式放置各导线。

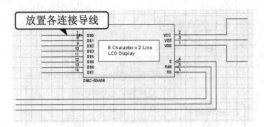

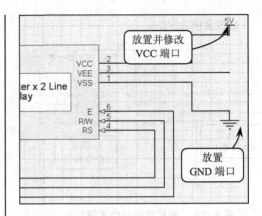

● 图6-45 放置导线

● 图6-46 放置电源和接地符号

5 在【实用】工具栏中单击【放置VCC电源端口】按钮，在图6-46所示的位置处放置电源端口。然后单击【放置GND端口】按钮放置接地端口。接着双击右上侧电源端口，并在打开的对话框中修改参数值，即可获得修改参数值效果。

6 执行【察看】|【工作区面板】|system|【库】命令，打开【库】设计管理器。此时按照图6-47所示的步骤进行设置添加电阻。如果方向不正确可通过按空格键调整其方向。

7 双击添加的元器件，然后在打开的对话框中按照图6-48所示的步骤设置新的参数值。

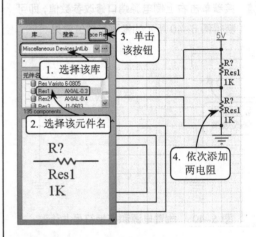

● 图6-47 添加电阻

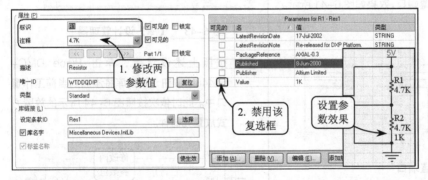

● 图6-48 设置电阻参数

8 单击【放置总线入口】按钮，在导线的终止点位置处放置总线，如果导线位置不合适，可按空格键进行调整，效果如图6-49所示。

9 单击【放置总线】按钮，在导线入口位置处放置总线，效果如图6-50所示。

10 单击【放置网络符号】按钮，在总线和导线上放置网络符号。然后双击各网络符号，然后在打开的对话框中修改网络文字，即可获得图6-51所示的修改符号参数效果。

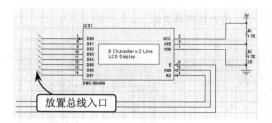

图 6-49　放置总线入口

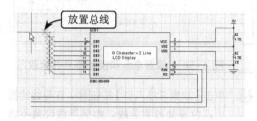

图 6-50　放置总线

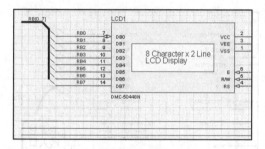

图 6-51　放置网络符号

11　单击【放置端口】按钮，在总线和导线终止点位置处放置端口。依次双击各端口，然后在打开的对话框中修改端口名称，即可获得图 6-52 所示的端口设置效果。

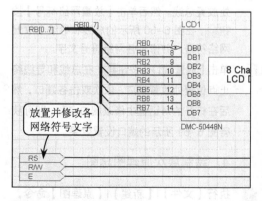

图 6-52　放置端口

3. 绘制微控制器原理图

1　执行【文件】|【新建】|【原理图】命令，然后执行【文件】|【另存为】命令，将该原理图文件另存为名为 MCU.SchDoc 的图形文件。

2　执行【察看】|【工作区面板】|system|【库】命令，打开【库】设计管理器。此时按照图 6-53 所示的步骤进行设置。

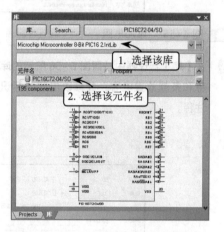

图 6-53　【库】设计管理器

3　按照上述设置后，单击"PIC16C72-04/SO"按钮，则该库将添加到当前工作窗口中。此时依次按照图 6-54 所示的放置方式放置元器件。

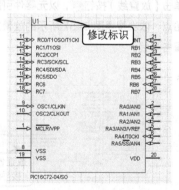

图 6-54　放置元器件

4　按照绘制液晶二极管原理图时添加电阻的方法添加电阻，即通过【库】管理器添加电阻，并放置在图6-55所示位置处。

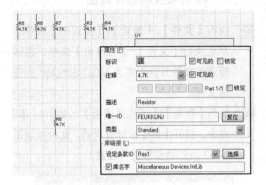

● 图6-55 添加电阻

⑤ 在【库】管理器中按照图6-56所示的库名称和条款放置电容，并修改电容的标识和注释。

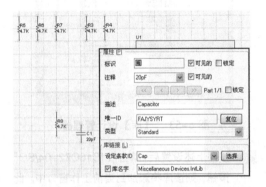

● 图6-56 放置电容并修改参数值

⑥ 单击【放置线】按钮，以元器件引脚为起始点，依次按照图6-57所示的放置方式放置各导线。

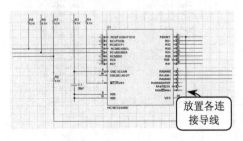

● 图6-57 放置导线

⑦ 按照上述放置电源和接地符号的方法，在图6-58所示的适当位置放置这些符号，并修改对应符号名称。

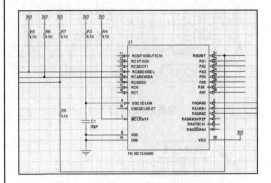

● 图6-58 放置电源和接地符号并修改

⑧ 单击【放置总线入口】按钮，在导线的终止点位置处放置总线，如果导线位置不合适，可按空格键进行调整，效果如图6-59所示。

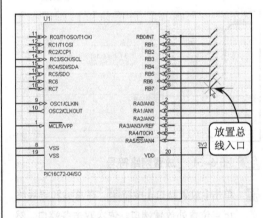

● 图6-59 放置总线入口

⑨ 单击【放置总线】按钮，在导线入口位置处放置总线。然后单击【放置网络标号】按钮，在图6-60所示的总线和导线上放置网络符号，并修改各网络符号文字。

⑩ 单击【放置端口】按钮，在总线和导线终止点位置处放置端口。依次双击各端口，然后在打开的对话框中修改端口名称，即可获得图6-61所示的端口设置效果。

4．绘制层次原理图总图

① 执行【文件】|【新建】|【原理图】命令，然后执行【文件】|【另存为】命令，将该

原理图文件另存为名称为 Temperature Sensor.SchDoc 的图形文件。

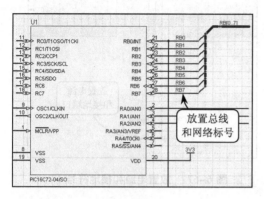

● 图 6-60 放置总线

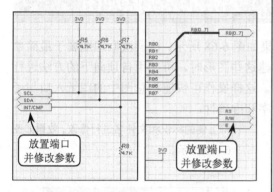

● 图 6-61 放置端口

② 然后执行【设计】|【HDL 文件或图纸生成图表符】命令,将打开 Choose Document to Place 对话框,如图 6-62 所示。此时选择要产生的方块电路的文件,然后单击【确定】按钮,光标旁边将显示与该文件放置端口对应的图表符和图纸入口。

● 图 6-62 Choose Document to Place 对话框

③ 在合适的位置单击鼠标左键,并将其定位。并调整各图纸入口放置的位置,效果如图 6-63 所示。

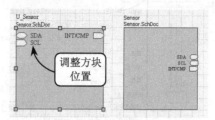

● 图 6-63 放置方块图和图纸入口

④ 按照上述图纸生成图表符的方法,分别将其他两个原理图中的放置端口生成当前图形的图表符,效果如图 6-64 所示。

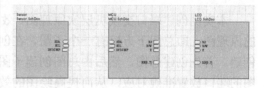

● 图 6-64 由图纸生成其他两个图表符

⑤ 分别利用【放置线】和【总线】工具,以元器件引脚为起始点,依次按照图 6-65 所示的放置方式放置各导线和总线。

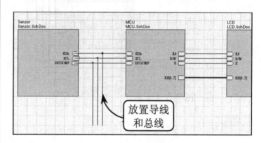

● 图 6-65 放置导线和总线

⑥ 在【库】管理器按照图 6-66 所示的库名称和条款放置元器件,并修改元器件的标识和注释。

⑦ 按照上述放置电源和接地符号的方法,在图 6-67 所示的适当位置放置这些符号,并修改对应符号名称。

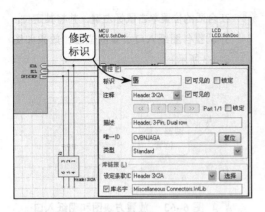

图 6-66　放置元器件

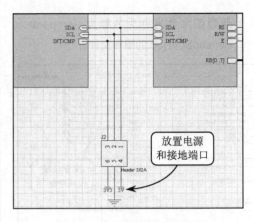

图 6-67　放置电源和接地符号

6.7　课堂练习 6-2：创建端口交换机层次原理图

本实例创建端口交换机层次原理图，效果如图 6-68 所示。该层次原理图属于最简单的原理图，即总图下方仅有一个子图。在创建这些图形时，可采用自顶向下的方法进行创建。首先创建总图，然后由总图创建子图。这样操作可快速将总图中的图纸入口与子图的端口放置准确对应，从而提高绘图的效率和准确性。

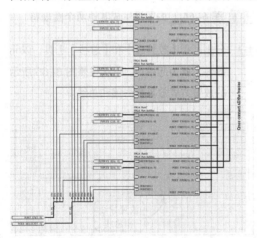

图 6-68　端口交换机层次原理图

操作步骤：

1．绘制端口交换机总图

1 按照上述创建原理图的方法新建名称为 FPGA_Interconnect.SchDoc 的图形文件。然后单击【放置图表符】按钮，在总线左侧指定两角点放置图表符。接着单击图表

符上侧的标识和文件名进行修改，效果如图 6-69 所示。

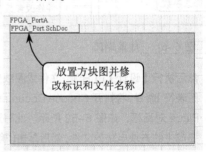

图 6-69　放置图表符

2 单击【放置图纸入口】按钮，分别在图表符和总线交点位置处放置图纸入口，如图 6-70 所示。

3 双击上步放置的图纸入口，将打开【方块入口】对话框，按照图 6-71 所示修改边、类型和种类参数，然后设置 I/O 类型。

4 除了进行上述参数设置以外，还需要按照图 6-72 所示的名称要求在上一个对话框中分别输入相应的名称。

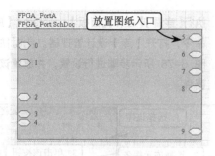

图 6-70 放置图纸入口

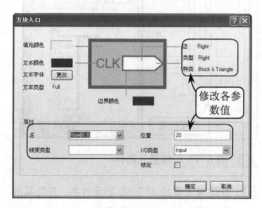

图 6-71 修改图纸入口参数

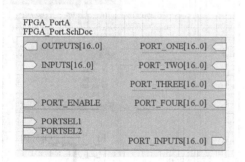

图 6-72 输入图纸入口名称

5 单击【放置总线】按钮，在方块电路图纸入口位置处放置总线，效果如图 6-73 所示。

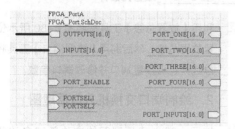

图 6-73 放置总线

6 单击【放置端口】按钮，在总线和导线终止点位置处放置端口。依次双击各端口，然后在打开的对话框中修改端口名称，即可获得图 6-74 所示的端口设置效果。

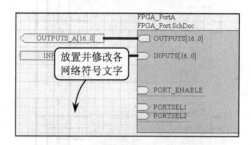

图 6-74 放置端口

7 框选以上步骤创建的所有图形对象，依次右击执行【拷贝】命令，然后执行【粘贴】命令，将其按照图 6-75 所示进行放置。

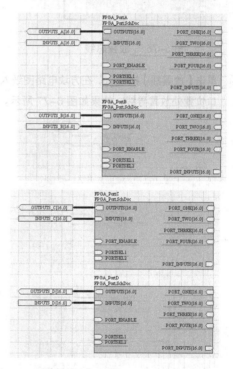

图 6-75 复制并粘贴图形对象

8 再次单击【放置总线】按钮，在方块电路图纸入口位置处放置总线，效果如图 6-76 所示。

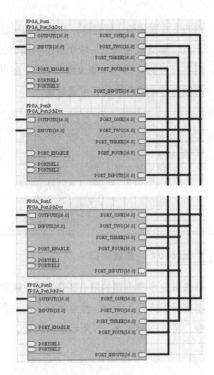

▶ 图 6-76 放置总线

9. 单击【放置线】按钮，在方块电路图纸入口位置处放置导线，效果如图 6-77 所示。

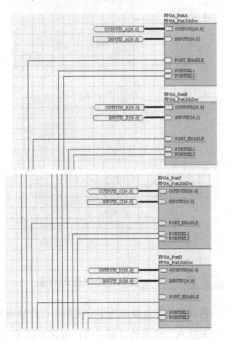

▶ 图 6-77 放置导线

10. 执行【察看】【工作区面板】| system |【库】命令，打开【库】设计管理器。此时按照图 6-78 所示步骤进行设置，并放置该元器件。

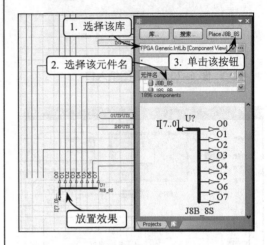

▶ 图 6-78 放置元器件

11. 在该库中查找 J4S_4B 的元件名，并将其放置在图 6-79 所示的位置处。

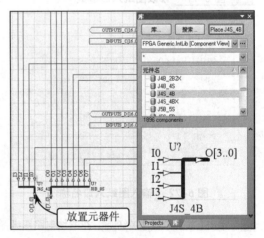

▶ 图 6-79 放置元器件

12. 利用【放置总线】工具按照图 6-80 所示位置放置总线，然后利用【放置端口】工具将总线终止点放置端口并修改端口参数。

2. 绘制端口交换机入口原理图

1. 按照上述创建原理图的方法新建名称为

FPGA_Port.SchDoc 的图形文件。然后在【库】设计管理器中按照图 6-81 所示步骤加载元器件,并放置该元器件。

3 在【库】设计管理器中按照图 6-83 所示步骤加载元器件,并放置该元器件。然后放置该元器件,并修改元器件属性参数。

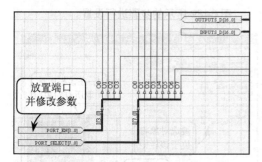

● 图 6-80　放置总线和端口

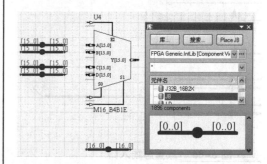

● 图 6-83　放置元器件

4 单击【放置线】按钮,以元器件引脚为起始点,依次按照图 6-84 所示的放置方式放置各导线。

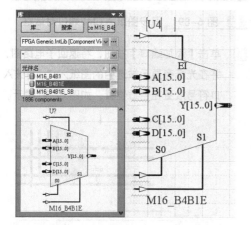

● 图 6-81　加载并放置元器件

2 在该库中查找 M1_S4S1E 的元件名,并将其放置在图 6-82 所示的位置处。

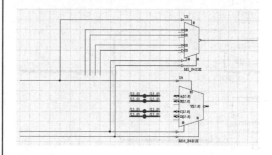

● 图 6-84　放置导线

5 单击【放置总线】按钮,以元器件引脚为起始点,依次按照图 6-85 所示的放置方式放置各总线。

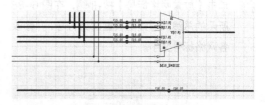

● 图 6-85　放置总线

6 单击【放置总线入口】按钮,在导线的终止点位置处放置总线,如果导线位置不合适,可按空格键进行调整,效果如图 6-86 所示。

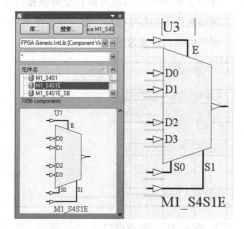

● 图 6-82　加载并放置元器件

第 6 章　原理图高级设置

167

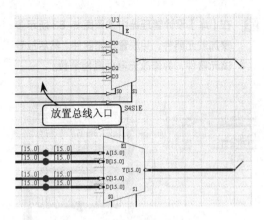

● 图 6-86　放置总线入口

7　单击【放置总线】按钮，在导线入口位置处放置总线。即可获得图 6-87 所示的总线放置效果。

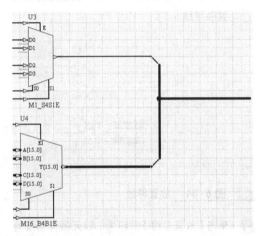

● 图 6-87　放置总线

8　单击【放置网络标号】按钮，在图 6-88 所示的总线和导线上放置网络符号，并修改各网络标号文字。

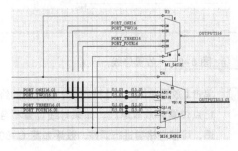

● 图 6-88　放置并修改网络标号

9　执行【设计】|【同步图纸入口和端口】命令，将打开图 6-89 所示对话框，并且显示上一级层次图对应图纸入口名称。此时按照图 6-89 所示的步骤进行设置。

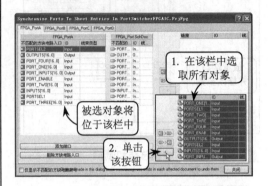

● 图 6-89　同步图纸入口和端口对话框

10　单击【添加端口】按钮，将返回子电路图，并在光标旁显示被选中的图纸入口，将该入口符号放置在合适位置，如图 6-90 所示。

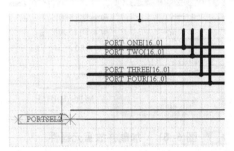

● 图 6-90　添加端口

11　按照上述添加端口的方法在子电路图的指定位置处添加各个端口，即可获得图 6-91 所示的端口放置效果。

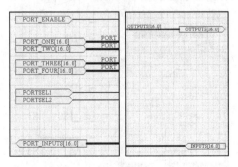

● 图 6-91　放置端口

12 执行【报告】|【端口交叉参考】|【添加到图纸】命令,可以在当前原理图中添加端口交叉参考标记,如图 6-92 所示。

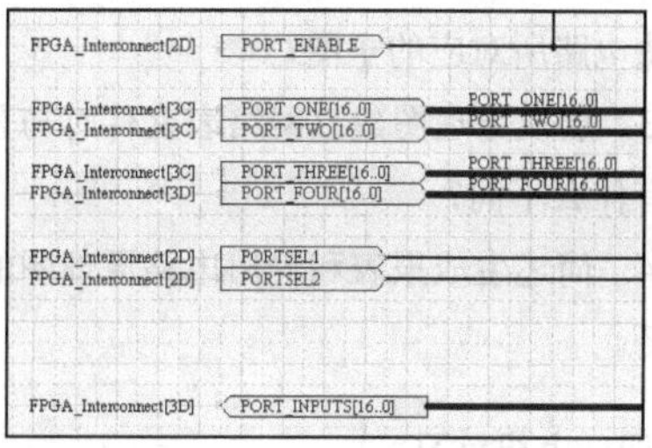

图 6-92 添加端口交叉参考

6.8 思考与练习

一、填空题

1. _____ 设计既是一种化整为零、聚零为整的模块式的原理图设计方法,又是一个具有高效、保密的设计方法。

2. 层次原理图具体到实际操作共有 3 种方法,分别为 _____、自底向上和重复性设计。

3. 在采用自顶向下设计层次电路图时,需要首先建立方块电路,再制作该方块电路相对应的原理图文件。而制作原理图时,其 _____ 必须和方块电路上的 I/O 端口符号相对应。

4. _____ 相当于原理图的档案,它存放了原理图的各种信息,如原理图上各个元件的名称、引脚、各元件引脚之间的连接情况等。

5. 利用原理图生成 _____,是为了进行印刷电路板的自动布线和电路模拟,另外也可以将它与从印刷电路板中导出的网络表进行对比。

二、选择题

1. 电气法则测试就是通常所称的 _____,可以对大型设计进行快速检测。电气法则测试可以按照用户指定的物理/逻辑特性进行,可以输出相关的物理逻辑冲突报告。

   A. ERC   B. CAE
   C. CAM   D. EAD

2. 在 Messages 对话框中橙色表示当引脚相连接时,以"_____"为测试报告列表的前导字符串。

   A. Warning   B. Error
   C. Fatal Error D. Fatal

3. _____ 是电路板自动布线的灵魂,也是原理图设计系统与印制电路板设计系统的接口。网络表的获取可以直接从电路原理图转化而来。也可以在印刷电路板设计系统中已布线的电路中获取。

   A. 电器列表
   B. 元器件交叉表
   C. 端口交叉表
   D. 网络表

4. _____ 的列表主要是用于整理一个电路或一个项目文件中的所有元件。它主要包括元件的名称、标注、封装等内容。

   A. 元件   B. 端口
   C. 接点   D. 引脚

5. 要执行布局窗口打印设置,首先需要进行必要的 _____ 操作,即检查页面设置是否符合要求。这是因为对页面设置的改变将很可能影响布局,因此最好在打印前检查所做的改变对布局的影响。

   A. 打印设置
   B. 打印预览设置
   C. 页面设置
   D. 打印机属性设置

三、问答题

1. 简述各种网络符号的作用和它们在各种层次原理图模式下的作用范围。

2. 如何在层次原理图项目中迅速地找到某

一方块电路所对应的子图？

3. 层次原理图建立网络表文件时与普通原理图有什么不同？

4. 简述生成报表和输出电路原理图的方法和技巧。

四、上机练习

1. 创建 Total 层次原理图

本练习创建 Total 层次原理图，效果如图 6-93 所示。该层次原理图包含 4 个子图。在创建这些图形时，可采用自顶向下的方法进行创建，即首先创建总图，然后由总图创建子图。这样操作可快速将总图中的图纸入口与子图的端口放置准确对应，从而提高绘图的效率和准确性。各子图和总图创建效果参照本书配套光盘文件。

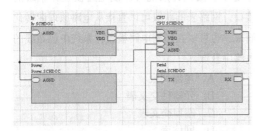

图 6-93 Total 层次原理图

2. 创建 FPGA_U1_Manual 层次原理图

本练习创建 FPGA_U1_Manual 层次原理图，该层次图的总图如图 6-94 所示。从该图可以看出该电路图包含多个子图，可采用自底向上的方法进行创建。首先分别创建层次原理图所需各个子图，然后利用【由原理图文件生成方块电路符号】功能快速获得方框图及图纸入口，接着连接导线、总线、元器件和电源接地符号，即可完成层次原理图的创建效果。各子图和总图创建效果参照本书配套光盘文件。

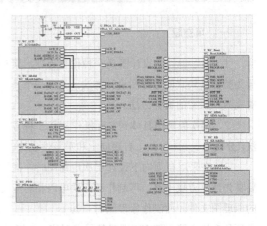

图 6-94 FPGA_U1_Manual 层次原理图

第 7 章

PCB 图设计环境

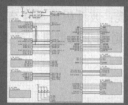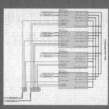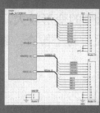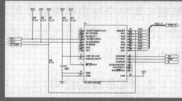

　　PCB 图（印刷电路板图）的设计是电路设计工作的第 2 个阶段，也是电路设计步骤的最终环节，只有在完成了 PCB 板的设计后才能真正进行实际电路的最后设计。最终制板商将根据电子电路设计电子工程师提供的 PCB 图，而不是原理图来制作印刷电路板。

　　本章主要介绍使用 Altium Designer 8.0 进行 PCB 文件的建立、PCB 中的视图操作，以及在 PCB 环境中进行 PCB 图的编辑操作等内容。

　　本章学习目的

- 了解 PCB 设计流程
- 掌握 PCB 文件的生成方法
- 掌握 PCB 设计中的视图操作
- 掌握 PCB 图中层的作用
- 熟悉 PCB 图中工作层的设置

7.1 PCB 基础知识

PCB（印刷电路板）主要功能是将各种元器件按照特定的电气规则连接在一起，使其具有指定的功能。随着电子设备的飞速发展，PCB 的功能越来越多，PCB 板的设计也就也越来越复杂。

7.1.1 PCB 的结构和种类

原始的 PCB 只是一块表面有导电铜层的绝缘材料板，随着 PCB 功能的增多，单面板已经无法满足 PCB 的设计需要。因此在单面板的基础上推出了多层 PCB 板技术以满足设计的需求。

1．PCB 的种类

根据 PCB 板的制作板材不同，印刷板可以分为纸质板、玻璃布板、玻纤板、挠性塑料板。其中挠性塑料板由于可承受的变形较大，常用于制作印制电缆；玻纤板可靠性高、透明性较好，常用作实验电路板，易于检查；纸质板的价格便宜，适用于大批量生产要求不高的产品。

2．PCB 板的结构

根据印刷电路板的结构，印刷板可以分成单面板、双面板和多层板 3 种。这种分法主要与 PCB 设计图的复杂程度相关。

❑ 单面板

单面板是指仅有一面敷铜的电路板。用户只能在该板的一面布置元器件和布线。单面板由于只能使用一面，所以在布线的时候有很多限制，因此功能有限，现在基本上已经很少采用。

❑ 双面板

双面板包括顶层和底层。顶层一般为元器件面，底层一般为焊层面。但是现在也有贴片元器件可以焊接在焊层上。双面板的两面都有敷铜，均可以布线。两面的导线也可以互相连接，但是需要一种特殊的连接方式，即过孔。双面板的布线面积比单面板更大，布线也可以通过上下相互交错，因此它比较适合更复杂的电路。

❑ 多层板

多层板是指定包含了多个工作层的电路板。一般 3 层以上的 PCB 板可称为多层板。除了顶层和底层之外，还包括了中间层、内部电源层和接地层。随着电子技术的高速发展，电路板的制作水平和工艺越来越高，多层电路板的应用也越来越广泛。

多层电路板大大增加了可布线的面积。多层板用数片双面板，并在每层板间放进一层绝缘层后压合在一起，多层板的层数一般都是偶数，而且由于压合得很紧密，所以肉眼一般不易查看出它的实际层次。

7.1.2 PCB 设计流程

利用 Altium Designer 8.0 来设计印刷电路板时，如果需要设计的 PCB 图比较简单，可以不参照 PCB 的设计流程而直接设计 PCB 图，然后手动连接相应的导线，以完成设计。但对于设计复杂的 PCB 图时，可按照设计流程进行设计，如图 7-1 所示。

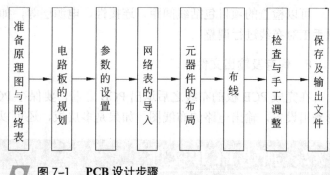

图 7-1 PCB 设计步骤

1．准备原理图与网络表

原理图与网络表的设计和生成是电路板设计的前期工作，但有时候也可以不用绘制原理图，而直接进行 PCB 的设计。

2．电路板的规划

电路板的规划包括了电路板的规格、功能、成本限制、工作环境等诸多要素。在这一步要确定板材的物理尺寸、元器件的封装和电路板的层次，这是极其重要的工作，只有决定了这些，才能确定电路板的具体框架。

3．参数的设置

参数的设置可影响 PCB 的布局和布线的效果。需要设置的参数包括元器件的布置参数、板层参数、布线参数等。

4．网络表的导入

网络表是自动布线 PCB 的灵魂，是原理图和 PCB 图之间连接的纽带。在导入网络表的时候，要尽量随时保持原理图和 PCB 图的一致，减少出错的可能。

5．元器件的布局

网络表导入后，所有元器件都会重叠在工作区的零点处，需要把这些元器件分开，按照一些规则进行排列。元器件布局可由系统自动完成，也可以手动完成。

6．布线

布线的方式也有两种，即手动布线和自动布线。Altium Designer 8.0 的自动布线采用了 Altium 公司的 Situs 技术，通过生成拓扑图的方式来解决自动布线时遇到的困难。

PCB 自动布线的功能十分强大，只要把相关参数设置得当，元器件位置布置合理，自动布线的成功率几乎为 100%。不过自动布线也有布线有误的情况，一般都要做手工调整。

7. 检查与手工调整

可以检查的项目包括线间距、连接性、电源层等，如果在检查中出现了错误，则必须手工对布线进行调整。

8. 保存及输出文件

在完成 PCB 板的布线之后退出 PCB 之前，要保存 PCB 文件。需要时，可以利用图形输出设备，输出电路的布线图。如果是多层板，还可以进行分层打印。

7.2 新建 PCB 文件

在设计由原理图向 PCB 图转换之前，需要先新建 PCB 空白文件。在 Altium Designer 8.0 中提供了多种新建 PCB 空白文件的方法，它们分别是通过向导生成 PCB 文件、手动生成 PCB 文件和通过模板生成 PCB 文件等。

7.2.1 通过向导生成 PCB 文件

通过向导生成 PCB 文件是最常用的生成 PCB 文件的方法。在使用 Altium Designer 8.0 向导生成 PCB 文件的过程中，可以定义 PCB 文件的参数，也可以选择标准的模板。向导步骤中可以随时返回上一步，对设置的参数加以修改。

在 Files 管理器的【从模板新建文件】面板中，单击 PCB Board Wizard…选项，将打开【PCB 板向导】对话框，如图 7-2 所示。

图 7-2　【PCB 板向导】对话框

在第一个向导对话框中单击【下一步】按钮，将打开选择板单位的【PCB 板向导】对话框，如图 7-3 所示。在该对话框中可以设置 PCB 板的尺寸单位。

- **英制的**　选择该单选按钮，表示 PCB 板尺寸单位为英制 mils（英寸）。
- **公制的**　选择该单选按钮，表示 PCB 板尺寸单位为 millimetres（毫米）。

单击【下一步】按钮，将打开选择板剖面的【PCB 板向导】对话框，如图 7-4 所示。在该对话框中可选择 PCB 板使用的模板，在左侧的列表框中选择一个模板时，右侧的列表框中

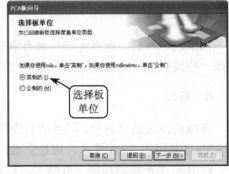

图 7-3　选择系统尺寸单位

将显示出该模板的预览图。选择 Custom 选项时，则表示 PCB 板为自定义尺寸。

在列表框中选择 Custom 选项后，单击【下一步】按钮，打开自定义 PCB 板参数设置的【PCB 板向导】对话框，如图 7-5 所示。

在该对话框中，可设置 PCB 板的【外形形状】、【板尺寸】、【尺寸层】等选项，并指定 PCB 板的尺寸大小。

- ❑ **外形形状**　设置 PCB 板的外形，包括【矩形】、【圆形】和【习惯的】3 种外形。
- ❑ **板尺寸**　设置 PCB 板形状的尺寸。其中当在【外形形状】栏中选择【矩形】或【习惯的】单选按钮时，可在该栏中设置 PCB 板的【高度】和【宽度】的值；当在【外形形状】栏中选择【圆形】单选按钮时，可在该栏中设置 PCB 板的【半径】的值。
- ❑ **尺寸层**　设置 PCB 板的机械层，共包括 16 个层。
- ❑ **边界线宽**　设置 PCB 板的边界线的宽度。
- ❑ **尺寸线宽**　设置标准尺寸注线的宽度。
- ❑ **与板边缘保持距离**　设置 PCB 板电气边界和物理边界的间距。

在对话框中启用相应的复选框，即可在其后的对话框中对其进行设置。完成设置后单击【下一步】按钮，打开设置信号层和电源层层数的【PCB 板向导】对话框，如图 7-6 所示。

根据设计的需要，在微调框中单击微调按钮或直接输入数值，可分别设置【信号层】（Signal Layers）和【电源平面】（Power Planes）的层数。一般如果 PCB 板为双面板，则应该将信号层设置为 2，而将电源平面设置为 0。

完成设置后，单击【下一步】按钮，打开过孔样式设定的【PCB 板向导】对话框。在该对话框中选择【仅通孔的过孔】单选按钮，表示孔样式为通孔；选择【仅盲孔和埋孔】单选按钮，表示过孔样式为盲孔或深埋过孔。同时，在对话框的右侧将给出相应的过孔样式预览，如图 7-7 所示。

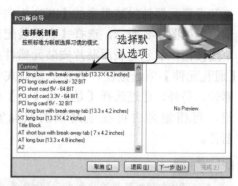

图 7-4　选择 PCB 模板

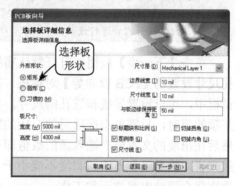

图 7-5　PCB 板参数设置

图 7-6　设置信号层和电源层层数

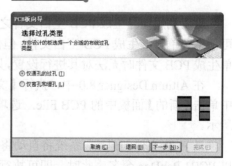

图 7-7　设置过孔样式

完成选择后，单击【下一步】按钮，即可打开设置元器件封装类型的【PCB 板向导】对话框，如图 7-8 所示。选择【表面装配元件】单选按钮，表示为表面贴片安装元器件；选择【通孔元件】单选按钮，则表示直插式安装元器件。另外，通过选择【是】或【否】单选按钮，可指定是否可在电路板的双面安装元器件。

> **提 示**
>
> 当选择【通孔元件】单选按钮时，【你要放置元件到板两边】栏将变为【临近焊盘两边线数量】栏，并显示【一个轨迹】、【两个轨迹】和【三个轨迹】3 个单选按钮，以供设计人员进行设置。

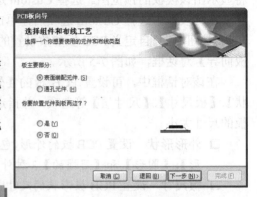

图 7-8　设置元器件的封装类型

单击【下一步】按钮，打开默认布线和过孔尺寸设置的【PCB 板向导】对话框。在该对话框中，可以设置导线和过孔的尺寸。当设置某项的值时，只需单击选项后的对应的数值，然后在出现的文本框中输入新的数值即可。一般来说，信号线和地线的宽度不能小于 8mil，否则将会影响电路的正常工作。

单击【下一步】按钮将进入【PCB 板向导】完成对话框，然后单击【完成】按钮将结束 PCB 向导的设置，如图 7-10 所示。

当然，如果发现前面的设置中有需要修改的地方，可单击【退回】按钮返回到前面的步骤中进行修改，也可以在某个步骤中单击【取消】按钮直接退出 PCB 文件创建向导。

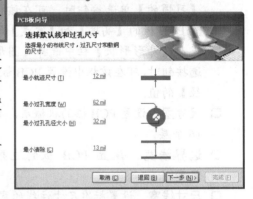

图 7-9　设置导线和过孔尺寸

7.2.2　手动生成 PCB 文件

除了利用向导生成 PCB 空白文件之外，还可使用菜单直接生成 PCB 空白文件。但使用菜单生成 PCB 文件时无法对其进行设置，只能在生成 PCB 文件之后对 PCB 文件进行设置。

图 7-10　完成 PCB 文件生成向导

在 Altium Designer 8.0 中，执行【文件】|【新建】| PCB 命令，或在 Files 管理器中单击【新的】面板中的 PCB File…选项，新建 PCB 文件并打开 PCB 编辑器，如图 7-11 所示。

当 PCB 文件创建后，系统将自动将文件添加到当前处于激活状态的工程文件中，并以 PCB1.PcbDoc 命名。此时，即可执行【文件】|【保存】命令，保存 PCB 空白文件。

7.2.3 通过模板生成 PCB 文件

通过模板生成 PCB 空白文件也是一种常用的方法。Altium Designer 8.0 提供了多种 PCB 模板，这些模板都保存在默认安装目录"C:\Program Files\Altium Designer Winter09\Templates"中，直接选择与要设计项目相符合的模板，可以大大节省设计时间。

在 Files 管理器的【从模板新建文件】面板中选择 PCB Templates...选项，将打开 Choose existing Document（打开模板文件）对话框，如图 7-12 所示。

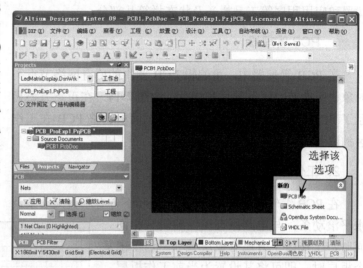

图 7-11　PCB 编辑环境

在该对话框中，选择要使用的模板，然后单击【打开】按钮后，在 PCB 编辑器中将打开该模板，如图 7-13 所示。此时，即可根据具体需要，对模板中一些与要求不符的参数进行修改。

图 7-12　Choose existing Document 对话框

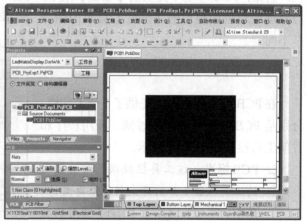

图 7-13　通过模板打开的 PCB 编辑器

7.3　PCB 图工作环境

在进行 PCB 设置之前，应该先了解一下 PCB 的设计窗口。可通过上一节介绍的 3

种方法打开 PCB 编辑器，除了绘图区的参数不同外，其工作环境都是相同的。可以看到 PCB 编辑环境中主要包括了 PCB 管理器、工作区、菜单栏、工具栏（如 PCB 标准、布线、过滤器和应用程序等工具栏）及状态栏等几部分。

1．PCB 管理器

在 PCB 管理器中，可编辑 PCB 图中的所有网络节点类对象、所有节点以及导线和焊盘，如图 7-14。在正下方还显示了 PCB 图的预览图面板，可通过该面板调整 PCB 在工作区的位置和缩放。

图 7-14　PCB 管理器

2．工作区

在 PCB 编辑环境中，工作区右侧和下方有垂直滚动条及水平滚动条，与电路原理图的编辑区相同。同时，工作区下方还有板层卷标，当单击某个板层时，即可将其设置为当前工作板层，如图 7-15 所示。

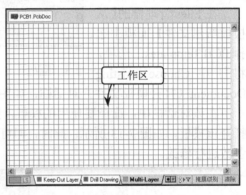

图 7-15　工作区

3．菜单栏

系统为不同的编辑器提供了不同的菜单栏。例如，PCB 环境中提供的【放置】菜单，与原理图环境中提供的【放置】菜单的命令是不同。

4．工具栏

在 PCB 编辑环境中共提供了 5 个工具栏，分别是 PCB 标准、布线、过滤、应用程序和导航工具栏，如图 7-16 所示。

- **PCB标准**　该工具栏提供了系统常用的工具按钮（如打开文件、保存文件、复制、剪切和粘贴等），除了常用的功能外还提供了放大工具（如文件放大、区域放大和对象放大等）和选择工具（如选择区域内部、移动选择和取消所有选择等）。

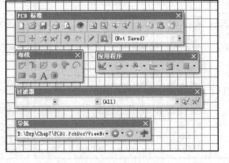

图 7-16　PCB 编辑环境的工具栏

- **布线**　该工具栏主要用于放置对象，其中提供了数十种常用的对象的放置按钮。
- **应用程序**　在 Altium Designer 8.0 中，系统在【应用程序】工具栏中集成了多种工具，如应用工具、排列工具、发现选择、放置尺寸、放置 Room 和栅格等工具。

5. 状态栏

在窗口的最下方是 PCB 编辑环境的状态栏，其中最左侧显示的是当前鼠标指针当前位置坐标以及捕获栅格的值，在状态栏的右侧显示了一些管理器的选项板。

7.4 PCB 中的视图操作

在对 PCB 图进行布线的过程中，一般都会对 PCB 图的视图进行移动和缩放的操作，以便设计人员以最方便的编辑模式进行设计。

7.4.1 视图的移动

设计人员在进行一张比较大的 PCB 图设计时，计算机屏幕将不能显示整个 PCB 图，因此常需要移动工作窗口，以查看编辑图纸的每个部分。移动视图通常有两个方法，分别为使用滚动条移动视图和利用 PCB 管理器中的预览面板进行移动。

1．利用滚动条移动视图

使用滚动条移动视图是 Windows 系统中常用的移动区域的方法。在 PCB 编辑器中单击水平或垂直滚动条中的滑块，进行上下或左右方向的拖动时，工作窗口中的 PCB 图将随之一起进行移动。释放鼠标时，PCB 图将停止移动。

2．利用 PCB 管理器中的预览面板移动视图

在 PCB 管理器的预览面板中显示了一个小窗口，其中显示了当前整张 PCB 图纸。图中的双线框所包含的区域就是当前屏幕中所显示的区域，当画面移动时，双线框也会跟着一起移动。

将光标移动到小窗口上时，光标将变成十字箭头。单击并拖动双线框时，工作区窗口中的 PCB 图也将相应随着双线框内包含区域的变化而变化，如图 7-17 所示。

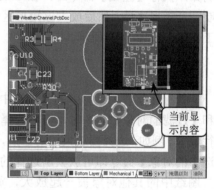

图 7-17　通过预览面板移动视图

提　示

除了上述的两种移动方法外，在设计过程中设计人员还可以右击拖动 PCB 图，以达到对 PCB 图的移动。

7.4.2 视图缩放

除了移动视图外，很多时候还需要对整张 PCB 图纸或者图纸的一部分进行缩放。此时，可以执行【察看】菜单中的命令或单击【PCB 标准】工具栏中的按钮工具对视图执行缩放操作。在进行视图的缩放时，可按照操作对象的不同分为如下几种情况。

1. 放大/缩小

执行【察看】菜单的【放大】和【缩小】命令，或按 Page Up 和 Page Down 快捷键时，即可放大或缩小当前的 PCB 图。系统允许多次执行【放大】或【缩小】命令，以继续放大或者缩小视图。而执行其他的命令时，只能进行一次放大操作。

2. 图纸放大/缩小

执行【察看】菜单下的【适合文件】、【合适图纸】和【合适板子】命令时，即可对整个 PCB 图进行放大操作。例如，执行【合适板子】命令时，PCB 板将充满整个工作区，如图 7-18 所示。

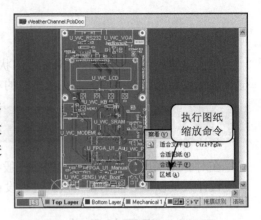

图 7-18　显示合适板子 PCB 图

3. 区域放大

执行【察看】菜单中的【区域】和【点周围】命令时，即可对指定的区域进行放大操作。例如，执行【区域】命令时，在 PCB 图中绘制一个矩形区域，然后放大该矩形区域以充满工作区，如图 7-19 所示。

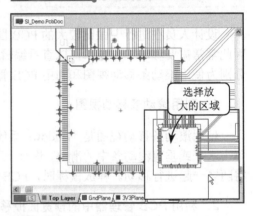

图 7-19　区域放大

4. 对象放大

执行【察看】菜单中的【被选中的对象】和【过滤的对象】命令时，可将选择的对象进行放大。例如，选择要放大的对象后，执行【被选中的对象】命令即可放大所选择的对象，并且图纸中的其他对象被一起放大，如图 7-20 所示。

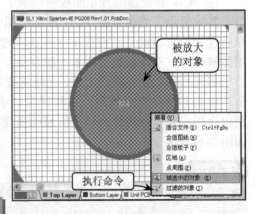

图 7-20　放大选择对象

提　示

选择要放大的对象，执行【过滤的对象】命令即可放大所选择的对象，图纸中的其他对象将以暗色显示，表示被过滤掉。

7.5　设置电路板工作层

在设计印刷电路板时，经常会碰到工作层面的选择问题。Altium Designer 8.0 中提供了多个工作层面供设计人员选择，以在不同的工作层面上进行不同的操作。

7.5.1 层的管理

在 Altium Designer 8.0 中共可进行 74 个板层设计，从物理上可将板层分为 6 类，即信号层、内部电源层、丝印层、保护层、机械层和其他层。另外还有一个系统颜色层，可用来设置系统各层的颜色，但它在物理上不存在。

执行【设计】|【板层颜色】命令，打开【视图配置】对话框。在该对话框右侧的【板层和颜色】选项卡中，可以对各层的颜色及显示属性进行设置，如图 7-21 所示。

1. 信号层

系统共提供了 32 个信号层，可用于在 PCB 图中进行布线。在【板层和颜色】选项卡的【信号层】栏中显示所有的信号层，如图 7-22 所示。

图 7-21 【板层和颜色】选项卡

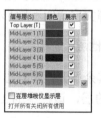

图 7-22 【信号层】栏

在图 7-22 所示的列表框中，列出了一个 Top Layer 层、一个 Bottom 层和 30 个 Mid-Layer 层，其中各层的作用如下所述。

- **Top Layer**　元器件面信号层，可用来放置元器件和布线。
- **Bottom Layer**　焊接面信号层，可用来放置元器件和布线。
- **Middle Layers**　中间信号层，共 30 层（Mid-Layer 1~Mid-Layer 30），主要用于布置信号线。

2. 内部电源层

系统共提供了 16 个内部电源层（Internal Plane 1~ Internal Plane 16）。内部电源层又

称为电气层,主要用于布置电源线和地线,如图 7-23 所示。

3. 机械层

系统共提供了 16 个机械层（Mechanical 1~Mechanical 16），主要用于放置电路板的边框和标注尺寸,一般情况下只需要一个机械层,如图 7-24 所示。

当启用列表框中的【使能】列的复选框时,则当前机械层在 PCB 图中可用；若启用【单层模式】复选框时,可设置当前机械层为单层模式；若启用【连接到方块电路】复选框时,可将机械层连接到方块电路,但只能有一个层连接到方块电路。

图 7-23　【内平面】栏

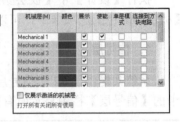

图 7-24　【机械层】栏

4. 掩膜层

掩膜层也叫做保护层,共提供了 4 层,分别为 2 个 Paste Layer（锡膏防护层）和 2 个 Solder Layer（阻焊层）。其中锡膏防护层用于在焊盘和过孔周围设置保护区；而阻焊层则用于为光绘和丝印屏蔽工艺提供与表面有贴装器件的印制板之间的焊接粘贴。当表面无粘贴器件时不需要使用该层,如图 7-25 所示。

图 7-25　【掩膜层】栏

5. 丝印层

丝印层（Overlay Layer）共有两层,分别为 Top Overlay 和 Bottom Overlay。主要用于绘制元器件的外形轮廓、字符串标注等文字说明和图形说明,如图 7-26 所示。

图 7-26　【丝印层】栏

6. 其他层

在【其余层】栏中列出了在放置焊盘、过孔及布线区域所用到的层,该栏中的工作层均只有一层,如图 7-27 所示。

图 7-27　【其余层】栏

- ❑ **Drill Guide**　用于选择绘制钻孔导引层。
- ❑ **Keep-Out Layer**　用于定义能有效放置元件和布线的区域。
- ❑ **Drill Drawing**　用于选择绘制钻孔图层。
- ❑ **Multi-Layer**　设置是否显示复合层。在【展示】列禁用复选框时,过孔将被隐藏。

7. 系统颜色层

在【系统颜色】框中列出了系统中使用的用于辅助设计的显示色,并以层的形式出现,但不对制板产生影响,如图 7-28 所示。

- ❑ **Connections and From Tos**（连线层）　用于控制网络连线和连接的显示。

- **DRC Error Markers**（设计规则检查错误） 用于控制 DRC 错误的显示。
- **Selections**（选择） 设置 PCB 编辑器中选择对象的显示颜色。
- **Visible Grid1、Visible Grid2**（可视网格） 用于控制可视网格 1 和可视网格 2 的显示及显示颜色。
- **Pad Holes、Via Holes**（焊盘孔、过孔） 用于控制焊盘和过孔的显示及其颜色。
- **Highlight Color** 高亮显示颜色。
- **Board Line Color、Board Area Color**（板线色、板体色） 用于定义电路板的线条和板体的显示颜色。
- **Sheet Line Color、Sheet Area Color**（图纸线颜色、图纸区域颜色） 用于定义图纸线条和图纸区域的显示颜色。
- **Workspace Start Color、Workspace End Color**（工作区的开始和结束颜色） 设置工作区的开始和结束的显示颜色。

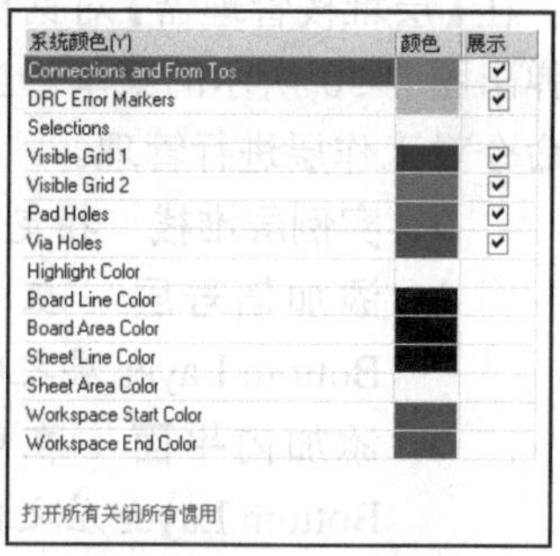

图 7-28 【系统颜色】框

对于在【展示】列包含复选框的颜色选项，当禁用该复选框时在 PCB 图中该颜色选项将无效。例如，将选项 Visible Grid1、Visible Grid2 后的复选框禁用后，在 PCB 图中可视网格将不显示。

7.5.2 工作层的设置

尽管 Altium Designer 8.0 提供了多达 74 层的工作层面，但在设计过程中经常用到的只有顶层、底层、丝印层和禁止布线层等少数几种。因此应当对这些工作层面进行管理，使设计的过程变得更加快捷有效。

1. 图层堆栈管理器

在 Altium Designer 8.0 中，PCB 图层的设置和管理是在图层堆栈管理器中进行的。可执行【设计】|【层叠管理】命令，打开【层堆栈管理器】对话框，如图 7-29 所示。

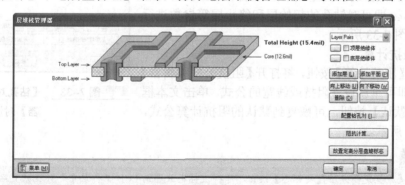

图 7-29 【层堆栈管理器】对话框

❑ 菜单

在【层堆栈管理器】对话框中右击或单击【菜单】按钮，将弹出图 7-30 所示的菜单。当选择图层后，即可执行其中的命令对工作层进行管理。

图 7-30　【菜单】选项

➢ **实例层堆栈**　指定当前电路模板的类型。
➢ **添加信号层**　在电路板的 Top Layer 和 Bottom Layer 层之间添加信号层。
➢ **添加内平面**　在电路板的 Top Layer 和 Bottom Layer 层之间添加内部电源层。
➢ **删除**　删除 Top Layer 和 Bottom Layer 层之外的工作层面。
➢ **向上移动**　将当前选中的工作层面向上移动一层。
➢ **向下移动**　将当前选中的工作层面向下移动一层。
➢ **复制到剪贴板**　将对话框中的工作层图形复制到剪贴板。
➢ **道具**　设置工作层的属性，如铜厚度。

例如，在选中工作层面后，右击并执行菜单中的【道具】命令，将打开 InternalPlane1 properties 对话框。在该对话框中，可以设置内部电源层的名称、铜厚度、网络名和障碍物等参数，如图 7-31 所示。

图 7-31　内部电源层属性对话框

❑ 添加绝缘层

启用【顶层绝缘体】和【底层绝缘体】复选框，即可为电路板的顶层或底层添加绝缘层。单击复选框前的"浏览"按钮，将打开【电介质工具】对话框。可以对绝缘层的材料、厚度和电介质常数等参数进行设置，如图 7-32 所示。

图 7-32　【电介质工具】对话框

❑ 设置钻孔属性

单击【配置钻孔对】按钮后，将打开【钻孔对管理器】对话框。即可对钻孔的起始层和终止层等参数进行设置，如图 7-33 所示。

❑ 阻抗计算

单击【阻抗计算】按钮，将打开【阻抗公式编辑器】对话框，即可重新设置阻抗或线宽的公式。单击文本框右侧的【默认】按钮，可恢复到默认的阻抗计算公式，如图 7-34 所示。

图 7-33　【钻孔对管理器】对话框

> **提 示**
>
> 通过单击【放置定高分层盘旋标志】按钮，可将该标志放置到 PCB 工作层中，并在放置后对其属性进行重新指定。

2．设置板层

可在【视图配置】对话框中对 PCB 图中的板层进行设置。例如，在【板层和显示】选项卡中可设置板层的显示状态和显示颜色等参数。

❑ 查看层

打开【视图配置】对话框后，在【信号层】栏、【内平面】栏和【机械层】栏中默认显示了当前 PCB 图中正在使用的层。当要显示所有的层时，可通过禁用该栏下的复选框显示该栏中所有的层。

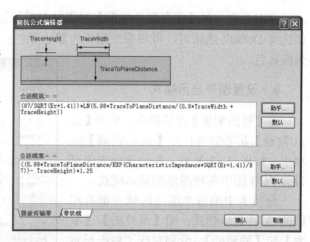

图 7-34　【阻抗公式编辑器】对话框

例如，在【信号层】栏中禁用【在层堆栈仅显示层】复选框时，则在该栏列表框中将显示所有的信号层，其中未被使用的层将以灰色背景显示。

❑ 显示/隐藏层

对于在 PCB 图中正在使用的层，可通过在板层的列表框中禁用【展示】列中的复选框，即可隐藏该层在 PCB 图中的显示。

例如，在【信号层】列表框中禁用 Top Layer 和 Bottom Layer 选项的【展示】列的复选框后，则在 PCB 图中将隐藏该层，如图 7-35 所示。

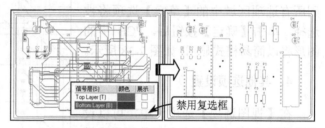

图 7-35　隐藏信号层

对于 PCB 工作层的显示，还可通过选择对话框中各栏下的【打开所有】、【关闭所有】和【惯用】选项，以快速设置当前栏中的工作层在 PCB 图中是否显示；还可以在选项卡的下侧选择【所有层打开】、【所有层关闭】和【应用层打开】等选项，对 PCB 图中的所有工作层进行设置。

❑ 设置工作层颜色

单击工作层后面的【颜色】列的色块，即可打开【2D 系统颜色】对话框，如图 7-36 所示。在该对话框中选择适当的颜色后，单击【确定】按钮即可。

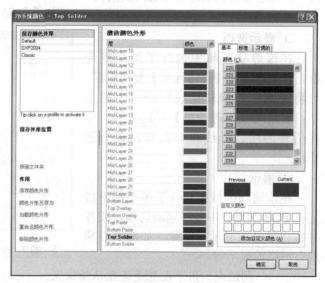

图 7-36　【2D 系统颜色】对话框

在对话框中的【保存颜色外形】列表框中进行选择，可配置 PCB 图的系统颜色。例如选择 Default 选项时，可将系统配置为默认颜色；选择 Classic 选项时，可将系统配置为经典色。

3．设置图形显示模式

在【视图配置】对话框中，单击【显示/隐藏】标签即可打开【显示/隐藏】选项卡，如图 7-37 所示。在该选项卡中可设置 PCB 图中各种图形的显示模式。

选项卡中的每个选项区域中都有相同的 3 种显示模式：即【最终的】、【草案】和【隐藏的】，分别对应了精细显示模式、简易显示模式和隐藏显示模式。

在设置图形模式时，可通过选项卡底部的按钮来快速设置所有图形相同的选项。例如，单击【所有草案】按钮，则所有选项区域中的【草案】选项将被选择，单击【确定】按钮后，PCB 中的图形将以简易模式显示，如图 7-38 所示。

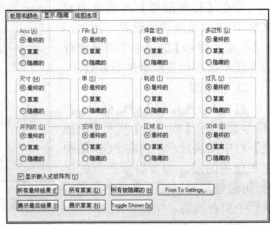

图 7-37 【显示/隐藏】选项卡

4．其他选项设置

在【视图选项】选项卡中，可以设置屏幕显示和 PCB 图中元器件的显示模式，以辅助设计人员进行 PCB 图设计，如图 7-39 所示。

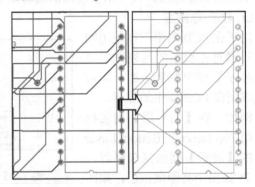

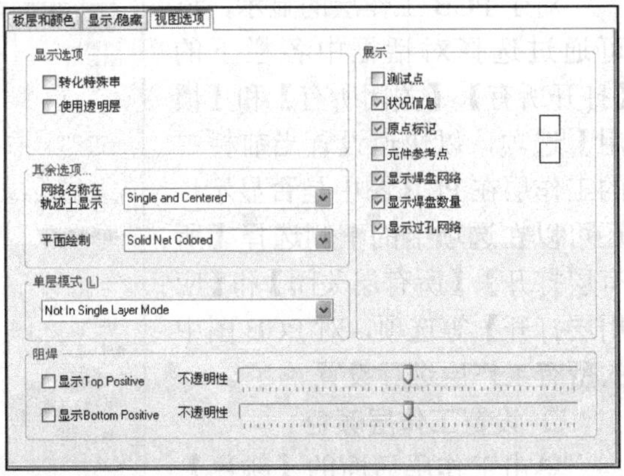

图 7-38 设置为【草案】模式

□ **显示选项**

在该选项区域中包含了两个复选框。其中启用【转化特殊串】复选框后，可将特殊字符串转化成它所代表的文字；启用【使用透明层】复选框后，可将所有的层、导线和焊盘都设置为透明状。

□ **展示**

在该选项区域中包含了多个用于指定在 PCB 图设计中各种辅助选项，或各种标记信息的显示或隐藏，如测试点和焊盘网络的显示等。

图 7-39 【视图选项】选项卡

➢ **测试点** 用于设置是否显示测试点。

➢ **状态信息** 用于设置在状态栏中是否显示当前坐标的信息。

➢ **原点标记** 用于设置是否显示指示绝对坐标的黑色带叉圆圈，可单击其后的颜色框设置显示颜色。
- ➢ **元件参考点** 用于设置是否显示元器件的参考点，可单击其后的颜色框设置显示颜色。
- ➢ **显示焊盘网络** 用于设置是否显示焊盘的网络名称。
- ➢ **显示焊盘数量** 用于设置是否显示焊盘序号。
- ➢ **显示过孔网络** 用于设置是否显示过孔网络名称。

❑ **其余选项**

在该选项区域中有两个列表框选项，可用于设计网络走线中的网络名称的显示状态和内部平面层的着色效果。
- ➢ **网络名称在轨迹上显示** 指定网络名称在轨迹（走线）中显示的位置。其中有 3 个选项，分别为 Do Not Display（不显示）、Single and Centered（中间显示单个）和 Repeated（重复显示）。
- ➢ **平面绘制** 指定内部平面的显示。其中共有两个选项，分别为 Outlined Layer Colored（概述层着色）和 Solid Net Colored（完全网络着色）。

❑ **单层模式**

在该选项区域的列表框中，包含了 4 个选项，可以用于设置当前层与其他层的视图配置方案和显示方案。
- ➢ **Gray Scale Other Layers** 显示当前层，其他层使用灰色的配置方案。
- ➢ **Monochrome Other Layers** 显示当前层，其他层使用单色的配置方案。
- ➢ **Hide Other Layers** 显示当前层，并隐藏其他层。
- ➢ **Not In Single Layer Mode** 显示所有的层。

❑ **阻焊**

在该选项区域中，包含了两组用于控制阻焊层的透明度的选项。其中启用 Top Positive 复选框，并拖动其后【不透明性】滑块可设置顶部层透明度。Bottom Positive 复选框及其后【不透明性】滑块可设置底部层透明度。

7.6 课堂练习 7-1：创建 4 层 PCB 板

当了解了 PCB 的创建过程和设置方法后，此时就可以创建一个指定板层数的 PCB 图。本实例将结合本章学习内容，制作一个拥有 3 个信号层和一个内部电源层的共 4 个板层的 PCB 图，如图 7-40 所示。

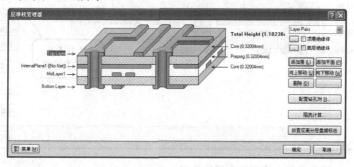

图 7-40　4 层板 PCB 图

操作步骤：

1. 启动 Altium Designer 8.0，执行【文件】|【新建】|【工程】|【PCB 工程】命令新建 PCB 工程，并将该工程保存为 Prj_EXP_4.PrjPCB。然后，执行【文件】|【新建】| PCB 命令创建 PCB 文件，如图 7-41 所示。

2. 执行【设计】|【层叠管理】命令，打开【层堆栈管理器】对话框。系统默认创建了两个板层，Top Layer 和 Bottom Layer，如图 7-42 所示。

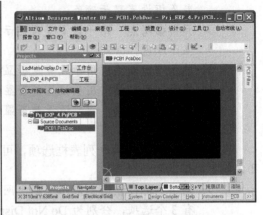

图 7-41　创建工程和 PCB 文件

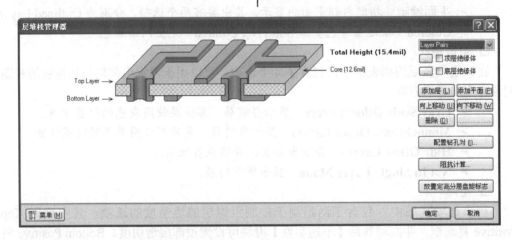

图 7-42　【层堆栈管理器】对话框

3. 在该对话框中选择板层 Top Layer 后，单击【添加平面】按钮，添加内部电源层到 PCB 板层中。然后再单击【添加层】按钮，添加中间信号层到 PCB 板层中，如图 7-43 所示。

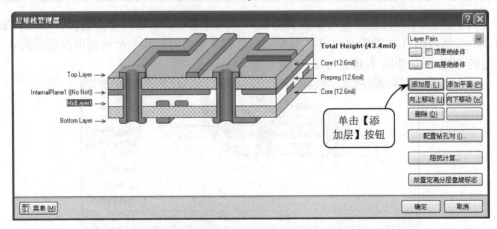

图 7-43　添加内部电源层和中间信号层

4 单击【确定】按钮，将打开 Impedance Configuration Changed（阻抗配置改变）对话框。单击 OK 按钮完成 PCB 板层的添加，如图 7-44 所示。

图 7-44　Impedance Configuration Changed 对话框

7.7　课堂练习 7-2：向导生成圆形 PCB 板

本实例将通过向导生成一个新的 PCB 文件，其中该 PCB 板层是一个圆形半径为 75mm 的 PCB 板，如图 7-45 所示。注意在选择板单位时，应该选择【公制的】的度量单位类型。在设置板详细信息时，应选择【圆形】的板外形形状。

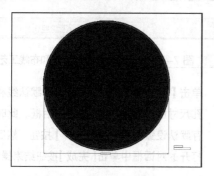

图 7-45　圆形 PCB 板

操作步骤：

1 启动 Altium Designer 8.0 后，在 Files 管理器的【从模板新建文件】面板中选择 PCB Board Wizard…选项，将打开【PCB 板向导】对话框。然后单击【下一步】按钮，可在打开的对话框中选择板单位，如图 7-46 所示。

2 在对话框中选择【公制的】单选按钮后，再单击【下一步】按钮，可在打开的对话框中选择板剖面。在列表框中选择 Custom 选项，如图 7-47 所示。

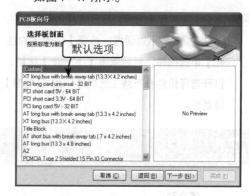

图 7-47　选择板剖面

3 单击【下一步】按钮，可在打开的对话框中选择板详细信息。可按照图 7-48 所示定义板详细信息。

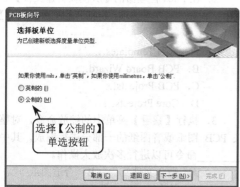

图 7-46　选择板单位

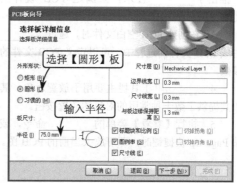

图 7-48　输入圆形板半径

4️⃣ 单击【下一步】按钮，打开选择板层的【PCB板向导】对话框。在【电源平面】微调框中输入数字 0，并设置 PCB 板为双面板，如图 7-49 所示。

6️⃣ 在该对话框的【板主要部分】选项区域中选择【通孔元件】单选按钮。然后在【临近焊盘两边线数量】选项区域中选择【两个轨迹】单选按钮，如图 7-50 所示。

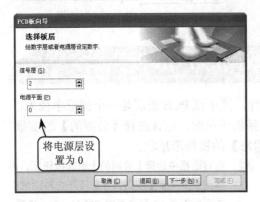

图 7-49　设置板层

图 7-50　选择元件装配方式和布线工艺

5️⃣ 单击【下一步】按钮，打开选择过孔类型的【PCB 板向导】对话框。选择【仅通孔的过孔】单选按钮，然后单击【下一步】按钮，打开选择组件和布线工艺的【PCB 板向导】对话框。

7️⃣ 单击【下一步】按钮，打开选择默认线和过孔尺寸的【PCB 板向导】对话框。此时保存默认设置并单击【下一步】按钮，然后在打开的对话框中单击【完成】按钮结束操作。

7.8　思考与练习

一、填空题

1．PCB 主要功能是将各种元器件按照特定的_____连接在一起，使其具有指定的功能。

2．随着 PCB 功能的增多，在单面板的基础上推出了_____技术，来满足 PCB 设计的需求。

3．在创建 PCB 空白文件时，通过_____生成 PCB 文件的过程中，可以定义 PCB 文件的参数。

4．_____工具栏主要用于放置对象，其中共提供了数十种常用的对象的放置按钮。

5．执行【察看】菜单的_____命令，或按 Page Up 快捷键时，即可放大当前的 PCB 图。

二、选择题

1．在 PCB 板的印制板的板材中，_____由于承受的变形较大常用于制作印制电缆。
　　A．纸质板
　　B．玻璃布板
　　C．玻纤板
　　D．挠性塑料板

2．在 Files 管理器的【从模板新建文件】面板中，单击_____选项，将打开【PCB 板向导】对话框。
　　A．PCB Templates…
　　B．PCB Board Wizard…
　　C．PCB Projects…
　　D．Core Projects…

3．执行【察看】菜单中的缩放命令，对整张 PCB 图纸或者图纸的一部分进行缩放，其中_____命令可以进行多次放大操作。
　　A．适合文件　　B．合适图纸
　　C．放大　　　　D．被选中的对象

4．在 Altium Designer 8.0 中共可进行

_____个板层设计，从物理上可将板层分为 6 类，即信号层、内部电源层、丝印层、保护层、机械层和其他层。

A．74　　　　　B．32
C．64　　　　　D．72

5．Altium Designer 8.0 提供了 32 个_____层，可用于在 PCB 图中进行布线。

A．信号　　　　B．内部电源
C．机械　　　　D．丝印

三、回答题

1．简述 PCB 的设计基本流程。
2．简述有哪几种常用的 PCB 文件创建方法。
3．简述在 PCB 文件中视图缩放的方法分为哪几类。
4．说明 PCB 各层的作用和意义。

四、上机练习

1．生成标准 PCB 板

本练习将通过向导生成一个 PCB 文件，其中该 PCB 板层是一个标准的 PCB 板，如图 7-51 所示。通过向导生成 PCB 板时，可以选择 PCB 板的板型 PCI short card 3.3V – 64BIT，以帮助设计人员快速设计 PCB 图，减少不必要的设置。

选择该标准 PCB 板后，在其后的【PCB 板向导】对话框中，还可以设置板层数及过孔和布线类型。

2．设置 PCB 图工作层颜色

本练习将打开光盘目录"Chap7\设置 PCB 工作层\"中已有的 PCB 工程 LED.PRJPCB，并对该工程中 PCB 文件 LED.PCBDOC 的板层颜色进行设置，如图 7-52 所示。

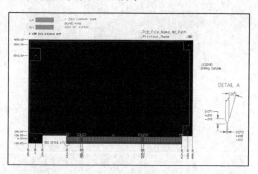

图 7-51　标准 PCB 板

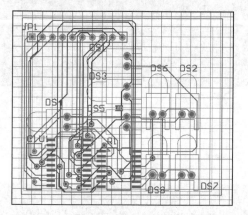

图 7-52　设置工作层颜色

在打开 PCB 文件后，可打开【视图配置】对话框。在【板层颜色】选项卡中，单击【系统颜色】层中的 Board Area Color 选项后的颜色块，打开【2D 系统颜色】对话框。

在【保存颜色外形】列表框中，选择 DXP2004 选项后，再在右侧的颜色列表框中选择 233 色块，单击【确定】按钮完成设置。

第 8 章

PCB 图设计初步

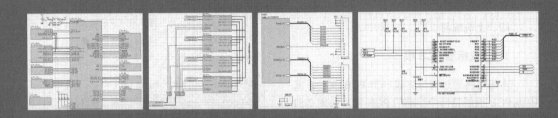

在熟悉了 PCB 的编辑环境后，可进行 PCB 图初步设计。按照 PCB 板设计流程，设计一个 PCB 板首要的任务就是准备 PCB 设计的前提工作，即准备原理图和网络表、进行参数设置和规划电路板，这些环节在 PCB 设计中特别重要，直接或间接决定电路板设计的优劣。此外，在进行电路板设计过程中或之前，还需要了解各种 PCB 板的制作方法和简单的布线工具使用方法，这将有助于设计者更快速、准确地获得电路板的设计效果。

本章主要介绍 PCB 电路板设计的前续准备工作，以及各种电路板的制作和简单的布线方法。

本章学习目的

- ➢ 了解准备原理图和网络表的方法
- ➢ 熟悉常规 PCB 电路参数设置方法
- ➢ 掌握规划电路板的方法
- ➢ 了解 PCB 面板制作方法
- ➢ 掌握各种 PCB 绘图工具的使用方法

8.1 准备原理图和网络表

要制作印刷电路板,需要有原理图和网络表,这是制作印刷电路板的前提。其中网络报表是原理图向 PCB 图转化的桥梁,在电路板设计中占据极其重要的地位。在本书第 3 章课堂练习 3-2 中已经完成了 Iv 电路原理图设计,如图 8-1 所示。

然后生成该原理图的网络表,即执行【设计】|【工程的网络表】| protel 命令,系统将电路原理图的网络关系进行计算,然后生成网络表,如图 8-2 所示。并将其写入相应的 Iv.NET 文件中,保存在该原理图文件所在文件夹下,这将要在后面生成 PCB 时使用。

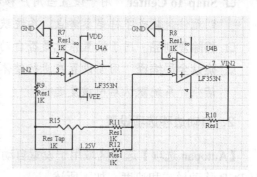

图 8-1　电路原理图

8.2 PCB 电路参数设置

设置系统参数是电路板设计过程中非常重要的一步。系统参数包括光标显示、板层颜色、系统默认设置和 PCB 设置等。许多系统参数是符合用户的个人习惯的,因此一旦设定,将成为用户个性化的设计环境。

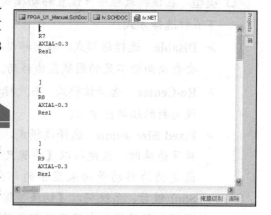

图 8-2　生成的电路原理图网络表

8.2.1 常规设置

执行【工具】|【优先选项】命令,将打开【喜好】对话框。此时在左侧树状目录中选择 PCB Editor | General 目录节点,将打开 PCB Editor | General 选项卡,如图 8-3 所示。

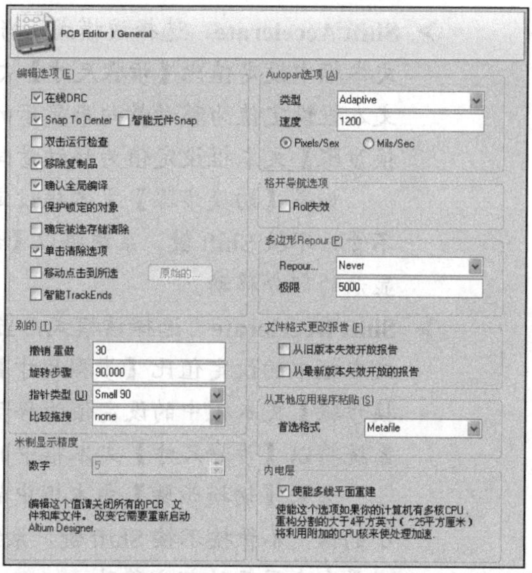

该选项卡可以设置的参数如下。

1. 编辑选项

该选项区域用于设置编辑操作时的一些特性,其中包括在线设计规则检查和移除复制品等,常用编辑选项如下所述。

图 8-3　**PCB Editor | General** 选项卡

- **在线 DRC**　在线设计规则检查，启用该复选框，则在布线的整个过程中系统将会自动按照设定的规则进行检查。
- **Snap To Center**　用于设置当用户移动元件封装或字符串时，光标是否自动移动到元件封装或字符串参考点。系统默认启用此复选框。
- **移除复制品**　用于设置系统是否自动删除重复的组件，系统默认启用该复选框。
- **确认全局编译**　用于设置在进行整体修改时，系统是否出现整体修改结果提示对话框，系统默认启用该复选框。

2. 自动边移选项设置

【Autopan 选项】选项区域用于设置自动移动功能。其中包含两个列表框，可分别定义 PCB 移动模式和速度，如下所述。

- **类型**　在该列表框中可设置移动模式，单击编辑框右边的下拉式按钮，将出现以下 6 种选择方式。
  - **Disable**　选择该模式，取消移动功能。在光标移动到设计区的边缘时系统不会自动向看不见的图纸区域移动。
  - **Re-Center**　选择该模式，当光标移到编辑区边缘时，系统将光标所在的位置设为新的编辑区中心。
  - **Fixed Size Jump**　选择该模式，当光标移到编辑区边缘时，系统将以【步骤尺寸】文本框的设定值为移动量向未显示的部分移动；按住 Shift 键后，系统将以【切换步骤】文本框的设定值为移动量向未显示的部分移动，如图 8-4 所示。

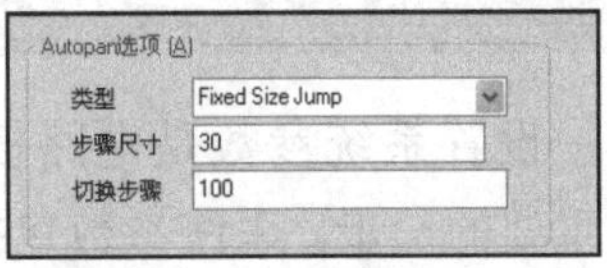

    图 8-4　选择 Fixed Size Jump 类型

  - **Shift Accelerate**　选择该模式，当光标移到编辑区边缘时，如果【切换步骤】文本框中设定值比【步骤尺寸】文本框设定值大的话，系统将以【步骤尺寸】文本框设定值为移动量向未显示的部分移动。按住 Shift 键后，系统将以【切换步骤】文本框设定值为移动量向未显示的部分移动。

    如果【切换步骤】文本框设定值比【步骤尺寸】文本框设定值小的话，不管按不按 Shift 键，系统将以【切换步骤】文本框中的设定值为移动量向未显示的部分移动。

  - **Shift Decelerate**　选择该模式，当光标移到编辑区边缘时，如果【切换步骤】文本框中的设定值比【步骤尺寸】文本框中的设定值大的话，系统将以【切换步骤】文本框中的设定值为移动量向未显示的部分移动。按住 Shift 键后，系统将以【步骤尺寸】文本框中的设定值为移动量向未显示的部分移动。

    如果【切换步骤】文本框中的设定值比【步骤尺寸】文本框中的设定值小的话，不管按不按 Shift 键，系统将以【切换步骤】文本框中的设定值为移动量向未显示的部分移动。

- ➢ **Ballistic** 选择该模式,当光标移到编辑区边缘时,越往编辑区边缘移动,移动速度越快。系统默认移动模式为 Fixed Size Jump 模式。
- ❏ **速度** 该编辑框用于设置单步移动距离,单位为像素点。系统默认为 1200 个像素点。并且移动的单位可通过下面的单选项选择,其中选择 Pixels/Sec 单选按钮,表示单位为"像素/秒";选择 Mils/Sec 单选按钮,表示单位为"密尔/秒"。

3. 设置敷铜重复选择

在【多边形 Repour】选项区域中可设定 3 种敷铜重复选择模式,单击右侧的下拉式按钮,将出现图 8-5 所示的 3 个列表项。

图 8-5 【多边形 Repour】选项区域

- ❏ **Never** 从不。选择该选项,则敷铜时从不重复敷铜。
- ❏ **Threshold** 阈值。选择该选项,则敷铜时进行有限次的重复敷铜,系统默认为 5000 次。
- ❏ **Always** 始终。选择该选项,则敷铜时始终进行重复敷铜。

4. 其他选项设置

在【别的】选项区域中可进行其他常规设置,其中包括设置重做次数和旋转步骤,以及设置指针类型和拖动方式,如下所述。

- ❏ **撤销 重做** 在该文本框中可设置最大的可撤销操作的次数,系统默认为 30 次。
- ❏ **旋转步骤** 在该文本框中可设置旋转角度间隔,系统默认为 90°。该设置表示在放置元器件时,按空格键时元器件旋转的角度,单位为度。
- ❏ **指针类型** 在该列表框中可设置 3 种指针类型,分别为 Large 90(90°大光标)、Small 90(90°小光标)、Small 45(45°小光标),选择其中一项即可,如图 8-6 所示。

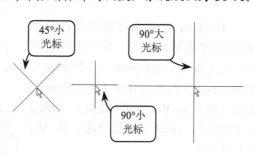

图 8-6 指针类型

- ❏ **比较拖曳** 在该列表框中可设置元器件拖动方式,单击右侧的下拉式按钮,将显示两个列表项,其中选择 none 选项时,拖动方式与移动方式一样;选择 Connection Tracks 选项时,则使用拖动命令移动元器件,所有与元器件相连的导线将跟随移动。

8.2.2 颜色设置

PCB Editer|Layer Colors 选项卡用于设置板层的颜色,其中包括布线颜色、板层布局

颜色、桌面背景颜色等各种颜色参数。

可在打开的【喜好】对话框中选择 PCB Editor｜Layer Colors 目录节点，打开 PCB Editor｜Layer Colors 选项卡，如图 8-7 所示。

设置板层颜色时，选择该选项卡右侧的颜色块即可，并且选择【保存颜色外形】栏中 Default 选项，则板层颜色被恢复成系统默认的颜色。另外，选择 Classic 选项，系统会将板层颜色指定为传统的设置颜色，即 DOS 中采用的黑底设计界面。

在【激活的外形颜色】栏中可设置各种对象的颜色。例如修改 PCB 操作环境背景，可在 Sheet Area Color 列中选择色块，然后在右侧的选项卡中选择背景颜色，选择背景为白色，则显示图 8-8 所示的背景设置效果。

8.2.3 默认设置

Defaults 选项卡可用于设置各个组件的系统默认设置。各个组件包括 Arc（圆弧）、Component（元件封装）、Dimension（尺寸）、Fill（金属填充）、Pad（焊点）、Polygon（敷铜）、String（字符串）、Track（铜膜导线）和 Via（导孔）等。

可在打开的【喜好】对话框中选择 PCB Editor｜Defaults 目录节点，打开 PCB Editor｜Defaults 选项卡，如图 8-9 所示。

要将系统设置为默认，可在【原始的】列表框中选择需要编辑的组件，然后单击【编辑值】按钮，即可进入编辑系统默认值对话框。例如选择 Arc 选项并单击【编辑值】按钮，将打开图 8-10 所示的对话框。

假设选择了元件封装组件，则单

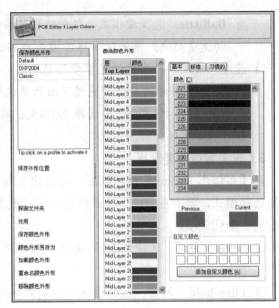

图 8-7　PCB Editor｜Layer Colors 选项卡

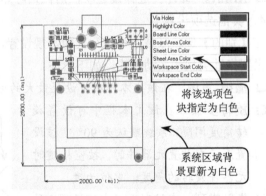

图 8-8　修改系统区域背景

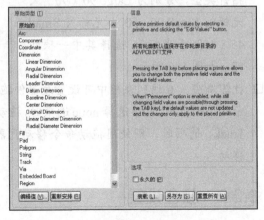

图 8-9　PCB Editor｜Defaults 选项卡

击【编辑值】按钮，即可进入元件封装的系统默认值编辑对话框，各项的修改会在取用元件封装时反映出来。

8.2.4 图纸设置

在开始布线之前，首先要将工作窗口中的环境参数进行设置。例如设置图纸的尺寸、栅格的大小和栅格的显示方式，以及图纸的位置和度量单位等。

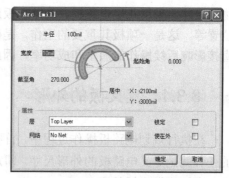

图 8-10　Arc 对话框

执行【设计】|【板参数选项】命令，将打开【板选项】对话框，如图 8-11 所示。

在该对话框中可进行以下图纸参数设置。

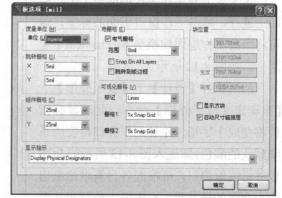

图 8-11　【板选项】对话框

- **度量单位**　在【单位】列表框中选择度量单位，Altium Designer 提供两种度量单位，即公制（Metric）和英制（Imperial）单位。需要提醒的是:1000 Metric = 1 inch。
- **跳转栅格**　设置 X、Y 方向的栅格，指光标移动的最小间隔。
- **组件栅格**　元器件放置获取栅格，指放置元器件时元器件移动的间隔。
- **电栅格**　即电气栅格，其作用是在移动或放置元器件时，当元器件与周围电气实体的距离在电气栅格的设置范围内时，元器件与电气实体会相互吸引。
- **可视化栅格**　在该选项区域中可选择可视化栅格类型，分别为 Lines 或 Dots，可以设定第一可视栅格和第二可视栅格尺寸，在编辑过程中看到的栅格即可视化栅格。
- **块位置**　即图纸位置设置，在该选项区域中可设定图纸的大小和位置。除此之外，还可以启用【显示方块】复选框和【自动尺寸链接层】复选框。

> **注　意**
>
> 电气栅格和获取栅格不能大于元器件封装的引脚间距，否则将会给用户的连线工作带来麻烦。此外电气栅格和获取栅格的大小相差太大时，在连线过程中将导致光标不易捕捉到电气连接点，同样也会带来不必要的麻烦。

8.3　规划电路板

在绘制印刷电路板之前用户要对电路板有一个初步的规划。比如电路板采用多大的物理尺寸、采用几层电路板、是单面板还是双面板、各元件采用何种封装形式及其安装位置等。这是一项极其重要的工作，是确定电路板设计的框架。规划电路板是否合理将直接影响后续操作的质量和成功率，因此需要特别重视。

8.3.1 定义板的外形

在执行规划电路板操作过程中，首要的任务就是定义电路板的外形尺寸，即定义一个矩形框为板外形。

图 8-12 Mechanical 1 工作层面

定义板的外形在 Mechanical 1 工作层面上进行，单击工作窗口下面的标签，即可将当前工作层面切换至 Mechanical 1 层面上，如图 8-12 所示。

然后执行【设计】｜【板子外形】｜【重新定义板子外形】命令，此时鼠标指针将变成十字形，并且工作窗口将变成系统默认的颜色，即进入图 8-13 所示的 PCB 板外形编辑窗口，可根据各自需求绘制出大小合适的板外形，右击退出外形尺寸定义操作。

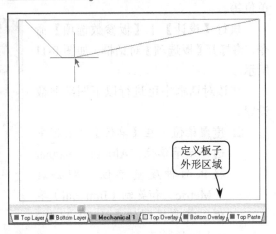

图 8-13 定义电路板外形

8.3.2 定义板的物理边界

定义好电路板的外形尺寸后，还需要在机械层定义中设定电路板的物理边界尺寸。

单击【布线】工具栏中的 Interactive Routing 按钮，光标会变成十字，将光标移动到适当的位置，单击鼠标左键，即可确定第一条板边的起点。然后拖动鼠标，将光标移动到合适位置，单击鼠标左键，即可确定第一条板边的终点。图 8-14 所示为绘制好物理边界的电路板。

绘制物理边界后，还可以对该边界进行编辑处理，以及设置边界导线的属性。其方法是：使用鼠标双击已放置的导线，将打开如图 8-15 所示【轨迹】对

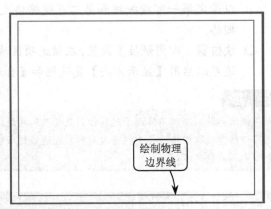

图 8-14 绘制物理边界

话框，即可在该对话框中进行导线参数编辑。

在该对话框中用户可以很精确地进行定位，并且可以设置工作层面和线宽，具体设置方法将在本章 8.5.1 节中详细介绍，这里不再赘述。

在线条的特性设置完毕后，单击【确定】按钮确认操作。使其位置、线性等参数固定下来，也可以根据需要移动、删除等。

如果用户对规划好的电路板不满意，还可以修改和移动调整。执行【设计】|【板子外形】|【移动板子顶点】命令，可移动板的边框；执行【设计】|【板子外形】|【移动板子形状】命令，可移动 PCB 板。

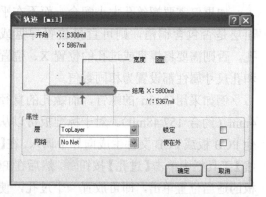

图 8-15　【轨迹】对话框

8.3.3　设定电气边界

电气边界的设定是在禁止布线层（Keep Out Layer）中完成的，一般用于设置电路板的板边，即将所有焊盘、过孔和线条限制在适当的范围之内。电气边界的范围不能大于物理边界，一般将电气边界的大小设置为与物理边界相同。规划电气边界与规划物理边界的方法完全相同，所不同的是电气边界绘制的层面位于禁止布线层中。

首先将工作图层切换为禁止布线层（Keep Out Layer），然后单击【布线】工具栏中的 Interactive Routing 按钮，并按照上述绘制物理边界的方法绘制电气边界，如图 8-16 所示。为了同时显示物理边界和电气边界，该图将绘制电气边界比物理边界小。

如果用户对规划好的电路板不满意，同样可以修改和移动调整。即执行【设计】|【板子外形】|【移动板子顶点】命令，可移动板的边框；执行【设计】|【板子外形】|【移动板子形状】命令，可移动 PCB 板。

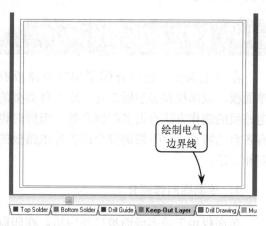

图 8-16　绘制电气边界

8.3.4　设定螺丝孔

根据 PCB 板的安装要求，需要使用螺丝孔来固定。螺丝孔放置在机械层（Mechanical 1）中完成。设定螺丝孔的方法有两种，分别为焊盘和过孔。用过孔和用焊盘制作螺丝孔的区别在于：过孔制作的螺丝孔壁没有铜箔。

如果仅需要螺丝孔大小配合，而不在乎表面层是否包含铜箔，则可直接放置焊盘或过孔，否则需要将焊盘或过孔的位置 X、位置 Y 和孔尺寸属性都设置为相同数值。

例如采用 3mm 的螺钉，而螺孔的直径取 4mm（约合 157.48mil）。对于标准板可以从其他 PCB 板或 PCB 文件生成向导中调入。在【布线】工具栏中单击【过孔】按钮，然后在 PCB 板的适当位置单击，即可放置一个过孔，使用相同方法放置其他过孔，如图 8-17 所示。

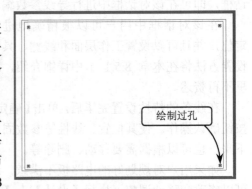

图 8-17　放置过孔

放置完毕后双击过孔，将打开该对应的【过孔】对话框。在该对话框中按照图 8-18 所示设置孔尺寸值为 157.48mil，单击【确认】按钮确认操作。

完成上述设置后，被双击的过孔将按照属性参数进行更改，使用相同方法更改其他过孔属性，并移动各过孔位置，即可获得图 8-19 所示的属性设置效果。

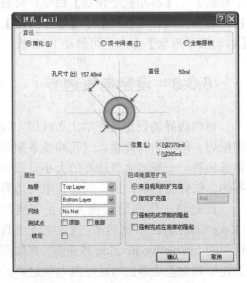

图 8-18　【过孔】对话框

8.4　PCB 面板制作简介

在以上章节中已经介绍了印制电路板有单面板、双面板和多层板 3 种，这 3 种类型的电路板的制作方法有很多相似之处，但同时也有各自的特点，以下将简要介绍各种电路板的制作方法。

1．单面板制作简介

单面板由于成本低而被广泛应用。在印刷电路板设计中，单面板设计是一个重要的组成部分，也是印刷电路板设计的起步，图 8-20 所示为 Altium Designer 软件 PCB 单面板显示效果。

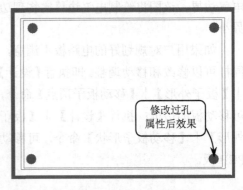

图 8-19　修改过孔属性后效果

单面板设计按照电路板设计的一般步骤进行，在设计电路板之前，首先准备好原理图和网络表，为设计印刷电路板打下基础。然后进行电路板的规划，也就是确定电路板的尺寸。

规划好电路板后,要将网络表和元件封装到电路板文件中。由于封装后的元件是重叠的,还需要对元件封装进行布局。布局的好坏直接影响到电路板的自动布线,因此非常重要。元件的布局可以采用自动布局,也可以进行手工布局。

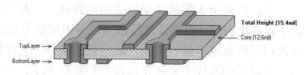
图 8-20　单面板

上述步骤完成后,可以运用 Altium Designer 提供的强大的自动布线功能,进行自动布线。自动布线往往还存在一些不令人满意的地方,这就需要设计人员利用经验手工去修改调整。

2. 双面板制作简介

双面板的电路一般比单面板复杂,但是由于双面都能布线,设计不一定比单面板困难,深受广大设计人员的喜爱,图 8-21 所示为 Altium Designer 软件 PCB 双面板显示效果。

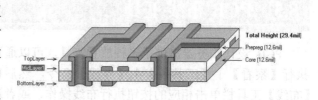
图 8-21　双面板

单面板与双面板的设计过程类似,均可按照电路板设计的一般步骤进行。在设计电路板之前,首先准备好原理图和网络表,然后确定电路板的尺寸,并将网络表和元件封装到电路板文件中。

接着对元件封装进行布局,并利用自动布线功能进行自动布线,最后通过手动布线方式进行必要的调整,从而达到准确设计电路板的目的。

> **提示**
> 现在最普遍的电路设计方式是用双面板设计,其主要特点是可以跨线。当两点之间的连线不能在一面布通时,可以通过过孔到另一面接着布线。一般说来,在线密度允许的情况下,双面板没有布不通的线。因此双面板能够制作比较复杂的电路。

3. 多层板制作简介

双面板是电路设计中最普遍采用的方式,但是,当电路比较复杂、对电磁干扰的要求较高,且对电路板尺寸的要求比较严格时利用双面板将无法实现设计,甚至根本不可能完成。在这种情况下,就必须采用多层板进行布线了。对于多层板的制作,如图 8-22 所示,在 Altium Designer 显示多

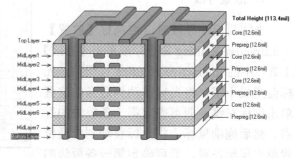
图 8-22　多层板

层板效果。由于篇幅的原因，只是简单介绍一下其基本过程。

多层板是指 3 层或 3 层以上的电路板，它是在双面板已有的顶层和底层基础上，增加了内部电源层、内部接地层以及若干中间信号层。板层越多，则可布线的区域就越多，布线相对也就越容易。但是，多层板的制作工艺比较复杂，因此制作费用较高。

多层板的布线主要还是以顶层和底层为主，中间布线层为辅。一般情况下，我们往往先将那些在顶层和底层难以布线的网络布置在中间布线层，然后切换到顶层或底层进行其他的布线工作。电源／接地网络应与内部电源层和内部接地层相连。

布线之前，需要在图层堆栈管理器内添加需要的内部电源层、接地层和信号层，同时在布线参数设置中进行布线工作层面设置，打开所要进行布线的层面，再关闭暂时不用的工作层面。至于元件的布局和元件的自动布线与双面板的制作是大同小异，这里不再过多赘述。

8.5 PCB 布线工具

PCB 设计服务器提供了多种放置工具，可以通过执行【察看】|【工具条】|【布线】命令，然后在【布线】工具栏单击相应的按钮执行布线操作，或者通过【放置】子菜单命令辅助执行布线操作。工具栏中各按钮的功能都可通过执行相应的菜单命令来实现，如图 8-23 所示。

8.5.1 放置导线

Altium Designer 提供手工布线和自动布线两种布线方式。其中手工布线是用户按照网络标号连接来手动布置导线，而自动布线是系统按照设置好的布线规则进行布线。这就用到导线的放置操作，因此在讲解布线之前首先介绍放置导线，以及布置、调整和修改导线的方法。

图 8-23　【放置】子菜单和【布线】工具栏

1．放置导线

当需要绘制导线时，可执行【放置】| Interactive Routing 命令，或单击【布线】工具栏中的 Interactive Routing 按钮，光标会变成十字，将光标移动到适当的位置单击鼠标左键，即可确定第一条板边的起点。然后拖动鼠标，将光标移动到合适位置单击鼠标左键，即可确定第一条板边的终点。图 8-24 所示为绘制连续导线。

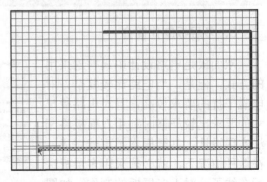

图 8-24　放置导线

图中倒数第二条导线为红色，最后一段导线为空心线。其中红色线表示导线位置已经确定，但长度并没有确定；而空心线表示只确定了导线的方向而导线的位置和长度都没有确定。在绘制导线时有以下实用方法。

❑ **设置导线与焊点中心重合**

在放置导线过程中，如果导线要布置到焊点位置处，系统将自动捕捉焊点，并在焊点上出现图 8-25 所示八角形，表示光标与焊点的中心重合。

❑ **导线方向切换**

导线转角时可采用不同的转角方式，系统提供 6 种模式，分别为 45°转角模式、圆弧转角模式、90°转角模式、90°圆弧转角模式、圆弧转角模式和任意角度转角模式。可以使用快捷键 Shift+空格键进行以上模式的切换。

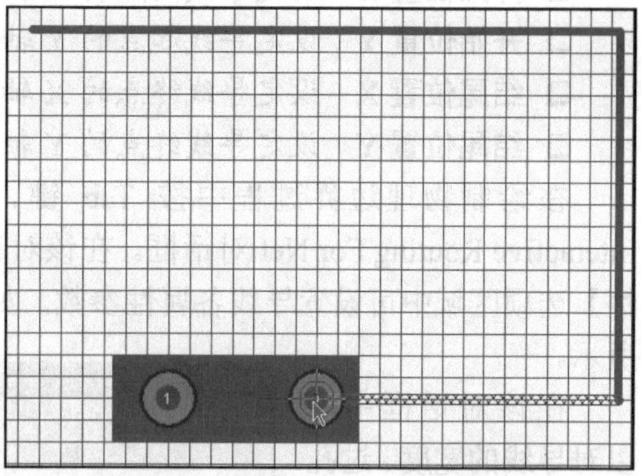

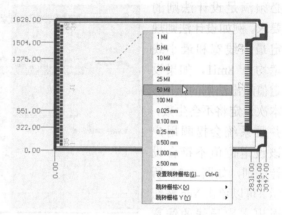

图 8-25 光标与焊点的中心重合

❑ **设置光标移动距离**

在 Altium Designer 中，光标的移动是跃进式的，每次跳到一个最小间距，这个最小间距是允许设置的。如果发现光标跳得太快或太慢时，可以随时进行设置。

其设置方法是：在绘制导线过程中，从键盘上按 G 键，将打开图 8-26 所示的列表，从中选择一个合适的数字即可。

同时也可以输入一个数字，方法是：执行列表中的【设置跳转栅格】命令或使用 Ctrl+G 键，系统将打开 Snap Grid 对话框，如图 8-27 所示。在该对话框的编辑框中输入一个数值即可。

2．设置导线属性

绘制了导线后，还可以对导线进行编辑处理，并设置导线的属性。双击已布的导线，将打开图 8-28 所示的【轨迹】对话框。

在该对话框中可设置以下参数。

❑ **宽度** 设定导线宽度。
❑ **层** 设定导线所在的板层。
❑ **网络** 设定导线所在的网络。
❑ **锁定** 设定导线位置是否锁定。

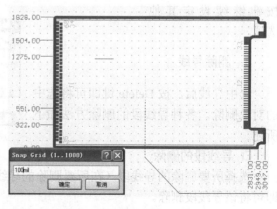

图 8-26 设置光标移动距离

图 8-27 设置跳转栅格

- 使在外　设定导线是否处于选取状态。
- 开始位置 X　设定导线起点的 X 轴坐标。
- 开始位置 Y　设定导线起点的 Y 轴坐标。
- 结尾位置 X　设定导线终点的 X 轴坐标。
- 结尾位置 Y　设定导线终点的 Y 轴坐标。

在绘制物理边界过程中按 Tab 键，将打开 Interactive Routing For Net 对话框。在该对话框【属性】选项区域中可设置导线各属性参数，如图 8-29 所示。

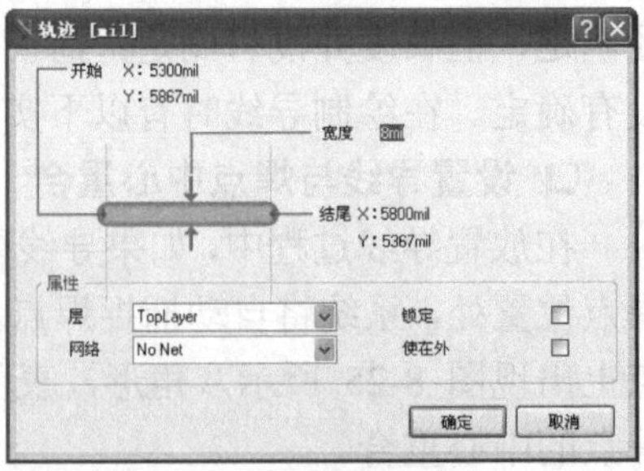

图 8-28　【轨迹】对话框

在该对话框中可以对导线的宽度、过孔尺寸和导线所处的层等进行设定，要求对线宽和过孔尺寸的设定必须满足设计法则的要求。例如设计法则规定最大线宽和最小线宽均为 8mil，如果设定值超出法则的范围，本次设定将不会生效，并且系统会提醒用户该设定位值不符合设计法则，如图 8-30 所示。可以单击 Yes 按钮退出本次导线的线宽设定，也可以单击 No 按钮继续设定其他选项。

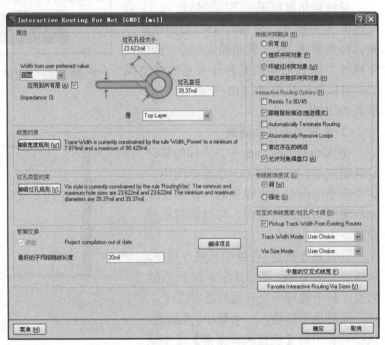

图 8-29　Interactive Routing For Net 对话框

3．删除导线

选中导线后，按 Delete 键即可将选中的对象删除。各种导线段的删除方法如下所述。

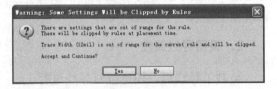

图 8-30　提示对话框

- 导线段的删除

选择所要删除的导线段（在所要删除的导线段上单击鼠标左键），然后按 Delete 键，即可将该导线段删除。

将光标移到所要删除的导线段上，按住 Shift 键单击鼠标左键，该导线段处于选取状态（与前面的点取有区别），然后按 Ctrl+Delete 键，也可将该导线段删除。

另外，还有一个很好用的命令，执行【编辑】|【删除】命令，光标变成十字状，

将光标移到任意一个导线段上，光标上出现小圆点。单击鼠标左键，即可删除该导线段。

❑ 两焊点间导线的删除

执行【编辑】|【选中】|【物理连接】命令，光标变成十字状，将光标移到连接两焊点的任意一个导线段上。光标上出现小圆点，单击鼠标左键可将两焊点间所有的导线段选中，然后按 Ctrl+Delete 键，即可将两焊点间的导线删除。

❑ 删除相连接的导线

执行【编辑】|【选中】|【物理连接】命令，光标变成十字状，将光标移到其中一个导线段上，光标上出现小圆点，单击鼠标左键，可将所有具有连接关系的导线选中，然后按 Ctrl+Delete 键，即可删除连接的导线。

❑ 删除同一网络的所有导线

执行【编辑】|【选中】|【网络】命令，光标变成十字状，将光标移到网络上的任意一个导线段上，光标上出现小圆点，单击鼠标左键可将网络上所有导线选中，然后按 Ctrl+Delete 键，即可删除网络的所有导线。

8.5.2 放置圆弧导线

在 Altium Designer 中提供了两种绘制圆弧的方法，分别为中心法和边缘法。它们分别以圆心为基准和以边界（起点和终点）为基准绘制圆弧导线。

1. 边缘法

边缘法就是通过圆弧上的两点，即起点与终点，来确定圆弧的大小，从而获得圆弧特征效果。

执行【放置】|【圆弧（边缘）】命令，或单击【布线】工具栏中的【通过边沿放置圆弧】按钮，光标变成了十字形状，将光标移到所需的位置，并单击鼠标左键确定圆弧的起点。然后移动鼠标到适当位置单击鼠标左键，确定圆弧的终点，如图8-31 所示。

单击鼠标左键加以确认，即可得到一个圆弧，图 8-31 所示即为使用边缘法绘制的圆弧。

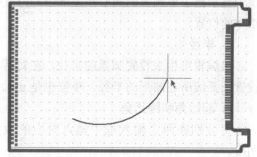

图 8-31　边缘法绘制圆弧

2. 中心法

中心法绘制圆弧就是通过确定圆弧中心、圆弧的起点和终点，从而确定一个圆弧。

执行【放置】|【圆弧（中心）】命令，光标变成了十字形状。将光标移到所需的位置，单击鼠标左键，确定圆弧的中心。然后将光标移到所需的位置，单击鼠标左键，确定圆弧的起点。接着移动鼠标到适当位置单击鼠标左键，确定圆弧的终点。单击鼠标左键确认，即可得到一个圆弧，如图 8-32 所示。

3. 编辑圆弧

当绘制好圆弧后，如果需要对其进行编辑，则可选中圆弧，然后单击鼠标右键，从快捷菜单中执行【特性】命令，或者双击圆弧，系统都将会打开图 8-33 所示的 Arc 对话框。在绘制圆弧状态下绘制圆弧，也可以按 Tab 键，先编辑好对象，然后绘制圆弧。

在该对话框可设置以下参数。

❑ 宽度

在【宽度】输入框中输入数值，可设置圆弧的宽度值，该数值对应单位为 mil。

❑ 层

单击【层】选项的下拉列表框，在弹出的下拉列表中可以设置圆弧走线所在的工作层面。

❑ 网络

该下拉列表的选项用来设置圆弧的网络层。单击下拉列表框，在弹出的下拉列表中可以设置圆弧走线所连接的网络。

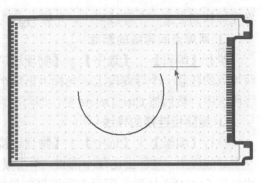

图 8-32　中心法绘制圆绘

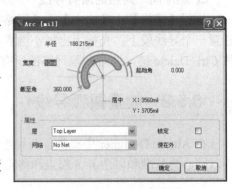

图 8-33　Arc 对话框

❑ 居中 X、居中 Y

该编辑框用来设置圆弧的圆心位置。在对话框的 X-Caner 和 Y-Center 两个选项输入框中显示出了该圆弧的圆心在图纸中的位置坐标，修改其中的数值，可以调整弧线在图纸中的位置。

❑ 半径

该编辑框用来设置圆弧的半径。在对话框的【半径】选项输入框中输入数值，可以设置圆弧线所在圆形的半径，单位也是 mil。

❑ 起始角和终止角

可分别在两个输入框中输入对应的数值，这些数值决定了圆弧线的起始和终止角度。

❑ 锁定和使在外

如果启用【锁定】复选框，即可在图纸中将圆弧线锁定；而如果启用【使在外】复选框，则图纸中的圆弧线将处于被选中的状态。

设置该对话框中的各个选项之后，单击【确定】按钮返回工作窗口，完成设置圆弧线属性的操作。

> **提　示**
>
> 单击圆弧，圆弧上出现编辑热点，将光标移到热点上，光标变成小的双箭号，拖动鼠标即可改变圆弧的半径和角度的大小。

8.5.3 放置焊点

焊盘是 PCB 中必不可少的元素。一般在加载元器件的时候，元器件的封装上将包含焊盘，也可以本节介绍的手动方式在需要的地方放置焊盘。

1. 放置焊点

执行【放置】|【焊盘】命令，或单击【布线】工具栏中的【放置焊盘】按钮，光标变成了十字形状，将光标移到所需的位置，单击鼠标左键，即可将一个焊点放置在该处。将光标移到新的位置，按照上述步骤，再放置其他焊点。图8-34 所示即为放置了多个焊点的电路板。双击鼠标右键，光标变成箭头后，退出该命令状态。

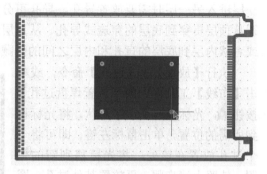

图 8-34 放置焊点

2. 设置焊点属性

放置焊点后，可双击该焊点，或选中焊点后右击执行【特性】命令，还可以在此命令状态下，按 Tab 键，都将打开该焊点对应的【焊盘】对话框，如图 8-35 所示。

❏ **位置设置**

在该选项区域的 X 列表框中设定焊点 X 轴坐标；在 Y 列表框中设定焊点 Y 轴坐标；在【旋转】文本框中设定焊点的旋转角度，对圆形焊点没有意义。

❏ **孔洞信息**

在该选项区域可选择焊点的形状，可根据需要设定焊点的形状为圆形、正方形或槽形，并可定义通孔类型对应的尺寸值。

❏ **尺寸和外形**

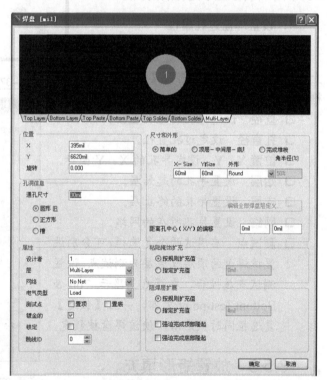

图 8-35 【焊盘】对话框

当选择【简单的】尺寸和外形时，可在 X-Size 列表框中设定焊点 X 轴尺寸；在 Y|Size 列表框中设定焊点 Y 轴尺寸；在【外形】列表框中可选择焊点外形类型。

当选择【顶层-中间层-底层】尺寸和外形时，可指定焊点在顶层、中间层和底层的大小和形状。每个区域里的设置项都具有相同的 3 个设置项，与简单尺寸和外形设置相同，如图 8-36 所示。

8.5.4 放置焊盘过孔

焊盘过孔又称导孔，连接不同板层间的导线当从一层进入另一层时需要放置导孔。导孔可分为 3 类，即从顶层贯穿到底层的穿透式导孔、从顶层通到内层，或者从内层到底层的盲孔和内层之间的隐藏导孔。

执行【放置】|【过孔】命令，或单击【布线】工具栏中的【放置焊盘过孔】按钮，光标变成了十字形状，将光标移到所需的位置，单击鼠标左键，即可将一个过孔放置在该处。将光标移到新的位置，按照上述步骤，再放置其他过孔，图 8-37 所示即为放置了过孔后的图形。

图 8-36　【尺寸和外形】选项区域

1. 设置焊盘过孔属性

在放置过孔时按 Tab 键或者在电路板上双击过孔，系统将会打开【过孔】对话框，如图 8-38 所示。

- **直径**　设定过孔的通孔直径。
- **孔直径**　设定过孔直径。
- **位置 X、Y**　设定导孔的 X、Y 坐标。
- **始层**　设置导孔的起始层。
- **末层**　设置导孔的终止层。
- **网络**　设置导孔所在的网络。
- **测试点**　启用这两个复选框，可分别设置该焊盘的顶层或底层为测试点。设置测试点属性后，在焊盘上显示 Top & Bottom Test-point 文本，并且【锁定】复选框同时被启用，使该焊盘被锁定。

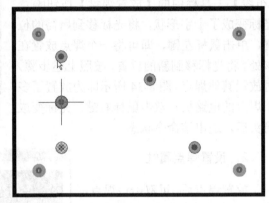

图 8-37　放置焊盘过孔

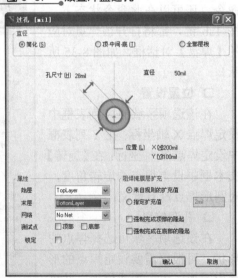

8.5.5 放置矩形填充

图 8-38　【过孔】对话框

填充一般是用于制作 PCB 插件的接触面或者用于增强系统的抗干扰性而设置的大面积电源或地。在制作电路板的接触面时，放置填充的部分在实际制作的电路板上是外露的敷铜区。填充通常放置在 PCB 的顶层、底层或内部的电源和接地层上。

执行【放置】|【填充】命令，或单击【布线】工具栏中的【放置填充】按钮，只需确定矩形块的左上角和右下角位置即可，如图 8-39 所示，放置填充区域。

当放置了填充区域后，如果需要对其进行编辑，可选中该填充对象，然后单击鼠标右键，从快捷菜单中执行【特性】命令，或双击填充对象，系统都将会打开图 8-40 所示的【填充】对话框。在放置填充状态下，也可以按 Tab 键，先编辑好对象，再放置填充。

❑ 层

在对话框中单击【层】选项的下拉列表框，在弹出的下拉列表中指定矩形填充区所在的板层。

❑ 网络

单击【网络】选项的下拉列表框，在弹出的下拉列表中选择矩形填充区所连接的网络。

❑ 旋转

在【旋转】选项的输入框中输入数值，设置矩形填充区的旋转角度，调整它在图纸中的方向。

❑ 角 1、角 2

在角 1 X 和角 1 Y 选项的输入框中显示出了矩形填充区左下角顶点在图纸中的位置坐标，在角 2 X 和角 2 Y 选项的输入框中显示出了矩形填充区右上角顶点的位置坐标，调整这 4 个选项的取值，即可调整矩形填充区的大小和位置。

在对话框中设置了以上选项后，单击【确定】按钮，返回工作窗口，完成绘制矩形填充区的操作。

8.5.6 放置敷铜

多边形敷铜与填充类似，经常用于大面积电源或接地，以增强系统的抗干扰性。

执行【放置】|【多边形敷铜】命令，或单击【布线】工具栏中的【放置多边形平面】按钮，系统将会打开【多边形敷铜】对话框，如图 8-41 所示。

在该对话框中可以选择与填充连接的网络、填充平面的栅格尺寸、线宽、所处工作平面、填充方式和环绕焊盘方式等参数进行设定。

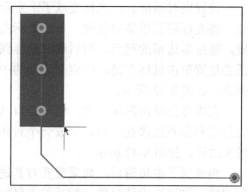

图 8-39　放置矩形填充

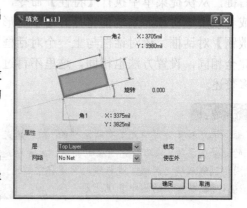

图 8-40　【填充】对话框

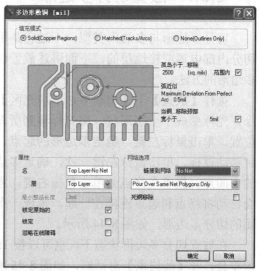

图 8-41　【多边形敷铜】对话框

设置完对话框后，光标变成了十字形状，将光标移到所需的位置，单击鼠标左键，确定多边形的起点。然后移动鼠标到适当位置单击鼠标左键，确定多边形的中间点，如图8-42所示。

在终点处单击鼠标右键，程序会自动将终点和起点连接在一起，形成一个封闭的多边形，如图8-43所示。

当放置了多边形后，如果需要对其进行编辑，则可选中该对象，然后单击鼠标右键，从快捷菜单中执行【特性】命令，或者双击该对象，系统都将打开【多边形敷铜】对话框。该对话框与上一个对话框完全相同，设置方法也相同，这里不再过多赘述。

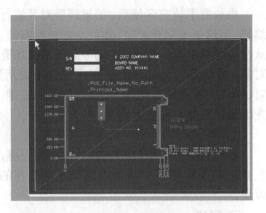

图8-42　放置多边形敷铜

> **注　意**
>
> 矩形填充和多边形填充是有所区别的。前者填充的是整个区域，没有任何遗留的空隙。后者则是用铜膜线来填充区域，线与线之间是有空隙的。这点可以从前面的图中直观地看出。

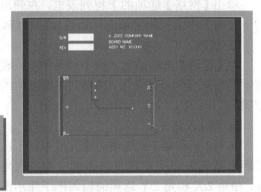

图8-43　多边形敷铜效果

8.5.7　放置切分多边形

切分多边形与多边形类似，不过它是用来切分内部电源或接地层的。下面讲述放置切分多边形的方法。

执行【放置】|【切断多边形填充区】命令，光标变成了十字形状，将光标移到所需的位置，单击鼠标左键，确定多边形的起点。然后移动鼠标，单击鼠标左键一次，确定多边形的中间点。接着在终点处单击鼠标右键，程序会自动将终点和起点连接在一起，形成一个封闭的切分多边形，如图8-44所示。

在放置切分多边形状态下，也可以按Tab键，系统将会打开【线约束】对话框，如图8-45所示。

当放置了切分多边形后，如果需要对其进行编辑，则可选中该对象，然后单击鼠标右键，从快捷菜单中执行【特性】命令，或者双击该对象，系统都将

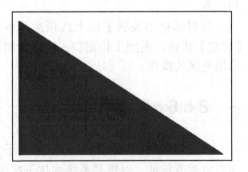

图8-44　放置切分多边形

图8-45　【线约束】对话框

打开【多边形敷铜】对话框,具体设置方法与多边形敷铜设置方法完全相同。

8.5.8 放置泪滴

所谓泪滴就是导线与焊盘连接处的过渡段,由于它呈泪滴状,所以就称为泪滴。泪滴的作用是使导线和焊点的接触更加牢固,不易断裂。

执行【编辑】|【选中】|【网络】命令,光标将变为十字形,移动光标到 PCB 图中,单击选择要放置泪滴的网络。然后执行【工具】|【滴泪】命令,将打开【泪滴选项】对话框,如图 8-46 所示。

在该对话框中的【概要】选项区域中启用【全部焊盘】复选框,表示对所有的焊盘放置泪滴;启用【全部过孔】复选框,表示对所有过孔放置泪滴;启用【仅选择对象】复选框,表示只对所选择的对象所连接的焊盘和过孔放置泪滴。

在【行为】选项区域中选择【添加】单选按钮表示添加泪滴,选择【删除】单选按钮表示去除泪滴。

在【泪滴类型】选项区域中可设置泪滴的形状,Arc 型和轨迹型两种泪滴的形状对比如图 8-47 所示。

完成设置后,单击【确定】按钮确认操作。系统将自动按照设置来放置泪滴,效果如图 8-48 所示。

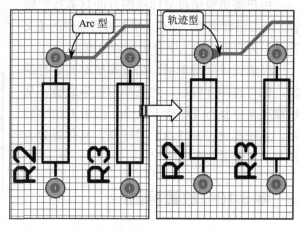

图 8-46 【泪滴选项】对话框

图 8-47 Arc 型和轨迹型泪滴的形状

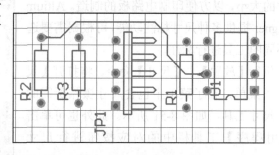

图 8-48 泪滴放置效果

8.5.9 放置字符串

在绘制印刷电路板时与原理图编辑时一样,PCB 图编辑中有时候也需要在图纸中放置一些文字标注,即常常需要在板上放置字符串(仅为英文,不包含中文字符串),进行辅助说明。字符串是不具有任何电气特性的图件,对电路的电气连接关系没有任何影响,它只是起提醒设计者的作用。

执行【放置】|【字符串】命令,或单击【布线】工具栏中的【放置字符串】按钮 A,光标变成了十字形状,在此命令状态下按 Tab 键,会出现图 8-49 所示的【串】对话

框，在该对话框中可以设置字符串的内容和大小。

在该对话框中可以对字符串的内容、高度（Height）、宽度、字体、所处工作层面（Layer）、放置角度、放置位置坐标等进行选择或设定。还可以选择映射、锁定等功能。并且字符串的内容既可以从下拉列表中选择，也可以直接输入。

设置完成后，退出对话框，单击鼠标左键，把字符串放到相应的位置，用同样的方法放置其他字符串标注，如图8-50所示。

用户要更换字符串标注的方向只需按空格键，即可进行调整，或在【串】对话框中的【文件名】列表框中输入字符串旋转角度。

当放置了字符串后，如果需要对其进行编辑，则可选中字符串，然后单击鼠标右键，从快捷菜单中执行【特性】命令，或者双击字符串，系统都将打开【串】对话框，具体设置方法与上述设置完全相同。

8.5.10 放置标注

在设计印刷电路板时，有时需要标注某些尺寸的大小，以方便印刷电路板的制造。Altium Designer提供多种尺寸标注功能，可根据需要选择不同的工具进行标注。

执行【放置】|【尺寸】命令，将打开【尺寸】子菜单，在子菜单中包含尺寸操作所需的所有尺寸工具，如图8-51所示。此外也可单击【应用程序】工具栏中的对应按钮进行尺寸标注。

选择尺寸类型后，移动光标到尺寸的起点，单击鼠标左键，即可确定标注尺寸的起始位置。移动光标，中间显示的尺寸随着光标的移动而不断地发生变化，到合适的位置单击鼠标左键加以确认，即可完成尺寸标注。图8-52即是使用【数据】工具标注电路板尺寸。

图8-49 【串】对话框

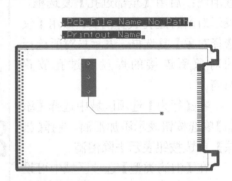

图8-50 放置字符串

图8-51 【尺寸】子菜单

用户还可以在放置尺寸标注命令状态下按 Tab 键，或在放置了尺寸标注后，如果需要对其进行编辑，则可选中尺寸标注，然后单击鼠标右键，从快捷菜单中执行【特性】命令，或者双击尺寸标注，系统都将打开对应的尺寸标注属性对话框，可作进一步的修改。仍以标注数据尺寸为例，标注数据尺寸对应【数据元】对话框，如图 8-53 所示。

在该对话框中可设置标注尺寸的形状、位置和字体等参数，然后单击【确定】按钮确认操作，则被修改的对象将立即更新。

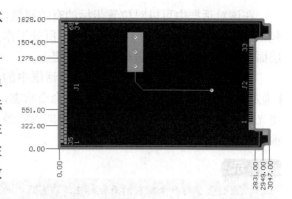

图 8-52　标注数据尺寸

> **提 示**
>
> 在放置标注之前，极有必要通过层切换标签将当前层切换到机械板层，即 Mechanical（Mechanical 1~4）。

8.5.11　放置坐标

在电路板中放置坐标，就是将当前光标所处位置的坐标放置在该工作平面上。它同字符串一样不具有任何电气特性，只是提醒用户当前光标所在位置与坐标原点之间的距离。

执行【放置】|【坐标】命令，光标变成了十字形状，单击鼠标左键，把坐标放到相应的位置，如图 8-54 所示，用同样的方法放置其他坐标放置。

在此命令状态下，按 Tab 键，或在放置了坐标后，如果需要对其进行编辑，则可选中该对象，然后单击鼠标右键，从快捷菜单中执行【特性】命令，或者双击该对象，系统都将打开【调整】对话框，如图 8-55 所示。

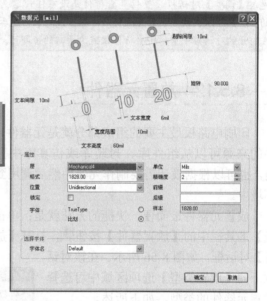

图 8-53　【数据元】对话框

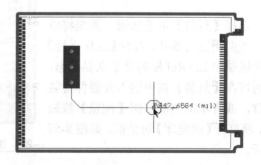

图 8-54　放置坐标

在该对话框中可以对位置坐标的有关属性，包括字体的宽度、线宽、尺寸、字体、所处工作层面、放置位置坐标等进行选择或设定。

设置好位置坐标属性后，单击对话框中的【确定】按钮确认操作，即可进入放置命令状态，将光标移动到所需位置，单击鼠标左键即可将当前位置的坐标放置在工作窗口内。

提 示

由于放置位置坐标命令捕获的是光标在工作窗门中的当前坐标值，因此在将位置坐标放置在工作窗口以前，通过【调整】对话框设置位置坐标值是没有任何意义的。用户可以在放置了位置坐标后，双击该对象，然后在打开的对话框中重新将坐标值设定为所需的值即可。

图 8-55 【调整】对话框

8.5.12 放置元器件

印刷电路板最主要的组成部分就是元器件，元器件的来源可以从组件库、封装库或仿真库中直接调用，也可以根据设计需要制作元器件然后调用到当前环境中。

放置元器件最简便、快捷的方法就是：单击【布线】工具栏中的【放置器件】按钮，打开【放置元件】对话框，如图 8-56 所示。在该对话框下的【放置类型】选项区域中可选择放置元器件的类型，如下所述。

1. 放置封装元器件

选择【封装】单选按钮，系统将以封装类型指定元器件，对应【元件详情】选项区域中 Lib Ref 框将处于灰显状态，此时可在【封装】框中输入元器件封装名称，或者单击该框右侧【浏览】按钮，将打开【浏览库】对话框，如图 8-57 所示。

图 8-56 【放置元件】对话框

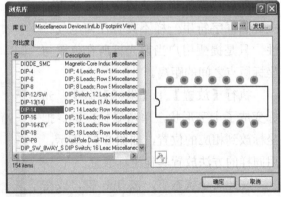

图 8-57 【浏览库】对话框

提 示

如果当前库中没有所需的封装元器件，可展开该对话框【库】列表框，并且在选择对应的列表项，查找该元器件。此外，如果并不知道该元器件所在的库名称，可单击【发现】按钮，将打开【搜索库】对话框，此时即可按照以上章节原理图搜索库文件方法搜索所需元器件。

在该对话框左下侧列表框中选择封装元器件，然后单击【确定】按钮，系统将返回上一个对话框。此时在对话框下的【封装】框中将显示该封装元器件，单击【确定】按钮，指针上将包含用于放置的元器件。按空格键可按照直角方式旋转元器件，在适当的位置单击鼠标，将该元器件放置在当前操作环境中，如图 8-58 所示。

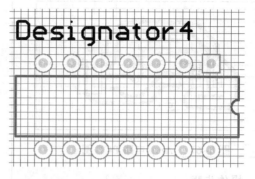

图 8-58　放置元器件

2. 放置组件元器件

选择【放置元件】对话框下的【组件】单选按钮，系统将以组件类型指定元器件，对应【元件详情】栏中 Lib Ref 框将处于激活状态，此时即可在 Lib Ref 框输入元器件封装名称，或者单击该框右侧【浏览】按钮，将打开【浏览库】对话框，如图 8-59 所示。

在该对话框右侧上方显示所需元器件在原理图中的符号显示效果，下方显示该元器件在 PCB 图操作环境中的符号显示效果。此外，在该对话框同样可以选择其他库元器件和搜索库元器件，这里不再赘述。

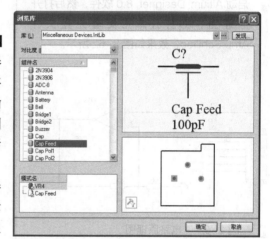

图 8-59　【浏览库】对话框

在该对话框中选择组件后单击【确定】按钮，系统将返回上一个对话框。此时在对话框下的 Lib Ref 框中将显示该组件，单击【确定】按钮，指针上将包含用于放置的元器件。按空格键可按照直角方式旋转元器件，在适当的位置单击鼠标，将该元器件放置在当前操作环境中，如图 8-60 所示。

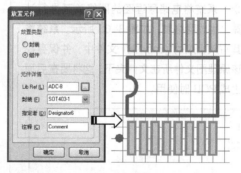

图 8-60　放置元器件

8.6　课堂练习 8-1：绘制 Amp 电路 PCB 图

本实例通过原理图绘制 PCB 图，效果如图 8-61 所示。该电路板属于放大器电路，由多个元器件组成。在绘制 PCB 图时，首先规划电路板，并放置各元件和编辑网络。最重要的就是进行编辑网络操作，该操作是绘制连接导线的主要依据。

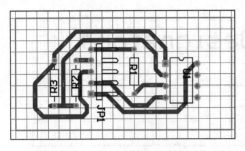

图 8-61　Amp 电路 PCB 图

操作步骤：

1. 启动 Altium Designer 8.0 软件，然后打开原理图，即打开本书配套光盘文件 Amp.SchDoc，效果如图 8-62 所示。

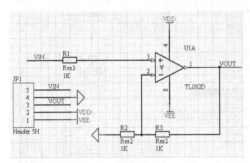

图 8-62　电路原理图

2. 执行【设计】|【工程的网络表】| protel 命令，系统将电路原理图的网络关系进行计算，生成网络表，如图 8-63 所示。系统将其写入相应的 Amp.NET 文件中，并保存在该原理图文件所在文件夹下，这将要在后面生成 PCB 时使用。

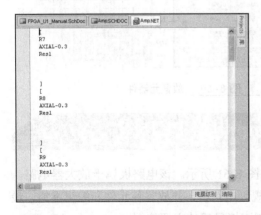

图 8-63　生成的电路原理图网络表

3. 执行【文件】|【新建】|PCB 命令，然后执行【文件】|【另存为】命令，将该原理图文件另存为名称为 Amp.PcbDoc 的图形文件。

4. 执行【工具】|【优先选项】命令，将打开【喜好】对话框。可在该对话框中选择 PCB Editor | Layer Colors 目录节点，将打开 PCB Editor | Layer Colors 选项卡。在【激活的外形颜色】栏中可设置各种对象的颜色。例如修改 PCB 操作环境背景，可在 Sheet Area Color 列中选择色块，然后在右侧的选项卡中选择背景颜色，选择背景为白色，则显示图 8-64 所示的背景设置效果。

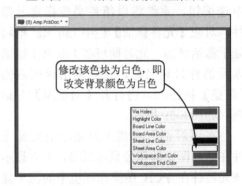

图 8-64　修改系统区域背景

5. 为了准确定义电路板外形，可首先在 PCB 环境中单击【布线】工具栏中的【放置填充】按钮，然后在当前窗口绘制矩形填充区域，并双击该区域，在打开的对话框中修改距离参数，即可获得自定义矩形效果，如图 8-65 所示。

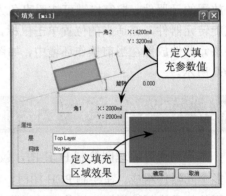

图 8-65　【填充】对话框

⑥ 单击工作窗口下面的标签,将当前工作层面切换至 Mechanical 1 层面上,然后执行【设计】|【板子外形】|【重新定义板子外形】命令,并沿矩形边界绘制板外形,右击退出外形尺寸定义操作,定义板子外形效果如图 8-66 所示。

图 8-66　定义电路板外形

⑦ 完成上述操作后,系统将电路板区域外的部分以灰显方式显示,而内部显示矩形填充区域,效果如图 8-67 所示。

图 8-67　定义板子外形效果

⑧ 将矩形填充区域删除,然后单击【布线】工具栏中的 Interactive Routing 按钮,沿该区域绘制物理边界,如图 8-68 所示。

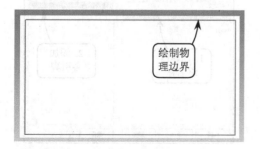

图 8-68　绘制物理边界

⑨ 单击【布线】工具栏中的【器件】按钮,将打开【放置元件】对话框。此时按照图 8-69 所示步骤输入封装名称"DIP-8",就是将原理图中的 U1 通过指定封装名称调入 PCB 环境。

图 8-69　【放置元件】对话框

⑩ 指定封装元器件名称后,单击该对话框中【确定】按钮,指针位置将显示该元器件。此时按空格键旋转该元器件,即可获得图 8-70 所示的元器件放置效果。

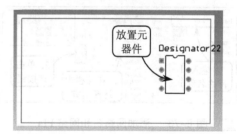

图 8-70　放置封装元器件

⑪ 双击该元器件上方的标识,然后在打开的对话框下的【文本】列表框中输入"U1",单击【确定】按钮确认操作,效果如图 8-71 所示。

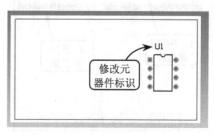

图 8-71　修改文本标识

12　按照上述放置元器件的方法分别放置 AXIAL-0.4 和 HDR1X5H 元器件，如有必要可按空格键旋转该元器件，效果如图 8-72 所示。

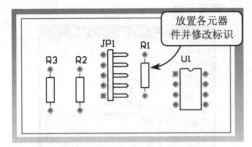

图 8-72　放置各封装元器件

13　执行【设计】|【网络表】|【编辑网络】命令，将打开【网表管理器】对话框。在该对话框【类中网络】选项区域下单击【添加】按钮，将打开【编辑网络】对话框，此时按照图 8-73 所示添加网络名 VOUT 和网络 Pin。

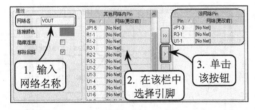

图 8-73　添加网络名和网络 Pin

14　完成上述操作后，单击【确定】按钮将返回上一个对话框。再次单击【添加】按钮，按照上步方法添加网络名 NetR2_2 和网络 Pin，添加效果如图 8-74 所示。

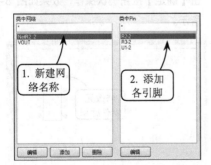

图 8-74　添加网络 1

15　继续单击【添加】按钮，在打开的对话框中添加网络名 SGND 和网络 Pin，添加效果如图 8-75 所示。

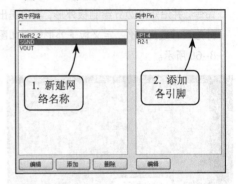

图 8-75　添加网络 2

16　再次单击【添加】按钮，在打开的对话框中添加网络名 VIN 和网络 Pin，添加效果如图 8-76 所示。

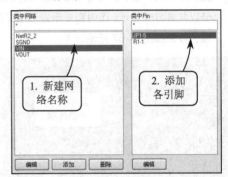

图 8-76　添加网络 3

17　继续单击【添加】按钮，在打开的对话框中添加网络名 VDD 和网络 Pin，添加效果如图 8-77 所示。

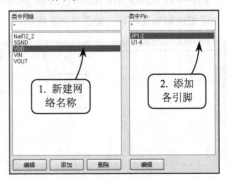

图 8-77　添加网络 4

18 继续单击【添加】按钮,在打开的对话框中添加网络名 VEE 和网络 Pin,添加效果如图 8-78 所示。

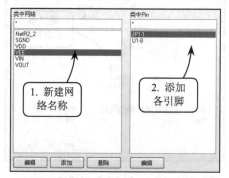

图 8-78 添加网络 5

19 继续单击【添加】按钮,在打开的对话框中添加网络名 NetR1_2 和网络 Pin,添加效果如图 8-79 所示。

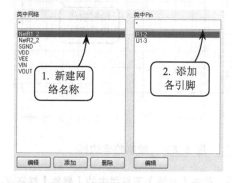

图 8-79 添加网络 6

20 在完成上述操作后,单击【确定】按钮确认操作。则主窗口将显示图 8-80 所示的细线连接元器件 Pin 效果。

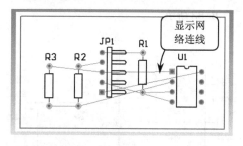

图 8-80 连接效果

21 单击【布线】工具栏中的 Interactive Routing 按钮,按照网络细线的走向,分别绘制各导线,并将元器件标识放置在适当位置处,效果如图 8-81 所示。

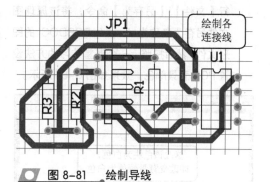

图 8-81 绘制导线

8.7 课堂练习 8-2:绘制 Amplify 电路 PCB 图

本实例通过放大电路原理图绘制对应的 PCB 图,绘制效果如图 8-82 所示。原则上必须在明确原理图中各元器件放置情况和连接方式后,才有可能绘制准确、有效的 PCB 图。在绘制 PCB 图时,首先规划电路板,然后放置各元件和编辑网络。最后通过网络连接线绘制元器件之间连接导线。

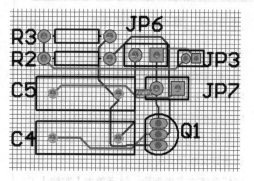

图 8-82 放大电路原理图和 PCB 图

操作步骤：

1. 启动 Altium Designer 软件，然后打开本书配套光盘文件 Amplify.SchDoc，效果如图 8-83 所示。

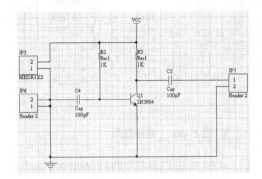

图 8-83　电路原理图

2. 执行【文件】|【新建】|PCB 命令，然后执行【文件】|【另存为】命令，将该原理图文件另存为名称为 Amplify.PCBDOC 的图形文件。然后按照上一个课堂练习的方法设置 PCB 背景颜色，效果如图 8-84 所示。

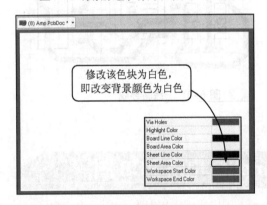

图 8-84　修改系统区域背景

3. 单击【布线】工具栏中的【放置填充】按钮，并在操作环境绘制填充区域，如图 8-85 所示。然后将当前工作层面切换至 Mechanical 1 层面上，并执行【设计】|【板子外形】|【重新定义板子外形】命令，沿边界定义板子外形。

4. 将矩形填充区域删除，然后单击【布线】工具栏中的 Interactive Routing 按钮，沿该

区域绘制物理边界，如图 8-86 所示。

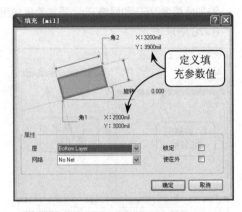

图 8-85　【填充】对话框

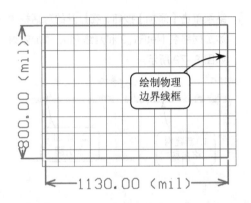

图 8-86　绘制物理边界

5. 单击【布线】工具栏中的【器件】按钮，将打开【放置元件】对话框，此时按照如图 8-87 所示步骤输入封装名称"RAD-0.3"。

图 8-87　【放置元件】对话框

6. 指定封装元器件名称后，单击该对话框中

【确定】按钮，指针位置将显示该元器件。此时按空格键旋转该元器件，即可获得图8-88所示的元器件放置效果。

此时按空格键旋转该元器件，即可获得图8-92所示的元器件放置效果。

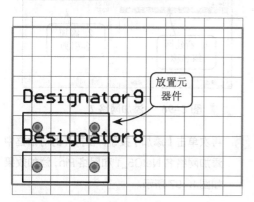

图 8-88　放置封装元器件

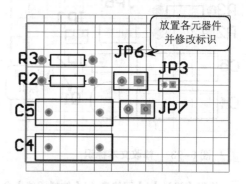

图 8-90　放置各封装元器件

7. 分别双击元器件上方的标识，然后在打开的对话框下的【文本】列表框中分别输入"C4"和"C5"，单击【确定】按钮确认操作，效果如图8-89所示。

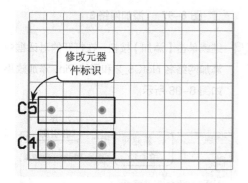

图 8-89　修改文本标识

图 8-91　【放置元件】对话框

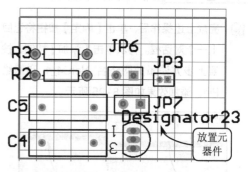

图 8-92　放置元器件

8. 按照上述放置元器件的方法分别放置 AXIAL-0.3、HDR1X2 和 MHDR1X2 元器件，如有必要可按空格键旋转该元器件，效果如图8-90所示。

9. 单击【布线】工具栏中的【器件】按钮，将打开【放置元件】对话框。此时按照图8-91所示步骤输入组件名称"2N3904"。

10. 指定封装元器件名称后，单击该对话框中的【确定】按钮，指针位置将显示该元器件。

11. 双击该元器件上方的标识，然后在打开的对话框下的【文本】列表框中输入"Q1"，单击【确定】按钮确认操作，效果如图8-93所示。

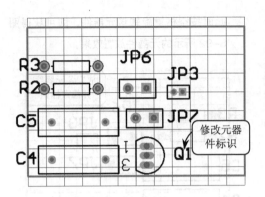

● 图 8-93　修改文本标识

12　执行【设计】|【网络表】|【编辑网络】命令，将打开【网表管理器】对话框。在该对话框【类中网络】选项区域下单击【添加】按钮，将打开【编辑网络】对话框，此时按照图 8-94 所示添加网络名 GND 和网络 Pin。

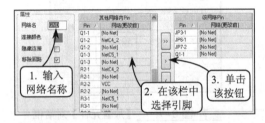

● 图 8-94　添加网络名和网络 Pin

13　完成上述操作后，单击【确定】按钮将返回上一个对话框。再次单击【添加】按钮，按照上步方法添加网络名 NetC4_1 和网络 Pin，添加效果如图 8-95 所示。

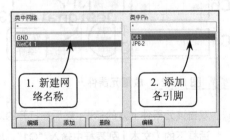

● 图 8-95　添加网络 1

14　继续单击【添加】按钮，在打开的对话框中添加网络名 NetC4_2 和网络 Pin，添加效果如图 8-96 所示。

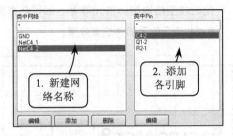

● 图 8-96　添加网络 2

15　再次单击【添加】按钮，在打开的对话框中添加网络名 NetC5_1 和网络 Pin，添加效果如图 8-97 所示。

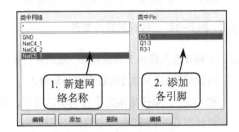

● 图 8-97　添加网络 3

16　继续单击【添加】按钮，在打开的对话框中添加网络名 NetC5_2 和网络 Pin，添加效果如图 8-98 所示。

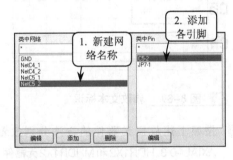

● 图 8-98　添加网络 4

17　继续单击【添加】按钮，在打开的对话框中添加网络名 VCC 和网络 Pin，添加效果如图 8-99 所示。

18　在完成上述操作后，单击【确定】按钮确认操作。则主窗口将显示图 8-100 所示的细线连接元器件 Pin 效果。

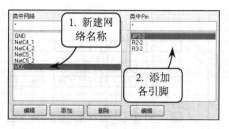

图 8-99 添加网络 5

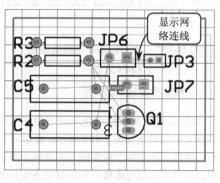

图 8-100 连接效果

19 单击【布线】工具栏中的 Interactive Routing 按钮，按照网络细线的走向，分别绘制各导线，并将元器件标识放置在适当位置处，效果如图 8-101 所示。

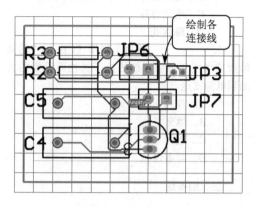

图 8-101 绘制导线

8.8 思考与练习

一、填空题

1. 要制作印刷电路板，需要有原理图和网络表，这是制作印刷电路板的前提。其中_____是原理图向 PCB 图转化的桥梁，在电路板设计占据极其重要的地位。

2. Altium Designer 提供手工布线和自动布线两种布线方式。其中_____布线是用户按照网络标号连接来手动布置导线。

3. 在 Altium Designer 中提供了两种绘制圆弧的方法，分别为_____和边缘法，它们分别以圆心为基准和以边界（起点和终点）为基准绘制圆弧导线。

4. _____又称导孔，连接不同板层间的导线当从一层进入另一层时需要放置导孔。

5. _____就是导线与焊盘连接处的过渡段，由于它呈泪滴状，所以就称为泪滴。其作用是使导线和焊点的接触更加牢固，不易断裂。

二、选择题

1. 在【喜好】对话框下的 PCB Editor | General 选项卡中，启用【_____】复选框用于设置当移动元件封装或字符串时，光标将自动移动到元件封装或字符串参考点。

   A. 在线 DRC
   B. Snap To Center
   C. 移除复制品
   D. 确认全局编译

2. 在【喜好】对话框下的 PCB Editor | General 选项卡中，可在【多边形 Repour】选项区域中设定 3 种敷铜重复选择模式，不包括以下【_____】选择模式。

   A. Always
   B. Threshold
   C. Editor
   D. Never

3. 在执行规划电路板操作过程中，首要的任务就是定义电路板的_____。

   A. 外形尺寸
   B. 物理边界
   C. 电气边界
   D. 螺丝孔

4. _____是在禁止布线层（Keep-Out

Layer）中完成的，一般用于设置电路板的板边，即是将所有焊盘、过孔和线条限制在适当的范围之内。

    A．外形尺寸
    B．物理边界
    C．电气边界
    D．螺丝孔

5．_____一般用于制作 PCB 插件的接触面或者用于增强系统的抗干扰性而设置的大面积电源或地。

    A．焊点
    B．填充
    C．敷铜
    D．焊盘过孔

三、回答题

1．简要介绍在 PCB 中基本电路参数设置方法。

2．规划电路板主要进行哪几个步骤的操作？

3．简要介绍 PCB 面板的制作方法。

4．简要介绍在当前 PCB 环境中各种布线工具的使用方法。

四、上机练习

1．绘制 Keyboard 电路 PCB 图

本练习通过 Keyboard 电路原理图绘制对应的 PCB 图，绘制效果如图 8-102 所示。该电路属于键盘电路设计，因此从原理图和 PCB 图都可看出元器件呈均匀分布。在绘制 PCB 图时，首先规划电路板，然后放置各元件并编辑网络。最后通过网络连接线绘制元器件之间连接导线。具体元器件封装名称可参照本书配套光盘文件。

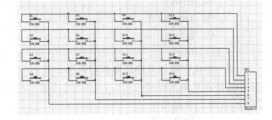

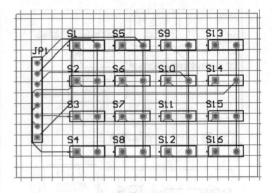

图 8-102　Keyboard 电路原理图和 PCB 图

2．绘制滤波器 PCB 图

本练习通过滤波器电路原理图绘制对应的 PCB 图，绘制效果如图 8-103 所示。在绘制 PCB 图时，可按照本章两个课堂练习的常规步骤进行绘制，即首先规划电路板，然后放置各元件并编辑网络，最后通过网络连接线绘制元器件之间连接导线。具体元器件封装名称可参照本书配套光盘文件。

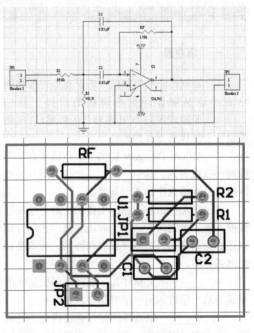

图 8-103　滤波器原理图和 PCB 图

第 9 章

PCB 图设计进阶

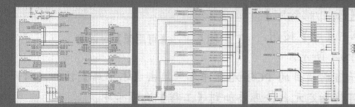
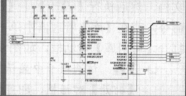

对于一个完整的 PCB 的设计项目，都应该包含电路原理图的设计。当原理图中所有的元器件的封装正确时，可以直接生成 PCB 的元器件的封装并自动生成元器件的连线。通过元器件的布局功能，可使元器件在电路板上的位置更加合理。之后可以根据布线规则，使用 Altium Designer 8.0 强大的自动布线功能对 PCB 进行布线，生成最终的 PCB 图。

本章主要介绍了元器件库的装入、元器件的封装以及元器件的布局方式。另外还介绍了 PCB 的自动布线规则和布线的方法。

本章学习目的

- ➢ 熟悉元器件库的使用
- ➢ 了解网络表的装入
- ➢ 了解元器件的封装
- ➢ 熟练对元器件进行布局
- ➢ 掌握自动布线规则的设置
- ➢ 熟练自动布线和手动布线

9.1 网络表与元器件装入

打开PCB文档后，即可装入网络表和元器件封装。在装入网络表和元器件封装之前，必须装入所需的元器件封装库，否则在装入网络表及元器件的过程中程序将会提示用户装入过程失败。

9.1.1 装入元器件库

根据PCB图设计的需要，应装入设计印刷电路板时使用的几个元器件库，以便为装入网格表和元器件提供先决条件。系统既支持集成元器件库，也支持独立的元器件库，元器件库文件的后缀名为.IntLib。

在装入元器件库之前，应当先打开PCB文档，然后执行【设计】|【添加/移除库】命令，或在【库】管理器中单击【库】按钮，打开【可用库】对话框，如图9-1所示。

图9-1 【可用库】对话框

- **工程** 该选项卡中显示当前项目的PCB元器件库。单击【添加库】按钮，打开【打开】对话框，即可将指定元器件库添加到【工程】选项卡中。
- **已安装** 显示了已经安装的PCB元器件库。一般情况下，如果要装载外部的元器件库，则在该选项卡中实现。单击【安装】按钮即可装载元器件库到当前项目。
- **搜索路径** 显示搜索的路径。如果在当前安装的元器件库中没有需要的元器件封装，则可以按照搜索的路径进行搜索。单击【路径】按钮即可设置搜索路径。

在【工程】选项卡中，单击【添加库】按钮将打开【打开】对话框。在该对话框中，指定到系统的安装目录下Library目录中，选择要装入的元器件库，单击【打开】按钮，即可将选择的元器件库装入，如图9-2所示。

在制作PCB时比较常用的元器件封装库有Miscellaneous Connectors.IntLib和Miscellaneous Devices.IntLib等，设计人员还可以装入自定义的元器件封装库。

图9-2 装入元器件库

9.1.2 浏览元器件库

在装入元器件库后，可以对其进行浏览，以使用户查看是否满足设计的需求。因为系统提供了大量的PCB元器件库，在进行电路板设计制作时，需要经常浏览元器件库，选择设计时所需要的元器件。

执行【设计】|【浏览器件】命令打开【库】管理器，如图 9-3 所示。其中包含了当前 PCB 中装入的元器件库，以及当前元器件库中的元器件。

- **库** 单击该按钮即可打开【可用库】对话框，可进行元器件库的装载操作。
- **搜索** 单击该按钮可打开【搜索库】对话框，可输入条件查寻元器件库，并显示到【库】管理器中。
- **Place TO-92A** 单击该按钮可打开【放置元件】对话框，选择元器件的【放置类型】，并将该元器件放置到 PCB 电路板中。

在【库】管理器顶部的列表框中列出了已装入的元器件库，通过选择来查看该元器件库中集成的元器件。在下面的列表框中输入字符，在【元件名】面板中可快速显示出包含该字符的元器件。如果输入"*"字符，则在该面板中显示所有的元器件。

当在【元件名】面板中选择一个元器件时，在下面的【元件】面板和【模型】面板中将显示出该元器件的原理图及 PCB 模型。

图 9-3　【库】管理器

9.1.3 装入网络表与元器件封装

装入网络表与元器件封装是制作 PCB 的重要的操作环节，是将原理图设计的数据装入印刷电路板设计系统的过程。当所需的元器件库已经装入程序后，即可进行网络表与元器件装入。

在装入原理图的网络表与元器件之前，设计人员应该先编译设计项目，根据编译信息检查项目原理图是否存在错误。如果有错误应当及时修正，否则装入网络表和元器件到 PCB 时将会产生错误，有可能导致装载失败。

打开要进行操作的原理图文件后，执行【设计】| Update PCB Document ...命令，打开【工程更改顺序】对话框，如图 9-4 所示。

图 9-4　【工程更改顺序】对话框

- **生效更改**

单击该按钮可检查工程变化顺序（ECO），并使工程变化顺序有效。

- **执行更改**

单击该按钮可接受工程变化顺序，将元件封装和网络表添加到 PCB 编辑器中，如图 9-5 所示。

如果检查工程变化顺序存在错误，则装载将不能成功；如果没有装载元器件封装库，将找不到所需的元器件封装库，装载也无法成功。

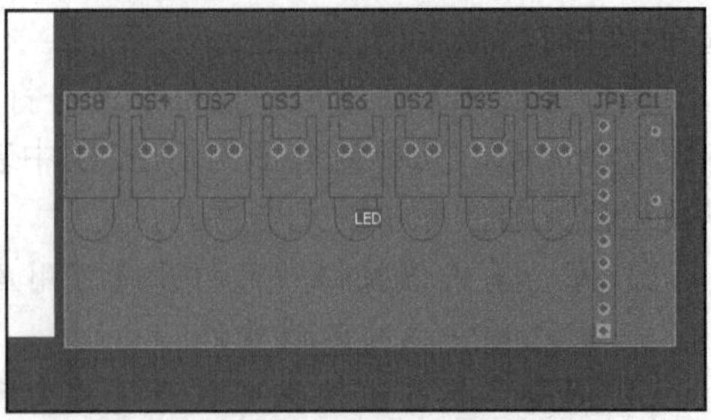

❑ 报告更改

单击该按钮可打开【报告预览】对话框，如图 9-6 所示。其中显示了【执行更改】命令后元器件的信息和状态。

在该对话框中，单击【输出】按钮即可将当前报表保存为电子表格格式（.xls）文档。单击【打印】按钮时，可将当前报表进行打印输出。

每个元器件必须具有引脚的封装形式，对于原理图中从元器件库中装载的元器件，一般均具有封装形式，但是如果是用户自己

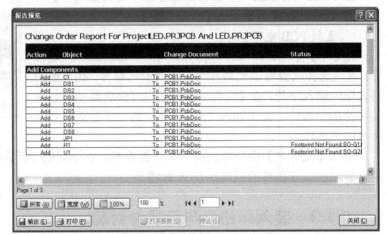

图 9-5 装入的网络表与元器件

图 9-6 【报告预览】对话框

创建的元器件库或从 Digital Tools 工具栏中选择装载的元器件，则应该设定其封装形式（即 Footprint 属性项），例如电阻引脚封装可设置为 AXIAL0.4。

如果没有设定封装形式，或者封装形式不匹配，则在装入网络表时，将在列表框中显示某些宏是错误的，此时将不能正确装载该元器件。在返回到原理图中，修改该元器件的属性或电路连接，再重新生成网络表，然后切换到 PCB 文件中进行操作。

9.2 元器件封装

元器件封装是构成 PCB 图最基本的单元。对于一般的元器件封装，可从元器件封装库中直接调用，在设计 PCB 图的过程中偶尔会遇到比较特殊的和专用的元器件封装，需要手动制作元器件封装并对封装库进行管理。

9.2.1 元器件封装简介

元器件封装是指安装电子元器件的外壳，它是几何尺寸、安装尺寸、外形等的集中描述。它不但起着安装、固定、密封、保护器件的作用，而且还起到与电路板上导线连接，保证电气连接的作用。

纯粹的元器件封装只是空间的概念，不同的元器件可以有相同的封装（如普通电阻

和普通二极管），同一元器件也可以有不同的封装（如普通电阻因其功率不同而导致电阻的外形和焊盘位置上的差异很大）。所以在取用焊接元器件时，不仅要了解元器件的名称还需了解元器件的封装。

1. 元器件封装分类

元器件封装方法可以分为两大类，即针脚式元器件封装和表贴式（STM）元器件封装。元器件封装方法不同，在使用时其性能和价格也有所不同。

❑ **针脚式元器件封装**

针脚式元器件封装是指在焊接时先将元器件引脚插入焊点导通孔，然后进行焊锡。由于焊点导通孔贯穿整个电路板，所以焊盘的板层属性为 Multi-Layer，如图 9-7 所示。

❑ **表贴式元器件封装**

表贴式元器件封装只限于单面板层，其焊盘的板层属性必须为单一表面，即顶层（Top Layer）或底层（Bottom Layer），如图 9-8 所示。

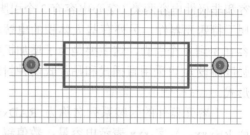

图 9-7　针脚式封装

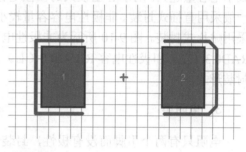

图 9-8　表贴式封装

2. 元器件封装编号

元器件封装编号为"元器件类型+焊点距离（焊点数）+元器件外形尺寸"，可以根据元器件编号来判断元器件封装规格。

例如，DIP20 表示双列直插式元器件封装，有 20 个引脚。电阻封装 AXIAL0.5 表示此元器件封闭为轴状，两焊点间的距离的 400mil。RB.4/.8 表示极性电容类元器件封装，引脚间距离为 400mil，元器件直径为 800mil。

9.2.2　常用元器件封装

元器件的 PCB 封装和 SCH 库元件有本质的区别：前者表示一个实际元器件的电器模型，与尺寸形状无关，只要表达清楚无误即可；后者主要和尺寸、几何形状等相关。常用的元器件封装有二极管类、极性电容类、非极性电容类、电阻类、可变电阻类和集成块等。

1. 二极管类

二极管有两个引脚，有正负极之分，其封装形式有直插式和贴片式两大类。二极管类元器件封装系列名称为 DIODExxx，数字 xxx 表示功率，数值越大表示功率越大。图 9-9 所示为二极管 DIODE-0.4（上）和发光二极管 LED-1（下）的封装形式。

2．电容类

电容一般有两个引脚，可以分为极性电容和非极性电容两类（穿心电容有 3 个引脚，属于特殊元器件，另外有些大体积的电解电容有 3 到 4 个引脚，这主要是为了增加机械强度而设），可采用直插式和贴片式两种封装形式。

电容元器件的封装系列名称为 RADxxx 或 RBxxx，数字 xxx 表示电容量，数值越大表示电容量越大。对于容量较大的极性电容，一般采用直插式封装。非极性电容容量较小，采用贴片式封装。图 9-10 所示为非极性电容 RAD0.3（左）和极性电容 RB5-10.5（右）的封装形式。

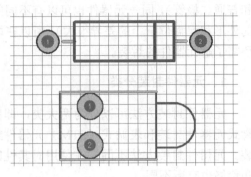

图 9-9　二极管元器件封装

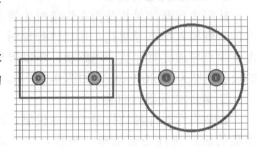

图 9-10　电容封装形式

3．电阻类

电阻只有两个引脚而没有极性，封装形式有直插式和贴片式两大类。封装形式的采用与电阻本身的参数有关，主要表现在功率上，功率较大的采用直插式，较小的采用贴片式。

元器件的封装系列名称为 AXIALxxx，数字 xxx 表示电阻的大小，数字越大则形状越大。如电阻元器件 AXIAL-0.4 指焊盘中心距为 0.4 英寸，封装形式如图 9-11 所示。

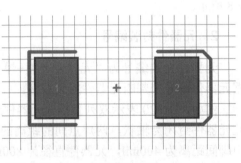

图 9-11　电阻封装形式

4．集成电路

集成电路元器件的封装形式非常有规律性，通常有以下几种：DIP、SDIP、SOP、PLCC、PGA 等。

❏ **DIP** 是一种双列直插封装，该封装的体积大、价格较低。采用该封装时要注意引脚数量、引脚间距、两列引脚之间的间距、焊盘信息等。标准 DIP 的焊盘中心点距离是 100mil（约 2.54mm），边距距离为 50mil，孔直径为 32mil。一般第一个引脚为方形，其余为圆形，如图 9-12 所示。

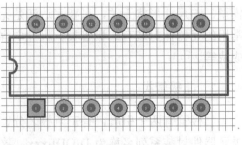

图 9-12　常用 DIP 封装形式

另外，SDIP 的封装比 DIP 的封装焊盘中心点距离要小约 2mm，在使用这类元器件时应注意查看芯片的技术参数。

- **SOP** 是小贴片封装类型，一般每种 DIP 封装的集成电路均有对应的 SOP 封装，它比 DIP 封装类型的体积要小，如图 9-13 所示。
- **PLCC** 是一种特殊的引脚芯片封装，它是贴片封装的一种，该类型的引脚在芯片底部向内弯曲。因此在芯片的俯视图中是看不见芯片引脚的，其焊接采用回流焊工艺，需要专用的焊接设备。
- **PGA** 为引脚栅格阵列，是一种传统的封装，引脚在芯片的底部四周均匀分布。

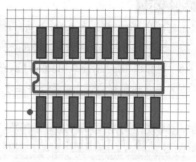

图 9-13 常用 SOP 封装形式

5．三极管类

三极管有 3 个引脚，呈三角形和直线分布，分为 PNP 和 NPN 两类。同一等级的 PNP 和 NPN 三极管一般物理外形相同，部分引脚序号也相同。

三极管元器件的封装系列名称为 TOxxx，后缀 xxx 表示三极管的类型，包括一般三极管、大功率管等。常用小功率三极管一般为 TO-92A 和 TO-92 等，其常用封装如图 9-14 所示。

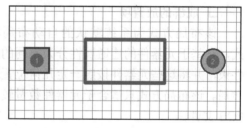

图 9-14 三极管封装形式

6．熔丝（FUSE）

熔丝是一个保护知识产权的设计，熔丝的引脚封装系列名称为 Fuse，其封装形式如图 9-15 所示。

7．电位器

电位器元器件的封闭系列名称为 VRxxx，后缀 xxx 表示管脚形状。如电位器元器件 VR5 封装形式如图 9-16 所示。

8．串并口

串并口是计算机及各种控制电路中不可缺少的元器件，其引脚的封装形式为 DB 和 MD。DB 封装系列名称为 DBxxx，数字 xxx 表示针数，如串口元器件 DB008 封装形式如图 9-17 所示。

图 9-15 熔丝封装形式

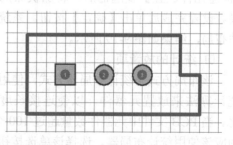

图 9-16 电位器封装形式

> **提示**
>
> 元器件的 PCB 封装在 PCB 中包括外形和焊盘两个部分，其中外形一般标在 Top Overlay；焊盘如果是贴片的，则标在 Top Layer 或 Bottom Layer；如果是通孔的则需要考虑所有的通孔层是否存在矛盾。

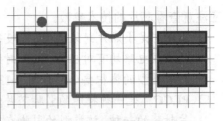

图 9-17　串口封装形式

9.3　元器件自动布局

将元器件封装放入 PCB 图时，元器件放置的位置并不是最合理的，因此需要对元器件封装位置进行布局。使用系统强大的自动布局的功能，在定义好布局规则后，执行命令即可自动将重叠的元器件封装分离。

当放入元器件后，执行【工具】|【器件布局】|【自动布局】命令，打开【自动放置】对话框，如图 9-18 所示。在对话框中可以设置有关的自动布局参数，一般情况下可以直接使用系统默认值。

PCB 编辑器提供了两种自动布线方式，每种方式均使用不同的计算和优化元器件位置的方法。

❑ 成群的放置项

该布局方式为系统默认的自动布局器方式，它基于元器件的连通属性分为不同的元器件束，并将这些元器件按照一定几何位置进行布局。该布局方式只适合于元器件数量较少的 PCB 文件。

当采用自动布局器布局元器件时，启用【快速元件放置】复选框后，将加快布局的结果。设置完成后单击【确定】按钮，系统将自动布局，结果如图 9-19 所示。

❑ 统计的放置项

该布局方式为统计布局器方式，使用一种统计算法来放置元器件，以使连接长度最优化。当 PCB 文件中元器件数量超过 100 个时，则应该使用统计布局器。选择该单选按钮后，对话框中将显示其设置选项，如图 9-20 所示。

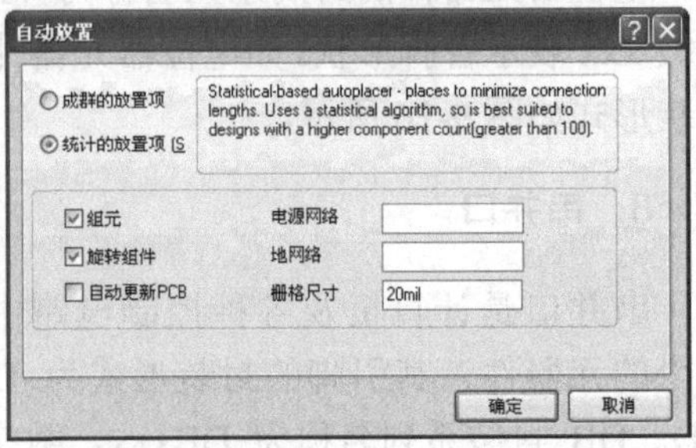

图 9-18　【自动放置】对话框

图 9-19　使用【自动布局器】布局结果

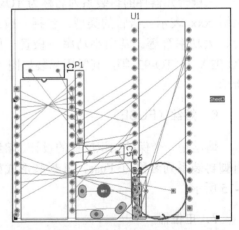

图 9-20　使用统计布局器方式布局

- ➢ **组元** 启用该复选框后,将在当前网络中连接密切的元器件归为一组。在排列时,将该组的元器件作为群体而不是个体来考虑。
- ➢ **旋转组件** 启用该复选框后,将依据当前网络连接与排列的需要,使元器件重组转向。如果不启用该复选框,则元器件将按原始位置布置,不进行元器件的转向动作。
- ➢ **自动更新PCB** 在PCB文件中更新最终结果。
- ➢ **电源网络** 定义电源网络名称。
- ➢ **地网络** 定义地网络的名称。
- ➢ **栅格尺寸** 设置元器件自动布局时的栅格间距大小。

根据需求在对话框中进行相应的设置后,单击【确定】按钮,即可开始自动布局,布局结果如图9-21所示。

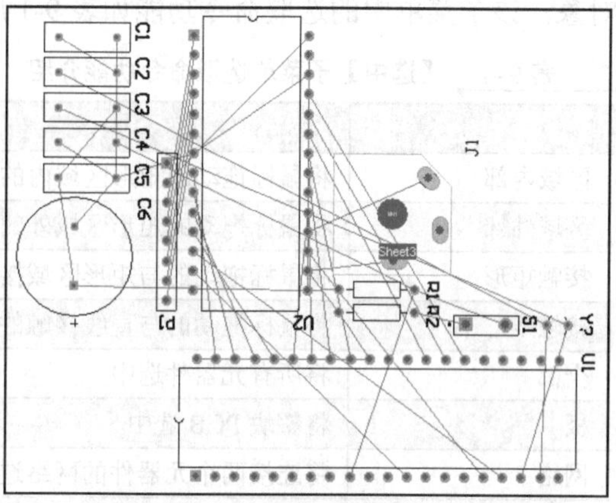

在使用自动布局功能时,即使是对同一个电路自动布局,每次所得到的结果都会不同。系统允许对元器件进行多次自动布局,然后根据需要选择满意的布局结果。

▲ 图 9-21 利用统计布局器显示布局结果

注 意

在运行自动布局前,应确保已经定义了PCB的电气边界,并确保电气边界的属性选择为Keep Out。并且应该将当前原点设置为系统默认的对象原点位置(自动布局使用绝对原点做参考点),可执行【编辑】|【原点】|【复位】命令。

9.4 编辑元器件的布局

对于元器件的自动布局一般以寻找最短布线路径为目标,因此元器件的自动布局往往不太理想,因此需要进行手工调整,以达到符合要求的 PCB 布局结果。进行手工调整实际上就是对元器件进行排列、移动和旋转等操作。

9.4.1 选取元器件

在进行手工调整元器件的布局前,应该先选中元器件,然后才能进行元器件的移动、旋转、翻转等编辑操作。

在 PCB 图中,单击并拖动包含元器件的矩形框,即可选取元器件。同时系统也提供了专门的选取对象和释放对象的选择命令,图9-22 所示为【编

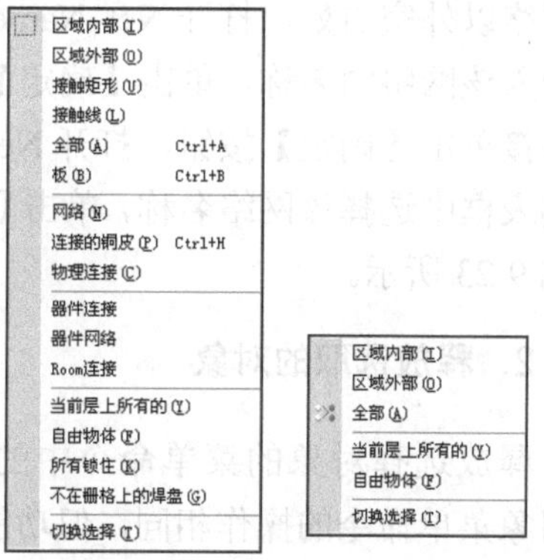

▲ 图 9-22 选中(左)和取消选中(右)子菜单

辑】菜单的【选中】子菜单和【取消选中】子菜单。

1. 选取对象

【选中】子菜单提供了多种不同的选取方式的命令，用于选中 PCB 图中的元器件及对象，该子菜单中的选取命令功能如表 9-1 所示。

表 9-1 【选中】子菜单选取命令功能介绍

命 令	功 能 描 述
区域内部	将鼠标拖动的矩形区域内的元器件选中
区域外部	将鼠标拖动的矩形区域外的元器件选中
接触矩形	将鼠标拖动的与矩形区域接触的及其内部的元器件选中
接触线	将鼠标拖动的与直线接触的元器件选中
全部	将所有元器件选中
板	将整块 PCB 选中
网络	将连接两个元器件的网络选中
连接的铜皮	通过敷铜的对象来选定相应网络中的对象。当执行该命令后，如果选中某条走线或焊盘，则该走线或者焊盘所在的网络对象上的所有元器件均被选中
物理连接	表示通过物理连接来选中对象
器件连接	表示选择元器件上的连接对象，比如元器件上的引脚
器件网络	表示选择元器件上的网络
Room 连接	表示选择电气方块上的连接对象
当前层上所有的	选定当前工作层上的所有对象
自由物体	选中所有自由对象，即不与电路相连的任何对象
所有锁住	选中所有锁定对象
不在栅格上的焊盘	选中图中的所有焊盘
切换选择	逐个选取对象，最后构成一个由所选中的元器件组成的集合

例如，要选取 PCB 图中的网络 GND 时，可单击 PCB 中网络以外空白处，打开 Net Name 对话框。在该对话框中输入该网络的名称，单击【确定】按钮进行选择。也可以直接单击【确定】按钮，打开 Nets Loaded 对话框，并在列表框中选择该网络名称，单击【确定】按钮即可选取，如图 9-23 所示。

2. 释放选取的对象

释放选择对象的菜单命令中的各个选项与对应的选择对象菜单命令的操作相同，但功能相反，可将已选中的对象释放为未被选择的对象。

图 9-23 选择网络

9.4.2 移动元器件

在 PCB 图中，选中要移动的元器件后，单击拖动即可移动被选中的元器件。除此之外，系统还提供了使用菜单命令的方式来实现元器件的移动。

执行【编辑】菜单的【移动】子菜单中的命令，即可实现元器件的移动操作。使用命令方式移动元器件将更加方便和快捷。该子菜单中的命令功能如表 9-2 所示。

表 9-2 【移动】子菜单中命令功能介绍

命 令	功 能 描 述
移动	该命令用于移动元器件
拖动	该命令的用法同移动命令相同
器件	该命令的用法和移动和拖动命令相同，但只能对图中的元器件进行移动
重布线	该命令可用来对移动后的元器件重新生成布线
打断走线	该命令可用来打断某个导线
拖动线段头	该命令可移动走线的中间部分的走向位置，走线的两端点不会被移动
移动/调整多段走线的大小	该命令可对走线的一个端点进行移动
移动选择	该命令可将选中的多个元器件移动到目标位置。执行命令前确保要移动的元器件已被选中
通过 X,Y 移动选择	可通过输入 X、Y 的偏移量进行移动
旋转选择	用于旋转选中的对象，应在执行命令前选中元器件
翻转选择	用于将选中的对象翻转 180°，与旋转不同，应在执行命令前选中元器件

当执行【移动】命令后，鼠标指针前将多出一个十字符号，单击要移动的元器件后，该元器件将随鼠标指针一起进行移动。移动到适合的位置后，再单击即可完成该元器件的移动。

使用【通过 X，Y 移动选择】命令移动时，可先选中要移动的元器件再执行该命令，此时将打开【获得 X/Y 偏移量】对话框，如图 9-24 所示。可在对话框中输入元器件要移动位置的偏移量后，单击【确定】按钮即可。

图 9-24 【获得 X/Y 偏移量】对话框

- **X 偏移量** 输入元器件在水平位置的偏移量。单击按钮，即可将偏移量值在正负之间切换（除 0 之外）。
- **Y 偏移量** 输入元器件在垂直位置的偏移量。
- **固定 X/Y 偏移量** 将【X 偏移量】的值与【Y 偏移量】的值进行调换。
- **重设 X/Y 偏移量** 将【X 偏移量】与【Y 偏移量】的值设置为 0mil。
- **定义交互式 X/Y 偏移量** 单击该按钮将隐藏【获得 X/Y 偏移量】对话框，同时鼠标指针前多出一个十字符号。在 PCB 图中的目标位置上单击后，将返回到对话框中，并且元器件原位置与目标位置的偏移量将显示到【X 偏移量】和【Y 偏移量】文本框中。

9.4.3 旋转元器件

当 PCB 图中的元器件的方向排列不一致时，可使用元器件的旋转操作。元器件在进行旋转操作时，一般可以在 0°、90°、180° 和 270° 这 4 个度数之间进行旋转操作。

执行选取命令选中要旋转的元器件，执行【编辑】|【移动】|【旋转选择】命令，打开 Rotation Angle 对话框，如图 9-25 所示。在对话框中输入要旋转的度数，单击【确定】按钮，并在 PCB 图纸上单击选取旋转基准点后，即可旋转元器件。

例如，在 Rotation Angle 对话框的文本框中输入数字 90 后，单击【确定】按钮，选取基准点后，被选中的元器件将正向旋转 90°，如图 9-26 所示。

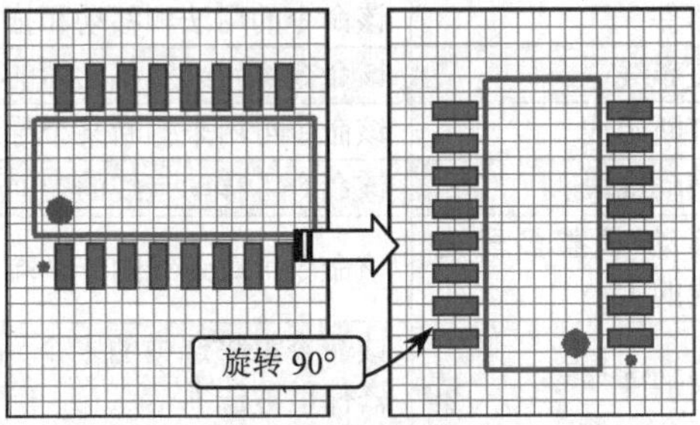

图 9-25　Rotation Angle 对话框

技 巧

单击要旋转的元器件，并按住左键不放。当光标变为十字符号后按空格键，即可旋转元器件。该方法只能以 90° 为单位进行旋转。

图 9-26　旋转元器件

9.4.4 排列元器件

系统提供了对齐元器件命令，可快速对选中的多个元器件进行排列对齐。在用于对选取的元器件进行排列时，应选中两个或两个以上的元器件，再执行排列命令，否则执行的操作将无效。

在排列元器件时，可执行【编辑】|【对齐】子菜单中的命令。该子菜单中的命令主要用于对电路板中的所有元器件和选取的元器件进行排列，如图 9-27 所示。

图 9-27　【对齐】子菜单命令

❑ **对齐**　执行该命令后，将打开【排列对象】对话框，在该对话框中列出了多种对齐方式，如图 9-28 所示。

➢ **居左**　将选取的元器件向最左边的元器件对齐。

➢ **居中（水平的）**　将选取的元器件按元器件的水平中心线对齐。

➢ **居右**　将选取的元器件向最右边的元器件

图 9-28　【排列对象】对话框

对齐。
- 等间距（水平的） 将选取的元器件水平平铺。
- 置顶 将选取的元器件向最上面的元器件对齐。
- 居中（垂直的） 将选取的元器件按元器件的垂直中心线对齐。
- 置底 将选取的元器件向最下面的元器件对齐。
- 等间距（垂直的） 将选取的元器件垂直平铺。
- 定位器件文本 执行该命令后，将打开【组件文本位置】对话框，如图 9-29 所示。可在该对话框中设置元器件文本的位置，也可手动调整文本位置。

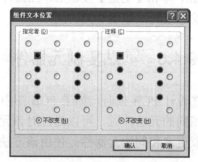

图 9-29　【组件文本位置】对话框

- ❏ **Align Left**　将选中的元器件左对齐，水平位置的元器件之间保持间距。
- ❏ **Align Right**　将选中的元器件右对齐，水平位置的元器件之间保持间距。
- ❏ **Align Top**　将选中的元器件顶部对齐，垂直位置的元器件之间保持间距。
- ❏ **Align Bottom**　将选中的元器件底部对齐，垂直位置的元器件之间保持间距。
- ❏ 对齐到栅格上　将被选取的元器件移动到最近的栅格上。
- ❏ 移动所有器件原点到栅格上　将图中所有的元器件基准点移动到最近的栅格上。

> **提 示**
> 【对齐】子菜单中的其他命令，可以通过单击【应用程序】工具栏的【排列工具】按钮 找到。

9.4.5　调整元器件标注

在对元器件的布局进行调整后，如果元器件的标注过于杂乱时，可以通过对元器件标注进行移动、旋转和编辑等操作，对元器件标注进行调整。尽管这些并不影响电路的正确性，但影响了电路板的美观。

首先选中标注字符串，然后单击鼠标右键，执行【特性】命令，或者双击要编辑的元器件标注，打开【标识】对话框，如图 9-30 所示。这时将可以设置文字标识属性。

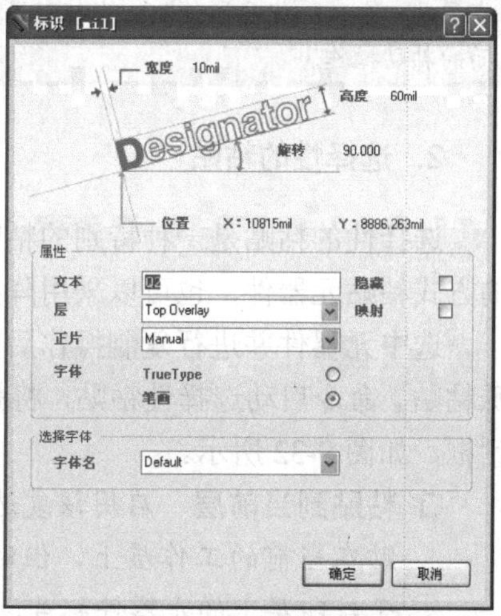

图 9-30　【标识】对话框

在该对话框中，可以对文字标注的内容、字体高度、字体宽度、字体类型、文字标注所在的工作层面、放置角度、位置坐标等属性进行设置。

例如，在对话框中输入【旋转】度数 270，并在位置 X 和 Y 处分别输入 11585mil 和 9000mil，单击【确定】按钮后，元器件的标注将发生改变，如图 9-31 所示。

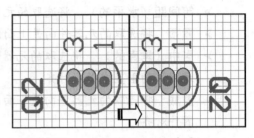

图 9-31 设置元器件标注

9.4.6 剪贴复制元器件

在设计 PCB 板时，如果 PCB 图中需要多个相同的元器件时，可以通过对该元器件进行简单的设置后，再进行剪贴和复制操作以获取更多相同的元器件。使用该方法可以避免元器件的重复性设置。

1. 一般性的粘贴

在选中元器件后，执行【编辑】菜单中的【复制】、【剪切】和【粘贴】命令，即可对该元器件进行复制、剪切和粘贴操作。

- **复制** 执行该命令或按 Ctrl+C 组合键，可将选中的元器件作为副本，放入剪贴板中。
- **剪切** 执行该命令或按 Ctrl+X 组合键，可将选中的元器件直接移入剪贴板中，同时电路图中被选元器件被删除。
- **粘贴** 执行该命令或按 Ctrl+V 组合键，可将剪贴板中的内容作为副本，粘贴到电路图中。

> **注　意**
>
> 在复制一个或一组元器件时，当执行了复制命令时，系统还要求选择一个基点，该基点可以方便后面的粘贴操作。

2. 选择性的粘贴

选择性的粘贴是一种特别的粘贴方式，可以按照设定的方式粘贴元器件，也可以采用阵列方式粘贴元器件。

选中元器件并进行复制操作后，执行【编辑】|【特殊粘贴】命令启动选择性粘贴，将打开【选择性粘贴】对话框，如图 9-32 所示。

图 9-32 【选择性粘贴】对话框

- **粘贴到当前层** 启用该复选框后，表示将对象粘贴在当前的工作层上，但对象的焊盘、过孔及位于丝印层上的元器件标号、形状和注释将保留在原来的工作层上。
- **保持网络名称** 启用该复选框后，表示如果元器件粘贴在同一个文档中，则相同的对象会保持电气网络连接。执行粘贴操作后，相同对象会保持同性质的电气网络连接线，如图 9-33 所示。

- **复制的指定者** 启用该复选框后，表示对象如果粘贴在同一文档中时，被粘贴的对象名称与原对象相同，如图9-34所示。
- **添加元件类** 启用该复选框后，表示将对象粘贴在同一文档中时，被粘贴的对象将与原对象形成相同的元件类。

当设置了粘贴属性后，可单击【粘贴】按钮直接将对象粘贴到目标位置。也可以单击【粘贴阵列】按钮，进行阵列粘贴对象，此时将打开【设置粘贴阵列】对话框，如图9-35所示。

- **放置变量** 该操作框中有两个文本框，【条款计数】文本框用于设置要粘贴元器件的个数；【文本增量】文本框用于设置要粘贴元器件序号的增量值。如果元器件序号为DS1，并将该值设定为1，则重复放置的元器件序号分别为DS2、DS3、DS4等。
- **阵列类型** 用于设置阵列复制类型。选择【圆形】单选按钮表示周向阵列复制，选择【线性的】单选按钮表示沿直线阵列复制。
- **循环阵列** 当选择【圆形】单选按钮时有效，启用【旋转项目到适合】复选框表示适当旋转对象以匹配放置的位置；【间距】文本框用于设置周向阵列的间距（角度）。
- **线性阵列** 当选择【线性的】单选按钮时有效，其中X-Spacing文本框用于设置X向的间距；Y-Spacing文本框用于设置Y向的间距。

当在【条款计数】文本框中输入2后，单击【确定】按钮后，选择一个合适的点作为插入点并单击，则在图纸中生产两个沿直线阵列的元器件DS9和DS10（其中元器件DS2～DS8已存在），如图9-36所示。

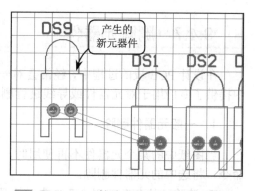
图9-33 粘贴后两元器件产生连接线

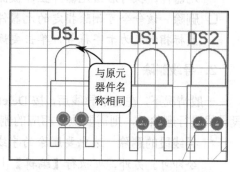
图9-34 粘贴对象与原对象同名

图9-35 【设置粘贴阵列】对话框

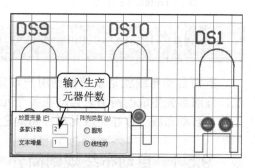
图9-36 沿直线阵列复制元器件

9.4.7 删除元器件

在设计 PCB 板的过程中，经常会对一些多余的元器件或走线进行清除或删除。系统中提供了专门用于对元器件或导线进行删除的命令。

1. 一般元器件删除

当图纸中的某个元器件不再使用时，可执行【编辑】菜单中的【删除】或【清除】命令，将选中的元器件删除。

- **清除** 该命令可删除已选中的元器件。执行【清除】命令之前，应选中要删除的元器件，执行后该元器件立即被删除。该命令与按 Delete 键的结果相同。
- **删除** 该命令可删除指定的元器件。在执行该命令前不需要选取元器件，执行后鼠标指针变为十字符号，单击要删除的元器件即可。

2. 导线删除

一般情况下，在选中导线后，按 Delete 键即可将其删除。但在复杂的 PCB 图中对多段导线进行删除时，则需要执行相应的删除命令。

- **导线段的删除** 选中要删除的导线段，按 Delete 键或执行【编辑】|【清除】命令即可。另外，可执行【编辑】|【删除】命令，当鼠标指针变为十字符号，指向要删除的导线段后，鼠标指针出现小圆点时，单击即可删除该导线段。
- **两焊盘间导线的删除** 执行【编辑】|【选中】|【物理连接】命令，当鼠标指针变为十字符号后，单击两焊盘间的导线将所有的导线段选中，然后按 Delete 键即可。
- **删除相连接的导线** 执行【编辑】|【选中】|【连接的铜皮】命令或按 Ctrl+H 组合键，当鼠标指针变为十字符号后，单击要删除的导线将所有连接的导线段选中，然后按 Delete 键即可。
- **删除同一网络的所有导线** 执行【编辑】|【选中】|【网络】命令，当鼠标指针变为十字符号后，单击网络上任意一个导线段，可将网络上所有导线选中，然后后按 Delete 键即可。

9.5 自动布线规则

所谓自动布线就是系统根据用户设定的有关布线的布线规则，依照一定的程序算法，按照事先生成的网络宏自动在各个元器件之间进行连线，从而完成印刷电路的布线工作。自动布线工作在完成元器件布局之后进行。

9.5.1 自动布线规则简介

在自动布线之前，应当先进行自动布线设计规则的设置。设置规则是否合理将直接影响布线的质量和成功率。设置完布线规则后，程序将依据这些规则进行自动布线。

1. 工作层

在自动布线设计规则的设置之前，还需要打开相应的工作层面（如信号层、丝印层及其他层面），以便在自动布线时走线可以放置到该层中。

- 信号层　对于双面板都拥有两个信号层，即顶层（Top Layer）和底层（Bottom Layer）。这两个工作层面必须设置为打开状态，而信号层的其他层面均可以处于关闭状态。
- 丝印层　对于双面板而言，只需要打开顶层丝印层。
- 其他层面（Others）　根据实际需要，还需打开禁止布线层（Keep Out Layer）和多层（Multi-Layer），它们主要用于放置电路板板边和文字标注等。

2. 布线规则

布线规则是根据布线的实际需要定义的自动布线的一系列的规则。例如，安全间距值、布线拐角模式、布线层的确定、布线优先级等。通过这些规则的设置，可提高自动布线的质量。

- 安全间距允许值　布线之前需要定义同一个层面中两个图元之间所允许的最小间距，即安全间距。默认情况下可设置为 10mil。
- 布线拐角模式　根据电路板的需要，可将电路板中的布线拐角模式设置为 45°角模式。
- 布线层的确定　对于双面板而言，可将顶层布线设置为沿垂直方向，将底层布线设置为沿水平方向。
- 布线优先级　布线优先级可设置为 2。
- 布线原则　可定网络的走线以布线的总线长为最短并沿水平方向布线。
- 过孔的类型　对于过孔类型，应该对电源/接地线与信号线区别对待。一般将电源/接地线过孔的孔径参数设置为：孔径 20mil，宽度 50mil。一般信号类型的过孔则为：孔径 20mil，宽度 40mil。
- 对走线宽度的要求　根据电路的抗干扰性和实际电流的大小，将电源和接地线宽确定为 20mil，其他走线宽度为 10mil。

3. 规则定义设置

在完成对 PCB 图的工作层的设置，以及了解自动布线的规则后，即可对自动布线的参数进行设置。执行【设计】|【规则】命令，打开【PCB 规则及约束编辑器】对话框。在该对话框中可以设置自动布线的参数及其他参数，如图 9-37 所示。

- 设计规则基本操作

在对话框中右侧的表中，列出了当前 PCB 中已包含的规则。单击【名称】列中指定的规则，可重新指定该规则的名称；在【激活的】列中启用/禁用某个复选框，可指定当前规则在 PCB 中是否可用。

❑ 添加/删除规则

在对话框左侧的树目录中，可以看到设计规则共包含了 Electrical、Routing、SMT、Mask 和 Testpoint 等 10 个类别的规则。单击规则前的 ⊞ 按钮或双击规则名称打开该规则的子规则，此时右击子规则或子规则中的布线规则，并执行【新规则】命令，即可生成新的布线规则，如图 9-38 所示。

图 9-37 【PCB 规则及约束编辑器】对话框

❑ 新规则 新建规则。
❑ 删除规则 删除设计人员创建的规则，而对系统提供的规则无效。
❑ 报告 将当前规则以报告文件的方式给出。
❑ Export Rules 将规则导出，并以 .rul 为后缀名进行保存。
❑ Import Rules 将以 .rul 为后缀名的文件导入到规则中。

图 9-38 添加新规则

9.5.2 电气规则设置

电气规则（Electrical）用于设置自动布线时走线与元器件之间的安全设置。包括 Clearance（走线间距约束）、Short Circuit（短路约束）、Un-Routed Net（未布线的网络）和 Un-Connected Pin（未连接的引脚）4 个规则。

1．走线间距约束

走线间距约束即安全间距，指同一层面中导线与导线之间、导线与焊盘之间的最小距离，系统提供了一个名称为 Clearance 的安全间距规则，可通过选择 Design Rules | Electrical | Clearance | Clearance 目录节点打开。

要增加新的规则，可右击 Clearance 目录节点，执行【新规则】命令，即可生成新的走线间距约束。单击该走线间距约束，在对话框右侧将显示走线间距规则选项，如图 9-39 所示。

❏ **名称设置**

通过【名称】文本框可重新指定规则的名称。例如，在文本框中输入"Clearance_all"，可表示该规则的特性和范围。

❏ **走线间距适用范围**

可分别在 Where The First/Second Object Matches 两个选项区域中选择规则匹配的对象。一般可以指定为整个电路板（所有的），也可以分别指定。

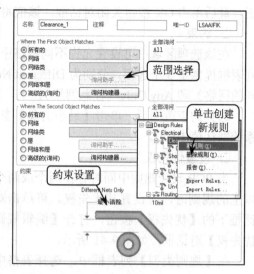

图 9-39 走线间距设置

- ➢ **所有的** 表示设定宽度规则应用到整个板。在【全部询问】栏中将显示 All。

- ➢ **网络** 选择该选项按钮后，可从该栏活动列表框中选项网络标识号，当前规则将应用到该网络标识号。在【全部询问】栏中将显示 IntNet ( )，括号内显示列表框中选择的网络名称。

- ➢ **网络类** 选择该选项按钮后，从该栏活动列表框中选择 All Nets 选项，表示当前规则应用到所有网络标识。在【全部询问】栏中将显示 InNetClass ('All Nets')。

- ➢ **层** 选择该选项按钮后，可从该栏的活动列表框中选择工作层，当前规则将应用到该工作层。在【全部询问】栏中将显示 OnLayer ( )，括号内显示列表框中选择的工作层。

- ➢ **网络和层** 选择该选项按钮后，可同时设置规则可应用的网络和层。

- ➢ **高级的（询问）** 选择该选项按钮后，可单击【询问助手】按钮，打开 Query Helper 对话框，如图 9-40 所示。在该对话框的 Query 编辑框中输入走线宽度的规则范围，如 "InNet('NetDS1_1') or InNet('NetDS2_1')"，表示规则设置为应用到两个网络中。

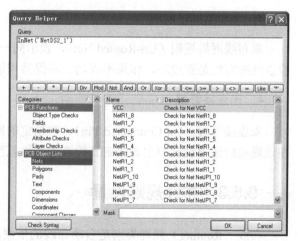

图 9-40 Query Helper 对话框

设置完成后单击 Check Syntax 按钮，检查表达式是否正确，如果存在错误则提示修正。最后单击 OK 按钮关闭对话框，该值将更新到【全部询问】栏中。

❑ 约束

在该选项区域中可设置允许不同网络中走线和其他对象之前的最小间距。约束范围列表框提供了 3 个选项，分别为 Different Nets Only（不同的网络）、Same Nets Only（相同的网络）和 Any Only（任意网络）。

选择约束范围后，单击【最小清除】参数后的数字，可设置安全间距的最小间距，系统默认值 10mil。

❑ 设置优先权

当 PCB 设计规则中同时存在两个或两个以上的规则时，应设置其优先权。可单击对话框下的【优先权】按钮，打开【编辑规则优先权】对话框，如图 9-41 所示。

在【规则类型】列表框中，选择表格中的一个规则，单击【增加优先权】或【减少优先权】按钮改变所选规则的优先权。优先权的数字越小表示该规则的优先权越高。

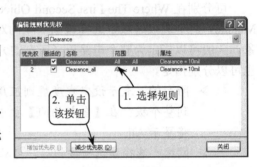

图 9-41 【编辑规则优先权】对话框

2．短路约束

短路规则（Short-Circuit）设置可指定是否允许电路中有导线交叉短路，如图 9-42 所示，可设置是否允许短路。

在该对话框中，可设置规则适用的范围。系统默认情况下不允许交叉短路，当启用【约束】选项区域中的【允许短电流】复选框后，系统将允许电路中存在导线交叉短路导线。

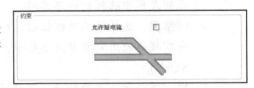

图 9-42 短路规则设置

3．未布线网络规则

未布线网络规则（Un-Routed Net），表示同一网络连接之间的连接关系。指定网络、检查网络布线是否成功，如果不成功，将保持用连线连接。

4．未连接管脚

未连接管脚（Un-Connected Pin），对指定的网络检查是否所有元件管脚都连线了。在该规则的选项设置中主要指定其检查的网络范围。

9.5.3 布线规则设置

布线（Routing）规则类别是自动布线的依据，关系到布线的质量。包括 Width（走线宽度）、Routing Topology（布线的拓扑结构）、Routing Priority（布线优先级）、Routing Layers（布线工作层）、Routing Corners（布线拐角模式）和 Routing Via Style（过孔的类型）等规则。

1. 走线宽度规则

走线宽度（Width）用于定义布线时走线的最大、最小和典型宽度值。系统默认的线宽为10mil，如图9-43所示。

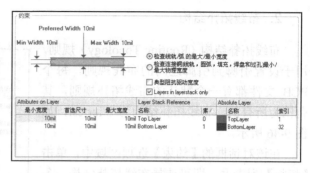

图9-43 走线宽度约束

- **Max Width** 设置走线的最大宽度。该参数的值必需大于或等于 Preferred Width 和 Min Width 两选项的值。
- **Preferred Width** 设置走线的推荐宽度（首选尺寸）。该参数的值必需大于等于 Min Width 且小于等于 Max Width 选项的值。
- **Min Width** 设置走线的最小宽度。该参数的值必需小于或等于 Preferred Width 选项的值。
- 检查线轨/弧的最大/最小宽度 选择该单选按钮后，可设置检查线轨和圆弧的最大/最小宽度。
- 检查连接铜（线轨，圆弧，填充，焊盘和过孔）最小/最大物理宽度 选择该单选按钮后，可设置检查线轨、圆弧、填充、焊盘和过孔最大/最小宽度。
- 典型阻抗驱动宽度 启用该复选框，可设置阻抗驱动宽度的堆栈传输电路控制高速时钟信号，如图9-44所示。

图9-44 典型阻抗驱动宽度设置

启用该复选框后，左侧将显示阻抗的宽度设置参数，分别为 Min Impedance（最小阻抗）、Preferred Impedance（首选阻抗）和 Max Impedance（最大阻抗）。单击参数后的数字可设置阻抗值。

- **Layers in layerstack only** 启用该复选框，可设置在下面的表中只显示堆栈层中现有的层。

在【约束】选项区域下面的表格中，显示了当前 PCB 中可用的堆栈层。在 Attributes on Layer 列中包括了 3 个子列，分别为【最小宽度】、【首选尺寸】和【最大宽度】3 列。通过这 3 列可以设置指定层的走线的宽度值。

例如，将 Top Layer 的首选尺寸设置为 12mil，最小宽度设置为 15mil，可直接在表中单击 Top layer 对应的列，如图9-45所示。

图9-45 设置 Top Layer 走线宽度

> **提示**
> 在自动布线的设计规则中可以同时定义多个同类型的规则，而每个规则应用对象也可以相同。每个规则的应用对象只适用于规则的范围内，且规则系统使用预定义等级来决定将哪个规则被应用到对象。

2. 布线拓扑结构

布线拓扑结构（Routing Topology）规则，用于设置引脚到引脚之间的布线规则。每个 PCB 文件都有一个默认的布线拓扑规则，其范围为所有的，布线拓扑结构为 Shortest，如图 9-46 所示。

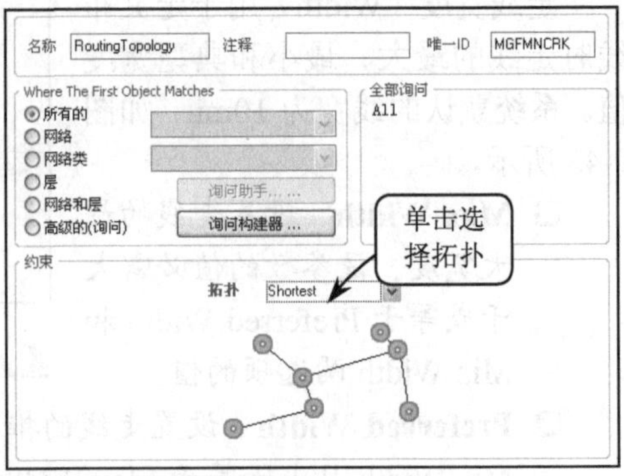

在该对话框的【约束】选项区域中，单击【拓扑】列表框，即可选择布线拓扑结构。各项含义分别如下所述。

- **Shortest**（最短） 指定各网络节点间的连线总长最短。

图 9-46 设置布线拓扑结构

- **Horizontal**（水平） 指定在布线过程中以水平走线为主。
- **Vertical**（垂直） 指定在布线过程中以垂直走线为主。
- **Daisy-Simple**（简单雏菊） 采用的是使用链式连通法则，从一点到另一点连通所有的节点，并使连线最短。
- **Daisy-MidDriven**（雏菊中点） 指定布线时在网络节点中找到一个中间源点，然后分别向左右链接扩展。
- **Daisy-Balanced**（雏菊平衡） 指定在布线时，选择一个源点，并将所有的中间节点数目平均分成组，所有的组都连接在源点上，并使连线最短。
- **Starburst**（星形） 指定采用星形拓扑布线策略。选择某一节点为中心节点，然后所有连线从中心节点引出。

3. 布线优先级

布线的优先级（Routing Priority）规则即网络布线的顺序，优先权越高的网络布线越早。系统共提供了 101 个优先权，数字 0 代表的优先权最低，数字 100 则代表该网络的布线优先权最高。

4. 设置布线工作层

布线工作层（Routing Layers）规则，可用来设置在自动布线过程中哪些信号层允许布线，包括顶层和底层布线层，共有 32 个布线层可以设置。如图 9-47 所示，对话框中显示了正在使用的信号层（Top Layer 和 Bottom Layer）。

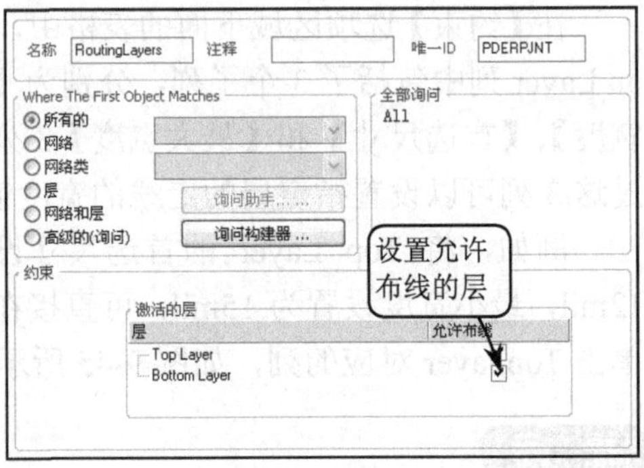

图 9-47 布线工作层设置

5. 设置布线拐角模式

布线拐角模式（Routing Corners）规则，可用于设置自动布线时拐角处走线的形状及允许的最大和最小尺寸,如图 9-48 所示。

单击【约束】选项区域中的【类型】列表框,可选择拐角的类型。拐角类型分为 90 Degrees(90°)、45 Degrees(45°)和 Rounded(圆弧)3 种,如图 9-49 所示。

当选择 45 Degrees 拐角类型时,【约束】选项区域中将显示【退步】和 To 两个参数项,分别代表了设置拐角高度最大值和最小值;当选择 Rounded 拐角类型时,两个参数分别代表了拐角半径的最大值和最小值;而选择 90 Degrees 拐角类型时则不显示这两个参数。

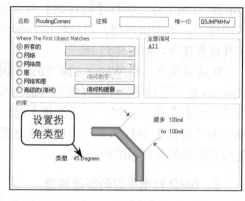

图 9-48　布线拐角模式设置

系统默布线拐角模式为 45 Degrees 拐角,90 Degrees 拐角一般不使用,因为这种拐角在高频电路中会导致信号完整性的恶化。

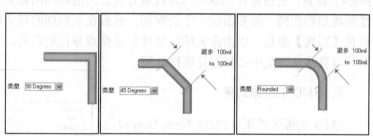

图 9-49　拐角类型

6. 设置过孔形式

过孔形式(Routing Via Style)规则,用于设置自动布线过程中过孔的宽度和过孔孔径的宽度,如图 9-50 所示。

在【约束】选项区域中,可对过孔直径和过孔孔径大小两个参数进行设置。每个参数都包括【最小的】、【最大的】和【首先的】3 个参数项,单位为 mil。设置时需注意导孔直径和通孔直径的差值不宜过小,否则将不宜于制板加工。合适的差值在 10mil 以上。

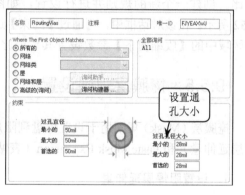

图 9-50　设置过孔类型

9.5.4　贴片封装元器件规则设置

贴片封装元器件(SMT)规则,包括 SMD To Corner(走线拐弯处表帖约束)、SMD To Plane(SMD 到电平面的距离约束)和 SMD Neck-Down(SMD 的缩颈约束)。

1. 走线拐弯处表帖约束

走线拐弯处表帖约束(SMD To Corner),用于指定走线拐弯处与表贴元器件焊盘的距离的设置。默认情况下是没有布线规则的,可右击 Design Rules｜SMT｜SMD To

Corner 目录节点，执行【新规则】命令添加新的规则。单击该规则，对话框的右侧将显示其设置选项，如图 9-51 所示。

默认情况下，在 Where The First Object Matches 选项区域中，可选择规则的适用范围为【所有的】单选按钮。在【约束】选项区域中的【距离】参数文本框中指定走线拐弯处与表贴元器件焊盘的距离。

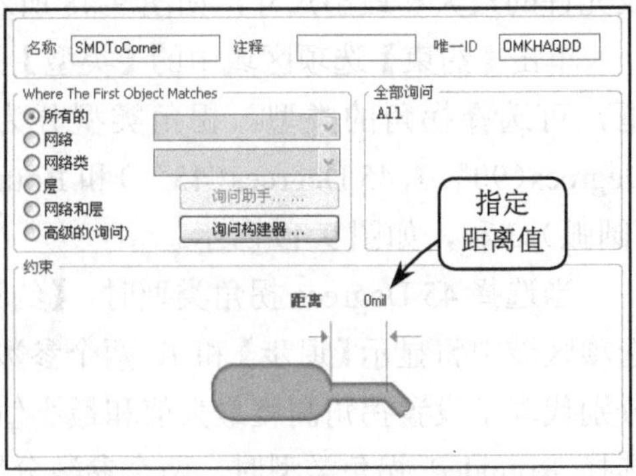

2. SMD 到电平面的距离约束

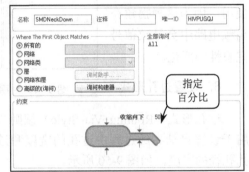

图 9-51　SMD To Corner 规则设置

SMD 到电平面的距离约束（SMD To Plane）设置，是指贴片元器件与焊盘或导孔之间的距离的设置。与设置表帖元器件和走线距离规则相同，需要添加一个新规则，然后在该规则的对话框【约束】选项区域中，设置【距离】参数，以指定表帖元器件与焊盘或导孔的距离。系统默认距离值为 0，表示可以直接从焊盘中心打过孔连接地层。

3. SMD 的缩颈约束

SMD 的缩颈约束（SMD Neck-Down），用于指定表帖元器件焊盘引出导线宽度的百分比。创建一个新的规则并进行设置，如图 9-52 所示。在该对话框中，可通过【约束】选项区域中的【收缩向下】参数设置其百分比。

9.5.5　掩膜层规则设置

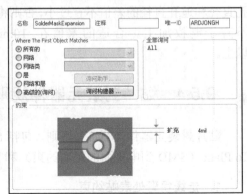

图 9-52　设置百分比

掩膜层（Mask）规则用于设置焊盘到阻焊层的距离。包括 Solder Mask Expansion（阻焊层延伸量）和 Paste Mask Expansion（表帖元器件延伸量）两个规则。

1. 设置阻焊层延伸量

阻焊层延伸量（Solder Mask Expansion）规则，用于设计从焊盘到阻碍焊层之间的延伸距离。在电路板的制作时，阻焊层要预留一部分空间给焊盘。这个延伸量就是防止阻焊层和焊盘相重叠，如图 9-53 所示。系统默认值为 4mil，可通过【扩充】参数设置延伸量的大小。

2. 设置表帖元器件延伸量

图 9-53　设置阻焊层延伸量

表帖元器件延伸量（Paste Mask Expansion）规则，用于设置助焊层收缩宽度，即贴片与锡膏层焊盘通孔之间的距离。如图 9-54 所示，在【约束】选项区域中单击【扩充】参数后的数字，即可设置贴片与焊盘的间距。

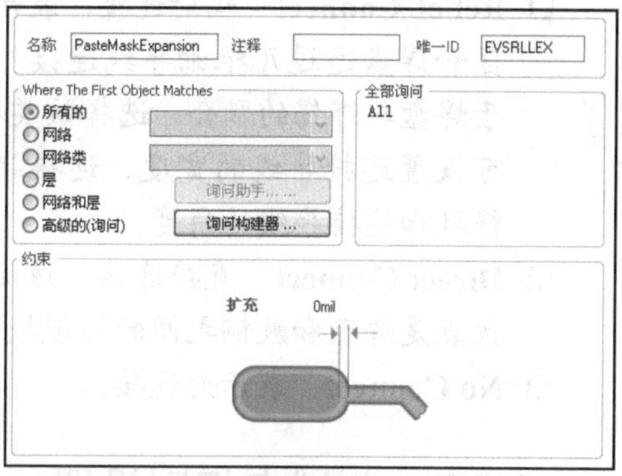

9.5.6 电源层规则设置

电源层（Plane）规则，用于设定大面积敷铜和信号线连接的规则。包含了 Power Plane Connect Style（电源层连接类型）、Power Plane Clearance（电源层安全间距规则）和 Polygon Connect Style（焊盘与敷铜连接类型规则）3 个子规则。

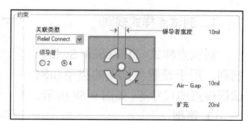

图 9-54　设置助焊层收缩宽度

1．电源层连接类型规则设置

电源层连接类型（Power Plane Connect Style）规则，用于设置过孔、焊盘与敷铜区的连接方式，用于多层板中。如图 9-55 所示，在【约束】选项区域中设置其规则选项。

- **关联类型**　指定元器件引脚到电源平面的连接样式。3 个选项分别为：Relief Connect（解除连接）、Direct Connect（直接连接）和 No Connect（无连接）。
- **领导者**　关联类型为 Relief Connect 时，可以指定导体的个数是 2 个或 4 个。
- **领导者宽度**　指定导体的间距。
- **Air-Gap**　指定通孔空隙间距。
- **扩充**　指定孔径到通风间隙的边缘的间距。

图 9-55　电源层连接规则设置

2．电源层安全间距规则设置

电源层安全间距（Power Plane Clearance）规则，用于设置内电源和地层中不属于电源和地网络的过孔及内电源和地层敷铜区之间的安全距离，该规则多在多层板中使用。如图 9-56 所示，在【约束】选项区域中通过【清除】参数指定电源层安全间距。

3．敷铜连接设置

敷铜连接（Polygon Connect Style）规则，用于设置敷铜区与焊盘连接方式。如图 9-57 所示，在【约束】选项区域中，单击【关联类型】列表框，即可选择敷铜区与焊盘的连接样式。

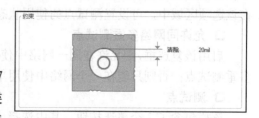

图 9-56　设置电源层安全距离

- **Relief Connect** 辐射连接，表示敷铜区和焊盘通过几根细导线连接，有利于焊盘与焊锡的融合。选择该类型时，可设置连接导线的宽度、连接导线的根数和连接导线的角度。
- **Direct Connect** 直接连接，该类型的优点是焊盘和敷铜之间的阻值较小。
- **No Connect** 表示无连接。

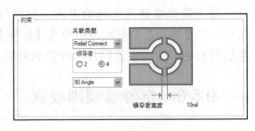

图 9-57 设置敷铜连接

9.5.7 测试点规则设置

测试点（Testpoint）规则，用于来设置一些和测试点相关的规则。包含了两个子规则，分别为 Testpoint Style（测试点样式）规则和 Testpoint Usage（测试点使用）规则。

1．测试点样式规则

测试点样式（Testpoint Style）规则，用于设置测试点的类型和测试栅格点的尺寸等，如图 9-58 所示。

- **类型**

在该选项区域中可设置 Min、Max、首选的，分别在 3 个选项的文本框中输入数值，可指定为测试孔的内径和外径的最小尺寸、最大尺寸和默认尺寸。

图 9-58 测试点样式规则设置

- **栅格尺寸**

在该选项区域中可设置两个参数，即在【测试点栅格尺寸】文本框中指定测试点的最小分辨率；启用【允许元件下测试点】复选框后，则允许在元器件的下方放置测试点。

2．测试点使用规则

测试点使用（Testpoint Usage）规则，用于设置测试点的使用方法。如图 9-59 所示，在该选项区域中，可设置测试点的使用状态。

- **允许同网络多重测试点**

启用该复选框，则允许在同一网络中使用多重测试点；否则只能在一个网络中使用单个测试点。

图 9-59 测试点的使用规则

- **测试点**

该栏包含了 3 个单选按钮，其中选择【必需的】单选按钮，表示进行设计规则检查时给出提示信息；选择【残缺的】单选按钮，表示进行设计规则检查时不允许使用测试点。选择【不考虑】单选按钮，表示进行设计规则检查时不检查测试点。

9.5.8 规则设置向导

当对自动布线设计规则不熟悉，并且需要创建一个规则时，可以通过规则设计向导进行创建。使用规则设计向导，可以使设计人员了解规则设置的每个环节，以便快速掌握规则设置的方法。

要打开规则设计向导，可执行【设计】|【规则向导】命令，打开【新建规则向导】对话框。然后单击【下一步】按钮，打开选择规则类型【新建规则向导】对话框，如图9-60所示。

在该对话框中，可以设置要创建规则的名称和注释信息并且选择要创建的规则类型。例如，分别在【名称】和【注释】文本框中输入"Width_All"和"导线宽度规则"，然后在列表框中选择 Routing | Width Constraint 目录节点。完成设置后，单击【下一步】按钮，打开选择规则范围的【新建规则向导】对话框，如图9-61所示。

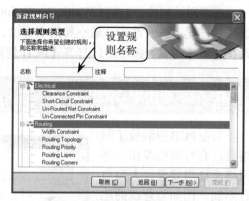

图 9-60 选择规则类型

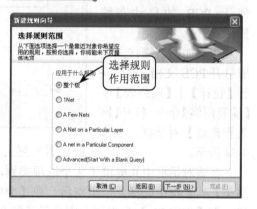

图 9-61 设置规则范围

在该对话框的【应用于什么规则】选项区域中，选择一个与创建规则要求相近的单选按钮。完成设置后，单击【下一步】按钮，打开选项规则优先权【新建规则向导】对话框，如图9-62所示。

在该对话框的列表中选择一个规则选项，并单击【增加优先权】或【减少优先权】按钮，来增加或减少该规则的优先权。设置完成后，单击【下一步】按钮，打开新规则完成的【新建规则向导】对话框，如图9-63所示。

图 9-62 选择规则优先权

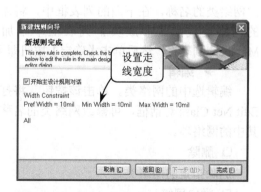

图 9-63 新规则完成

在该对话框中,可通过 Width Constraint 文字下的 Pref Width、Min Width 和 Max Width 选项,设置走线的首选、最小和最大宽度。如果启用【开始主设计规则对话】复选框,则在单击【完成】按钮后,打开【PCB 规则及约束编辑器】对话框。

9.6 添加网络连接

当在 PCB 中装载了网络后,有时可能存在一些网络连接需要设计人员自行添加,比如与总线的连接、与电源的连接等,以便于 PCB 的自动布线操作。

在添加网络连接之前应打开 PCB 文档,然后执行【设计】|【网络表】|【编辑网络】命令,打开【网表管理器】对话框,如图 9-64 所示。

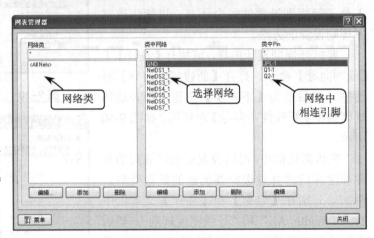

图 9-64　【网表管理器】对话框

在该对话框中共提供了 3 个选项类别,分别为网络类、类中网络和类中 Pin。在【网络类】列表框中选择一个类别后,在【类中网络】列表框中将显示该类中包含的网络连线,而【类中 Pin】列表框中则显示了每个网络连线所连接到的引脚。

❑ 网络类

用于对当前 PCB 中的网络类进行设置。在该栏下面的列表框中显示了 PCB 中所有的网络类,通过下面的按钮,可对选中的网络类进行添加、修改和删除操作。

➢ 添加

添加一个网络类到 PCB 中。单击该按钮后,将打开 Edit Net Class 对话框,如图 9-65 所示。

在该对话框中,可通过【名称】文本框指定网络类的名称。在下面的列表框中,将需要的网络连线从【非成员】列表框中添加到 Members 列表框,然后单击【确定】按钮即可。

➢ 编辑

编辑选中的网络类。单击该按钮,将打开 Edit Net Class 对话框,可修改网络类的名称及其中的网络项。

图 9-65　Edit Net Class 对话框

❑ 删除

删除指定的网络类。

❑ 类中网络

对指定的网络类中的网络进行设置。在下面的列表框中显示了指定的网络类中的网络。通过该栏下面的按钮可以添加、编辑或删除一个网络。

➤ 添加

添加一个网络到当前网络类中。单击该按钮后，将打开【编辑网络】对话框，如图 9-66 所示。

在【属性】选项区域中，指定要添加网络的名称和连接线颜色，当单击【确定】按钮时，将创建一个空的网络连线。如果需要，可从【其他网络内 Pin】列表框中选择要连接的引脚，并单击 按钮，将其添加到【该网络 Pin】列表框中。

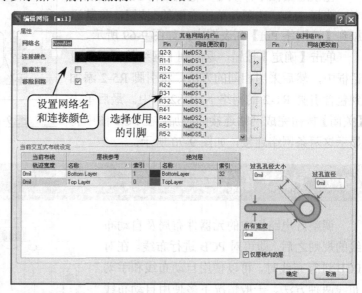

图 9-66　【编辑网络】对话框

➤ 编辑

设置指定的网络连接，如网络名、连接线颜色和网络 Pin 等。单击该按钮后，将打开【编辑网络】对话框，然后在对话框中重新对该网络进行设置。

➤ 删除

删除当前网络类中指定的网络。

❑ 类中 Pin

对指定的网络中的引脚进行操作。在下面的列表框中显示了指定的网络中的引脚。通过单击【编辑】按钮，可打开【焊盘】对话框，此时可在该对话框中设置该引脚的属性。

例如，在图 9-67 所示的 PCB 图中，要为电阻 R5 添加网络连接（将 R5 的 1 脚和 R4 的 2 脚连接，R5 的 2 脚和 R1 的 2 脚进行连接），可执行【设计】|【网络表】|【编辑网络】命令，打开【网络管理器】对话框。

在【类中网络】列表框中，找到含有 R4 的 2 脚的网络 NetDs2_1，如图 9-68 所示。单击【编辑】按钮，打开【编辑网络】对话框。

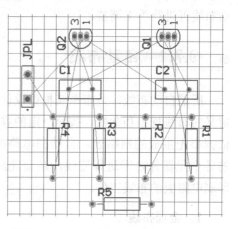

图 9-67　PCB 连接图

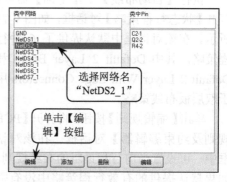

图 9-68　选择指定的网络

在该对话框中，从【其他网络内 Pin】列表框中，选择 R5-1 选项，单击右侧的 按钮，将其添加到【该网络 Pin】列表框中，如图 9-69 所示。

单击【确定】按钮，返回到【网络管理器】对话框中，然后采用相同的方法，将引脚 R5-2 添加到包含引脚 R1-2 的网络 NetDS2_1 中。最后单击【关闭】按钮完成网络连接的添加。在 PCB 图中将显示这两条网络连接，如图 9-70 所示。

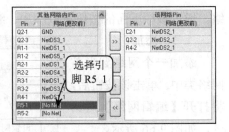

图 9-69　添加 Pin

9.7　PCB 布线

调整好电路板中的元器件布局及自动布线的规则之后，即可对 PCB 进行布线。在对 PCB 进行布线时，可以使用自动布线和手动布线两种方法。一般情况下多使用自动布线和手动布线相结合的布线方法，即先进行自动布线再进行手工调整。

9.7.1　自动布线

所谓自动布线，是指系统根据设计人员定义的布线规则和参数，按照一定的算法，依据事先生成的网络宏，自动在电路板的各个元器件之间进行连线，从而完成印刷电路板的布线工作。

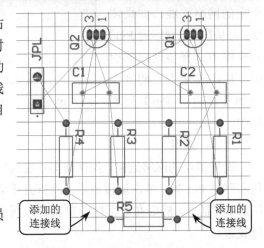

图 9-70　添加网络连接

1. 全局布线

执行【自动布线】|【全部】命令，打开【状态行程策略】对话框，如图 9-71 所示。在该对话框中默认提供了 6 种行程策略，其中 Default 2 Layer Board 和 Default 2 Layer With Edge Connectors 用于双层板布线策略。

单击【编辑规则】按钮，将打开【PCB 规则及约束编辑器】对话框。在该对话框中，可设置当前行程策略的布线规则。如果默认提供的有效行程策略中没有需要的策略时，单击【添加】按钮，打开

图 9-71　【状态行程策略】对话框

【位置策略编辑器】对话框，如图 9-72 所示。

在该对话框中，通过【选项】选项区域中的【策略名称】和【策略描述】文本框，可以指定新策略的名称和描述信息。然后选中【有效行程通过】列表框中规则选项，单击【添加】按钮即可添加到【通过行程策略】列表框。最后单击【确定】按钮完成新策略的添加。

返回到【状态行程策略】对话框后，单击 OK 按钮开始进行自己布线。PCB 自动布线完成后，在 Message 对话框中将显示布线过程中的一些信息，如图 9-73 所示。

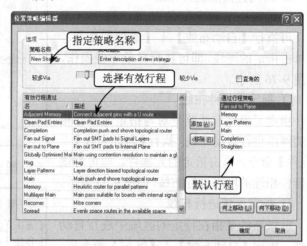

图 9-72　【位置策略编辑器】对话框

2. 局部布线

除了全局布线命令之外，在【自动布局】菜单中还提供了多个局部布线的命令。可使用这些命令对 PCB 图中某个连接线或区域等进行布线。例如，执行【网络】命令后，可对指定的网络进行布线。

❑ 对选定的网络进行布线

在完成自动布线设置后，执行【自动布线】|【网络】命令，鼠标指针前将添加一个十字符号，然后单击需要进行布线的网络连线或元器件焊盘，即可进行自动布线。如果单击的目标为焊盘时，将打一个窗口显示可能操作的选项，如图 9-74 所示。

此时可选择 Pad 和 Connection 选项，而不选择 DS2 选项。DS2 选项仅用于当前元器件的布线。当选择 Pad 选项后，系统将为该焊盘与之相连的连线网络进行布线，如图 9-75 所示。

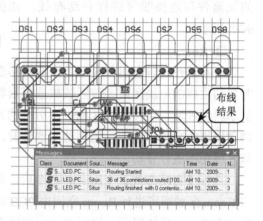

图 9-73　全局自动布线

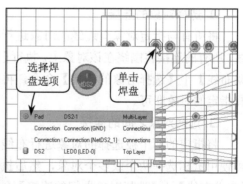

图 9-74　执行网络布线选项

> **提　示**
>
> 执行【网络】命令后，在进行布线时，选中某网络中的连线，则与该网络连接的所有网络线均被布线。

❑ 对两连接点进行布线

指对两个节点之间的某条连线进行布线。可执行【自动布线】|【连接】命令，再单击指定的连线，即可执行自动布线操作，如图 9-76 所示。

❑ 指定元器件布线

指定元器件布线就是对与指定元器件相连的网络进行自动布线。执行【自动布线】|【元件】命令，单击指定的元器件，即可对该元器件相连的网络进行布线，如图 9-77 所示。

❑ 指定区域进行布线

区域布线是指在特定的区域中进行自动布线。执行【自动布线】|【区域】命令后，在 PCB 图中选择一个点并单击，然后拖动鼠标绘制一个矩形区域，单击后该矩形区域中的元器件与连接线等进行自动布线，如图 9-78 所示。

❑ Room

Room 布线即空间布线，是生成网络表时自动生成的一块区域，该区域被选择后将显示斜线区域。当移动该区域时，所有的元器件也将随之进行移动，但移动元器件时，该区域则不进行移动。

执行【自动布线】| Room 命令后，单击 Room 区域即可进行 Room 空间内 PCB 的自动布线。一般情况下，进行 Room 自动布线的结果为全局布线，如图 9-79 所示。

❑ 选择对象的连接

将所有与指定对象有连线的对象进行布线，所有的连接将围绕在该对象上。执行【自动布线】|【选择对象的连接】命令，再选择指定的对象即可。

❑ 选择对象之间的连接

将指定的两个被选择的对象进行布线。可使用鼠标选择两个或多个对象，然后执行【自动布线】|【选择对象之间的连接】命令即可。

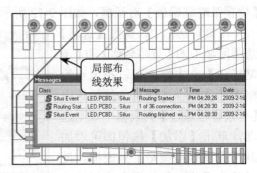

图 9-75　选定网络布线效果

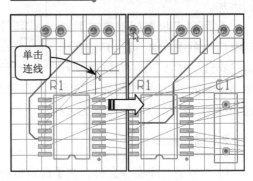

图 9-76　两连接点布线

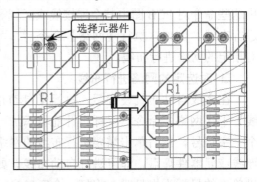

图 9-77　对指定元器件布线

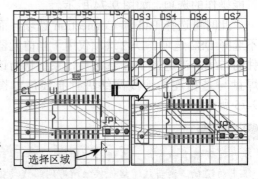

图 9-78　对指定区域布线

> **提示**
>
> 当使用局部自动布线时，在执行了相应的操作后，鼠标将仍然处在局部自动布线状态。因此系统仍可进行局部布线操作，完成后右击即可结束自动布线状态。

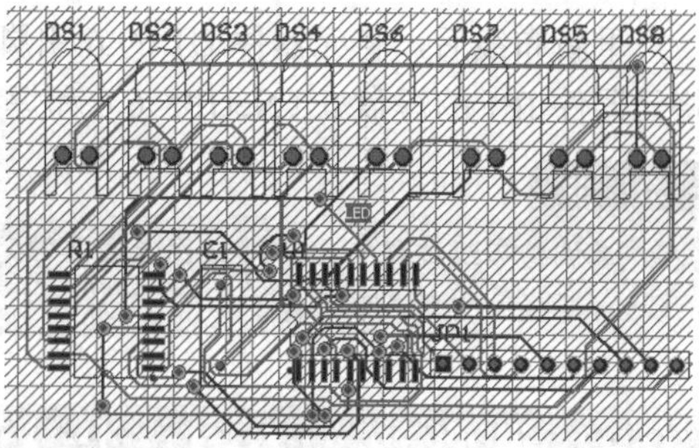

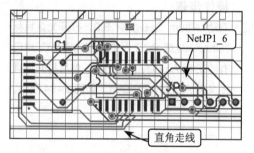

图 9-79　Room 布线

9.7.2　手工调整布线

在自动布线之后，走线一般都按照自动布线的规则进行布线，但由于元器件放置位置等诸多原因，走线布线效果并不是最合理的，这时就需要手工进行调整布线。

可执行【工具】|【取消布线】子菜单中的命令，选择指定的取消布线工具，执行取消布线操作。执行操作后对应的走线将被删除，PCB 图将显示原来的连接。

- **全部**　拆除所有的布线，进行手动调整。
- **网络**　拆除所选布线网络，进行手动调整。
- **连接**　拆除所选的一条布线，进行手动调整。
- **器件**　拆除所选元器件相连的布线，进行手动调整。
- **Room**　拆除所选网络空间的布线，进行手动调整。

例如，在 PCB 图中元器件 U1 的 6 引脚和 R1 的 3 引脚之间的走线段中包含了直角走线，元器件 JP1 的焊盘 6（NetJP1_6）和焊盘 NetJP1_6 之间的走线没有按最短走线布线，需要对该走线进行手工调整，如图 9-80 所示。

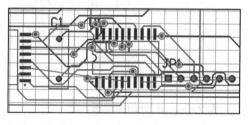

图 9-80　待调整走线

执行【工具】|【取消布线】|【连线】命令，当鼠标指针前添加十字符号后，单击元器件 U1 的 6 引脚和 R1 的 3 引脚之间的走线，此时该走线将被拆除。然后单击元器件 JP1 的焊盘 6（NetJP1_6）和焊盘 NetJP1_6 之间的走线将其拆除，如图 9-81 所示。

图 9-81　拆除走线后结果

当走线被拆除后，原先未布线前的连接线将重新显示，这时可重新执行【自动布线】|【连线】命令重新自动布线，或执行【放置】|【走线】命令，执行手动调整，完成后效果如图 9-82 所示。

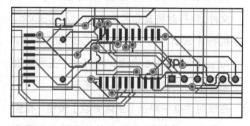

图 9-82　重新布线后结果

重新布线后，将元器件 U1 的 6 引脚和 R1 的 3 引脚之间的走线的 90°角拆除，并将元器件 JP1 的焊盘 6（NetJP1_6）和焊盘 NetJP1_6 之间的走线的间距减少。

> **提 示**
>
> 在手工调整布线过程中，当 PCB 图走线非常复杂时，则需要切换工作层，并在指定的工作层中对走线进行拆线和重新布线操作。

9.8 课堂练习 9-1：装入网络表生成 PCB 图

创建 PCB 电路时一般有两种方法，一种是借助原理图生成 PCB 电路，另一种则是创建 PCB 文件后，使用手动的方法进行 PCB 的设计。本实例将打开一个已设计好的原理图，使用命令进行网络表和元器件的装入，生成 PCB 文件，如图 9-83 所示。

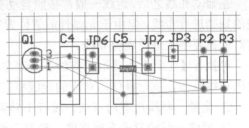

图 9-83　生成的 PCB 结果图

操作步骤：

1. 启动 Altium Designer 8.0，打开光盘目标 "Chap9\生成 PCB 网络表和元器件\" 中已有的工程 Amplify.PCBPRJ，然后打开原理图文件 Amplify.SchDoc，如图 9-84 所示。

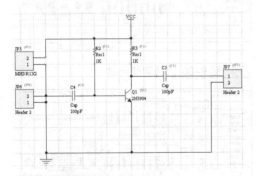

图 9-84　打开的原理图

2. 在 Amplify.PCBPRJ 工程中，添加一个 PCB 文件，保存时将其命名为 Amplify.PCBDoc。执行【设计】| Update PCB Document Amplify.PCBDoc 命令，将打开【工程更改顺序】对话框，如图 9-85 所示。

3. 在该对话框中单击【生效更改】按钮，检查工程变化顺序（ECO），并使工程变化顺序有效，如图 9-86 所示。

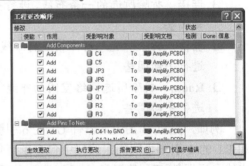

图 9-85　【工程更改顺序】对话框

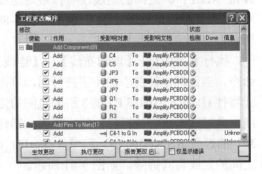

图 9-86　生效更改效果

4. 在 Add Components 选项组中，如果没有检测到错误组件时，可单击【执行更改】按钮，接受工程变化顺序，将元件封装和网络添加到 PCB 编辑器中，如图 9-87 所示。

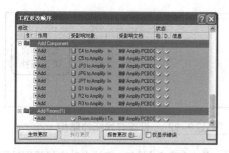

图 9-87 执行更改

9.9 课堂练习 9-2：PCB 布线

当设置好 PCB 的网络连接和布局之后，即可对其进行自动布线规则设置及自动布线了。本练习将打开一个已有 PCB 文档，并设置其自动布线规则，然后进行自动布线，效果如图 9-88 所示。

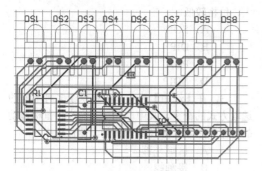

图 9-88 自动布线结果

操作步骤：

1. 启动 Altium Designer 8.0，打开光盘目标 "Chap9\PCB 自动布线\" 中已有的工程 LCD.PCBPRJ，然后打开 PCB 文件 LCD.PCBDOC，如图 9-89 所示。

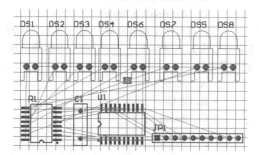

图 9-89 打开 PCB 图

2. 执行【设计】|【规则】命令，打开【PCB 规则及约束编辑器】对话框，选择 Design Rules|Electrical|Clearance|Clearance 目录节点，显示走线间距约束设置。在右侧的对话框中，单击【约束】选项区域【最小清除】参数后文本框，并指定最小安全间距为 12mil，如图 9-90 所示。

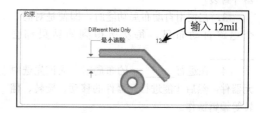

图 9-90 设置走线安全间距

3. 选择 Design Rules | Routing | Width | Width 目录节点，显示走线宽度规则设置。在右侧的对话框中，分别在【约束】选项区域的 Preferred Width 和 Max Width 参数后的文本栏中输入 14mil 和 18mil，指定走线的默认宽度和最大宽度，如图 9-91 所示。

4. 选择 Design Rules | Routing | Routing Topology | RoutingTopology 目录节点，显示布线拓扑结构规则设置。在右侧的对话框中，单击【约束】选项区域中【拓扑】列表

框，并选择 Vertical 选项，如图 9-92 所示。

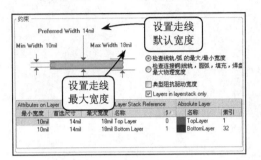

▶ 图 9-91　设置走线宽度

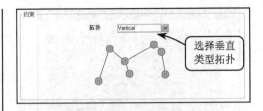

▶ 图 9-92　设置布线拓扑结构

5　单击【确定】按钮，完成自动布线规则设置。执行【自动布线】|【全部】命令，打开【状态行程策略】对话框。在该对话框中，单击 Route All 按钮，系统按布线规则开始自动布线。

9.10　思考与练习

一、填空题

1．装入_____与元器件的封装操作，实际上就是将原理图设计的数据装入印刷电路板设计系统的过程。

2．元器件封装方法可以分为两大类，即_____式元器件封装和_____式（STM）元器件封装。

3．在使用自动布局功能时，即使是对同一个电路自动布局，每次所得到的结果都会_____。

4．在进行_____的布局前，应该先选中元器件，然后才能进行元器件的移动、旋转、翻转等编辑操作。

5．_____依照一定的程序算法，按照事先生成的网络宏自动在各个元器件之间进行连线，从而完成印刷电路的布线工作。

二、选择题

1．元器件的封装类中，下面_____类有两个引脚，有正负极之分，封装形式有直插式和贴片式两大类。

　A．三极管
　B．电阻
　C．二极管
　D．电容

2．集成电路元器件的封装形式有多种，其中_____是一种双列直插封装，该封装的体积大、价格较低。

　A．SOP
　B．DIP
　C．PGA
　D．SDIP

3．在【选中】子菜单中提供了多种不同的选取方式的命令，其中_____命令将鼠标拖动的与矩形区域接触及其内部的元器件选中。

　A．区域外部
　B．接触线
　C．区域内部
　D．接触矩形

4．布线（Routing）规则类别是自动布线的依据，关系到布线的质量。其中_____规则用于设置引脚到引脚之间的布线规则。

　A．Width
　B．Routing Topology
　C．Routing Priority
　D．Routing Via Style

5．在进行手工调整布线时，【工具】菜单的【取消布线】子菜单中_____命令可拆除所选的一条布线。

　A．网络
　B．连接
　C．Room
　D．器件

三、问答题

1．简述网络表与元器件载入的过程和

方法。

2．简述元器件封闭的类型及常用元器件封装有哪些。

3．简述元器件自动布局的方法。

4．简述自动布线规则的设置及自动布线方法。

5．简述网络连接的添加过程。

四、上机练习

1．元器件的布局

本练习将打开已有的 PCB 工程 Amplify.PRJPCB，并对 PCB 文件 Amplify.PCBDoc 中的元器件进行布局，如图 9-93 所示。布线时将采取自动布局和手工布局相结合的方式，将元器件放置到最合适的位置。

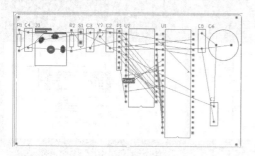

图 9-93　打开 PCB 文档

执行【工具】|【器件布局】|【自动布局】命令，打开【自动放置】对话框。在该对话框中选择【成群的放置项】单选按钮，单击【确定】按钮开始自动布局，布局完成后显示效果如图 9-94 所示。

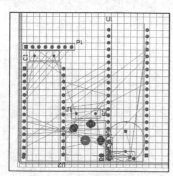

图 9-94　自动布局

此时，可执行【编辑】|【选中】子菜单中的命令选择元器件，然后执行【移动】子菜单中的命令编辑元器件的位置，结果如图 9-95 所示。

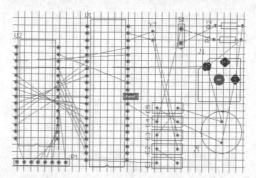

图 9-95　元器件布局效果图

2．手工调整布线

本练习将打开已有的 PCB 工程 Amplify.PRJPCB，打开 PCB 文件 Amplify.PCBDoc。使用元器件的复制和粘贴功能，添加电路元器件 R4，并将 R3 的 1 脚连接到 R4 的 2 脚，将 R4 的 1 脚连接到 Q1 的 3 脚，效果如图 9-96 所示。

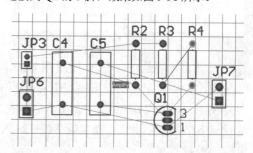

图 9-96　PCB 效果图

按 Ctrl+C 组合键后，选择要复制的电阻元器件 R3；然后按 Ctrl+V 组合键，并在 PCB 图中合适位置上单击即可创建电阻元器件 R4。可执行【设计】|【网络表】|【编辑网络】命令，然后在打开的【网表管理器】对话框中进行设置。

第 10 章

PCB 图高级设计

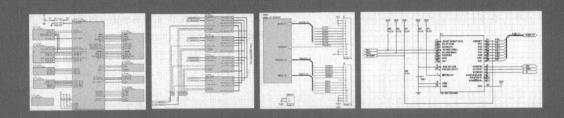

元器件封装是构成 PCB 图最基本的单元，伴随着现代电子技术高速发展，新的电子产品和元器件层出不穷，任何 EDA 软件都不可能提供十分全面的元器件库，必要时就需要使用元件封装编辑器来生成一个新的元件或元件库封装。此外，还需根据设计需要进行有效的封装管理，以及执行 SCH 和 PCB 交互验证，以便获取更加准确、有效的 PCB 电路板设计效果。

本章主要介绍创建元件和元件库封装的方法，以及编辑和管理元器件封装的方法。此外，还重点介绍了 SCH 和 PCB 交互验证方法，以及生成各种 PCB 报表的方法。

本章学习目的

- 了解元件和元件库编辑器的使用方法
- 掌握创建新元件和元件库的方法和技巧
- 熟悉元器件封装管理方法
- 了解由 SCH 生成 PCB 图的方法
- 熟悉 SCH 与 PCB 图之间交互验证的方法
- 了解获取 PCB 三维效果图的方法
- 熟悉生成 PCB 各种报表的方法
- 了解打印输出 PCB 的方法

10.1 元件和元件库封装编辑器

对于新版 Altium Designer 8.0 软件，虽然已经为广大的设计人员提供了十分丰富的元器件库，但是有时候仍然会存在找不到元器件封装的情况，这时候就需要自己创建一个元器件的封装。封装就是元器件的外形尺寸，而元器件的封装编辑器是制作元器件封装的编辑环境。

10.1.1 启动元件封装编辑器

元器件的封装编辑器作为制作元器件封装的编辑环境，与在 SCH 元器件设计窗口制作的方法以及编辑环境非常类似，具体方法如下所述。

执行【文件】|【新建】|【库】|【PCB 元件库】命令，或者在 Projects 管理器中右击，然后执行【给工程添加新的】|PCB Library 命令，即可创建新的元器件封装库文件，如图 10-1 所示。

然后在状态栏中单击 PCB 按钮，并在展开的菜单中执行 PCB Library 命令，将展开 PCB Library 管理器，如图 10-2 所示。

图 10-1　制作元器件封装环境

10.1.2 元件封装编辑环境的组成

PCB 元件封装编辑器的界面和 PCB 编辑器比较类似。下面介绍 PCB 元件封装编辑器的组成及其画面的管理，使用户对元件封装编辑器有一个简单的了解。

1. PCB 元件封装编辑器的界面

从图 10-1 可以看出，PCB 元件封装编辑器的编辑界面大体上可以分为以下几个部分。

图 10-2　PCB Library 管理器

❏ 主菜单

PCB 元件封装的主菜单主要是给设计人员提供编辑、绘图等工具，以便于创建和编辑一个新元件。主菜单的命令及功能如下所述。

> 文件　用于文件的管理，如文件的存储、文件的输出打印等操作。
> 编辑　用于各项编辑功能，如删除、移动等。
> 察看　用于画面管理，如画面的放大、缩小、各种工具条的打开与关闭等。
> 放置　用于绘图命令，如在工作平面上放置一个圆弧、线、焊点等等。
> 工具　给用户在设计的过程中提供各种方便的工具。
> 报告　用于产生各种类型的报表。
> 窗口　用于窗口管理。
> 帮助　用于提供各种帮助文件。

❏ 元件编辑界面

元件编辑界面主要用于创建一个新元件，将元件放置到 PCB 工作平面上，用于更新 PCB 元件库、添加或删除元件库中的元件等各项操作。

❏ PCB 库标准

该工具栏为用户提供了各种图标操作方式，可以让用户方便、快捷地执行命令和完成各项功能。如打印、存盘等操作，均可以通过该工具栏来实现。

❏ PCB 库放置

该工具栏为 PCB 元件封装编辑器提供的绘图工具，同以往所接触到的绘图工具一样，它的作用类似于执行【放置】命令所打开的子菜单命令，可在工作平面上放置各种图元，如焊点、线段和圆弧等等。

❏ 元件封装库管理器

元件封装库管理器主要用于对元件封装库文件进行管理。

❏ 状态栏与命令行

在屏幕最下方为状态栏和命令行，用于提示用户当前系统所处的状态和正在执行的命令。

2. 管理工作环境

同前面章节所述一样，PCB 元件封装编辑器同样提供了相同的工作环境管理功能。其中包括主窗口的放大和缩小，各种管理器、工具条的打开与关闭等操作。

例如进行画面的放大、缩小处理，可通过菜单命令或单击工具栏【放大】、【缩小】按钮操作，即可快速实现画面的放大与缩小。

10.2　创建新的元件和元器件库封装

Altium Designer 8.0 尽管提供了丰富、全面的元器件封装形式供用户调用，但有时封装库总显得不够用，这时就可以针对需要创建新的元器件，并建立该元器件对应的 PCB 封装库。可根据需要通过手动创建或通过向导创建新的元器件和元器件库封装。

10.2.1　采用手工绘制方式设计元件封装

采用手工绘制方式创建元器件封装就是利用【PCB 库放置】工具栏中的绘图工具，

按照元器件实际尺寸绘制出元器件的封装,本节将通过绘制图 10-3 所示的元器件封装的实例,详细讲解如何创建元器件封装。

1. 新建 PCB 库文件

首先按照上述方法新建一个 PCB 库文件,并单击【保存】按钮，然后在打开的对话框中修改文件名称,并单击【保存】按钮将该库文件保存。

创建新元器件和元器件封装库是在 PCB Library 管理器中进行的,因此还需要将该管理器展开。接着执行【工具】|【新的空元件】命令,则该管理器中将显示新建的元器件,如图 10-4 所示。

此时在管理器中双击新建的元器件,将打开【PCB 库元件】对话框,在该对话框的【名称】文本框更改元器件名称,例如改为"LED",然后单击【确定】按钮确认操作,如图 10-5 所示。

2. 设置元器件封装参数

元器件的封装参数设置与 PCB 板图参数设置类似,其中包括板层设置、栅格大小设置、系统参数设置等。

在绘图过程中,为方便制图可重新设置栅格,可执行【工具】|【器件库选项】命令,打开【板选项】对话框,如图 10-6 所示。

当设置栅格后将位于 Top Layer 层,并显示栅格设置效果。要绘制元器件的外形,可切换到图 10-7 所示的 Top Overlay 层中。

除了完成上述设置后,还需要设置参考点,这样设置将更加方便地利用状态栏确定绘制图件的尺寸、位置等信息。执行【编辑】|【选中】|【接触线】命令,光标将变成十字形,在工作区的适当位置处单击鼠标左键,则光标所在位置的坐标将变为(0, 0)。

3. 布置组件

在完成上述设置后,即可利用【PCB 库放置】工具栏中绘图工具放置焊盘和绘制外形轮廓线,以及放置部分圆弧导线、参考点、字符说明等,最后将其保存。

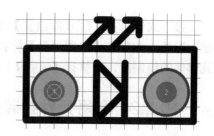

图 10-3　新建元器件封装

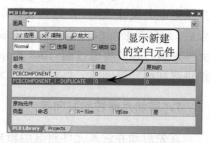

图 10-4　PCB Library 管理器

图 10-5　【PCB 库元件】对话框

图 10-6　【板选项】对话框

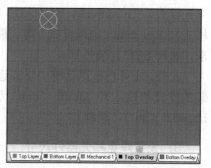

图 10-7　切换图层

接下来便可在【PCB库放置】工具栏中单击【放置走线】按钮，绘制元器件的外部轮廓线，并单击【放置焊盘】按钮，设置焊盘属性并在适当的位置放置焊盘。完成元器件的绘制后，可执行【文件】|【保存】命令，保存该文件。

10.2.2 利用元件封装向导绘制元件封装

Altium Designer 提供元件封装向导，该向导是电子设计领域里的新概念，它允许用户预先定义设计规则，在这些设计规则定义结束后，元件封装库编辑器会自动生成相应的新元件封装。本节将通过图 10-8 所示实例来详细讲解利用向导创建元件封装的基本步骤。

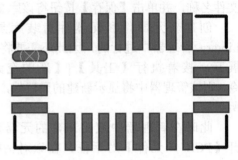

图 10-8　元器件封装

1. 启动元器件封装向导

首先启动并进入元件封装编辑器，然后执行【工具】|【元器件向导】命令，将打开图 10-9 所示的封装向导对话框，这就进入了元件封装创建向导，接下去可以选择封装形式，并可以定义设计规则。

2. 选择元器件封装形式

单击该对话框中的【下一步】按钮，系统将打开图 10-10 所示的对话框。即可在列表框中选择元器件封装形式。

图 10-9　Component Wizard 对话框 1

该软件提供了 12 种元件的外形供用户选择，其中包括 Ball Grid Arrays（BGA）（格点阵列样式）、Capacitors（电容样式）、Diodes（二极管样式）、Dual In-line Packages（DIP）（双列直插样式）、Edge Connectors（边连接样式）、Leadless Chip Carrier（LCC）（无引线芯片载体样式）、Pin Grid Arrays（PGA）（引脚网格阵列样式）、Quad Packs（QUAD）（四芯包装样式）、Resistors（电阻样式）等。根据本例要求，选择 LCC 封装外形。

此外，还可在该对话框中下方选择元件封装的度量单位，有 Metric（mm）（公制）和 Imperial（mil）（英制）。

3. 设置焊盘和元器件尺寸

单击该对话框中的【下一步】按钮，将打

图 10-10　Component Wizard 对话框 2

开图 10-11 所示的对话框。用户可在该对话框中设置焊盘的有关尺寸。只需要在修改的地方单击，然后输入尺寸即可。

然后单击【下一步】按钮，可在该对话框中设置外形，即定义外形是圆形还是矩形形状，效果如图 10-12 所示。

接着单击【下一步】按钮，可在打开的对话框中设置元器件外框宽度尺寸，默认以上设置尺寸类型，如图 10-13 所示。

完成上述设置后，单击【下一步】按钮，即可在打开的对话框中设置焊盘的相关位置尺寸，其中包括设置引脚的水平间距、垂直间距和尺寸，如图 10-14 所示。

图 10-11　定义焊盘尺寸

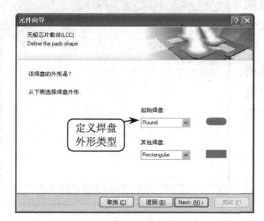

图 10-12　定义焊盘外形

图 10-13　设置元器件

单击【下一步】按钮，然后在打开的对话框中确定焊盘的第一位置，其中选择任何一个单选按钮，将指定该位置为第一焊盘位置，如图 10-15 所示。

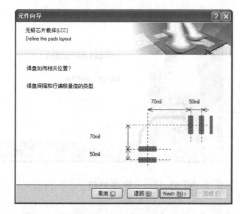

图 10-14　设置焊盘相关位置尺寸

图 10-15　确定焊盘位置

单击【下一步】按钮，然后在打开的对话框中设置元件引脚数量。用户只需在对话框中的指定位置输入元件引脚数量即可，如图 10-16 所示。

4．后续设置

完成上述设置后，单击【下一步】按钮，然后在打开的对话框中设置元件封装名称，如图 10-17 所示。

此时单击【下一步】按钮，系统将会打开图 10-18 所示的对话框，单击该对话框中的【完成】按钮，即可完成对新元件封装设计规则的定义，同时程序按设计规则生成了新元件封装。

使用向导创建元件封装结束后，系统将会自动打开生成的新元件封装，以供用户进一步修改，其操作过程与设计 PCB 图的过程类似。

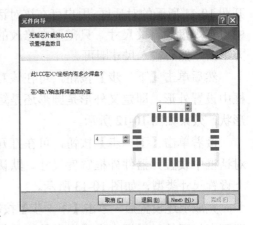
图 10-16　设置引脚数量

图 10-17　设置封装元器件名称

10.2.3　元件封装参数设置

当新建一个 PCB 元件封装库文件后，一般需要先设置一些基本参数，例如度量单位、过孔的内孔层和鼠标移动的最小间距等，但是创建元件封装不需要设置布局区域，因为系统会自动开辟一个区域供用户使用。

1．板面参数设置

进行板面参数设置主要用于设置屏幕栅格显示方式和度量单位，利用栅格可以准确放置元器件和其他绘图对象。

执行【工具】|【器件库选项】命令，将打开【板选项】对话框，如图 10-19 所示。

在该对话框中可设置电路板的度量单位和栅格间距，其设置方法与前面章节介绍的参数设置方法完全一致，这里不再过多赘述。

图 10-18　完成封装

2. 系统参数设置

首先执行【工具】|【优先选项】命令，将打开【喜好】对话框，然后在该对话框左侧展开 PCB editor 文件，并执行该文件下属命令进行系统参数设置，具体设置在以上章节中已详细说明，这里不再赘述。

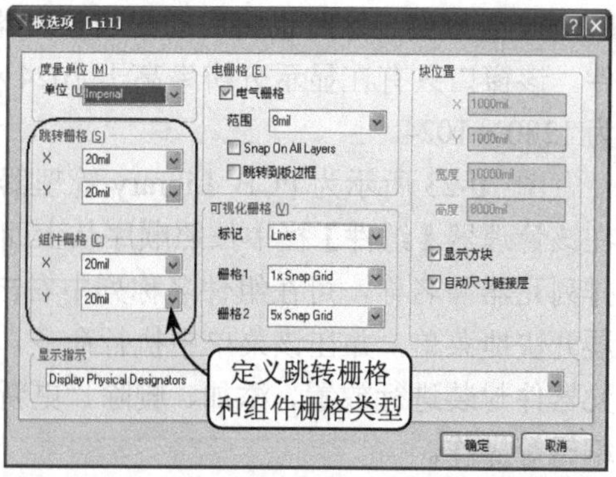

10.2.4 创建元器件集成库

在 Altium Designer 8.0 的环境下，用户还可以建立一个属于用户自定义的封装库，将常用的元器件的各种信息放置在该库中。

首先执行【文件】|【新建】|【工程】|【集成库】命令，将创建一个集成库，如图 10-20 所示。

图 10-19 【板选项】对话框

从图 10-20 可以看出，该管理器中将出现一个文件名为 Integrated_Library.LibPkg 的文件，也就是说集成库文件的扩展名为.LibPkg，这里可称为集成库文件包。经过特定的操作，便可生成扩展名为.IntLib 的集成库文件供用户平时绘图使用。

此时在集成库文件包中添加源文件（元器件原理图文件），可执行【工程】|【添加现有的文件到工程】命令，然后在打开的对话框中指定路径选择原理库文件，则加入后的工程文件将位于 Projects 管理器中。使用相同的方法依次添加 PCB 封装库文件，加入后的 Projects 管理器如图 10-21 所示。

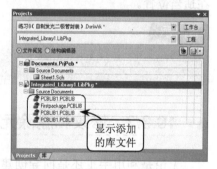

图 10-20 Projects 管理器 1

此时双击任意一个 PCB 文件，将打开该文件对应的文件。例如双击文件 Firstpackage.PCBLIB，将打开图 10-22 所示的自定义封装文件。

10.3 元器件封装管理

当用户创建了新的元件封装后，可以使用元件封装管理器进行管理，具体包括元件封装的浏览、添加和删除操作，以及通过字母或文字搜索获得组件信息等操作。

10.3.1 元器件封装参数设置

进入元器件封装编辑窗口，然后展开 PCB

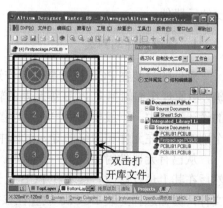

图 10-21 Projects 管理器 2

图 10-22 打开自定义封装文件

Library 管理器，这时也将启动封装管理器控制面板，可在该管理器中复制管理封装元器件。该窗口只有在显示分辨率高于 1024×768 的情况下才能完全显示，最佳显示分辨率为 1280×1024。

图 10-23 所示为 PCB Library 管理器，在该管理器【组件】栏中按照顺序从上而下排列元器件名称，可在组件名称列中右击，展开快捷菜单，并在该菜单中执行命令，对元器件封装进行放置、添加、删除、更新和编辑等操作。

此外，在 PCB 浏览管理器中，元件过滤框（Mask 框）用于过滤当前 PCB 元件封装库中的元件，满足过滤框中的条件的所有元件将会显示在元件列表框中。例如，在【面具】编辑框中输入"J*"，则在元件列表框中将会显示所有以 J 开头的元件封装。

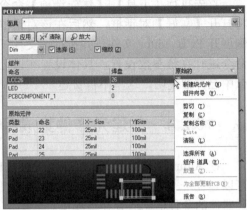

图 10-23　PCB Library 管理器

通过元件封装浏览管理器，还可以进行放置元件封装的操作。如果用户想通过元件封装浏览管理器放置元件封装，可以先选中需要放置的元件封装，然后右击并执行【放置】命令，系统将会切换到当前打开的 PCB 设计管理器中，用户可以将该元件封装放置在适当位置。

提 示

另外用户也可以执行【工具】|【下一个器件】命令或【前一个器件】等命令来选择元件列表框中的元件。

10.3.2　修改和删除元器件

无论是利用手工还是向导创建的元器件，以及之前已经创建的元器件，都可通过 PCB 编辑器工具进行必要的修改，同时还可修改元器件的部分属性参数，以及删除不必要的元器件。

1．修改元件的封装

元件的封装在 PCB 板的整个制作过程中起着非常重要的作用，如果元件的封装不正确，由原理图编辑器向 PCB 编辑器的转化过程是不可能顺利完成的。因此，在整个项目的设计过程中，一般要求用户在原理图设计阶段基本上能够解决元件的封装匹配问题，个别的可以在元件和网络的导入过程中进行修改。

从已有元器件封装获得一个副本。通常情况下为不影响系统封装库，首先复制一份，然后在其上进行修改。接着在 PCB 设计窗口中展开 PCB Library 管理器，然后选择封装文件，例如选择封装 LCC26 放置在该操作环境中，并执行【设计】|【生成 PCB 库】命令，生成元器件封装库。

随后执行【编辑】|【拷贝器件】命令，即可将该元器件复制到剪贴板上，进入元器件封装编辑窗口。此时执行【编辑】|【粘贴器件】命令，即可将该元器件粘贴到编辑窗口中，如图 10-24 所示。

修改元器件封装形式，用户可以按照一般的编辑方法删除不需要的焊盘，并调整元器件的外形尺寸，使其获得所需的形状。此外，还可编辑组件属性，例如双击焊盘，即可在打开的对话框中编辑焊盘属性，其中包括修改孔径、改变形状和修改焊盘号等操作。

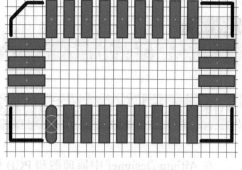

图 10-24　LCC26 元器件

2．修改元件封装属性

当创建了一个元件后，用户可以对该元件进行重新命名。首先在元件列表框中选中一个元件封装，然后执行【工具】|【元件属性】命令，系统将打开【PCB 库文件】对话框，如图 10-25 所示。

在该对话框中为封装文件重新命名后，单击【确定】按钮确认操作，则该库文件名称将随之更新。

图 10-25　【PCB 库文件】对话框

3．删除元件封装

如果用户想从元件库中删除一个元件封装，可以先选中需要删除的元件封装，然后执行【工具】|【移除器件】命令，系统将打开 Confirm 对话框，如图 10-26 所示。

如果用户单击 Yes 按钮，系统将会执行删除操作，如果单击 No 按钮则取消删除操作。

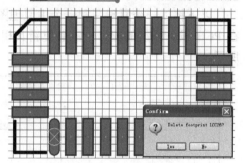

图 10-26　Confirm 对话框

10.3.3　编辑元器件封装引脚焊盘的属性

在 Altium Designer 的 PCB 操作环境中，无论是手动创建封装元器件，还是使用向导创建封装元器件，都可通过封装浏览管理器编辑封装引脚焊盘的属性。

首先在 PCB Library 管理器下的元件列表框

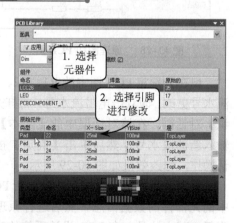

图 10-27　PCB Library 管理器

中选中元器件封装，然后在引脚列表框选中需要编辑的焊盘，如图 10-27 所示。

双击所选中的对象，系统将打开对应的【焊盘】对话框，在该对话框中可以实现焊盘属性的编辑。

> **提 示**
> 在【焊盘】对话框中，用户可以切换选项卡修改或设置元器件封装的各层的颜色。

10.4 原理图与 PCB 图之间交互验证

在 Altium Designer 中原理图和 PCB 图是配套出现的，原理图体现 PCB 图线路设计的规则分布，而 PCB 真实显示电路板中的元器件和线路分布状况。因此，在修改原理图或 PCB 图时，还有必要进行必要的验证操作，从而确保电路板的准确性、有效性。

1. PCB 设计变化在原理图上反映

在设计过程中，如果在 PCB 图进行必要的修改，例如流水号和参考值等，同时希望将该修改也反映到原理图中去。Altium Designer 系统的同步设计工具使得用户可以很方便地实现该功能。

以下将以一个原理图和一个由原理图生成的 PCB 图为例，希望 PCB 图改变后直接在 PCB 设计系统的窗口中能够更新其相应的原理图文件，原理图和 PCB 图如图 10-28 所示。

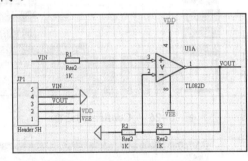 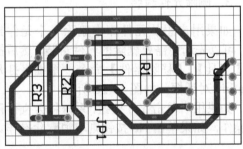

图 10-28　原理图和 PCB 图

现在分别将 PCB 图中的 R1、R2、R3 的流水号更改。即双击电阻流水号，将打开【标识】对话框，在该对话框中的【文本】框中输入新的流水号，然后单击【确定】按钮确认操作，修改效果如图 10-29 所示。

将改动后的电路板保存，以更新 PCB 图中的元器件的数据信息。然后进行原理图的更新，其方法是：在 PCB 设计系统的窗口中执行【设计】|Update Schematics in Exa603.PrjPCB 命令，将打开【工程更改顺序】对话框，如图 10-30 所示。

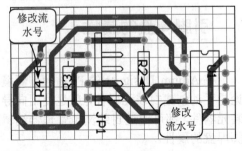

图 10-29　修改电阻流水号

依次单击【生效更改】按钮和【执行更改】按钮,即可将 PCB 的变化更新到原理图中,最后单击 Close 按钮完成原理图的更新,更新后的原理图如图 10-31 所示。

图 10-30 【工程更改顺序】对话框

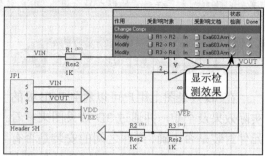

图 10-31 更新后的原理图

2. 原理图设计变化在 PCB 上反映

由原理图到 PCB,其实就是由原理图生成 PCB,本次仍然以上一个原理图和 PCB 为例,在设计过程中原理图局部改动直接反映到 PCB 图中去,仍然将 3 个电阻的流水号更改,效果如图 10-32 所示。

同样将改动后的电路板保存,以更新原理图中的元器件的数据信息。然后进行 PCB 图的更新,其方法是:在原理图设计系统的窗口中执行【设计】| Update Schematics in Exa603.PrjPCB 命令,将打开【工程更改顺序】对话框,如图 10-33 所示。

依次单击【生效更改】按钮和【执行更改】按钮,即可将原理图的变化更新到 PCB 中,此时在【状态】列中显示出了检测和运行效果,如图 10-34 所示。

完成上述操作后,单击 Close 按钮完成 PCB 图的更新,更新后的 PCB 图如图 10-35 所示。

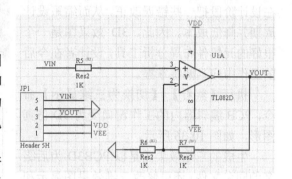

图 10-32 更改原理图流水号

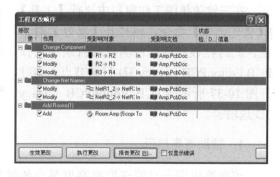

图 10-33 【工程更改顺序】对话框

图 10-34 执行更改

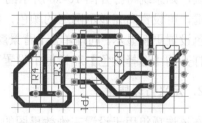

图 10-35 更新后的 PCB 图

第 10 章 PCB 图高级设计

273

> **提示**
> 如果在原理图设计中增加了新的元器件或改变了原有的元器件封装形式，则反映到 PCB 中的变化一般是以飞线加元器件封装的形式显示出来，用户需要对 PCB 布局和布线进行重新调整、布线等操作。

10.5 PCB 三维效果图

在 3D 效果图上用户可以看到 PCB 板的实际效果及全貌，并通过 3D 效果图来察看元件封装是否正确、元件之间的安装是否有干涉和是否合理等。总之，在 3D 效果图上用户可以看到将来的 PCB 板的全貌，可以在设计阶段把一些错误改正，从而缩短设计周期并降低成本。因此，3D 效果图是一个很好的元器件布局分析工具，设计者在今后的工作中应当熟练掌握。

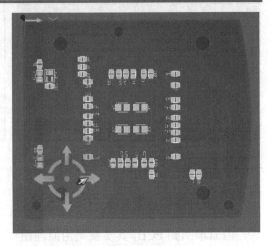

图 10-36　三维效果图

执行【察看】|【切换为三维显示】命令，PCB 编辑器内的工作窗口变为 3D 仿真图形，如图 10-36 所示。

生成的三维效果图是以.PCB3D 为后缀名的同名文件。还可修改三维效果图显示和打印属性。

在三维效果图工作窗口中执行【工具】|【优先选项】命令，将打开【喜好】对话框，此时在该对话框左侧树状目录中选择 PCB Editor|PCB Legacy 3D 目录节点，将打开图 10-37 所示的 PCB Editor|PCB Legacy 3D 选项卡。

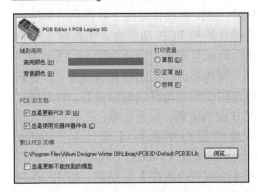

图 10-37　PCB Editor|PCB Legacy 3D 选项卡

1. 辅助高亮显示

该选项组用于设置选取高亮度显示的颜色和背景，以及是否动画显示该网络。单击【高亮颜色】后的色块，则系统将打开图 10-38 所示的【选择颜色】对话框，可设置高亮显示网络的颜色，则 GND 将按照颜色设置更新显示。同理单击【背景颜色】后色块，可在打开的【选择颜色】对话框中设置背景的颜色。

2. 定义打印质量

在该选项组用于设置三维效果图的质量，其中选

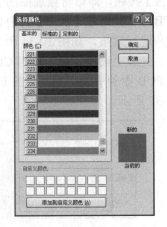

图 10-38　【选择颜色】对话框

择【草图】单选按钮,则按照草图方式打印(最低打印质量);选择【正常】单选按钮,则按照一般质量方式打印(中等打印质量);选择【校样】单选按钮,则按照高质量方式打印。

3. 设置 PCB 3D 文档

启用【总是更新 PCB 3D】复选框,在随时更新 PCB 3D 显示效果;启用【总是使用元器件器件体】复习框,在执行三维效果图显示时,默认使用元器件器件体。

4. 定义默认 PCB 3D 库

在该栏可设置系统默认 PCB 3D 库路径,单击【浏览】按钮,可在打开的对话框中指定库文件路径选择库文件,这样系统将按照新指定的库文件为默认 PCB 3D 库。

此外,单击三维效果图工作窗口工具栏中的按钮,或者使用 Page Up 和 Page Down 键,可缩放或者快速定位显示窗口中的三维效果图。

PCB 的 3D 效果显示是一个很好的元器件布局分析工具,用户可以在三维效果图中观察到 PCB 板的全貌,以便检查元器件封装的正确性和元器件之间的安装是否干涉,以及布局是否合理等,尽量在 PCB 的设计阶段改正问题,从而缩短产品的设计周期并降低成本。

10.6 生成 PCB 报表

PCB 报表是了解印刷电路板详细信息的重要资料。该软件的 PCB 设计系统提供了生成各种报表的功能,它可以给用户提供有关设计过程及设计内容的详细资料。这些资料主要包括设计过程中的电路板状态信息、引脚信息、元件封装信息、网络信息以及布线信息等等。此外,当完成了电路板的设计后,还需要打印输出图形,以备焊接元件和存档。

10.6.1 生成电路板信息报表

电路板信息报表的作用在于给用户提供一个电路板的完整信息,包括电路板尺寸、电路板上的焊点、导孔的数量以及电路板上的元件标号等。

执行【报告】|【PCB 信息】命令,系统将打开图 10-39 所示的【PCB 信息】对话框。

图中包括 3 个选项卡,分别说明如下。

1. 电路板概要信息

【概要】选项卡主要用于显示电路板的一般信息,如电路板上各个组件的数量,其中包括导线数、焊点数、导孔数、敷铜数、违反设计规则的数量,

图 10-39 【PCB 信息】对话框

以及电路板大小。

2．元器件信息

【元件】选项卡用于显示当前电路板上使用的元件序号以及元件所在的板层等信息，如图 10-40 所示。

3．网络信息

【网络】选项卡用于显示当前电路板中的网络信息，并显示当前网络加载数量，如图 10-41 所示。

如果单击该选项卡中的 Pwr/Gnd 按钮，系统打开【内部平面信息】对话框，如图 10-42 所示。该对话框列出了各个内部板层所接的网络、导孔和焊点以及导孔或焊点和内部板层间的连接方式。

4．生成报告文件

可以在任何一个选项卡中单击【报告】按钮，将电路板信息生成相应的报表文件。单击该按钮后将打开【板报告】对话框，启用报告条款复选框，也可以单击【打开所有】按钮启用所有复选框，如图 10-43 所示。

图 10-40　【元件】选项卡

图 10-41　【网络】选项卡

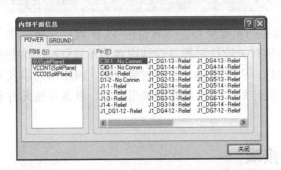

图 10-42　【内部平面信息】对话框

图 10-43　【板报告】对话框

完成上述设置后，单击该对话框中的【报告】按钮，系统将以网页的形式在当前窗口显示板报告信息，如图 10-44 所示。

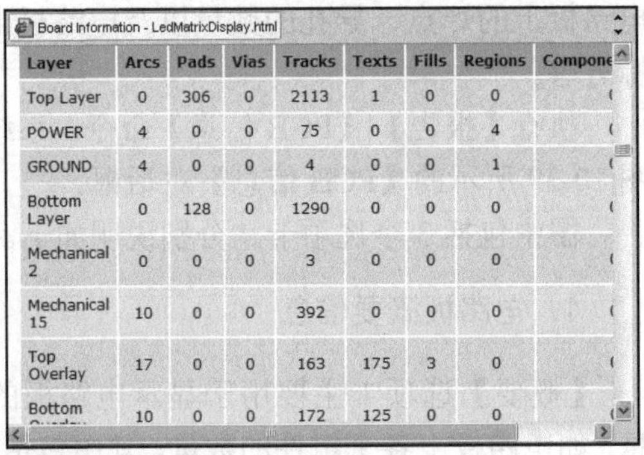

10.6.2　生成网络状态表

网络状态表反映的是 PCB 板中的网络信息，其中包含网络所在的电路板层和网络的长度，用于列出电路板中每一个网络导线的长度。

图 10-44　生成电路板信息报表

生成网络状态表可执行【报告】|【网络表状态】命令，系统将进入文本编辑器产生相应的网络状态表，该文件以.REP 为后缀名。以 WeatherChannel.PcbDoc 电路板文件为例，执行上述菜单命令后，系统将自动生成网络状态表，如图 10-45 所示。

10.6.3 生成元器件报表

元件报表功能可以用来整理一个电路或一个项目中的元件，形成一个元件列表，以供用户查询和购买元器件。

图 10-45 网络状态表

在 PCB 图设计工作窗口中，执行【报告】|Bill of Materials 命令，系统将打开图 10-46 所示的元器件列表对话框。该对话框内容与原理图生成的元器件列表完全相同，这里不再赘述。

可以将对话框中的元器件进行分类显示，例如单击 LibRef 列后的三角按钮，并在打开的下拉菜单中选择一种封装形式，则该对话框中将仅仅显示该封装的元器件，如图 10-47 所示。

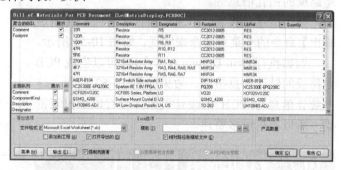

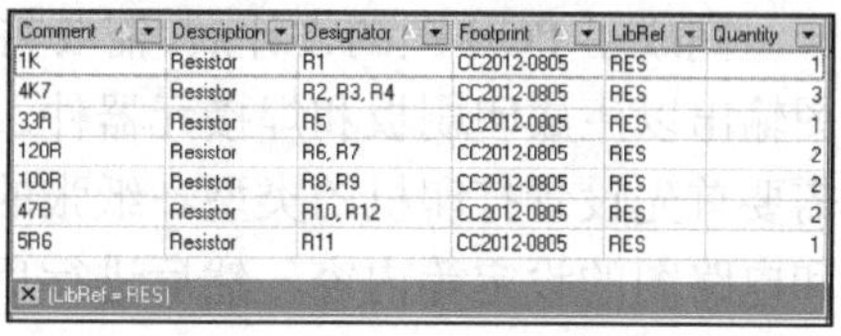

图 10-46 PCB 元器件列表对话框

另一张分组控制的方法就是：可以将【全部纵列】栏中的某一项拖放到上面的【聚合的纵列】栏中，在右侧的窗口中的元件将按照某种特定的方式进行分组。例如将 Footprint 拖放到【聚合的纵列】栏中，右侧创建的元器件就会按照元器件的封装进行分组显示，可以单击每组的加号展开分组，就可以查看到每组中所包含的元器件，如图 10-48 所示。

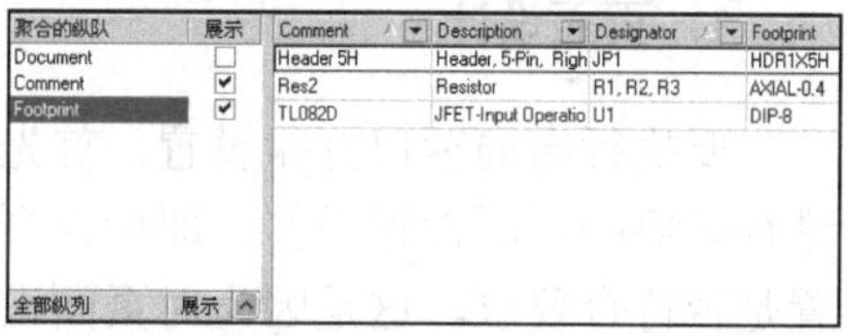

图 10-47 指定封装类型

图 10-48 分组控制

单击【菜单】按钮，将打开下拉菜单，在该菜单中可以选择各种输出方式，用户可以获得不同的输出列表，例如执行【报告】命令，将打开图 10-49 所示的对话框，在该元器件清单上也有各种用于控制显示的按钮，从而控制清单显示的比例或者报表的输出。

另外，由 PCB 生成的交叉列表和项目层次列

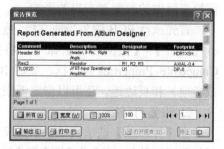

图 10-49 【报告预览】对话框

表，都与原理图生成的对应列表完全一致，只要执行【报告】|【项目报告】命令，然后在展开的子菜单中执行 Component Cross Reference 和 Report Project Hierarchy 命令即可，如图 10-50 所示。在此也不再过多赘述。

10.6.4 PCB 报表的其他项目

除了以上章节介绍的生成常用报表文件之外，还可以输出一些与 PCB 电路板制造相关的统计信息，例如 PCB 板的层数信息和测试点报告，以及与电路板的钻孔信息等。

图 10-50 【项目报告】子菜单

要生成这些报表，可通过执行【文件】|【制造输出】命令的子菜单命令来实现，如图 10-51 所示。

例如执行 Drill Drawings 命令，就可以生成 PCB 电路板的钻孔信息报表，效果如图 10-52 所示。这些统计信息与 PCB 的设计关系并没有以上报表密切，所以不再过多赘述。

图 10-51 【制造输出】子菜单

10.7 打印输出 PCB 图

完成了 PCB 图的设计后，需要将 PCB 图输出以生成印刷板和焊接元器件。这就需要首先设置打印机的类型、纸张的大小和电路图的设定等内容，然后进行后续的打印输出。

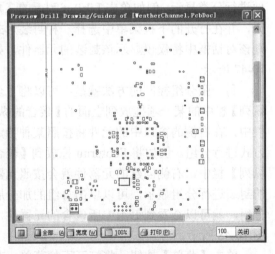

图 10-52 钻孔信息报表

1. 页面设计

要执行布局窗口打印设置，首先需要进行必要的页面设置操作，即检查页面设置是否符合要求。这是因为对页面设置的改变将很可能影响布局，因此最好在打印前检查所做的改变对布局的影响。

首先激活 PCB 图为当前文档，然后执行【文件】|【页面设计】命令，将打开 Composite Properties 对话框，如图 10-53 所示。可以在该对话框中指定页面方向（纵向或横向）和页边距，还可以指定纸张大小和来源，或者改变打印机属性。

❑ 设置打印纸

在【打印纸】选项区域中单击尺寸列表框后的黑色小三角，在出现的下拉列表中选择打印纸张的尺寸，【肖像图】和【风景图】单选按钮用来没置纸张的打印方式是水平还是垂直。

❑ **设置页边距**

在该选项区域可设置打印页面到图框的距离,单位是英寸。页边距也分水平和垂直两种。

❑ **缩放比例**

该选项区域用于设置打印比例,可以对图纸进行一定比例的缩放,缩放的比例可以是从 50%～500%之间的任意值。在【缩放模式】下拉列表框中选择 Fit Document On Page 选项,表示充满整页的缩放比例,系统会自动根据当前打印纸的尺寸计算合适的缩放比例,使打印输出时原理图充满整页纸。

图 10-53　Composite Properties 对话框

如果选择【缩放模式】下拉列表框中的 Scaled Print 选项,则【缩放】列表框将被激活,可以设置 X 和 Y 方向的尺寸,以确定 X 和 Y 方向的缩放比例。

❑ **颜色设置**

该选项区域用来设置颜色。其中有 3 个单选按钮,【单色】表示将图纸单色输出;【彩色】表示将图纸彩色输出;【灰色】表示将图纸以灰度值输出。

❑ **高级打印设置**

使用高级打印设置,可以利用其他输出选项来帮助控制透明度和颜色(特别对于栅格图像,设置效果更明显)。

单击【打印】对话框中的【高级设置】按钮,将打开 PCB Printout Properties 对话框,如图 10-54 所示。在该对话框中可设置要输出的工作层面的类型,设置好输出层面后,单击 OK 按钮确认操作。

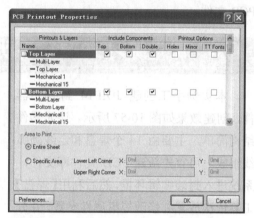

图 10-54　PCB Printout Properties 对话框

❑ **打印预览**

在进行上述页面设置和打印设置后,可以首先预览一下打印时的效果,单击 Composite Properties 对话框中【预览】按钮,或单击【PCB 标准】工具栏中【预览】按钮,即可获得打印预览效果,如图 10-55 所示。

如果不满意,可重复以上步骤进行必要的修改,并重新进行打印预览直到获得所期望的输出效果。

图 10-55　打印预览

2. 打印输出

无论是否进行页面设置，都可在布局窗口激活时打印该窗口。因此在打印时，首先确认布局窗口是当前活动窗口。

单击【预览】窗口中的【打印】按钮，或单击 Composite Properties 对话框中的【打印】按钮，都将打开 Printer Configuration for 对话框，如图 10-56 所示。

在对话框中可选择要打印哪些页和打印份数，还可以指定打印机属性，同时也可以指定是否输出到一个文件中，然后单击【确定】按钮确认操作，即可打印输出 PCB 文件。

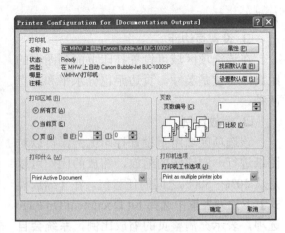

图 10-56　Printer Configuration for 对话框

10.8　课堂练习 10-1：手动绘制 JDIP14 元器件

本实例手工创建 JDIP14 封装元器件，创建效果如图 10-57 所示。该元器件结构简单，主要由 14 个焊盘和走线圆弧线组成。可首先新建 PCB 元件库文件，系统进入封装编辑环境，然后利用【焊盘】工具依次放置并修改焊盘属性参数，并分别绘制走线和圆弧线，即可获得封装元器件制作效果。

操作步骤：

1. 新建 PCB 库文件。首先按照上述方法新建一个 PCB 库文件，并单击【保存】按钮，然后在打开的对话框中修改文件名称，并单击【保存】按钮将该库文件保存。

2. 创建新元器件和元器件封装库是在 PCB Library 管理器中设置，因此还需要将该管理器展开。然后执行【工具】|【新的空元件】命令，则该管理器中将显示新建元器件，如图 10-58 所示。

3. 此时在管理器中双击新建的元器件，将打开【PCB 库元件】对话框，在该对话框的【名称】文本框更改元器件名称，例如改为

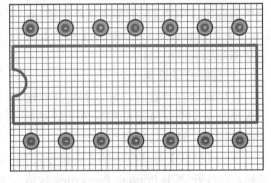

图 10-57　JDIP14 元器件

"JDIP14"，然后单击【确定】按钮确认操作，如图 10-59 所示。

图 10-58　PCB Library 管理器

4. 在绘图过程中，为方便制图可重新设置栅

格。执行【工具】|【器件库选项】命令,将打开【板选项】对话框,如图 10-60 所示。

图 10-59　【PCB 库元件】对话框

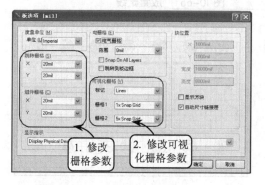

图 10-60　【板选项】对话框

5. 当设置栅格后将位于 Top Layer 层,并显示栅格设置效果。要绘制元器件的外形,可切换到图 10-61 所示的 Top Overlay 层中。

图 10-61　切换图层

6. 执行【编辑】|【选中】|【接触线】命令,光标将变成十字形,在工作区的适当位置处单击鼠标左键,则光标所在位置的坐标将变为(0,0)。

7. 在【PCB 库放置】工具栏中单击【放置焊盘】按钮，光标变为十字,中间拖动一个焊盘,如图 10-62 所示。移动焊盘到适当的位置后,单击鼠标左键将其定位。在放置焊盘时,先按 Tab 键进入焊盘属性对话框,设置焊盘的属性。

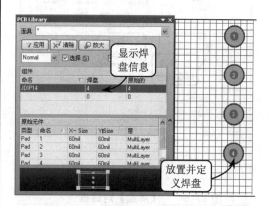

图 10-62　放在焊盘

8. 按照同样的方法,再根据元件引脚之间的实际间距,将其设定为:垂直距离为 120mil,水平距离为 380mil,1 号焊盘放置于(0,0)点。并相应放置其他焊盘,如图 10-63 所示。

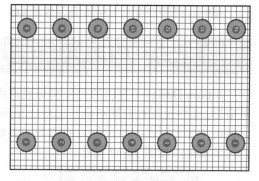

图 10-63　放置所有焊盘

9. 根据实际的需要,设置焊盘的实际参数。假设将焊盘的直径设置为 50mil,焊盘的孔径设置为 32mil。如果用户想编辑焊盘,则可以将光标移动到焊盘上,双击鼠标左键,即会打开图 10-64 所示的对话框,通过修改其中的选项设置焊盘的参数。

制效果。

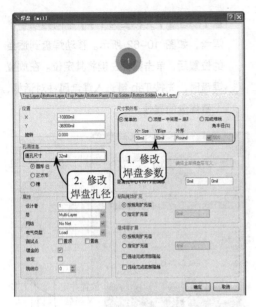

图 10-64 【焊盘】对话框

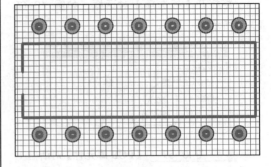

图 10-65 放置走线

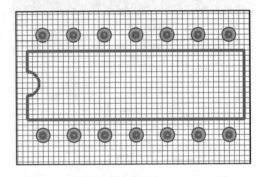

图 10-66 放置圆弧

[10] 单击【放置走线】按钮，光标变为十字，将光标移动到适当的位置后，单击鼠标左键确定元件封装外形轮廓线的起点，随之绘制元件的外形轮廓，如图 10-65 所示。

[11] 单击【从中心放置圆弧】按钮，先单击鼠标左键确定圆弧的中心，然后移动鼠标单击左键确定圆弧的半径，最后确定圆弧的起点和终点，即可获得图 10-66 所示的圆弧绘制效果。

[12] 完成元器件的绘制，可执行【文件】|【保存】命令，将新建的元件库保存，以后调用时可以作为一个块。

10.9 课堂练习 10-2：利用向导制作元件封装

Altium Designer 提供的元件向导允许用户预先定义设计规则，在这些设计规则定义结束后，元件封装库编辑器会自动生成相应的新元件封装。本实例将通过向导创建 SPGA 元器件，并分别设定该元件对应的各个参数值，完成一系列参数设置后，即可获得元器件封装效果，如图 10-67 所示。

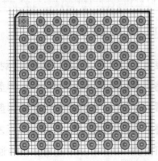

图 10-67 元器件封装

操作步骤：

[1] 启动并进入元件封装编辑器，然后执行【工具】|【元器件向导】命令，将打开图 10-68 所示的操作界面，这就进入了元件封装创建向导，接下去可以选择封装形式，并可以定义设计规则。

[2] 单击该对话框中的【下一步】按钮，系统将打开图 10-69 所示的对话框。即可在列表框中选择元件封装形式。

图 10-68　Component Wizard 对话框 1

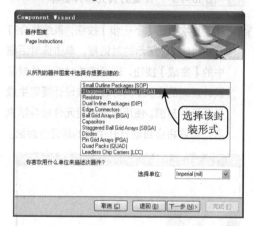

图 10-69　Component Wizard 对话框 2

3. 单击该对话框中的【下一步】按钮，将打开图 10-70 所示的对话框。用户可在该对话框中设置焊盘的有关尺寸。只需要在修改的地方单击后输入尺寸即可。

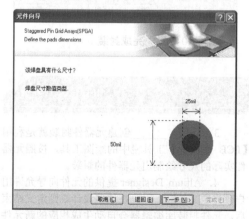

图 10-70　定义焊盘尺寸

4. 完成上述设置后，单击【下一步】按钮，即可在打开的对话框中设置焊盘的相关位置尺寸，其中包括设置引脚的水平间距、垂直间距和尺寸，如图 10-71 所示。

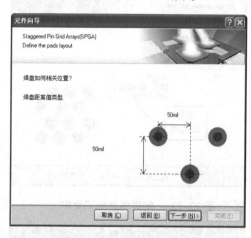

图 10-71　设置焊盘相关位置尺寸

5. 单击【下一步】按钮，可在打开的对话框中设置元器件外框宽度尺寸，默认以上设置尺寸类型，如图 10-72 所示。

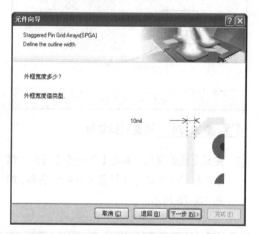

图 10-72　设置元器件

6. 单击【下一步】按钮，可在打开的对话框中设置焊盘内部标识文字类型，即在文字前是否附带 A，选择 Numeric 选项，仅仅显示数字，如图 10-73 所示。

7. 单击【下一步】按钮，然后在打开的对话框中设置元件引脚数量。用户只需在对话框中的指定位置输入元件引脚数量即可，如图 10-74 所示。

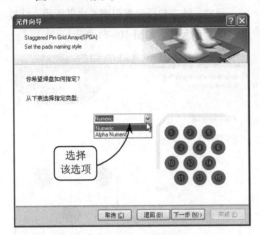

▶ 图 10-73　定义焊盘标识文字

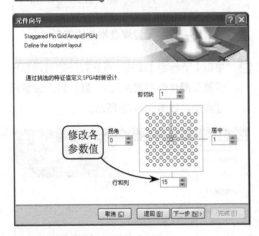

▶ 图 10-74　设置引脚数量

⑧ 完成上述设置后，单击【下一步】按钮，然后在打开的对话框中设置元件封装名称，如图 10-75 所示。

▶ 图 10-75　设置封装元器件名称

⑨ 此时再次单击【下一步】按钮，系统将会打开图 10-76 所示的对话框，单击该对话框中的【完成】按钮，即可完成对新元件封装设计规则的定义，同时程序按设计规则生成了新元件封装。使用向导创建元件封装结束后，系统将会自动打开生成的新元件封装。

▶ 图 10-76　完成封装

10.10　思考与练习

一、填空题

1. 封装就是元器件的外形尺寸，元器件的_____是制作元器件封装的编辑环境。

2. _____主要用于创建一个新元件，将元件放到 PCB 工作平面上，用于更新 PCB 元件库，添加或删除元件库中的元件等各项操作。

3. 采用_____创建元器件封装就是利用【PCB 库放置】工具栏中的绘图工具，按照元器件实际的尺寸绘制出元器件的封装。

4. Altium Designer 提供的元件向导允许用户预先定义_____，在这些设计规则定义结束后，元件封装库编辑器会自动生成相应的新元件封装。

5. 完成了 PCB 图的设计后,需要将 PCB 图输出以生成_____。这就需要首先设置打印机的类型、纸张的大小和电路图的设定等内容,然后进行后续的打印输出。

二、选择题

1. 在 PCB 元器件封装操作环境中,可使用【_____】工具栏提供的绘图工具在工作平面上放置各种图元,如焊点、线段、圆弧等。
  A. PCB 库放置 B. PCB 标准
  C. 导航 D. 过滤器

2. 元件的_____在 PCB 板的整个制作过程中起着非常重要的作用,如果元件的封装不正确,由原理图编辑器向 PCB 编辑器的转化过程是不可能顺利完成的。
  A. 创建 B. 修改
  C. 封装 D. 管理

3. _____报表的作用在于给用户提供一个电路板的完整信息,包括电路板尺寸、电路板上的焊点、导孔的数量以及电路板上的元件标号等等。
  A. 网络状态报表 B. 电路板信息
  C. 元器件报表 D. 钻孔信息报表

4. 可在 PCB Library 管理器中复制管理封装元器件。该窗口只有在显示分辨率高于_____的情况下才能完全显示,最佳显示分辨率为 1280×1024。
  A. 960×600 B. 800×600
  C. 1024×768 D. 1152×864

5. 单击【打印】对话框中的【_____】按钮,将打开 PCB Printout Properties 对话框。在该对话框中可设置要输出的工作层面的类型,设置好输出层面后,单击 OK 按钮确认操作。
  A. 打印 B. 预览
  C. 打印设置 D. 高级设置

三、问答题

1. 简述元件和元件封装管理器的使用方法。
2. 概述两种创建元器件封装的方法。
3. 常用的修改元器件封装的方法有哪些?
4. 简述原理图和 PCB 之间交互验证的方法。
5. 概述各种 PCB 报表的生成方法。

四、上机练习

1. 手动创建双刀双掷开关封装

本练习手工创建双刀双掷开关封装元器件,创建效果如图 10-77 所示。该元器件结构简单,主要由 6 个焊盘和包围这些焊盘的矩形走线组成。可首先新建 PCB 元件库文件,系统进入封装编辑环境,然后利用放置工具依次绘制各个图形,即可获得双刀双掷开关封装元器件制作效果。

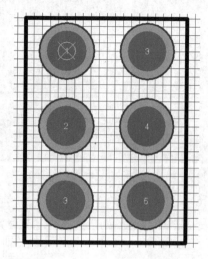

图 10-77 双刀双掷开关封装元器件

2. 手动创建元器件封装

本练习手工封装元器件,创建效果如图 10-78 所示。该元器件除了由焊盘和包围这些焊盘的矩形走线组成外,还包含中间走线和标识文字。可首先新建 PCB 元件库文件,系统进入封装编辑环境,然后利用放置工具依次绘制焊盘和矩形走线路径,最后放置连接走线和注释文字,即可获得封装元器件制作效果。

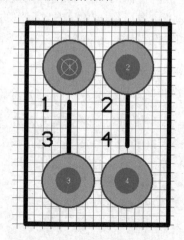

图 10-78 元器件封装

第 11 章

电路仿真

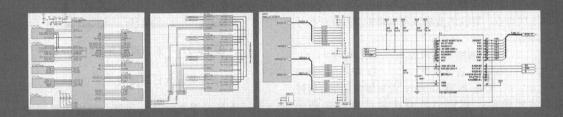

电路板仿真就是通过软件来检验设计的电路功能，通过仿真检查电路板是否存在错误。在绘制原理图后，可通过仿真来检验工作是否存在错误，以保证后期的 PCB 板的制作的准确性和有效性。Altium Designer 是一个强有力的数模混合仿真器，它与原理图设计模块协同工作，以提供一个完整的前端设计方案。执行仿真，只需简单地从仿真用元件库中放置所需的元件，连接好原理图，加上激励源，然后单击仿真按钮即可自动开始。

本章主要介绍电路板仿真操作的基本方法和步骤，其中包括各种仿真元器件的仿真方法和属性设置、各种激励源和分析方式的属性定义方法等。

本章学习目的

- 熟练掌握基本仿真设置和步骤
- 了解常用的电路仿真元器件
- 掌握激励源的仿真和属性设置方法
- 熟悉初始状态设置方法
- 掌握各种仿真分析方法
- 了解仿真窗口的设置方法

11.1 仿真概述

在电路设计的始末，设计者总要对所设计的电路的性能进行预计、判断和校验，过去常用的方法是数学的和物理的两种方法。这两种方法对设计规模较小的一般电路是可行的，但是它们存在某些局限和致命的缺陷。随着电子工业特别是大规模集成电路的迅速发展，电路品种日新月异，规模越来越大，同时对电路的设计要求（如可靠性、性能价格比）也越来越高，原来的那些方法已完全不能适应电路的要求。

随着微电子技术的发展，构成电路的元器件类型不断增多，为了能满足电路模拟的需要，电路分析软件不断扩展着自己的模型库，设计者甚至可提取模型参数或自定义模型，使电路模型能适用于各种情况。因此，计算机辅助电路分析已成为现代化电路设计师的助手和工具。最新的 EDA 软件 Altium Designer 8.0 就是设计师们的首选。

所谓电路仿真，就是用软件来模拟电路的效果和功能，以对设计的电路进行检测和调试。在传统的电子设计中，必须搭建成实际的电路来检测和调试电路，这样就大大增加了研发的成本，并延长了研发的时间。Altium Designer 提供了强大的电路仿真功能，它的模拟混合信号电路工具使用的是 Berkeley SPICE/XSPICE 的增强版本，包含了一个数目庞大的仿真库，能很好地满足设计者的需要，它允许设计者不必手工添加 D/A 转换器就可以进行数模混合信号的仿真。

在 Altium Designer 中进行电路的仿真也十分简单，只需要绘制好仿真原理图，加上激励源，就可以开始进行相应仿真。仿真电路的规模只受系统仿真能力的限制，如硬件内存的大小等，而仿真器对模拟电路和数字电路的大小规模是没有限制的。

Altium Designer 提供了交流信号、动态特性、噪声特性、直流交换、傅里叶分析、蒙特卡罗分析、参数和温度扫描等分析内容。

基于最新的 SPICE 和 XSPICE 强大的混合模拟和数字电路仿真器，可与 Altium Designer 电路图编辑器进行无缝连接，用户能方便地将电路仿真融入设计输入的过程。可以从电路图直接运行混合模式的电路模拟，无需向任何其他应用程序输出设计，通过软件波形观察仪，仿真结果能以图形、波形显示，如图 11-1 所示。

Altium Designer 电路仿真具有以下特点。

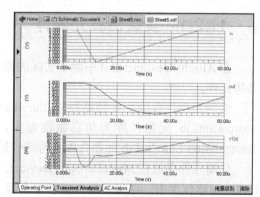

图 11-1　仿真波形显示

1. 编辑环境简单

电路仿真编辑环境和原理图编辑环境一样，区别仅在于仿真电路中的元件必须具有仿真属性。

2. 丰富的仿真器件库

仿真环境提供了丰富的仿真器件库，包括数十种仿真激励源、信号源等，多达几千种的仿真元件可以对模拟、数字电路以及混合电路进行仿真。

3．多种仿真方式

软件提供了多种仿真方式，Altium Designer 提供了工作点分析、瞬态分析、幅频特性分析等多种仿真方式，不同的仿真方式从不同的角度对电路的各种特性进行仿真，设计人员可以根据具体的电路需求确定电路仿真方式。当然也可以同时选择多种仿真方式，不过这样一来计算的工作量就会增大，其运行过程也会相对增长。

4．直观的仿真结果

多数电路仿真结果均以图形方式输出，例如多个激活节点信号的仿真，就相当于在不同的节点接入物理示波器来观测电路中各个仿真点的波形输出。

除了上述几个特点，仿真还有操作简单、可靠、易于实现等特点，由仿真得到的实际原理图不存在功能上的冲突，对电路搭建十分有利。

> **提 示**
>
> 电路仿真是通过计算机软件来模拟具体电路，并且可以观测在给定的条件下各个观测点的输入、输出情况。它要求设计人员具备相应的电路知识，并与在实际工作中用电路搭建实验电路模型有所不同。

11.2 仿真相关元件参数设置

仿真电路中各个元器件都必须具有 Simulation 属性，才能使仿真顺利进行，这就需要在元器件的属性栏中添加 Simulation 属性，并根据实际情况修改 Simulation 属性参数，以便于进行仿真分析。

11.2.1 安装仿真元器件

在 Altium Designer 8.0 中除了实际的原理图元件之外，仿真原理图中还会用到激励源等元件。

这些元器件存放在安装路径 Altium\Library\Simulation 文件夹中，其中 Simulation Sources.IntLib 元器件库为仿真激励源库，包括各种电流源和电压源等；Simulation Transmission Line.IntLib 元器件库为特殊传输线库。

分离元件存放在 Miscellaneous Devices. IntLib 元器件库中，这些元器件也基本上都具备 Simulation 属性，如图 11-2 所示。在 Models for Q？-2N3906 栏中可以看到一个 Simulation 属性类型，说明该元器件具备仿真功能，元件可以直接应用到仿真电路中。

图 11-2　具备 Simulation 属性

如果元器件不具备 Simulation 属性，可在该栏中单击【添加】按钮，将打开【添加新模型】对话框，在该对话框的下拉列表框中选择 Simulation 选项，然后单击【确定】按钮，则该元器件将具有 Simulation 属性，如图 11-3 所示。

图 11-3　添加新模型

11.2.2　设置原理图中元件参数

在进行 Altium Designer 电路仿真时，需要使用一些仿真元器件。在仿真元件库中，包含了一些主要的仿真用元器件，简要分为以下 3 类仿真元件类型。

1. 分离元件

分离元件存放在 Miscellaneous Devices.IntLib 元器件库中，其中最常用的分离元件包括电阻、电容、电感等元器件，分别介绍如下。

❏ 电阻

仿真元器件库为用户提供了多种类型的电阻，其中为数最多的是 RES（fixed resistor）固定电阻。例如在元器件库中调出 Res1 元器件，并双击该元器件打开对应属性对话框。

此时双击该对话框右下侧 Simulation 属性类型，将打开该元器件 Simulation 属性对应的 Sim Model 对话框，如图 11-4 所示。在该对话框下的 Parameters 选项卡中只有一个参数设置框，就是电阻的阻值。

❏ 电容

在仿真库中包含多种类型的电容，其中最常用的有 3 种，分别为 Cap（定值无极性电容）、Cap2（定值有极性电容）和 Cap Semi（半导体电容）。这些符号表示一般的电容类型，如图 11-5 所示。

Sim Model 电容的参数设置对话框如图 11-6 所示。其中在 Value 文本框中输入电容值，如 12uF、200nF 等；在 Initial Voltage 文本框中输入电路初始工作时电容两端的电压，电压值默认设定为 0V。

❏ 电感

在分离元件仿真库中包含电感元器件（INDUCTOR），电感在特性上与电容参数基

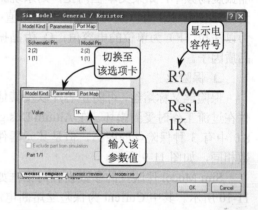

图 11-4　Sim Model 对话框（电阻）

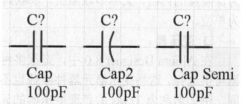

图 11-5　仿真库中的电容类型

图 11-6　Sim Model 对话框（电容）

本相同，如图 11-7 所示。

电感也有两个基本参数，其中在 Value 文本框中输入电感值，如 12uH、200nH 等；在 Initial Voltage 文本框中输入电路初始工作时流入电感的电流，电流值默认设定为 0A。

❑ **晶振**

晶振又称石英晶体，即 XTAL，在电路设计中一般作为时间标准，分离元件仿真库中包含了不同规格的晶振。Sim Model 晶振的参数设置对话框如图 11-8 所示。

晶振的参数设置共有 4 项，其中 FREQ 为晶振震荡频率，如果文本框内空，则系统默认为 2.5MHz；RS 为以欧姆为单位的电阻值；C 为以法拉（F）为单位的电容值；Q 为晶振的品质因子。

❑ **保险丝**

保险丝又称熔丝，可防止芯片以及其他器件在过流工作时受到损坏。在 Altium Designer 8.0 中有 3 种保险丝的图标，但是其元器件参数相同，如图 11-9 所示。

Sim Model 保险丝的参数设置对话框如图 11-10 所示。其中 Current 为保险丝熔断电流，如 250m、5m 等，以安培（A）为单位；Resistance 为保险丝的内阻，又称串联阻抗，以欧姆（Ω）为单位。

❑ **变压器**

在 Altium Designer 8.0 中，有很多种变压器可供选择，这些变压器元器件参数也不尽相同，例如名称为 Trans 的普通变压器的元器件 Sim Model 参数设置对话框如图 11-11 所示。

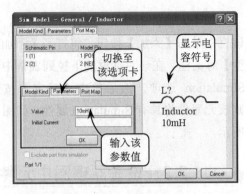

图 11-7　**Sim Model 对话框（电感）**

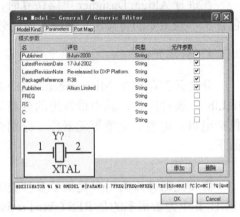

图 11-8　**Sim Model 对话框（晶振）**

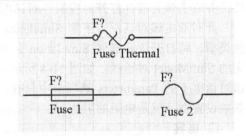

图 11-9　**仿真保险丝**

图 11-10　**Sim Model 对话框（保险丝）**

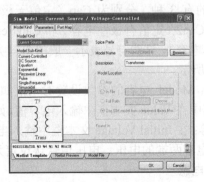

图 11-11　**Sim Model 对话框（变压器）**

❑ 二极管

在仿真库中包含了数目巨大的以工业标准部件数命名的二极管，名称为 Diode。图 11-12 简单列出了库中包含的几种二极管。

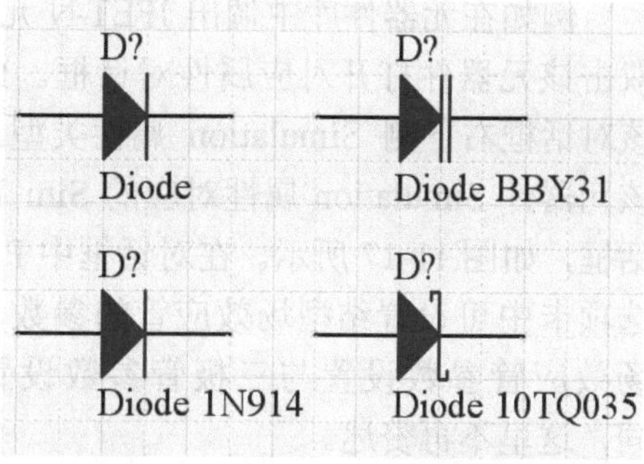

例如在元器件库中调出 Diode 元器件，并双击该元器件打开对应属性对话框。此时双击该对话框右下侧 Simulation 属性类型，将打开该元器件 Simulation 属性对应的 Sim Model 对话框，如图 11-13 所示。在该对话框下的 Parameters 选项卡中可设置二极管的参数。

在该对话框中，可在 Area Factor 文本框中输入环境因数；在 Starting Condition 文本框中设置起始状态，一般选择为 OFF（关断）状态；在 Initial Voltage 文本框中输入起始电压；在 Temperature 文本框中输入工作温度值。

❑ 三极管

在仿真库中包含了数目巨大的以工业标准部件数命名的三极管，三极管的参数与二极管有很多相同的地方，并且无论是 NPN 三极管还是 PNP 三极管，对应的元器件参数设置相同，如图 11-14 所示。

三极管参数设置共有 5 项，如图 11-15 所示。可在 Area Factor 文本框中输入环境因数；在 Starting Condition 文本框中设置起始状态，一般选择为 OFF（关断）状态；在 Initial B-E Voltage 文本框中输入起始 BE 端电压；在 Initial C-E Voltage 文本框中输入起始 CE 端电压；在 Temperature 文本框中输入工作温度值。

❑ JFET 结型场效应管

在仿真库中包含大量的 JFET 结型场效应管，该结型场效应管的模型是建立在 Shichman 和 Hodges 的场效应管的模型上的，如图 11-16 所示。该图简单列出了库中包含的结型场效应管。

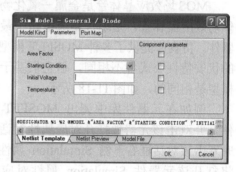

图 11-12　仿真库中二极管类型

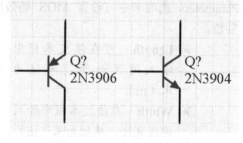

图 11-13　Sim Model 对话框（二级管）

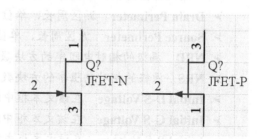

图 11-14　仿真库中三极管类型

图 11-15　Sim Model 对话框（三极管）

图 11-16　仿真库中 JFET 结型场效应管

例如在元器件库中调出 JFET-N 元器件，并双击该元器件打开对应属性对话框。此时双击该对话框右下侧 Simulation 属性类型，将打开该元器件 Simulation 属性对应的 Sim Model 对话框，如图 11-17 所示。在对话框中 Parameters 选项卡中可设置结型场效应管的参数，该结型场效应管参数设置与三极管参数设置完全相同，这里不再赘述。

❑ **MOS 场效应管**

MOS 场效应晶体管是金属－氧化物－半导体场效应晶体管，是现代集成电路中最常用的器件。仿真库提供了多种 MOSFET 模型，它们的伏安特性公式各不相同，但它们基于的物理模型是相同的，如图 11-18 所示。

例如在元器件库中调出 MOSFET-P 元器件，并双击该元器件打开对应属性对话框。此时双击该对话框右下侧 Simulation 属性类型，将打开该元器件 Simulation 属性对应的 Sim Model 对话框，如图 11-19 所示。在对话框中 Parameters 选项卡中可设置 MOS 场效应管的参数。

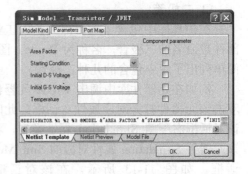

图 11-17　Parameters 选项卡

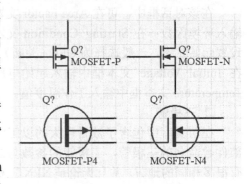

图 11-18　仿真库中 MOS 场效应管

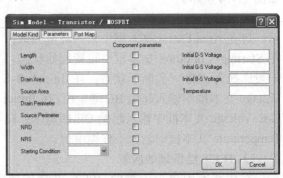

图 11-19　Sim Model 对话框（MOS 场效应管）

- **Length**　可在该文本框中输入沟道长度，单位为米（m）。
- **Width**　在该文本框中输入沟道宽度，单位为米（m）。
- **Drain Area**　在该文本框中输入漏区面积，单位为平方米（m^2）。
- **Source Area**　在该文本框中输入源区面积，单位为平方米（m^2）。
- **Drain Perimeter**　漏区周长，单位为米（m）。
- **Source Perimeter**　源区周长，单位为米（m）。
- **NRD**　漏极的相对电阻率的方块数。
- **NRS**　源极的相对电阻率的方块数。
- **Initial D-S Voltage**　在该文本框中输入起始 DS 端电压。
- **Initial G-S Voltage**　在该文本框中输入起始 GS 端电压。
- **Initial B-S Voltage**　在该文本框中输入起始 BS 端电压。
- **Temperature**　在该文本框中输入工作温度值。

❑ **MES 场效应管**

在仿真库中包含了一般的 MES 场效应管。MES 场效应管模型是从 Statz 的砷化镓场效应管的模型得到的。图 11-20 列出了库中包含的 MES 场效应管。

例如在元器件库中调出 MESFET-P 元器件，并双击该元器件打开对应属性对话框。此时双击该对话框右下侧 Simulation 属性类型，将打开该元器件 Simulation 属性对应的 Sim Model 对话框，如图 11-21 所示。在对话框中 Parameters 选项卡中可设置 MES 场效应管的参数。

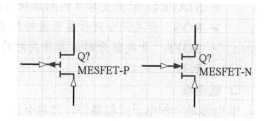

图 11-20 MES 场效应管类型

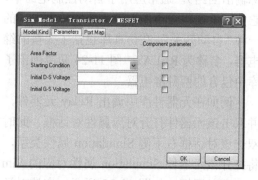

➢ **Area Factor** 输入环境因数。
➢ **Starting Condition** 在该文本框中设置起始状态，一般选择为 OFF（关断）状态。
➢ **Initial D-S Voltage** 在该文本框中输入起始 DS 端电压。
➢ **Initial G-S Voltage** 在该文本框中输入起始 GS 端电压。

❑ **电压/电流控制开关**

在仿真库中包含了数目巨大的以工业标准部件数命名的电压/电流控制开关，图 11-22 简单列出了库中包含的几种电压控制开关。

例如在元器件库中调出 SW-DIP4 元器件，并双击该元器件打开对应属性对话框。此时双击该对话框右下侧 Simulation 属性类型，将打开该元器件 Simulation 属性对应的 Sim Model 对话框，如图 11-23 所示。在该对话框下的 Parameters 选项卡中可设置电压控制开关的参数。

➢ **STATE1** 开关支路 1 的初始状态设置，默认值为 0。
➢ **STATE2** 开关支路 2 的初始状态设置，默认值为 0。
➢ **STATE3** 开关支路 3 的初始状态设置，默认值为 0。

图 11-21 Sim Model 对话框（MES 场效应管）

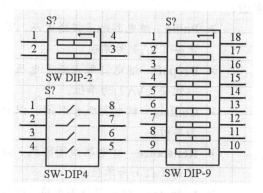

图 11-22 电压控制开关

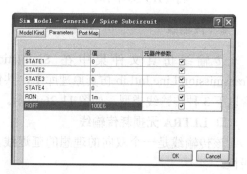

图 11-23 Sim Model 对话框（电压/电流控制开关）

- ➢ **STATE4** 开关支路 4 的初始状态设置，默认值为 0。
- ➢ **RON** 开关闭合时仿真开关对外呈现的电阻值，默认值为 1m，单位为欧姆。
- ➢ **ROFF** 开关断开时仿真开关对外呈现的电阻值，默认值为 100E6，单位为欧姆。

❑ 继电器

继电器是一种电子控制器件，它具有控制系统（又称输入回路）和被控制系统（又称输出回路），通常应用于自动控制电路中，它实际上是用较小的电流去控制较大电流的一种"自动开关"。在仿真库包括了大量的继电器，名称为 RELAY，图 11-24 简单列出了库中包含的两种继电器。

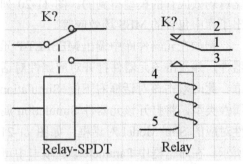

图 11-24 仿真库中继电器

例如在元器件库中调出 Relay 元器件，并双击该元器件打开对应属性对话框。此时双击该对话框右下侧 Simulation 属性类型，将打开该元器件 Simulation 属性对应的 Sim Model 对话框，如图 11-25 所示。在该对话框下的 Parameters 选项卡中可设置继电器的参数。

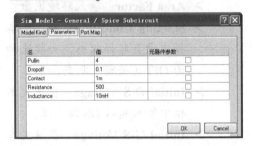

图 11-25 Sim Model 对话框（继电器）

- ➢ **Pullin** 继电器触点接通电压，以伏安（VA）为单位。
- ➢ **Dropoff** 继电器触点断开电压，以伏安（VA）为单位。
- ➢ **Contact** 继电器吸合时间，以秒为单位。
- ➢ **Resistance** 继电器线圈阻抗，以欧姆（Ω）为单位。
- ➢ **Inductor** 继电器线圈电感，以亨利（H）为单位。

2. 传输线

传输线仿真文件集中在 Simulation Transmission Line.IntLib 仿真原理库中，共包含以下 3 种传输线类型，如图 11-26 所示。

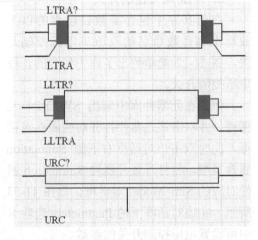

图 11-26 仿真库中包含的传输线类型

❑ **LLTRA 无损耗传输线**

该传输线是一个双向的理想的延迟线，有两个端口，节点定义了端口的正电压的极性。

双击该元器件将打开对应属性对话框。此时双击该对话框右下侧 Simulation 属性类型，将打开该元器件 Simulation 属性对应的 Sim Model 对话框，如图 11-27 所示。在该对话框下的 Parameters 选项卡中可设置传输线的参数。

- **Char.Impedance** 可选项，表初始条件，即通过 MOs 场效应管的初始值。该项仅在仿真分析工具傅里叶变换中的使用初始条件被选中后，才有效。
- **Transmission Delay** 传输线的延时（指节点间）。
- **Frequency** 频率（指节点间）。
- **Normalised Length** 在频率为 F 时相对于传输线波长归一化的传输线电学长度（指节点间）。

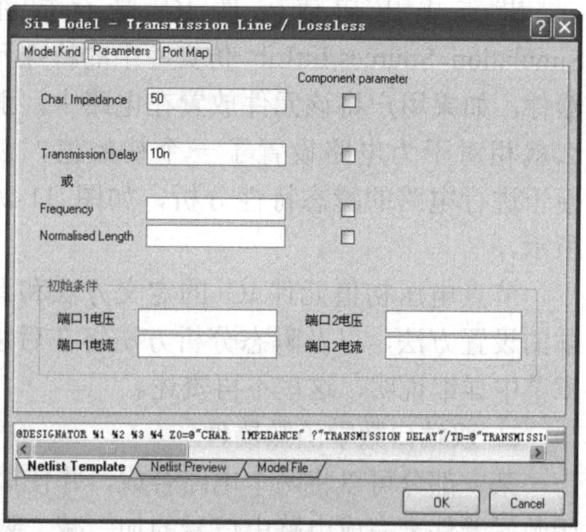

图 11-27 Sim Model 对话框（LLTRA 无损耗传输线）

传输线长度可用两种形式表示：一种是由传输线的延时 TD 确定的，例如 TD=10ns；另一种是由频率 F 和参数 NL 来确定，如规定了 F 而未给出 NL，则认为 NL=0.25（即频率为 1/4 波长的频率，F 为二次谐波频率）。

❑ **LTRA 有损耗传输线**

该传输线是一个损耗传输线，将使用两端口响应模型。这个模型属性包含了电阻值、电感值、电容值和长度，这些参数不可能直接在原理图文件中设置，但设计者可以创建和引用自己的模型文件。

❑ **URC 均匀分布传输线**

分布 RC 传输线模型（即 URC 模型）是从 L.Gertzbmrg 在 1974 年所提出的模型上导出的模型由 UR 传输线的子电路类型扩展成内部产生节点的集总 RC 分段网络而获得。

RC 各段在几何上是连续的，URC 线必须严格地由电阻和电容段构成。双击该元器件打开对应属性对话框。此时双击该对话框右下侧 Simulation 属性类型，将打开该元器件 Simulation 属性对应的 Sim Model 对话框，如图 11-28 所示。

在对话框的 Parameters 选项卡中可设置传输线的参数，其中在 Length 文本框中输入 RC 传输线的长度，在 No.Segnents 文本框中输入 RC 线模型使用的段数，这两个参数项都是可选项。

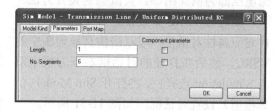

图 11-28 Sim Model 对话框（URC 均匀分布传输线）

3. 特殊元器件

特殊元器件主要包括节点电压初始值元件.IC 和双端口数学函数器件，如下所述。

❑ **节点电压初始值元件**

节点电压初值元件.IC 是存放在 Simulation Sources.IntLib 仿真库中的特殊元器件，如果用户将该元件放置在电路中，那么就相对于为电路设置了一个初始值，以便于进行电路的瞬态特性分析，如图 11-29 所示。

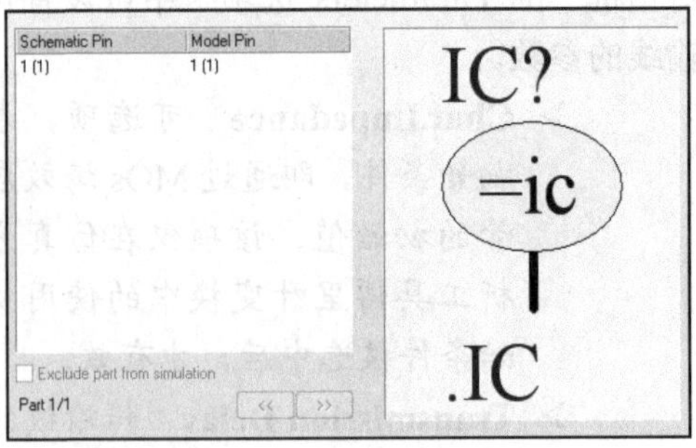

节点电压初值元件.IC 的定义方法和具体的设置方法，以及瞬态分析方法将在后续章节中详细说明，这里不再赘述。

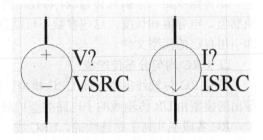

图 11-29 .IC 的原理图表示

❑ 双端口数学函数器件

某一部分可以将两个电路合成，并使最终的结果进入下一轮仿真计算，这需要数学函数元器件来完成电路中信号的加、减、乘、除等数学运算。

11.2.3 放置激励源

原理图仿真必须设置激励源来驱动电路，才能使仿真电路工作。仿真信号源的作用类似于实验室中使用的信号发生器和电源。而 Altium Designer 的仿真设计环境就是根据信号发生器的功能设计的，可以提供相应的仿真信号源。

1．直流源

直流源有两种，即直流电压源（VSRC）和直流电流源（ISRC）。这两种直流源输出为恒定电压或恒定电流。在仿真库中 VSRC 和 ISRC 符号如图 11-30 所示，以下仅以直流电压源为例介绍参数直流源的设置方法。

要进行 VSRC 参数设置首先进入该元器件对应属性对话框，即双击仿真原理图中的 VSRC，然后在打开的对话框右下方栏中双击 Simulation 选项栏，将打开 Sim Model（仿真模型）设置对话框，如图 11-31 所示。

该对话框包含以下 3 个选项卡。

❑ **Model Kind**

可通过 Model Kind（仿真模型类型）下拉列表框选择仿真类型，其中 Current Source 仿真电流源；General 一般仿真元器件，如电阻、电容或电感等；Initial Condition 初始条件；Switch 仿真开关；Transistor 仿真晶体管元器件；Transmission Line 仿真传输线；Voltage Source 仿真电压源。

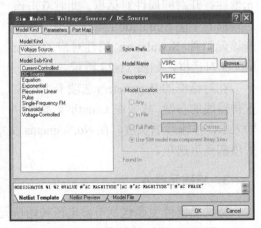

图 11-30 VSRC 和 ISRC 符号

图 11-31 Sim Model 设置对话框

选择不同的仿真模型类型对应下方的 Model Sub-Kind 栏中显示不同的子项。此时以系统默认选项为例，对应 Current-Controlled 为电流控制电压源；DC Source 为直流电压源；Equation 为非线性受控电压源；Exponential 为指数电压源；Pulse 为脉冲电压源。

在该对话框右侧窗口中，可在 Spice Prefix 下拉列表框中选择相应的仿真元器件的前缀表示符号；在 Model Name 文本框中输入仿真模型的名称；在 Description 文本框中输入仿真模型的说明；在 Model Location 选项区域中可定位仿真模型的位置。

❑ **Parameters**

在该选项卡中可分别进行直流电压源的信号幅值，以及交流小信号等参数设置和分析，如图 11-32 所示。

在该选项卡中可设置以下参数。

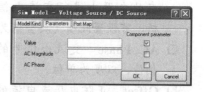

图 11-32　Parameters 选项卡

➢ **Value**　在该文本框中输入直流电压源的信号幅值，例如输入值为 15，单位为伏安（VA）。

➢ **AC Magnitude**　如果要基于此电压源进行交流小信号分析，可在该列表框中输入参数值，单位为伏安（VA）。

➢ **AC Phase**　交流小信号分析初始相位（角度）。

提示

以上 3 个参数项后方均有复选框，启用相应的复选框则对应项数值将显示在原理图中；如果禁用复选框，在原理图中虽然不显示，但在仿真时该值仍然起作用。

❑ **Port Map**

该选项卡为引脚映射选项卡，如图 11-33 所示。图中左侧窗口显示了直流电压电源的原理图引脚和仿真模型的引脚对应关系。单击仿真模型的引脚，在展开的下拉列表框中可以修改仿真模型引脚之间的映射关系，通常情况下不必修改，否则有可能破坏仿真模型，从而影响仿真结果。右侧窗口显示直流电压源的仿真模型的符号。

2．正弦仿真源

正弦仿真源有两种，即正弦电压源（VSIN）和正弦电流源（ISIN），通过这些激励源可创建正弦波电压和电流源。在仿真库中 VSIN 和 ISIN 符号如图 11-34 所示，以下仅以电压源为例介绍正弦仿真源的设置方法。

按照上述方式获得正弦电压源属性对话框，如图 11-35 所示（正弦电流源属性设置类似）。

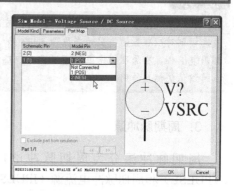

图 11-33　Port Map 选项卡

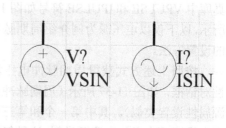

图 11-34　VSIN 和 ISIN 符号

其中第一个和第三个选项卡设置项含义与直流源类似，这里仅仅对不同的仿真信号的 Parameters 选项卡中各功能进行解释。

- **DC Magnitude** 直流参数，此项将不设置，通常设置为 0。
- **AC Magnitude** 如果设计者欲在此电源上进行交流小信号分析，可设置此项（典型值为 1）。
- **AC Phase** 交流小信号的电压相位，以度为单位。
- **Offset** 正弦电压或电流的直流偏置量（如 1）。

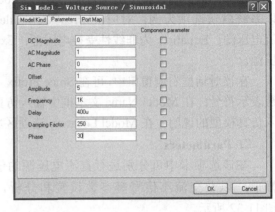

图 11-35　Parameters 选项卡

- **Amplitude** 正弦交流电压的频率，以伏特（V）为单位（如 5）。
- **Frequency** 正弦交流电源的频率，单位为 Hz。
- **Delay** 激励源开始的延时时间，单位为秒（如 400u）。
- **Damping Factor** 阻尼系数，正弦波减少的速率即每秒减少的幅值（如 200）。如果为正值，将使正弦波以指数形式减少；如果为负值则将使幅值增加；如果为 0，则给出一个不变幅值的正弦波。
- **Phase** 正弦波的初相位，单位为度。

提　示

以上各个参数项后方均有复选框，启用相应的复选框则对应项数值将显示在原理图中；如果禁用复选框，在原理图中虽然不显示，但在仿真时该值仍然起作用。

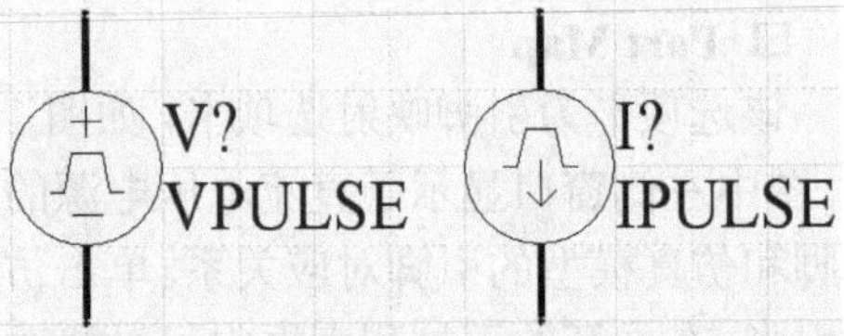

3．周期脉冲源

周期脉冲源分为周期脉冲电压源（VPULSE）和周期脉冲电流源（IPULSE），通过这些激励源可创建电压和电流源。在仿真库中 VPULSE 和 IPULSE 符号如图 11-36 所示，以下仅以电压源为例介绍周期脉冲源的设置方法。

按照上述方式获得周期脉冲电压源属性对话框，如图 11-37 所示（周期脉冲电流源属性设置类似）。其中第一个和第三个选项卡设置项含义与直流源类似，这里仅仅对不同的仿真信号的 Parameters 选项卡中各

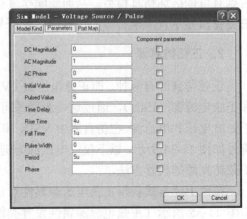

图 11-36　VPULSE 和 IPULSE 符号

图 11-37　Parameters 选项卡

功能进行解释。
- **DC Magnitude** 直流参数，此项被忽略，通常设置为 0。
- **AC Magnitude** 如果设计者欲在此电源上进行交流小信号分析，可设置此项（典型值为 1）。
- **AC Phase** 交流小信号的电压相位，以度为单位。
- **Initial Value** 电压或电流的起始值，以伏特（V）为单位（如 1）。
- **Pulsed Value** 延时和上升时间时的电压或电流值，即脉冲幅值，以伏特（V）为单位（如 6）。
- **Time Delay** 激励源从初始状态到激发时的延时，单位为秒。
- **Rise Time** 从起始幅值变化到脉冲幅值延迟时间，必须大于 0。
- **Fall Time** 从脉冲幅值变化到起始幅值延迟时间，必须大于 0。
- **Pulse Width** 脉冲宽度，即脉冲激发状态的时间，单位为秒（如 500u）。
- **Period** 脉冲周期，单位为秒（如 5u）。

4. 分段线性源

分段线性源有若干条相连的直线组成，是不规则的信号源，不能在分段线性源中间加入一段正弦波。分段线性源分为分段线性电压源（VPWL）和分段线性电流源（IPWL），通过这些激励源可创建电压和电流源。在仿真库中 VPWL 和 IPWL 符号如图 11-38 所示，以下仅以电压源为例介绍分段线性源的设置方法。

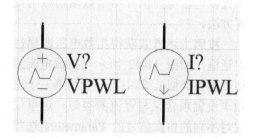

图 11-38　VPWL 和 IPWL 符号

按照上述方式获得分段线性电压源属性对话框，如图 11-39 所示（分段线性电流源属性设置类似）。其中第一个和第三个选项卡设置项含义与直流源类似，这里仅仅对不同的仿真信号的 Parameters 选项卡中各功能进行解释。

- ☐ **DC Magnitude** 直流参数，此项被忽略，通常设置为 0。
- ☐ **AC Magnitude** 如果设计者欲在此电源上进行交流小信号分析，可设置此项（典型值为 1）。

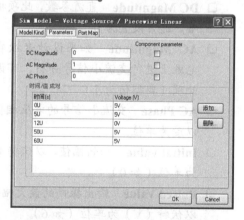

图 11-39　Parameters 选项卡

- ☐ **AC Phase** 交流小信号的电压相位，以度为单位。
- ☐ **时间/值成对** 这一对数为时间/幅值，输入由空格隔开的最多 8 对数。该对数的【时间/值】第一个数是单位为秒的时间，第二个数为当时的电压或电流的幅值，如 0U 5V、5U 5V、12U 0V、50U 5V、60U 5V。

分段线性源有两种获得数据的途径，一种是可以直接在属性对话框中的【时间/值 成对】选项区域设置"时间-电压"序列来描述波形，并且设定时间参数必须为正值且顺序递增。

另一种是使用文本文件确定波形数据，点数不限，可以用一列多达 8 个点的数据描述这个波形。此文件必须在同一个目录，带有 PWL 扩展名。数据必须成对出现，一个时间对应一个幅值，并且每一行时间的第一行必须加上一个"+"号，每行可以有 255 个字符，数值直接用空格分开，数值可以用科学计数法或小数计算。此外还可加入注释行，以"*"开头，如图 11-40 所示。

5. 指数激励源

在高频电路仿真分析中经常用到指数激励源，分为指数电压源（VEXP）和分段指数电流源（IEXP），通过这些激励源可创建电压和电流源。在仿真库中 VEXP 和 IEXP 符号如图 11-41 所示，以下仅以电压源为例介绍指数激励源的设置方法。

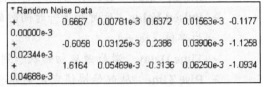

图 11-40 定义分段线性源的文本文件的数据

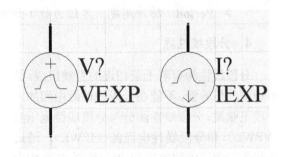

图 11-41 VEXP 和 IEXP 符号

按照上述方式获得指数电压源属性对话框，如图 11-42 所示（指数电流源属性设置类似）。其中第一个和第三个选项卡设置项含义与直流源类似，这里仅仅对不同的仿真信号的 Parameters 选项卡中各功能进行解释。

- **DC Magnitude** 直流参数，此项被忽略，通常设置为 0。
- **AC Magnitude** 如果设计者欲在此电源上进行交流小信号分析，可设置此项（典型值为 1）。
- **AC Phase** 交流小信号的电压相位，以度为单位。
- **Initial Value** 初始幅值，以伏特（V）为单位（如 0）。
- **Pulsed Value** 输出振幅的最大幅值，以伏特（V）为单位（如 6）。
- **Rise Delay Time** 即输出振幅从起始幅值到最大幅值之间的时间延误，单位为秒（如 20n）。

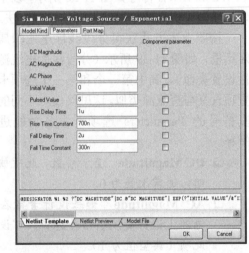

图 11-42 Parameters 选项卡

- **Fall Delay Time** 即输出振幅从最大幅值到起始幅值的时间延误，单位为秒。
- **Rise Time Constant** 上升时间常数，以秒为单位。
- **Fall Time Constant** 下降时间常数，以秒为单位。

6. 单频调频源

单频调频源分为单频调频电压源（VSFFM）和单频调频电流源（ISFFM），通过这些激励源可创建电压和电流源。在仿真库中 VSFFM 和 ISFFM 符号如图 11-43 所示，以下仅以电压源为例介绍单频调频电压源的设置方法。

图 11-43　VSFFM 和 ISFFM 符号

按照上述方式获得单频调频电压源属性对话框，如图 11-44 所示（单频调频电流源属性设置类似）。这里仅仅对不同的仿真信号的 Parameters 选项卡中不同选项进行解释。

- **Offset**　偏置。
- **Amplitude**　输出电压或电流的峰值。
- **Carrier Frequency**　载频，如 100kHz。
- **Modulation Index**　调制指数。
- **Signal Frequency**　调制信号频率，如 10kHz。

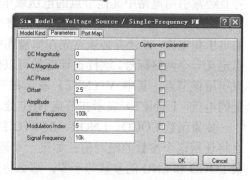

图 11-44　Parameters 选项卡

注　意

利用单频调频源创建单频调频波，其波形按照如下公式定义：$V(t) = VO+VA\times\sin(2\times PI\times Fc\times t+MDI)\times\sin(2\times PI\times Fs\times t)$，其中 t 为当前时间，VO 为偏置，VA 为峰值，Fc 为载频，MDI 为调制指数，Fs 为调制信号频率。

7. 线性受控源

线性受控源有 4 种，分别为线性电压控制电压源（ESRC）、线性电流控制电流源（FSRC）、线性电压控制电流源（GSRC）和线性电流控制电压源（HSRC），其对应的仿真符号源的符号如图 11-45 所示。

线性受控源分别由两个输入端子和两个输出端子组成。其中输出端的电压（或电流）是输入端电压（或电流）的线性函数，一般由源的增益、跨导等决定。

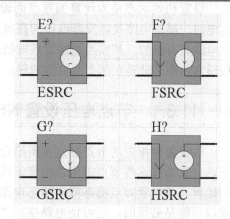

图 11-45　线性受控源符号

按照上述方式获得线性受控源属性对话框，如图 11-46 所示，可以在 Parameters 选项卡的 Gain 文本框中添加参数。

如果是 GSRC，则表示互导，以西门子为单位；如果是 ESRC 这表示为电压增量系数；

图 11-46　Parameters 选项卡

如果是 FSRC，则表示为电流增量系数；如果是 HSRC，则表示为互阻，以欧姆为单位。

8．非线性受控源

非线性受控源有两种，分别为非线性受控电压源（BVSRC）和非线性受控电流源（BISRC），其对应的仿真符号源的符号如图 11-47 所示。

标准 SPICE 非线性电压或电流源，有时被称作方程定义源，因为它的输出由设计者的方程定义，并且经常引用电路中其他节点的电压或电流值。

为了在表达式中引用所设计的电路中的节点的电压和电流，设计者必须首先在原理图中为该节点定义一个网络标号。这样设计者就可以使用语法来引用该节点，其中 V（NET）表示在节点 NET 处的电压，I（NET）表示在节点 NET 处的电流。

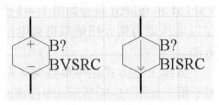

图 11-47　非线性受控源

如果函数 LOGO、LNOR、SQRTO 的参数小于零，那么将使用这个参数的绝对值；如果一个除数是零，或者函数 LOGO 和 LNO 的参数等于零，那么将返回错误信息。

另外，该软件还为仿真设计提供了最常用的激励源工具栏，便于用户使用。在【实用】工具栏中展开【激励源】子工具栏，如图 11-48 所示。

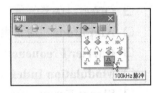

图 11-48　【激励源】子工具栏

11.3　初始状态设置

设置初始状态是为计算偏置点而设定一个或多个电压值（或电流值）。在模拟非线性电路、震荡电路及触发器电路的直流或瞬态特性时，常出现解的不收敛现象，当然实际电路是有解的。其原因是偏置点发散或收敛的偏置点不能适应多种情况，设置初始值最通常的原因就是在两个或更多的稳定工作点中选择一个，使模拟顺利进行。

11.3.1　节点电压设置 NS

该设置使指定的节点固定在所给定的电压下，仿真器按这些节点电压求得直流或瞬态的初始解。该设置对双稳态或非稳态电路的计算收敛可能是必须的，它可使电路摆脱"停顿"状态，而进入所希望的状态。一般情况下默认为节点电压，没有必要设置。

要进行节点电压设置，首先从 Miscellaneous Devices.IntLib 元器件库中调出 NS，然后双击 NS，并在打开的对话框中双击右下侧 Simulation 选择栏，将打开 Sim Model（仿真模型）设置对话框，如图 11-49 所示。

图 11-49　Sim Model 对话框

首先进入 Model Kind 选项卡，然后在 Sim Model 下拉列表框中选择 Initial Condition 选项，并在 Model Sub-Kind 列表框中选择 Initial Node Voltage Guess 选项，最后进入 Parameters 设置其初始值 Initial Voltage 即可。

11.3.2　初始条件设置 IC

该设置是用来设置瞬态初始条件的，不要把该设置和上述的设置相混淆。NS 只是用来帮助直流解的收敛，并不影响最后的工作点（对多稳态电路除外）。而 IC 仅用于设置偏置点的初始条件，它不影响 DC 扫描。

瞬态分析中的设置项中一旦设置了参数 Use Initial Conditions 和 IC 后，瞬态分析将不进行直流工作点的分析（初始瞬态值），因而应在 IC 中设定各点的直流电压。

仿真元器件的初始条件的设置与节点电压的设置类似，首先进入 Model Kind 选项卡，然后在 Sim Model 下拉列表框中选择 Initial Condition 选项，并在 Model Sub-Kind 列表框中选择 Initial Node Voltage Guess 选项，最后进入 Parameters 设置其初始值 Initial Voltage 即可，如图 11-50 所示。

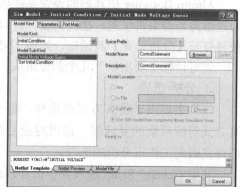

图 11-50　初始条件设置

11.3.3　特殊状态预置符

库 Simulation Sources.IntLib 中包含了两个特别的初始状态定义符，分别为 .NS（NODESET 节点设置）和 .IC（Initial Condition 初始条件），如图 11-51 所示。

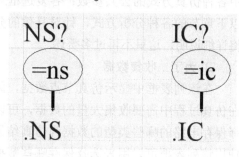

图 11-51　状态预置符

- **.NS**　为节点电压预置符，用于设定节点电压以使电路能够顺利进入工作点分析状态，然后这些设定的节点电压值失效，继续进行实际的工作点分析。
- **.IC**　为初始状态设置符，用于在瞬态分析中设定电路初始状态。

可以使用这两个特殊的符号设置仿真电路的节点电压和初始条件。在当前仿真的原理图中添加这两个元器件符号进行设置即可。

> **提　示**
>
> 初始状态的设置共有 3 种途径：.IC 设置、.NS 设置和定义器件属性。在电路模拟中，如有这 3 种或两种共存时，在分析中优先考虑的次序是定义器件属性、.IC 设置、.NS 设置。如果.IC 和.NS 共存时，则优先考虑.IC 设置。

11.4 设置仿真方式

在进行电路板仿真之前，首先要选择仿真方式，并设置对应仿真方式中的参数。这就需要首先了解仿真工作的宏观参数设置方法，然后明确各个仿真方式参数的定义方法。

11.4.1 选择仿真工作的一些宏观参数

Altium Designer 仿真器的设置是在仿真原理图编辑环境下完成的，选取正确的仿真原理图为当前编辑状态。在编辑设计窗口中执行【设计】|【仿真】|Mixed Sim 命令，系统将打开【分析设置】对话框，如图 11-52 所示。

该对话框主要由以下几个部分组成。

❑ **分析/选项**

该栏主要用于仿真方式的选择，每个仿真方式对应后面的复选框，启用对应复选框即可完成此工作点分析的选取。

其中 General Setup 选项并非仿真方式的一种，选择该选项用来设置对话框右边窗口中各种仿真方式的公共参数；各复选框对应以下章节的各种分析方式，针对具体的分析将详细说明，这里不再过多赘述。

❑ **为了…收集数据**

在该列表框中显示仿真节点数据，因为在仿真过程中需要收集大量的数据，可以选择保存电路的哪些类型的数据为仿真结果。使用该列表框可以用来保存哪些数据。单击下拉按钮，打开图 11-53 所示的下拉列表。

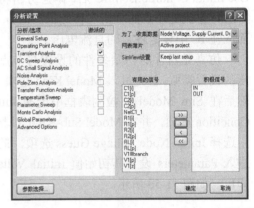

图 11-52 【分析设置】对话框

图 11-53 仿真节点数据列表

在该列表框中选择 Node Voltages and Supply Current 选项，表示保存节点电压和电源电流；选择 Node Voltages, Supply and Device Current 选项，表示保存节点电压、电源和元器件电流；选择 Node Voltages, Supply Current, Device Current and Power 选项，表示保存节点电压、电压电流和支路的电压和功率；选择 Node Voltages, Supply Current and Subcircuit VARs 选项，表示保存节点电压、电压电流和支路的电压和电流变量；选择 Active Signals 选项，表示保存激活的仿真信号（在下面的【积极信号】列表框中显示变量）。

❑ **网表薄片**

在该列表框中选择两种生成网络表的方式，其中选择 Active Sheet 选项，表示当前激活的仿真原理图生成网络表；选择 Active Project 选项，表示当前激活的项目文件。

❑ **SimView 设置**

在该列表框中可选择两种设置方式，其中选择 Keep Last setup 选项，表示按照上一次仿真操作的设置显示相应的波形，而不管当前激活的信号列表的设置；选择 Active Project 选项，表示按照【积极信号】列表框中选择变量显示仿真结果。

❑ 有用的信号和积极信号

在【有用的信号】列表框中列出所有可以仿真输出的信号变量，而在【积极信号】列表框列出可以自动在仿真结果显示窗口显示结果的变量，如图 11-54 所示。

双击列表框中的某个变量会将这个变量从当前的列表框移动到另一个列表框中，或者使用 < 按钮和 > 按钮来移动变量。此外可使用 >> 按钮和 << 按钮来移动所有变量。

从图 11-54 可以看出变量的后面带有后缀字母，其中变量后缀[p]表示功率变量，例如 R1[p]表示 R1 消耗的功率；变量后缀[i]表示电流变量；变量后缀[z]表示阻抗变量；变量后缀 #branch 表示为支路电流。NetVin_1 为仿真前生成网络表是自动为没有定义节点名称的节点起的名字。

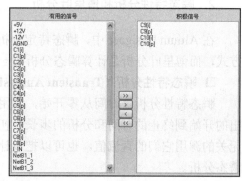

图 11-54　有用的信号和积极信号

❑ 高级设置

单击【分析/选项】栏中的 Advanced Options 按钮将打开右侧 Spice Options 栏，在该栏中可设置各种各样的默认设置值，包括各种元器件的默认参数以及仿真方式设置中默认参数，如图 11-55 所示。

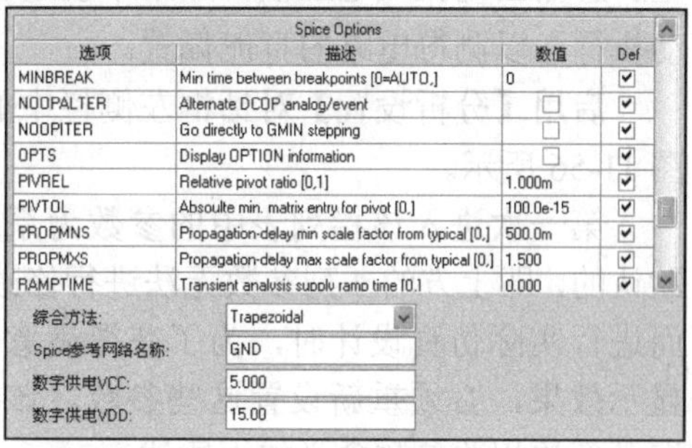

一般情况下不要修改这些默认的设定值，否则有可能破坏系统的 Spice 仿真模型，从而影响仿真结果。

图 11-55　Spice Options 栏

提　示

激活信号在仿真运行正常结束以后，立即在仿真结果窗口中显示出来。同时那些未被激活的信号也将计算出来，只是没有在仿真结果窗口中显示出来而已。

11.4.2　仿真分析简介

Altium Designer 提供强大的仿真功能，在进行仿真前，设计者必须选择对电路进行哪种分析，要收集哪个变量数据，以及仿真完成后自动显示哪个变量的波形等。根据不同的电路要求，Altium Designer 系统提供交流小信号分析、瞬态分析、直流分析等多种分析方式。

1. 工作点分析

工作点分析即静态工作点分析，就是分析电路中各个节点的直流偏置电压。一般在瞬态分析、交流小信号分析之前，首先必须进行工作点分析，其结果是一个包含节点或元器件电流、电压和功率的列表。

启用 Operating Point Analysis 复选框，将使用工作点分析方式，单击【确定】按钮确认操作。

2. 瞬态特性分析和傅里叶分析

在 Altium Designer 中，瞬态特定分析是最常见的一种仿真分析方式，属于时域分析方式，而傅里叶分析是计算瞬态分析的一部分，与瞬态分析同时进行，属于频域分析。

❑ 瞬态特性分析（Transient Analysis）

瞬态特性分析是时间从零开始，到用户规定的时间范围内进行的。设计者可规定输出的开始到终止的时间和分析的步长，初始值可由直流分析部分自动确定，所有与时间无关的源用它们的直流值。也可以把设计者规定的各元件上的电平值作为初始条件进行瞬态分析。

瞬态分析的输出是在一个类似示波器的窗口中，在设计者定义的时间间隔内计算变量瞬态输出电流或电压值。如果不使用初始条件，则静态工作点分析将在瞬态分析前自动执行，以测得电路的直流偏置。

启用【分析设置】对话框左侧栏中的 Transient Analysis 复选框，将展开右侧栏，如图 11-56 所示。

第一次进入该栏列表中的参数为系统默认的，即上方的 4 列参数无法进行修改，而进行实际仿真设计时，为了获得满意的显示效果，必须重新设置这些参数。该栏涉及到的相关参数含义如下所述。

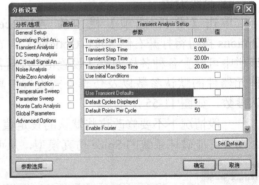

图 11-56 瞬态分析

> **Transient Start Time** 仿真起始时间，默认设置值为 0。瞬态分析通常从时间零开始。在时间零和开始时间（Start Time）之间，瞬态分析照样进行，但并不保存结果。

> **Transient Stop Time** 仿真终止时间，默认设置值为 0。在开始时间（Start Time）和终止时间（Stop Time）的间隔内将保存结果，用于显示。

> **Transient Step Time** 步进时间间隔（又称步长），通常是用在瞬态分析中的时间增量。如果设置值过大，结果波形太粗糙；如果设置过小，将耗费较长的仿真时间，一般终止时间为步长的 100 倍左右较为合适。

> **Transient Maximum Step** 最大步进时间间隔，最大步长（Maximum Step）限制了分析瞬态数据时的时间片的变化量。该最大步长默认情况下等于步长（终止时间至起始时间）的 1/50。

> **Use Initial Conditions** 使用初始设置状态，如果仿真电路中有储能元器件

（电感、电容和三极管等），最好启用该复选框，否则就需要使用节点电压初值。

- **Use Transient Defaults**　禁用 Use Transient Defaults 复选框，则上方的 4 列参数即可进行修改。启用该复选框则所有灰显的参数无法进行修改。
- **Default Cycles Displayed**　表示在波形图中显示多少周期。
- **Default Points per Cycle**　每个周期计算的点数，决定曲线的光滑程度。

❑ **傅里叶分析**（**Fourier Analysis**）

傅里叶分析是瞬态分析结果的一部分，得到基频、DC 分量和谐波。不是所有的瞬态结果都要用到，只用到瞬态分析终止时间之前的基频的一个周期即可。若 PERIOD 是基频的周期，则 PERIOD=1/FREQ。就是说瞬态分析至少要持续 1/FREQ 秒。

如图 11-57 所示，要进行傅里叶分析，必须启用 Transient Analysis 复选框，在此对话框中，可设置傅里叶分析的参数。

- **Enable Fourier**　选择使用傅里叶分析方式。
- **Fourier Fundamental Frequency**　傅里叶分析的基波频率。
- **Fourier Number of Harmonics**　傅里叶分析的最大谐波次数，通常设定为 10 左右。

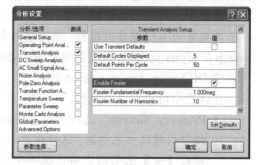

图 11-57　傅里叶分析

3. 交流小信号分析

交流小信号分析将交流输出变量作为频率的函数计算出来，如电压增益、传输阻抗等。先计算电路的直流工作点，决定电路中所有非线性器件的线性化小信号模型参数，然后在设计者所指定的频率范围内对该线性化电路进行分析。

设置交流小信号分析的参数，可启用【分析设置】对话框左侧的 AC Small Signal Analysis 复选框，将展开右侧 AC Small Signal Analysis Setup 栏，如图 11-58 所示。

各参数含义如下所述。

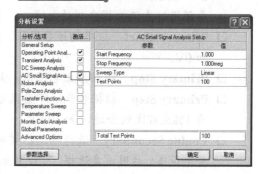

图 11-58　交流小信号分析

- **Start Frequency**　小信号分析扫描起始频率，单位为赫兹（Hz）。
- **Stop Frequency**　小信号分析扫描终止频率，单位为赫兹（Hz）。
- **Sweep Type**　扫描方式，共有 3 种可供选择的扫描方式。
- **Test Points**　测试点数。
- **Total Test Points**　总的测试点数，此值与扫描方式有关。

图中的扫描类型和测试点数目决定了频率的增量。关于它们的定义如表 11-1 所示。

表 11-1 扫描类型和测试点数的定义

扫 描 类 型	测 试 点 数
Linear（线性方式）	定义扫描中测试点总数
Decade（十倍频方式）	定义扫描中 10 个测试点数
Octave（八倍频方式）	定义扫描中 8 个测试点数

在进行交流小信号分析前，电路原理图必须至少包括一个交流源，且该交流源已经适当设置过，并且该交流源在开始频率到终止频率间扫描。

4．直流扫描分析

直流分析产生直流转移曲线。直流扫描分析将执行一系列的静态工作点分析，从而改变前述定义的所选择源的电压，每变化一次将执行一次工作点分析（静态工作点分析）。在该设置中，可定义可选辅助源。

要执行直流扫描分析设置，首先进入【分析设置】对话框，然后在左侧栏中启用 DC Sweep Analysis 复选框，系统将展开图 11-59 所示的 DC Sweep Analysis Setup 栏。

在该栏中可设置以下参数。

- **Primary Source** 选择要做直流扫描分析的独立主电源。选择该选项，对应【值】选项栏中将出现一个下拉列表框，从该下拉列表框中选择希望进行直流扫描分析的电源。

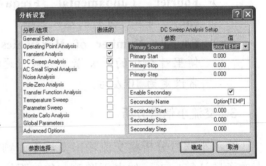

图 11-59 直流扫描分析

- **Primary Start** 扫描起始电压值，如 0V。
- **Primary Stop** 扫描停止电压值，如 3V。
- **Primary Step** 扫描步长，即直流电压每次变化量，根据电压变化范围，取步长为 1%左右比较合适，如 10mV。
- **Enable Secondary** 选择辅助扫描电源。辅助电源值每变化一次，主电源扫描其整个范围，启用该复选框，可设置第二个扫描电源的各项参数，其设置方法同上，这里不再过多赘述。

> **提示**
>
> 主电源是必须指定的，而辅助电源是可选的。如果同时选择两个电流电源扫描分析时，系统的计算量将呈几何级数增加。

5．蒙特卡罗分析

实际电子元器件的各种特性值并不是一个固定不变的值，一定会存在某些程度的误差范围。蒙特卡罗分析是使用随机数发生器按元件值的概率分布来选择元件，然后对电路进行模拟分析。所以蒙特卡罗分析可在元器件模型参数赋给的容差范围内进行各种复杂的分析，包括直流分析、交流及瞬态特性分析。这些分析结果可以用来预测电路生产时的成品率及成本等。

要执行蒙特卡罗分析设置，首先进入【分析设置】对话框，然后在左侧栏中启用 Monte Carlo Analysis 复选框，系统将展开图 11-60 所示的 Monte Carlo Analysis Setup 栏。

在该栏中可设置以下参数。

- **Seed** 随机数发生器的种子，由于同一个种子所产生的随机顺序每一批都一样，执行的蒙特卡罗分析都一样，所以要想产生一批不一样的随机数，就要使用不同的种子，默认值为–1。

- **Distribution** 用于指定误差分布状态。列表框中包含 3 个选项，选择 Uniform 选项，均匀分布，元器件误差参数变化在指定的范围内呈现均

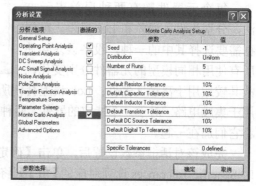

图 11-60　蒙特卡罗分析

匀分布；选择 Gaussian 选项，高斯型分布，元器件误差参数变化在指定的范围内呈现高斯曲线分布；选择 Worst Case 选项，最差分布，元器件误差用误差范围边缘的值。

- **Number of Runs** 仿真次数。例如输入"8"，则执行 8 次仿真操作，并且每次都在指定的元器件参数误差范围内使用不同的参数（由随机数的种子决定）。

提 示

通常情况下，元器件的误差分布状态呈一种高斯曲线的形式，中间高起而两边则平缓下降的曲线。此时选择最差分布时进行最差情况分析，这对于评估电路在极端情况下是否正确工作是极有必要的。

- **Default Resistor Tolerance** 电阻默认误差范围。
- **Default Capacitor Tolerance** 电容默认误差范围。
- **Default Inductor Tolerance** 电感默认误差范围。
- **Default Transistor Tolerance** 三极管默认误差范围。
- **Default DC Source Tolerance** 直流电源默认误差范围。
- **Default Digital Tp Tolerance** 数字元器件传输延迟时间默认误差范围。
- **Specific Tolerances** 特定元器件误差范围。在该选项中指定的元器件误差的优先级高于以上指定 6 种通用器件默认的误差范围，即对某一个元器件，如果在两个选项卡中都指定了误差范围，则只有该选项指定的值起作用。

单击该选项对应的【值】中按钮，将打开图 11-61 所示的对话框，在该对话框中可指定参数变化范围参数，并且单击【添加】按钮可添加多行。

> 指定标识和参数

在【标识】列中输入元器件的名称，或从元器件列表框中选择元器件名称。如果需

要，还可在【参数】列中添加参数，此处支持的参数包括数字元器件的延时、二极管的前项放大倍数和电位计的电阻等参数。

> 设置误差

每个元器件都有两种误差表示方法，分别为设备误差和 Lot 误差，可根据需要选择其中的一种。设备误差会使所有使用相同模型的元器件分别变化，

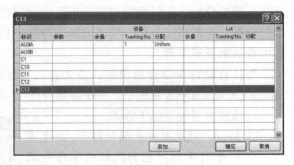

图 11-61　指定特定元器件误差范围

故其较适用于离散元器件；Lot 误差会使所有适应相同模型元器件一起变化，故其较适用于集成电路。对于一个特定的器件，两种误差是独立计算的（同不同的随机数），然后将它们加在一起。

完成该对话框参数设置后，单击【确定】按钮确认操作，将返回上一个对话框，此时 Specific Tolerances 选项对应的【值】列将显示 1 defined，表示已经定义了一个 Specific Tolerances 项。

注　意

蒙特卡罗分析的关键在于产生随机数，随机数的产生依赖于计算机的具体字长。用一组随机数取出一组新的元件值，然后就做指定的电路模拟分析。只要进行的次数足够多，就可得出满足一定分布规律的、一定容差的元件，在随机取值下的整个电路性能的统计分析。

6. 参数扫描分析

在设计电路过程中，有时需要编辑电路中某个元器件或某个模型改变对电路性能的影响。扫描参数分析允许设计者自定义增幅扫描器件，执行用户选定的仿真分析（直流分析、交流分析和瞬态分析等），从而分析出变化的参数对电路的影响。扫描参数分析可以改变基本的器件和模式，但并不改变子电路的数据。

要执行参数扫描分析设置，首先进入【分析设置】对话框，然后在左侧栏中启用 Parameter Sweep 复选框，系统将展开图 11-62 所示的 Parameter Sweep Setup 栏。

在该栏中可设置以下参数。

- **Primary Sweep Variable**　选择希望做参数扫描分析的元器件，选择此选项，对应【值】列出现一个下拉列表框，展开该列表框，即可选取希望进行参数扫描分析的元器件，如 R1 等。

- **Primary Start Value**　元器件扫描的起始值。

- **Primary Stop Value**　元器件扫描的终止值。

- **Primary Step Value**　元器件扫描的

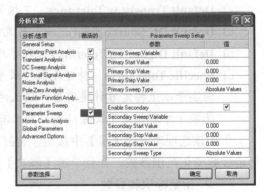

图 11-62　参数扫描分析

步距。一般选择 5~10 步即可，步数太多将花费大量的时间。
- **Primary Sweep Type** 参数扫描类型。其中包含 Relative Values（按照相对值变化计算扫描）和 Absolute Values（按照绝对值变化计算扫描）两种扫描类型。
- **Enable Secondary** 选择第二个元器件作参数扫描。启用该复选框可设置第二个元器件的扫描参数，并且其中各选项的设置与第一个元器件的设置相同，这里不再赘述。

扫描参数可以是一个单独的元器件名称（如 C1），也可以是一个元器件名称带一个元器件参数后缀（如 U6[tp_val]），表 11-2 列出了一些有效参数。

表 11-2 扫描参数

参 数	变化的变量	参 数	变化的变量
RF	名称为 RF 的电阻值	R4[resistance]	电位计 R4 的电阻值
Q3[bf]	三极管的放大倍数（Beta）	U4[tp_val]	数字器件 U4 的传输延迟

在设置参数扫描类型为 Relative Values 时，表示扫描起始值，停止值和步距是加在被选择参数的已有值或默认值上。例如对于一个电阻，其原有值为 950 欧姆（Ω），对应起始值、终止值和步距分别为 0、50、20，选择该扫描类型，则扫描分析中使用的参数分别为 950、970、990、1010、1030 和 1050。

7．扫描温度分析

扫描温度分析是和交流小信号分析、直流分析及瞬态特性分析中的一种或几种相连的。该设置规定了在什么温度下进行模拟。如设计者给了几个温度，则对每个温度都要做一遍所有的分析，默认的工作温度为室温。

要执行扫描温度分析设置，首先进入【分析设置】对话框，然后在左侧栏中启用 Temperature Sweep 复选框，系统将展开图 11-63 所示的 Temperature Sweep Setup 栏。

在该栏中可设置以下参数。

- **Start Temperature** 扫描起始温度值。
- **Stop Temperature** 扫描最大温度值。
- **Step Temperature** 扫描温度步距。

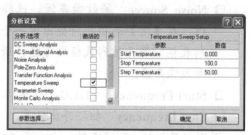

图 11-63　扫描温度分析

进行仿真时，用户所选择的标准仿真项目会在每个扫描温度都仿真一次。温度扫描仿真分析只能被用在激活变量中定义的节点计算。

8．传递函数分析

传递函数分析（Transfer Function）用来计算直流输入阻抗、输出阻抗，以及直流增益。

要执行传递函数分析设置，可首先进入【分析设置】对话框，然后在左侧栏中启用 Transfer Function Analysis 复选框，系统将展开图 11-64 所示的 Transfer Function Analysis Setup 栏。

在该栏中可设置两个参数，其中 Source Name 表示输入电源参数，可从对应【值】列表框中选择；Reference Node 表示电源的参考节点，可从对应【值】列表框中选择。

9. 噪声分析

电路中的电阻和半导体元器件中的杂散电容和寄生电容的存在，都会产生信

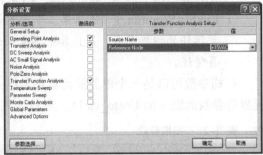

图 11-64　传递函数分析

号噪声。元器件自然产生的噪声一般称为白噪声或热噪声，它所涵盖的频率范围由 0Hz 到无限大，而每个元器件对不同频段上的噪声敏感程度不同，这就会对电路产生一定的影响。由于噪声是随机产生的，所以只能使用统计方法进行估算。

Altium Designer 仿真器的噪声分析选择一个节点为输出节点，在指定频率范围内，将电路中每个噪声源元器件在该节点产生的噪声电压的均分根叠加，然后在电路中需要测试噪声的节点处添加一个独立电压源（或电流源），计算电路中从该独立电压源（或电流源）到输出节点处的增益，然后用叠加后的噪声除以增益，就得到在独立电源处的等效噪声。噪声分析一般用于计算分析输出、输入和元器件噪声。

要执行噪声分析设置，首先进入【分析设置】对话框，然后在左侧栏中启用 Noise Analysis 复选框，系统将展开图 11-65 所示的 Noise Analysis Setup 栏。

在该栏中可设置以下参数。

- **Noise Source**　等效噪声源，选择该选项，在【值】选项栏将会出现一个下拉列表框，展开该列表框即可选择所需的等效噪声源。

- **Start Frequency**　扫描起始频率。

- **Stop Frequency**　扫描终止频率。

- **Test Points**　测试点数。

- **Points Per Summary**　扫描点数。

图 11-65　噪声分析

- **Sweep Type**　扫描方式，共有 3 种扫描方式，分别为 Linear（线性方式）、Decade（十倍频方式）和 Octave（八倍频方式）。其扫描方式与总的测试点数的关系与交流小信号分析完全相同，使用时参照即可。

- **Output Node**　噪声输出节点，在【值】选项栏中将会出现一个下拉列表框，即可选择希望的输出节点，例如 V1（用户之前定义的输出节点名字）等。

- **Reference Node**　参考节点，默认值为 0，表示以接地为参考点。

> **提 示**
>
> 电路中产生噪声的器件有电阻器和半导体器件，每个器件的噪声源在交流小信号分析的每个频率计算出相应的噪声，并传送到一个输出节点。所有传送到该节点的噪声进行 RMS（方均根）相加，就得到了指定输出端的等效输出噪声。同时计算出从输入源到输出端的电压（电流）增益，由输出噪声和增益就可得到等效输入噪声值。

11.5 设计仿真原理图

要实现设计仿真原理图效果，在仿真原理图文件之前，准备原理图文件必须包含仿真所必须的信息，即定义仿真环境和设置仿真参数。然后进行仿真操作，并进行仿真结果分析，即可获得设计仿真原理图效果。

11.5.1 加载元件库

要进行电路仿真，原理图中所有元器件必须包含详细而精确的仿真信息，以便仿真正确识别和处理这些元器件。因此，这些元器件必须引用适当的仿真器件模型，仿真操作可靠的原则首先是所有的元器件和部件必须引用适当的仿真器件模型。

创建一个原理图最简便的方法就是直接取用 Altium Designer 提供的仿真的元器件来设计仿真原理图，该软件提供包含多个可供仿真用的元器件，这些元器件都被连接到适当的仿真模型上。

仿真库位于 Altium Designer 软件目录 Altium|Library|Simulation 中。该软件还提供菜单方式和元器件库方式来加载元器件仿真库。

1．菜单方式

在仿真原理图编辑设计环境下执行【设计】|【添加/移除库】命令，将打开【可用库】对话框，来加载仿真用原理图库，如图 11-66 所示。

在该对话框中单击【安装】按钮，然后在打开的对话框中指定路径选择文件 Simulation Sources.IntLib，并单击【打开】按钮，即可获得仿真设计效果，如图 11-67 所示。接着就可以在设计仿真原理图时直接调用这些库中的仿真元器件，每个元器件都包含了仿真用的信息，

图 11-66　【可用库】对话框

图 11-67　加载元器件库

仿真元器件所具有的扩展特性可以使系统能够更精确地设定元器件的仿真特性。

2. 元器件库 Libraries 管理器方式

在 Altium Designer 开发环境中单击【库】管理器下的【库】按钮，如图 11-68 所示，可加载仿真用原理图库。

完成上述操作后，系统将打开【可用库】对话框。此时即可按照菜单方式加载元器件库的方法将指定元器件加载到当前可用库中。

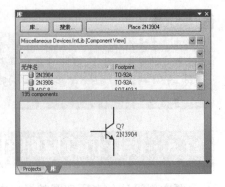

图 11-68 【库】管理器

11.5.2 仿真原理图元器件的选用

为了执行仿真的分析，原理图中所放置的所有部件都必须包含特别的仿真信息，以便仿真器正确对待所放置的所有的部件。一般情况下，原理图中的部件必须引用适当的仿真器件模型。

创建仿真用原理图的简便方法是使用 Protel 仿真库中的部件。Altium Designer 包含了几千种元器件模型，这些模型都是为仿真准备的。只要将其放在原理图上，该元件将自动连接到相应的仿真模型文件上。在大多数情况下，设计者只需从仿真库中选择一个元件，设定它的值（即仿真属性和激励源），就可以进行仿真了。每个元件包含了仿真用的所有的信息，包含了标号前缀信息和多部分管脚的映射。

一般情况下，用户在进行电路仿真中必须设置适当的信号激励源并对关键电路节点添加网络标号。

❏ 编辑仿真原理图

绘制仿真原理图时，图纸中所使用的元器件必须具有 Simulation 属性，对仿真元器件的属性进行必要的修改，需要添加一些具体的参数设置，例如上级各个的放大倍数、变压器原边和副边的匝数比等。

❏ 设置仿真激励源

所谓仿真激励源，其实就是输入信号，使电路可以开始工作。仿真常用激励源有直流源、脉冲信号源和正弦信号源等。给所设计电路一个合适的激励源，以便仿真器进行仿真。

设置好仿真激励源之后，就需要根据实际电路的要求修改其属性参数，例如激励源的电压电流幅度、脉冲宽度、上升沿和下降沿的宽度等。

❏ 放置节点网络标号

设计者需在需要观测输出波形的节点处定义网络标号。也就是说把这些网络标号放置在需要测试的电路位置上，以便于仿真器的识别。

❏ 设置放置方式及参数

根据具体电路的放置要求设置合理的放置方式。

在设计完原理图后，就可以对该原理图进行 ERC 检查，如有错误，返回原理图设计完成前面的各部分操作后，设计者就需对该仿真器设置，决定对原理图进行何种分析，并确定该分析采用的参数。设置不正确，仿真器可能在仿真前报告警告信息，仿真后将仿真过程中的错误写入 Filename.err 文件中。仿真完成后，将输出一系列的文件，供设计者对所设计的电路进行分析。

提 示

仿真可靠运行需遵守的一些规则：所有的元器件和部件须引用适当的仿真器件模型；设计者必须放置和连接可靠的信号源，以便仿真过程中驱动整个电路；设计者在需要绘制仿真数据的节点处必须添加网络标号；如果必要的话，设计者必须定义电路的仿真初始条件。

11.6 观察仿真信号

根据以上章节介绍的仿真操作步骤，如果需要观察仿真信号，可首先准备好电路原理图，本节将以图 11-69 所示的仿真原理图为例详细说明观察仿真信号的方法和技巧。

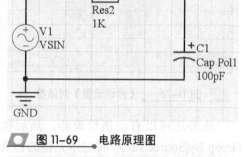

图 11-69　电路原理图

首先启动 Altium Designer 8.0 软件，然后执行【新建】|【原理图】命令，新建一个 SCH 文件，并执行【设计】|【添加/移除库】命令，分别添加 Simulation Sources.IntLib 和 Miscellaneous Devices.IntLib 仿真库，如图 11-70 所示。

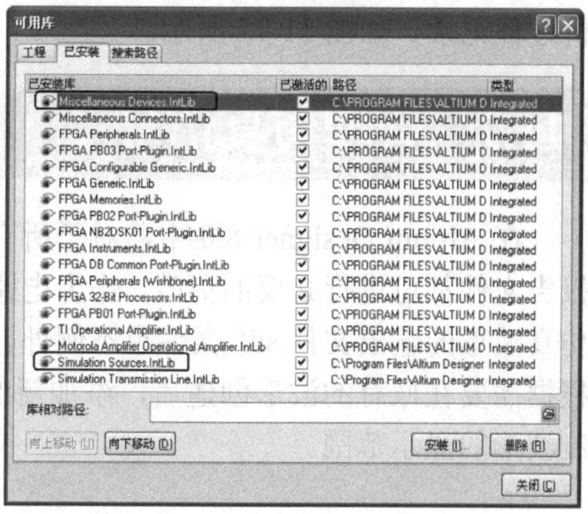

通过 Miscellaneous Devices.IntLib 仿真库依次添加该原理图所需电阻，并通过修改电阻属性将电阻的阻值设置为 2K。然后添加仿真电容，并按照图 11-71 所示修改电容属性。

在 Simulation Sources.IntLib 库中添加正弦仿真电压源，然后双击该激励源，并通过修改电阻属性，修改激励源参数值，如图 11-72 所示。然后依次放置导线和接地电源。

图 11-70　加载仿真库

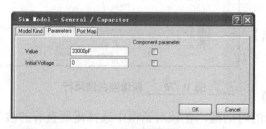

图 11-71　修改电容属性 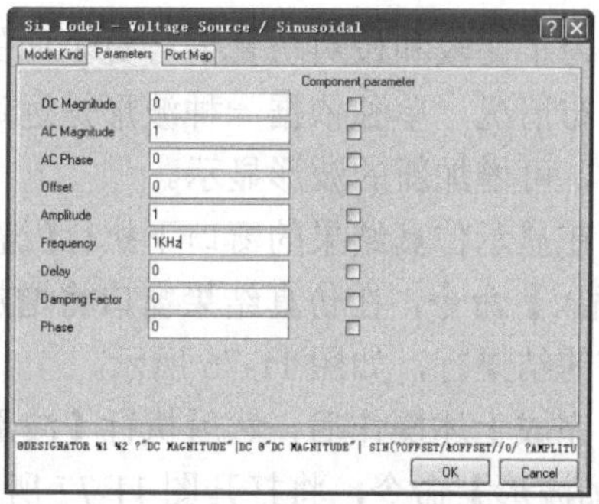　　　图 11-72　修改激励源参数值

接着执行【设计】|【仿真】|Mixed Sim 命令，系统将打开【分析设置】对话框，如图 11-73 所示。

单击该对话框中的【确定】按钮，系统将进行开始仿真工作，并且在 Messages 管理器中显示仿真操作过程，如图 11-74 所示。

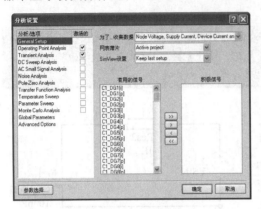

图 11-73　【分析设置】对话框

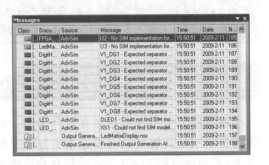

图 11-74　Messages 管理器

此外还可以右击该管理器，然后执行 Group By|Source 命令，将显示完整的仿真分析过程记录，如图 11-75 所示。

11.7　管理仿真信号

在 Altium Designer 8.0 中，对于所有的报告文件都可进行必要的更改，作为电路板仿真波形的输出文件.sdf 文件也不例外。可根据需要在原有的波形创建后，添加新的波形显示、波形重叠显示方式，并且还允许调制波形的显示范围。

图 11-75　仿真分析记录

11.7.1　添加新波形显示

为了比较和校对仿真信号更全面的波形分布情况，单独依据一种波形是远远不够的，可增加新的波形显示。

在显示仿真结果的窗口下执行【编辑】|【插入】命令，在仿真结果窗口将增加一个空的结果行，如图 11-76 所示。

完成上述操作后，然后执行【波形】|

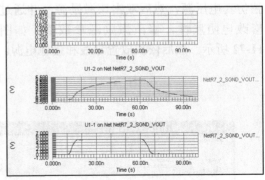

图 11-76　新增空白结果行

【添加波形】命令，将打开图 11-77 所示的对话框，在该对话框中选择需要查看的波形，接着单击【创建】按钮，即可将波形添加到仿真结果输出文件中，如图 11-77 所示。

此外还可在该对话框中进行波形计算，具体的方法就是输入数学公式，即首先在【功能】列表框中选择 ATAN()选项，然后在【波形】列表框中选择 v1#branch 选项，并依次选择【功能】列表框中+选项和 ACOS()，接着选择【波形】列表框中的 vin 选项。最后单击【创建】按钮，则输出的波形结果如图 11-78 所示。

图 11-77　创建仿真波形

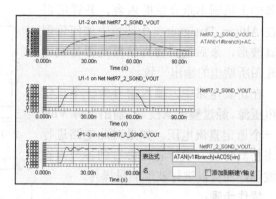

图 11-78　波形计算效果

11.7.2　波形的层叠显示

波形的重叠显示命令与前续介绍添加新波形的操作过程相似，即将两个波形重叠显示，便于更为准确、细致地进行比较和校对。

首先选择需要比较的波形，然后执行【波形】|【添加波形】命令，并在打开的对话框中选择比较波形，单击【创建】按钮即可，图 11-79 显示了一个层叠显示的波形效果。

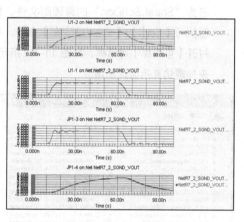

图 11-79　层叠显示波形

11.7.3　调整波形的显示范围

在前续的波形显示图中，所有的波形图都是在 300us 的方位截止。这个时间同样可以从前面的仿真参数设置对话框中进行设置，并且还允许在结果输出文件中设置。

执行【图表】|【图表选项】命令，或者双击文件中的坐标栏，并选择对话框内的【刻度】选项卡，如图 11-80 所示。即可在该对话框中修改波形的显示范围，以及修改显示范围之后的输出结果。

图 11-80　调制显示范围

11.8　课堂练习 11-1：半波整流仿真电路

本实例绘制半波整流原理图，如图 11-81 所示，并以该原理图为例结合瞬态仿真分析进行仿真操作，在对仿真输出波形分析的基础上巩固本章介绍的内容，并详细讲解在 Altium Designer 8.0 环境中如何管理仿真波形，最后检查仿真结果是否与设计原理图所期望的输出一致。

在仿真电路中，输入信号为一个正弦波电压源。经过整流滤波后，输出电源 Vhw 为一个恒定直流电压。如果对此电路进行瞬态仿真分析，设计者将会看到各节点输出波形，还可以进行波形测量操作。

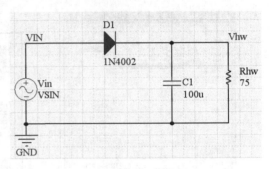

图 11-81　半波整流仿真电路

操作步骤：

1. 启动 Altium Designer 8.0 软件，新建一个名为"Sheet.SchDoc"的原理图文件，然后执行【设计】|【添加/移除库】命令，将打开【可用库】对话框，如图 11-82 所示，来加载仿真用原理图库。

图 11-82　【可用库】对话框

2. 在该对话框中单击【安装】按钮，然后在打开的对话框中指定路径选择文件 Simulation Sources.IntLib 和 Miscellaneous Devices.IntLib 仿真库，并单击【打开】按钮，即可获得仿真设计效果，如图 11-83 所示。

图 11-83　添加仿真库

3. 在【库】管理器中查找 Simulation Sources.IntLib 仿真库中的 VSIN，即正弦波电压源，并修改该激励源的标识名称，效果如图 11-84 所示。

4. 双击该激励源，然后在打开的对话框右下方栏中双击 Simulation 选择栏，将打开 Sim Model（仿真模型）设置对话框。在该对话框按照图 11-85 所示进行设置。

5. 在 Miscellaneous Devices.IntLib 元器件库中添加电阻 Res1，然后双击该电阻，在打

开的对话框右下方栏中双击 Simulation 选择栏,将打开 Sim Model(仿真模型)设置对话框。在该对话框按照图 11-86 所示进行设置。

● 图 11-84　仿真激励源

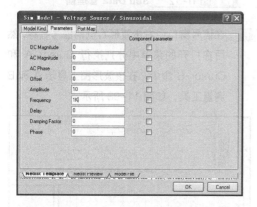

● 图 11-85　**Parameters** 选项卡

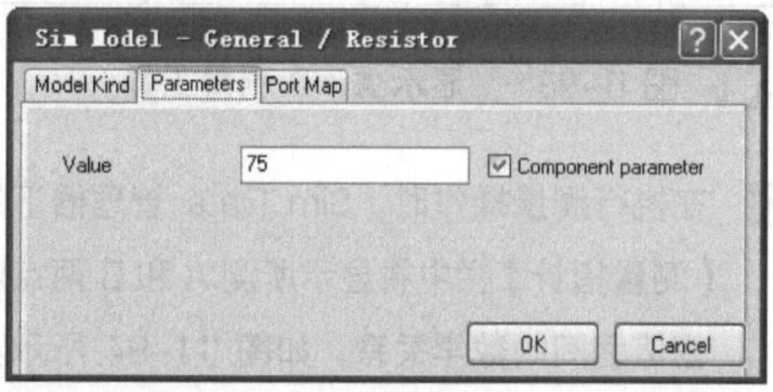

● 图 11-86　设置电阻参数

6 在该元器件库中添加电容 Cap,然后双击该电容,在打开的对话框右下方栏中双击 Simulation 选择栏,将打开 Sim Model(仿真模型)设置对话框。在该对话框按照

图 11-87 所示进行设置。

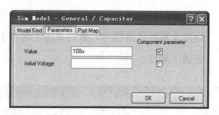

● 图 11-87　设置电容参数

7 在该元器件库中添加二极管 Diode 1N4002,然后单击【布线】工具栏中的【放置线】按钮，依次绘制电路连接线,如图 11-88 所示。

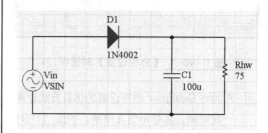

● 图 11-88　添加二极管并放置线

8 完成上述操作后,单击【放置网络标号】按钮，依次放置网络标号并修改标号名称。然后单击【GND 端口】按钮，添加接地端口,效果如图 11-89 所示。

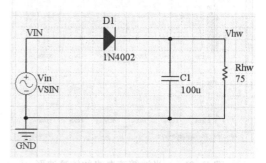

● 图 11-89　添加网络标号和接地端口

9 完成上述操作后,在原理图编辑窗口中执行【设计】|【仿真】|Mixed Sim 命令,将打开【分析设置】对话框。然后按照图 11-90 所

示的步骤启用对应分析复选框,并选择待观测电源的输出信号、二极管电压输出信号和经过电容的电流信号。最后单击【确定】按钮确认操作。

图 11-90　【分析设置】对话框

10 Altium Designer 根据设置的仿真方式计算一段时间,将显示仿真结果,如图 11-91 所示。此时单击仿真结果输出窗口底部的仿真项目标签,即可选择需要显示的项目。

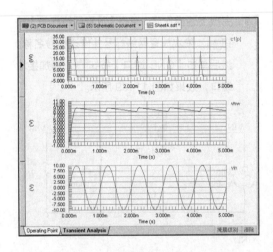

图 11-91　半波整流电路的仿真波形

11 在仿真结果分析环境中,单击状态栏下的 Sim Data 按钮,将打开 Sim Data 管理器,如图 11-92 所示。该管理器包括 3 个部分,其中【源数据】栏中显示可以显示波形的变

量,可单击【源数据】按钮,然后在打开的对话框中新建、删除或修改波形。

图 11-92　Sim Data 管理器

12 在信号窗口中右击波形右侧的信号名称,然后在打开的菜单中分别执行 Cursor A 和 Cursor B 命令,在该波形图上显示 A 和 B 测量工具,如图 11-93 所示。

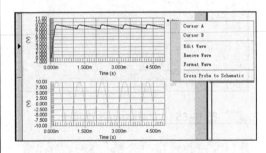

图 11-93　显示 A、B 测量工具

13 在执行测量操作时,Sim Data 管理器下的【测量指针】栏中将显示所测 A 和 B 两点测量值之间的数学关系,如图 11-94 所示。其中包括最小值、平均值、小信号交流均方根等。

14 在信号窗口中拖动测量工具 A 或 B,对应【测量指针】栏中数据将随之更新,并且在移动测量工具时该栏将实时显示测量波形 A 和 B 两点的平均值,如图 11-95 所示。

图 11-94 显示测量工具数学关系

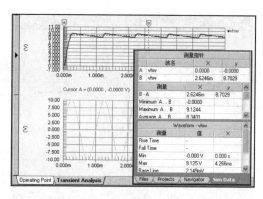

图 11-95 移动测量工具

11.9 课堂练习 11-2：低通滤波器电路仿真

本实例绘制低通滤波器电路，如图 11-96 所示。该电路为二阶低通滤波电路，可过滤当前电路中干涉信号。从该图可以看出该电路电源为一分段性电源，经过二级低通滤波后，其输出信号 OUT 将变成比较平缓的输出波形，并将高频成分过滤掉。此时可通过瞬态分析输出波形显示查看滤波效果，并通过交流小信号仿真分析，查看低通滤波器的频率响应，定量分析出设计电路的滤波效果。

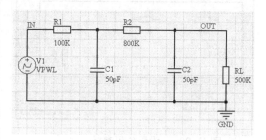

图 11-96 低通滤波器电路

操作步骤：

1. 启动 Altium Designer 8.0 软件，并确认当前库中包含 Simulation Sources.IntLib 和 Miscellaneous Devices.IntLib 库文件。在【库】管理器中查找 Simulation Sources.IntLib 仿真库中的 VPWL，即正弦波电压源，并修改该激励源的标识名称，效果如图 11-97 所示。

2. 双击该激励源，，然后在打开的对话框右下方栏中双击 Simulation 选择栏，将打开 Sim Model（仿真模型）设置对话框。在该对话框按照图 11-98 所示进行设置。

3. 在 Miscellaneous Devices.IntLib 元器件库中添加电阻 Res2，然后双击该电阻，在打开的对话框右下方栏中双击 Simulation 选择栏，将打开 Sim Model（仿真模型）设置对话框。在该对话框按照图 11-99 所示进行设置。

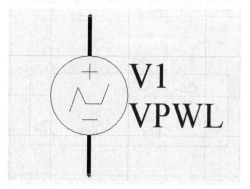

图 11-97 仿真激励源

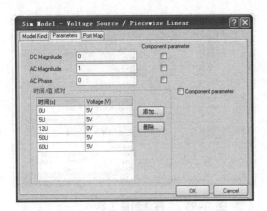

● 图 11-98 　 **Parameters** 选项卡

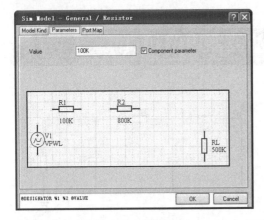

● 图 11-99 　设置电阻参数

4 在该器件库中添加电容 Cap，然后双击该电容，在打开的对话框右下方栏中双击 Simulation 选择栏，将打开 Sim Model（仿真模型）设置对话框。在该对话框按照图 11-100 所示进行设置。

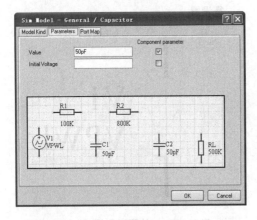

● 图 11-100 　设置电容参数

5 单击【布线】工具栏中的【放置线】按钮，依次绘制连接各元器件的电路连接线，效果如图 11-101 所示。

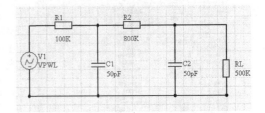

● 图 11-101 　添加二极管并放置线

6 完成上述操作后，单击【放置网络标号】按钮，依次放置网络标号并修改标号名称。然后单击【GND 端口】按钮，添加接地端口，效果如图 11-102 所示。

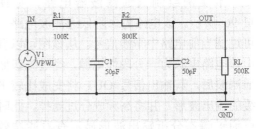

● 图 11-102 　添加网络标号和接地端口

7 完成上述操作后，在原理图编辑窗口中执行【设计】|【仿真】|Mixed Sim 命令，将打开【分析设置】对话框。然后按照图 11-103 所示的步骤启用对应分析复选框，并选择待观测电源的输出信号和经过电容的电流信号。

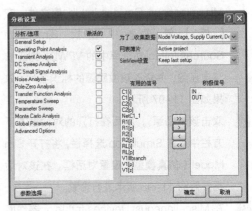

● 图 11-103 　【分析设置】对话框

8 启用 AC Small Signal Analysis，然后在展开的右侧栏中输入交流小电路信号分析参数，效果如图 11-104 所示。

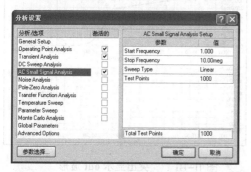

图 11-104　设置交流小信号参数

9 Altium Designer 根据设置的仿真方式计算一段时间，将显示仿真结果，如图 11-105 所示。此时单击仿真结果输出窗口底部的仿真项目标签，即可选择需要显示的项目。

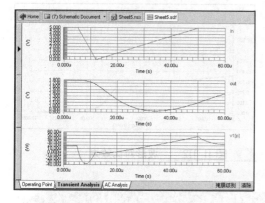

图 11-105　低通电路的仿真波形

10 在仿真过程中，系统同时创建 SPICE 网络表，即一个以.nsx 为后缀名的文本文件，位于当前原理图同一个文件夹，并且与原理图名称一致，文本效果如图 11-106 所示。

11 在主窗口中下侧切换 AC Analysis 标签，系统将显示图 11-107 所示交流小信号波形显示效果。从 out 输出仿真信号可以看出该电路对高频具有很强的过滤（抑制）功能，仅仅允许低频信号通过，而高频信号则无法通过。

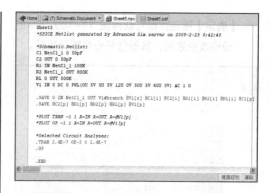

图 11-106　.nsx 文本

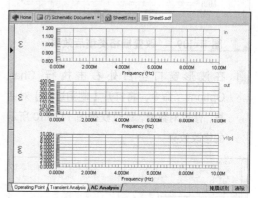

图 11-107　交流小信号波形

12 图 11-107 中 out 信号采用默认坐标类型，即 X 轴为线性频率值，Y 轴为输出电压幅值。为改变输出波形类型，可双击 X 轴向坐标的任一点，将打开【制图选项】对话框，如图 11-108 所示。

图 11-108　【制图选项】对话框

13 在该对话框【栅格类型】选项区域中选择【对数的】单选按钮，并默认对数值。然后单击

【确定】按钮，即可获得图 11-109 所示的栅格改变效果，其他信号也将随之更新。

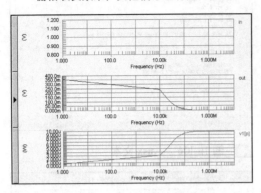

● 图 11-109　改变栅格类型后效果

14. 在波形窗口空白处右击执行 Chart Options...命令，将打开【制图选项】对话框，修改对数值，即可获得图 11-110 所示的修改效果。

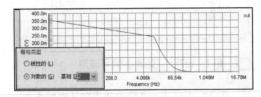

● 图 11-110　修改对数值效果

15. 用鼠标单击 out 仿真节点名，该节点对应的波形将自动变粗，而其他的波形则自动变暗

显示，如图 11-111 所示。

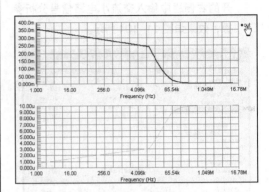

● 图 11-111　突出显示 out 波形

16. 单击 out 波形，光标将变成一个小手。此时拖动鼠标左键，将其放置在 in 波形图，将显示这两个波形比较效果，如图 11-112 所示。

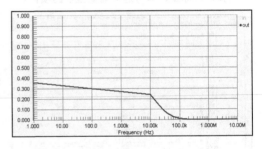

● 图 11-112　波形对比效果

11.10　思考与练习

一、填空题

1. 所谓电路仿真，就是用软件来模拟电路的_____，以对设计的电路进行检测和调试。

2. 仿真元器件库为用户提供了多种类型的电阻，其中为数最多的为_____（fixed resistor）固定电阻。

3. _____又称石英晶体，即 XTAL，在电路设计中一般作为时间标准，分离元件仿真库中包含了不同规格的该类元器件。

4. 在仿真库中包含了数目巨大的以工业标准部件命名的三极管，其中包括_____三极管和 PNP 三极管。

5. _____是瞬态分析结果的一部分，得到基频、DC 分量和谐波。不是所有的瞬态结果都要用到，只用到瞬态分析终止时间之前的基频的一个周期即可。

二、选择题

1. 仿真电路中各个元器件都必须具有_____属性，才能使仿真顺利进行，这就需要在元器件的属性栏中添加该属性。

　　A．Footprint　　　　B．Simulation
　　C．Signal Integrity　　D．Foot

2. 在仿真库中包含了数目巨大的以工业标准部件数命名的二极管，名称为_____。
   A. Rees　　　　　　B. CAP
   C. INDUCTOR　　　D. Diode

3. _____场效应晶体管是金属－氧化物－半导体场效应晶体管，是现代集成电路中最常用的器件。
   A. MOS　　　　　　B. JFET
   C. MES　　　　　　D. LLTRA

4. _____激励源有若干条相连的直线组成，是不规则的信号源，不能在分段线源中间加入一段正弦波。
   A. 分段线性　　　　B. 直流
   C. 正弦　　　　　　D. 周期脉冲

5. 实际电子元器件的各种特性值并不是一个固定不变的值，一定会存在某些程度的误差范围。_____使用随机数发生器按元件值的概率分布来选择元件，然后对电路进行模拟分析。
   A. 参数扫描　　　　B. 传递函数
   C. 蒙特卡罗分析　　D. 温度扫描

三、问答题

1. 为什么要对设计原理图进行仿真分析？
2. 简要介绍常用仿真激励源及其用途。
3. Altium Designer 提供哪些仿真分析方法？
4. 简要介绍进行原理图仿真分析的一般步骤。

四、上机练习

1. 仿真电阻电路

本练习设计仿真电阻电路，并查看仿真电路信号，如图 11-113 所示。可首先进入 Altium Designer 设计环境，并创建一个项目工程文件。然后添加仿真元器件库，并利用仿真库文件设计图 11-113 所示的电阻电路，设置电路的节点网络标号为 V1。图中电源为 10V 直流电源，R1 为 0.5k 欧姆电阻，R2 和 R3 为 1k 欧姆电阻，根据欧姆定律算出 V1 节点电压为 5V，流过 R1 的电流为 10mA，流过 R2 和 R3 的电流分别为 5mA。对这个电路进行最基本的仿真分析即工作分析，可以验证以上计算结果是否正确。

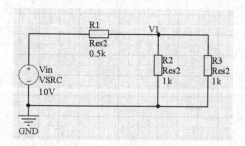

图 11-113　仿真电阻电路

2. 数字/模拟混合电路仿真分析

在实际应用中，除了模拟电路外，还有数字电路和数字/模拟混合电路。与模拟电路不同，在数字电路中，设计者主要关心的是各数字节点的逻辑状态（也称逻辑电平）。本练习进行图 11-114 所示的数字电路仿真分析，原理图位于安装路径 Altium\Examples\Circuit Simulation\BCD-to-7 Segment Decoder 文件夹中，名称为 BCDto7.schdoc。可进行瞬态分析或其他类型分析，查看输出的仿真结果。

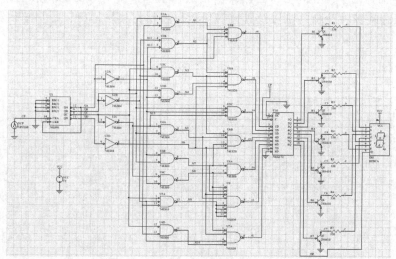

图 11-114　数字/模拟混合电路仿真分析

第 12 章
PCB 信号完整性分析

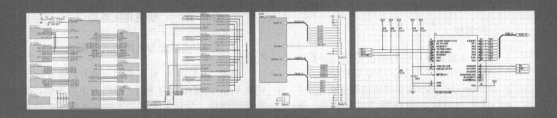

　　如今的 PCB 设计日趋复杂，高频时钟和快速开关逻辑意味着 PCB 设计已不止是放置元件和布线。网络阻抗、传输延迟、信号质量、反射、串扰和 EMC（电磁兼容）等特性是每个设计者必须考虑的，而进行加工前的信号完整性分析已越发显得重要。

　　本章详细介绍了 Altium Designer 中的信号完整性分析器的设置和使用，向用户提供了详细的信号完整性分析规则以及其他的一些选项设置，并简略介绍了波形编辑器的使用等。

本章学习目的

- ➢ 了解信号完整性的主要特性
- ➢ 掌握添加信号完整性模型的方法
- ➢ 熟悉信号完整性设计规则
- ➢ 灵活运用 PCB 验证和错误检查
- ➢ 掌握信号完整性分析方法

12.1 信号完整性概述

信号完整性分析就是研究信号传输过程中的变形问题。随着电子技术的飞速发展，PCB电路板变得越来越复杂，功能也越来越强大。设计人员想要设计出优秀的电路板，就必须要考虑PCB板的信号完整性。因此对PCB板进行信号完整性分析就显得十分必要，传输延迟、信号质量、反射、串扰等是每个设计人员在进行PCB设计时必须考虑的问题。

Altium Designer中提供了信号完整性分析的工具，系统自带的信号分析算法采用了验证的方法进行计算，保证了分析结果的可靠性。对电路板进行信号完整性分析，可以尽早发现电路板潜在的问题，在设计产品投入生产之前就发现高速电路设计时比较棘手的EMC/EMI等问题。在Altium Designer中集成了信号完整性工具，帮助用户利用信号完整性分析获得一次性成功并消除盲目性，以缩短研制周期和降低开发成本。

1. 设计特性

Altium Designer包含一个高级的信号完整性仿真器，能分析PCB设计和检查设计参数，测试过冲、下冲、阻抗和信号斜率。如果PCB上任何一个设计要求（设计规则指定的）有问题，即可对PCB进行反射或串扰分析，以确定问题所在。具体的设计特性如下所述。

- 设置简便，就像在PCB编辑器中定义设计规则一样定义设计参数（阻抗、上冲、下冲、斜率等）。
- 通过运行DRC，快速定位不符合设计需求的网络。
- 无需特殊经验要求，从PCB中直接进行信号完整性分析。
- 提供快速的反射和串扰分析。
- 利用I/O缓冲器宏模型，无需额外的SPICE或模拟仿真知识。
- 完整性分析结果采用示波器形式显示。
- 成熟的传输线特性计算和并发仿真算法。
- 用电阻和电容的参数值对不同的终止策略进行假设分析，并可对逻辑系列快速替换。

2. I/O缓冲器模型特性

Altium Designer的信号完整性分析与PCB设计过程为无缝连接，该模块不仅提供了极其精确的板级分析，并且具有I/O缓冲器模型特性，如下所述。

- 宏模型逼近使仿真更快更精确。
- 提供IC模型库，包括校验模型。
- 模型同INCASES EMC-WORKBENCH兼容。
- 自动模型连接。
- 支持I/O缓冲器模型的IBIS 2工业标准子集。
- 利用完整性宏模型编辑器可容易、快速地自定义模型。
- 引用数据手册或测量值。

12.2 添加信号完整性模型

信号完整性分析器与仿真器设置一样，只有清楚了信号完整性分析器中各项设置的意义，才能正确设置信号完整性分析器，进行合理的完整性分析。因此在添加信号完整性模型时，首先要了解分析环境，以及进行常规设置，并对分析模型设置必要的中止方式和参数设置。

12.2.1 信号完整性分析的环境

信号完整性问题不仅仅出现在高速时钟频率设计中。信号完整性问题从器件输出的边缘频率（上升/下降时间）就要开始考虑了，而不只是考虑元件的时钟速度。用 1ns 上升时间的器件进行设计时，对于 2MHz 或 200MHz 的时钟频率会产生同样的信号完整性问题。传输延时、网络干扰、信号反射和串扰不再仅局限于高频设计的特殊要求。

元件制造商总是努力制造出更快更小的元件，结果造成了元件边缘率的上升，随着低速逻辑器件正从厂商的库存中消失，在不远的将来，所有的设计人员将不得不在设计和布线时考虑信号完整性分析。对设计者来说，在制板前进行信号完整性问题的检测是非常重要和必要的。

Altium Designer 中包括了一个高级信号完整性仿真器，它能精确地模拟分析已布好线的 PCB。而测试网络阻抗、下冲、上冲、超调、信号斜率和信号水平的设置与 PCB 设计规则一样容易实现。

信号完整性仿真器使用典型的线阻抗、传输线的计算和 I/O 缓冲器模型信息作为仿真的输入。它是基于一个快速反射和串扰的仿真器，是经过工业标准证明能产生精确结果的仿真器。

在 Altium Designer 中，可通过执行【工具】|【信号完整性】命令，启动内部完整性仿真器，执行该命令后，系统将打开图 12-1 所示的提示窗口。

在该窗口中单击 Model Assignments... 按钮，将打开图 12-2 所示的对话框，该对话框包含当前原理图或 PCB 图所有元器件参数信息。

图 12-1 提示窗口

在该对话框中包含 PCB 图中所有元件对象，启用各对象【更新原理图】列中的复选框，然后单击该对话框左下角【更新模型在原理图内】按钮，可更新被选元器件所在原理图中的模型显示。然后单击【分析设计】按钮，将打开【信号完整性】管理器，如图 12-3 所示。

> **提示**
>
> 在提示窗口中单击 Continue 按钮，将直接打开【信号完整性】管理器，即可在该管理器中进行信号完整性设置。

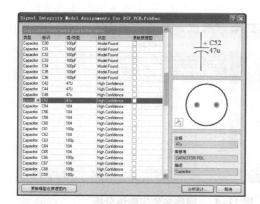

图 12-2 Signal Integrity Model Assignments for 对话框

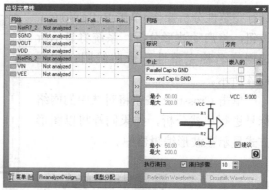

图 12-3 【信号完整性】管理器

12.2.2 常规设置

在【信号完整性】管理器中，常规设计工作就是将网络列表添加到右侧窗口中，并执行必要的网络信号完整性分析，显示所选网络名称完整性分析曲线图。

1．网络列表

网络列表位于【信号完整性】管理器的左边，包含 PCB 的所有网络列表，在信号分析前，可以将需要分析的网络添加到右边的【网络】表中。

2．将要分析的网络列表

将要分析的网络列表在【网络】列表框中，列出的是将要进行信号分析的网络。其中选中左边的某个需要分析的网络，然后单击 > 按钮，即可添加到待分析的网络列表中；在【网络】列表框中选中某个网络，然后单击 < 按钮，即可将该网络从待分析的网络列表中移去；如果单击 >> 按钮，可将所有网络添加到待分析的网络列表中；单击 << 按钮，可将所有网络从待分析的网络列表中移去。

3．元器件引脚

在【标识】列表框中显示的是在【网络】列表中选中的网络所连接元件引脚，并可以显示信号的方向。

4．执行清扫

如果启用【执行清扫】复选框，则信号分析时会对整个系统的信号完整性进行扫描。后面的【清扫步骤】列表框用于设置扫描的步数。默认【执行清扫】复选框处于启用状态，通常将清扫步数设置为 10 即可。

5．Reflections 和 Crosstalk 按钮

在执行调入操作过程中，该对话框最下方两个按钮将被激活，可单击对应按钮辅助

进行完整性分析操作。单击 Reflections…
按钮，将启动波形分析，系统将显示所
选网络名称完整性分析曲线图，如图
12-4 所示。

单击 Crosstalk 按钮将对选中的网络
标号进行串扰分析，结果同样将以图形
方式显示在波形编辑器中。

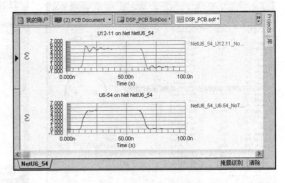

图 12-4　网络名称完整性分析

12.2.3　设置中止方式

在【中止】列表框中可定义中止条件。默认情况下，没有中止条件。该设置对反射
或串扰分析有效，对屏蔽模式无效，在分析器中有如下的 7 种中止模型可供选择。

1．串阻模式

输出驱动器的串阻在点对点的连接中是一个非常有效的中止技巧，这将减少外来的
电压波形的幅值，正确的中止线将消除接收器的超调现象。图 12-5 所示的模式中，
$R1=ZL-R_{out}$，其中 R_{out} 是缓冲器的输出电阻。串阻模式对于 CMOS 技术最为实用。

2．电源 VCC 端并联电阻模式

电源 VCC 端并联电阻模式如图 12-6 所示。
在电源 VCC 接收输入端并联的电阻和传输线
阻抗相匹配，对于线路信号反射，这是一种比
较完美的中止条件。但也将不断有电流流过这
个电阻，这增加了电源的消耗，将导致低电压
电平的升高。该幅值将根据电阻值的不同而变
化，这将有可能超出在数据区定义的操作条件。

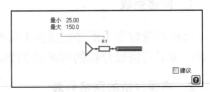

图 12-5　串阻模式

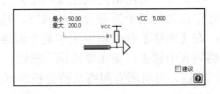

图 12-6　电源 VCC 端并联电阻模式

3．地端并联电阻模式

地端并联电阻模式如图 12-7 所示。并联在
地端输入接收端的电阻将和传输线阻抗相匹
配。和电源端并联电阻一样，这也是一种中止
线路信号反射的方法。同样将增大电源消耗，
也将导致高电平电压的减小。

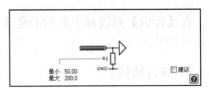

图 12-7　地端并联电阻模式

4．地和电源端都并联电阻模式

地和电源端都并联电阻模式如图 12-8 所示。这种类型的中止条件对于 TTL 总线系
统是可以接受的。这种方式的最大缺点就在于将有一比较大的直流电流通过电阻。为了
避免和所定义的数据相违背，这两个电阻的电阻值应当小心分配。大多数情况下，可以

找到一个折中方案。

5. 地端并联电容模式

地端并联电容模式如图 12-9 所示。在接收输入端对地并联电容可以减少信号噪声。这种方式的缺点在于波形的上升和下降沿可能变得太过平坦，增加了上升和下降时间，这可能导致时间上的问题。

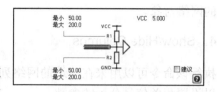

图 12-8　地和电源端并联电阻模式

图 12-9　地端并联电容模式

6. 地端并联电阻和电容模式

地端并联电阻和电容模式如图 12-10 所示。使用电容和电阻的优点在于在终结网络中没有直流电流流过。当时间常数 RC 大约为延迟的 4 倍左右时，大多数情况下，传输线可以被充分终结，图中 R2 的值将等于传输线的典型的阻抗值。

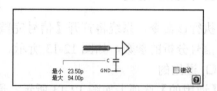

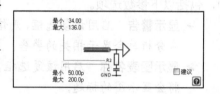

图 12-10　地端并联电容和电阻模式

7. 并联肖特基二极管模式

并联肖特基二极管模式如图 12-11 所示。在传输线终结的电源和地端并联二极管可以减少接收的超调和下冲值。大多数标准逻辑集成电路的输入电路都包含有肖特基二极管。

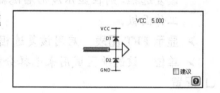

图 12-11　并联肖特基二极管模式

12.2.4　菜单操作

在管理器左下侧为 Menu 菜单，该菜单有多个命令可以用来进行辅助分析，其中最常用的菜单命令如下所述。

1. Details

执行该命令将打开图 12-12 所示的列表框，在该列表框会显示在左边网络列表框中所选中的网络详细情况，其中包括定义的分析规则详细情况。

2. Find Coupled Nets

执行该命令将能找到所有与选中的网络有关联的网络，并高亮显示。

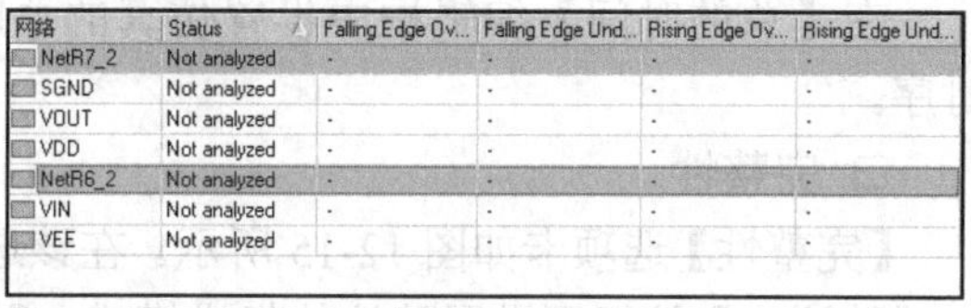

网络	Status	Falling Edge Ov...	Falling Edge Und...	Rising Edge Ov...	Rising Edge Und...
NetR7_2	Not analyzed	-	-	-	-
SGND	Not analyzed	-	-	-	-
VOUT	Not analyzed	-	-	-	-
VDD	Not analyzed	-	-	-	-
NetR6_2	Not analyzed	-	-	-	-
VIN	Not analyzed	-	-	-	-
VEE	Not analyzed	-	-	-	-

图 12-12　左侧列表框

3. Copy

执行该命令复制所选中的网络名称，因此在执行复制操作之前，需要首先指定需要复制的网络对象。

4．Show/Hide Columns

执行该命令可以用来在左边的网络列表框中显示或隐藏某些列对话框，在该对话框中可以设置相关信号分析的参数。

5．Preferences

执行该命令，系统将打开【信号完整性参数选项】对话框，在该对话框中可以设置相关信号分析的参数，如图12-13所示。

❑ **通用的**

【通用的】选项卡如图12-13所示，通过该选项卡用户可以设置信号分析的一般选项，包括以下参数选项。

> ➢ **显示警告** 启用该复选框，则信号分析时会显示相关的警告。
> ➢ **显示图表名称** 启用该复选框，将会显示图的标题。
> ➢ **在显示波形后隐藏面板** 启用该复选框，则在显示波形后隐藏工作面板。

图12-13　【信号完整性参数选项】对话框

> ➢ **显示FFT图表** 启用该复选框，则显示FFT（快速傅立叶变换）图。
> ➢ **单位** 该选项区域用来选择分析时所用到的单位。

❑ **配置**

【配置】选项卡如图12-14所示，通过该选项卡，用户可以设置信号分析选项配置。

在Ignore Stubs编辑框中定义了传输线的最短长度，小于该长度的在仿真时将被视为零，传输线长度越短，则分析时间越长。在串扰仿真分析中，传输线间的距离大于在Max Dist编辑框中所定义的值将被忽略，同样长度小于在Min Length的编辑框中所定义的值将被忽略。

图12-14　【配置】选项卡

在【总的时间】编辑框中设置仿真的总时间，在【时间步长】编辑框中设置仿真时序。

❑ **完整性**

【完整性】选项卡如图12-15所示。在该选项卡中设计者可以选择仿真集成模式。单击【默认值】按钮则设置默认的集成模式，默认的集成模式为梯形模式。

【梯形的】模式相对速度最快，并且最精确，但是在一定条件下容易产生震荡。其他方式需要更长的仿真时间，但是易于稳定。

❑ 精确度

在该选项卡中设置仿真精度,如图 12-16 所示,该选项卡可以设置如下的仿真精度。

> **RELTOL** 在该文本框中定义计算电压和电流值的相对误差。
> **ABSTOL** 在该文本框中定义计算电流值的绝对误差。
> **VNTOL** 在该文本框中定义计算电压值的绝对误差。
> **TRTOL** 在该文本框中定义影响集成估算错误的因数。
> **NRVABS** 在该文本框输入运用 Newton-Raphson 算法顶级错误边界参数。
> **DTMIN** 在该文本框中输入允许的最小步进时间。
> **ITL** 在该文本框中输入运用 Newton-Raphson 算法允许的最大的重复数。
> **LIMPTS** 在该文本框指定输出文件中的每个电压曲线允许的电压值的最大数。

❑ DC 分析

【DC 分析】选项卡如图 12-17 所示,可以用来设置直流分析参数,其中包括直流分析斜坡长度、步进时间宽度和电流绝对容差等参数定义。

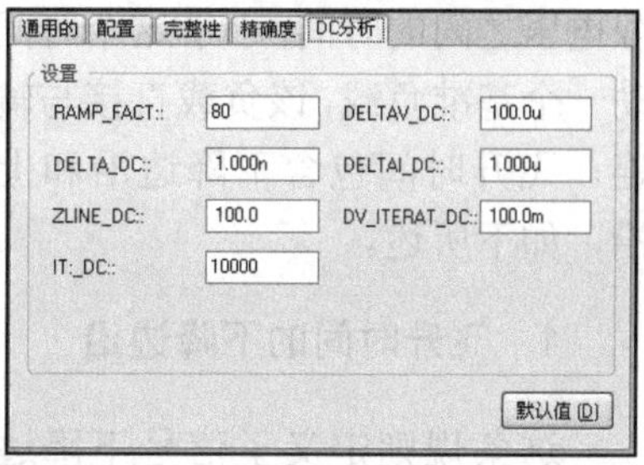

> **RAMP_FACT** 在该文本框中输入斜坡长度控制值。
> **DELTA_DC** 在该文本框中输入步进时间宽度值。
> **ZLINE_DC** 在该文本框中输入传输线阻抗值。
> **IT:_DC** 在该文本框中输入重复的最大数。
> **DELTAV_DC** 在该文本框中输入两次步进时间的电源绝对容差。
> **DELTAI_DC** 在该文本框中输入两次步进时间的电流绝对容差。
> **DV_ITERAT_DC** 在该文本框中输入每次重复的电压绝对容差。

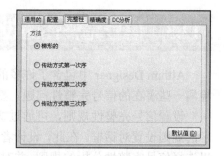

图 12-15　【完整性】选项卡

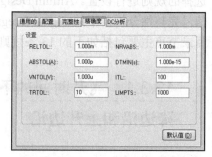

图 12-16　【精确度】选项卡

图 12-17　【DC 分析】选项卡

6. Set Tolerances

执行 Set Tolerances 命令,系统将打开图 12-18 所示的【设置屏蔽分析误差】对话框,在该对话框中可以设置信号分析的误差。

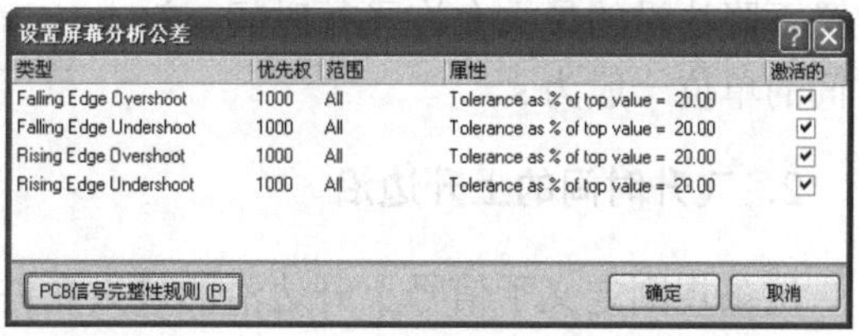

图 12-18　【设置屏蔽分析误差】对话框

12.3 信号完整性的设计规则

Altium Designer 中包含了许多的信号完整性分析规则，这些规则用于在 PCB 设计中检测一些潜在的信号完整性问题。整个的信号完整性分析基于已布好线的 PCB。

设置信号完整性规则，可通过执行【设计】|【规则】命令，系统将打开图 12-19 所示的规则设置对话框。在此，设计者可以选择信号完整性分析的规则，并对所选择的规则进行设置。Altium Designer 信号完整性分析器下的 Signal Integrity 目录节点主要包括如下的 13 条规则。

12.3.1 飞升时间的下降边沿和上升边沿

飞升时间是相互连接的结构的输入信号延迟，它是实际的输入电压到门限电压之间的时间，小于这个时间将驱动一个基准负载，该负载直接与输出相连。飞升时间包含下降边沿和上升沿，如下所述。

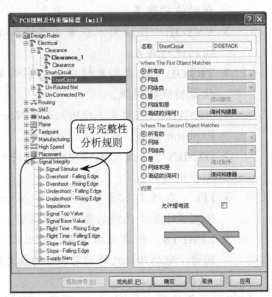

图 12-19　【PCB 规则及约束编辑器】对话框

1．飞升时间的下降边沿

这条规则定义了信号下降边沿的最大允许飞行时间。选择 Flight Time-Falling Edge 选项，右击并执行【新规则】命令，系统将展开右侧各个选项区域，如图 12-20 所示。此时可以添加此规则的定义。

在该对话框的【约束】选项区域下的 Maximum（seconds）列表框中可以定义下降边沿的最大允许飞行时间，该时间的单位一般为 s。

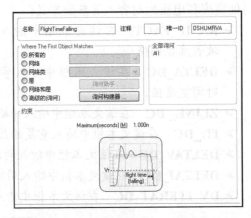

图 12-20　Flight Time-Falling Edge 选项栏

2．飞升时间的上升边沿

这条规则定义了信号上升边沿的最大允许飞行时间。选择 Flight Time-Rising Edge 选项，右击并执行【新规则】命令，系统将展开右侧各个选项区域，如图 12-21 所示。

此时可以添加此规则的定义，其定义方式与飞升时间的下降边沿规则设置完全相同，这里不再赘述。

12.3.2 阻抗限制

该条规则定义了所允许的电阻的最大值和最小值。阻抗和导体几何外观、导电率、导体外的绝缘层材料以及板的几何物理分布相关。上述的绝缘层材料包括板的基本材料，多层间的绝缘层以及焊接材料等。

选择 Impedance 选项，右击并执行【新规则】命令，系统将展开右侧各个选项区域，如图 12-22 所示。此时可以添加此规则的定义，即在该对话框下的【约束】选项区域中可分别定义阻抗的最大值和最小值。

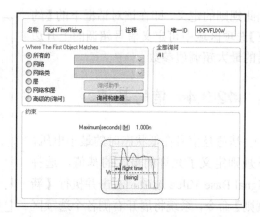

图 12-21　Flight Time-Rising Edge 选项栏

图 12-22　Impedance 选项栏

12.3.3 信号超调的下降边沿和上升边沿

信号超调也称信号过冲，即信号产生冲击信号位于预定值的最大限值，其中包含下降边沿限值和上升边沿限值。

1. 信号超调的下降边沿

该规则定义信号下降沿允许的最大超调值。选择 Overshoot-Falling Edge 选项，右击并执行【新规则】命令，系统将展开右侧各个选项区域，如图 12-23 所示。此时可以添加此规则的定义，即在该对话框下的【约束】选项区域中可定义信号超调的下降边沿的最大超调值参数。

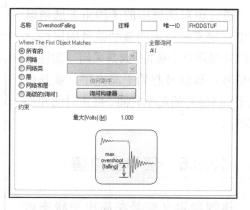

图 12-23　Overshoot-Falling Edge 选项栏

2. 信号超调的上升边沿

该规则定义信号上升沿允许的最大超调值。选择 Overshoot-Rising Edge 选项，右击并执行【新规则】命令，系统将展开右侧各个选项区域，如图 12-24 所示。此时可以添加此规则的定义，即在该对话框下的【约束】选项区域中可定义信号超调的上升边沿的最大超调值参数。

12.3.4 信号基值

基值是信号在低状态时的最小电压，该规则定义了允许的最大的基值。选择 Signal Base Value 选项，右击并执行【新规则】命令，系统将展开右侧各个选项区域，如图 12-25 所示。此时可以添加此规则的定义，即在该对话框下的【约束】选项区域中可定义最大允许信号基值。

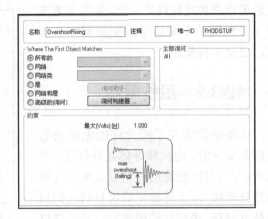

图 12-24　Overshoot-Rising Edge 选项栏

12.3.5 激励信号

该规则定义在信号完整性分析中使用的激励信号的特性。选中 Signal Stimulus 选项后，右击执行【新规则】命令，系统将展开右侧各选项区域，如图 12-26 所示。

通过该对话框中的【约束】选项区域中可定义所使用的激励信号的属性。如信号采用单个脉冲，或是采用周期性脉冲信号；该信号起始于高电平，或是低电平；该信号的起始时间、终止时间和周期等。

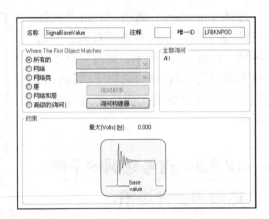

图 12-25　Signal Base Value 选项栏

12.3.6 信号上位值

该规则定义信号在高电平状态时的电压值，因此该规则也称为信号高电平，使用这个规则可以定义该电压值的最小值。

选中 Signal Top Value 选项后，右击

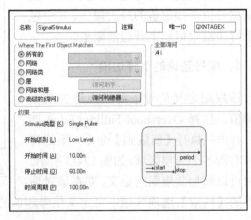

图 12-26　激励信号选项栏

执行【新规则】命令，系统将展开右侧各选项区域，如图 12-27 所示。此时可以添加此规则的定义，即在该对话框下的【约束】选项区域中可定义信号上位值的最小值。

12.3.7 下降和上升边沿斜率

边沿斜率是信号与门限电压 VT 下降或上升到一个有效电平的时间定义，分别包含下降和上升边沿斜率规则，如下所述。

1. 下降边沿斜率

下降边沿斜率是信号从门限电压 VT 下降到一个有效低电平时的时间，这条规则定义了允许的最大的时间。

选中 Slope-Falling Edge 选项后，右击执行【新规则】命令，系统将展开右侧各选项区域，如图 12-28 所示。

此时可以添加此规则的定义，即在该对话框的【约束】选项区域下的 Maximum（seconds）列表框中可以定义下降边沿的最大允许飞行时间。该时间的单位一般为 s。

2. 上升边沿斜率

上升边沿斜率是信号从门限电压 VT 上升到一个有效高电平时的时间，这条规则定义了允许的最大的时间。

选中 Slope-Rising Edge 选项后，右击执行【新规则】命令，系统将展开侧各选项区域，如图 12-29 所示。此时可以添加此规则的定义，其定义方式与下降边沿斜率规则设置完全相同，这里不再赘述。

12.3.8 供电网络标号

该规则用来定义板上的供电网络标号。信号完整性分析器需要了解供电网络标号的名称和电压。

选中 Supply Nets 选项后，右击执行【新规则】命令，系统将展开右侧各选项区域。此时可以添加此规则的定义，即在【约束】选项区域中输入网络标号所对应的电压值。

12.3.9 信号下冲的下降边沿和上升边沿

信号下冲是定义在信号的上升或下降边沿所允许的最大下冲参数值，信号下冲同样

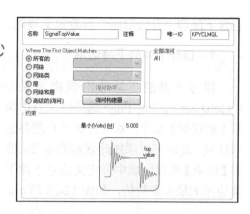

图 12-27　Signal Top Value 选项栏

图 12-28　Slope-Falling Edge 选项栏

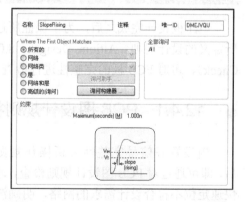

图 12-29　Slope-Rising Edge 选项栏

包含下降和上升边沿两个参数定义规则。

1. 信号下冲的下降边沿

信号下冲的下降边沿规则定义在信号的下降沿所允许的最大下冲值。选中 Undershoot-Falling Edge 选项后，右击执行【新规则】命令，系统将展开右侧各选项区域。此时可以添加此规则的定义，即在【约束】选项区域中可定义信号下冲下降边沿的最大参数值，如图 12-30 所示。

2. 信号下冲的上升边沿

信号下冲的上升边沿规则定义在信号的上升沿所允许的最大下冲值。选中 Undershoot-Rising Edge 选项后，右击执行【新规则】命令，系统将展开右侧各选项区域。此时可以添加此规则的定义，即在【约束】选项区域中可定义信号下冲的上升边沿的最大参数值。

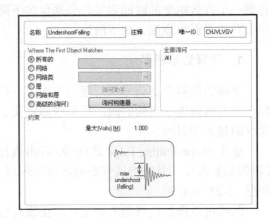

图 12-30　Undershoot-Falling Edge 选项栏

通过以上的设置完成了信号完整性分析的规则配置，在以后的完整性分析中将使用到这些规则。

12.4　PCB 验证和错误检查

电路板设计完成之后，为了保证所进行的设计工作，比如组件的布局、布线等符合所定义的设计规则，Altium Designer 8.0 提供了设计规则检查功能 DRC（Design Rule Check），可对 PCB 板的完整性进行检查。

12.4.1　PCB 图设计规则检查

当设置好信号完整性分析操作规则后，即可通过对 PCB 图设计规则检查，即快速定位不符合设计需求的网络，明确波形后并进行详细测量，从而获取 PCB 板设计效果的第一手资料。

启动设置规则检查 DRC 的方法是：执行主菜单命令【工具】|【设计规则检查】命令，将打开【设计规则检查】对话框，如图 12-31 所示。该对话框中左边是设计项，右边为具体的设计内容。

❑ **Report Options 节点**

图 12-31　【设计规则检查】对话框

该项设置生成的 DRC 报表将包括哪些选项、由创建报告文件、创建违反事件和校验短敷铜等选项来决定。"当…停止"选项用于限定违反规则的最高选项数，以便停止报表生成。系统默认所有的复选框都处于启用状态。

❑ **Rules To Check 节点**

该项列出了 8 项设计规则，这些设计规则都是在 PCB 设计规则和约束对话框里定义的设计规则。选择对话框左边各选择项，详细内容会在右边的窗口中显示出来，如图 12-32 所示，这些显示包括规则、种类等。

【在线】列表示该规则是否在电路板设计的同时进行同步检查，即在线方法的检查。而【批量】列表示在运行 DRC 检查时要进行检查的项目。

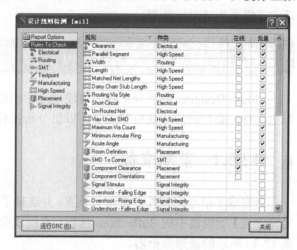

图 12-32 选择设计规则选项

12.4.2 生成检查报告

对要进行检查的规则设置完成之后，分析器将生成 Filename .drc 文件，详细列出了所设计的板图和所定义的规则之间的差异。设计者通过此文件，可以更深入了解所设计的 PCB 图。

在【设计规则检查】对话框中单击【运行 DRC】按钮，将进入规则检查。系统将打开 Messages 信息框，在这里列出了所有违反规则的信息项。其中包括所违反的设计规则的种类、所在文件、错误信息、序号等，如图 12-33 所示。

同时在 PCB 电路图中以绿色标志标出不符合设计规则的位置，用户可以回到 PCB 编辑状态下相应位置对错误的设计进行修改。再重新运行 DRC 检查，直到没有错误为止。

DRC 设计规则检查完成后，系统将生成设计规则检查报告，文件名后缀为.DRC，如图 12-34 所示。

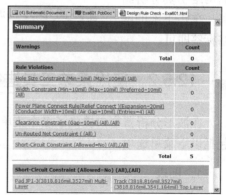

图 12-33 Messages 信息框　　图 12-34 设计规则检查报告

通过运行 DRC，快速定位不符合设计需求的网络。然后，在此基础上运行一个反射或串扰分析，待产生明确的波形后，直接从波形上测量，就可以检查到采用不同中止选项和逻辑系列的对比效果。

12.5　进行信号完整性的分析

Altium Designer 波形分析器能方便地显示出信号完整性分析的结果，可以直接在波形上执行一系列的信号观察和测量，以供分析比较。

12.5.1　前期准备

当完成了信号完整性分析相关设置，并选择了需要进行仿真分析的网络后，单击【信号完整性】管理器中的 Reflections 按钮，系统就会进行 PCB 信号分析。分析结束后打开图 12-35 所示的波形分析器。

在波形分析器主窗口中显示分析的图形结果，连接网络的所有引脚的波形均会在波形显示区中显示出来。此时在仿真数据管理器中可以选择波形名，选择不同的波形名，则在波形显示区会显示不同的仿真波形结果。如果需要观看不同的网络仿真分析结果，单击下部的网络标签即可。

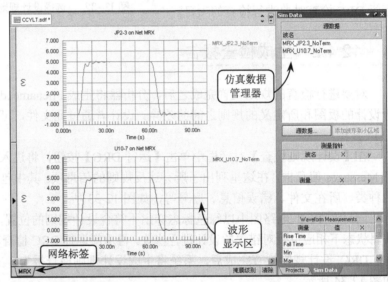

图 12-35　波形分析器

12.5.2　使用菜单工具进行波形分析

在波形分析器窗口提供了多个菜单，用来进行波形分析的辅助操作，其中最常用的包括以下菜单选项。

1. 图表

【图表】菜单如图 12-36 所示，用来新建或删除图表，以及进行图表参数设置等操作。

该菜单包含 5 个命令，下面分别进行简单介绍。

❑ 新图

当执行该命令后，系统将打开图 12-37 所示的 Create New Chart 对话框，在该对话框中可以输入图名、设置 X 轴的标签和单位。设置好了相关参数后单击【确定】按钮即可建立一个新图。

❑ 删除图表

执行该命令后，可以删除当前打开的仿真图形。因此在执行删除图表操作之前，需要首先指定需要删除的图表对象。

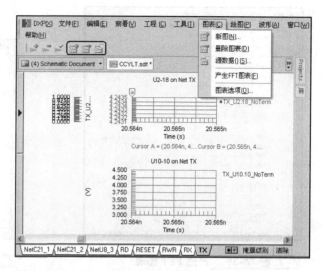

图 12-36　【图表】菜单

❑ 源数据

执行该命令后，可以向当前波形分析管理器添加新的数据源，并且可以创建新的图形。

❑ 图表选项

执行该命令后，可以打开图 12-38 所示的【制图选项】对话框，在对话框中可以设置图形的相关属性。

❑ 产生 FFT 图表

执行该命令后，可以对当前打开的网络波形进行 FFT 变换，效果如图 12-39 所示。该图是对以上波形进行 FFT 变换后的结果。

图 12-37　Create New Chart 对话框

2. 绘图

【绘图】菜单如图 12-40 所示，该菜单的命令主要用来对当前打开的图形进行编辑，其命令功能分别介绍如下。

❑ 新图形　该命令可以在当前打开的图形中，创建新的波形图。执行该命令后，系统将打开创建新波形向导对话框，可在该对话框中输入区域标题名称。然后单击【下一步】按钮，将打开图 12-41 所示的向导对话框，可在该对话框中设置区域出现的线性和栅格对象。

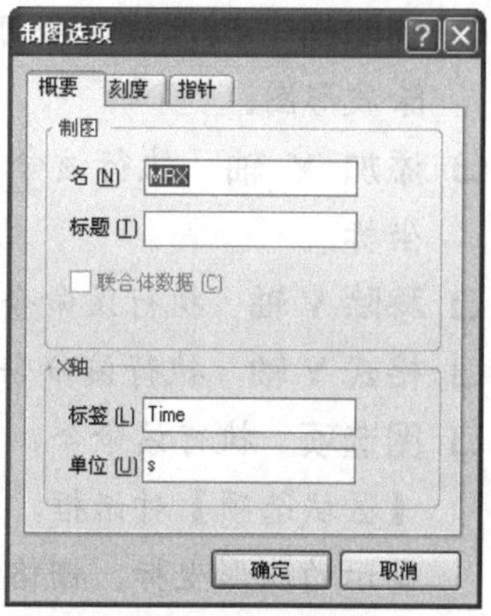

图 12-38　【图表选项】对话框

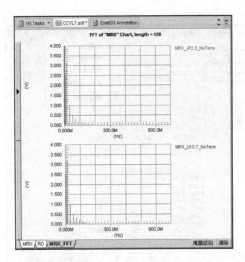
图 12-39 产生 FFT 图表

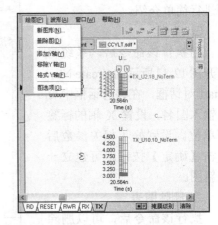
图 12-40 【绘图】菜单

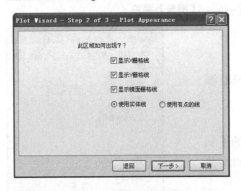

图 12-41 创建新波形向导对话框

接着单击【下一步】按钮，将打开右侧对话框，在该对话框可添加新的模型到该新建图形区域中。最后单击【下一步】按钮，并在打开的对话框中单击 Finish 按钮，即可创建新的波形图。

- 删除图　执行该命令可以从当前打开的图形中删除波形图。
- 添加 Y 轴　执行该命令可以向模型图添加 Y 轴坐标。
- 移除 Y 轴　执行该命令来删除波形图的 Y 轴坐标。
- 格式 Y 轴　执行该命令可以设置 Y 轴的格式。
- 图选项　执行该命令，系统将打开图 12-42 所示的【区域选项】对话框，在该对话框中设计者可以对显示的波形坐标、栅格大小等进行设置。

图 12-42 【区域选项】对话框

设计者可以根据实际的需要对波形编辑器进行设置，从而便于对仿真器输出的波形进行分析。

3. 波形

【波形】菜单如图 12-43 所示，该菜单下的各个命令主要用来向波形图中添加新的波形，其中最常用的命令为【添加波形】命令。

- 添加波形　该命令可以向当前波形图添加新的波形，执行该命令后，系统将打开图 12-44 所示的 Add Wave To Plot 对话框，然后可以选择波形对象，并可以增加计算函数，最后系统按照设置的表达式向波形图中添加新的波形。

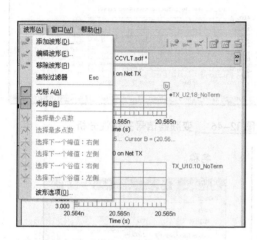

图 12-43　【波形】菜单　　　　图 12-44　Add Wave To Plot 对话框

- 编辑波形　该命令用来编辑某个波形图中的波形。
- 移除波形　该命令用来移去某个波形图中的波形。
- 清除过滤器　该命令用来移去波形图中的滤波器。
- 波形选项　该命令用来编辑某个波形图中的波形的格式。
- 光标 AB　该命令可以向波形图添加 A 和 B 图标。

4. 工具

【工具】菜单如图 12-45 所示。该菜单中的命令用来保存波形或调用波形图，其命令分别介绍如下。

在菜单中执行【存储波形】命令可以保存当前的波形图；执行【恢复波形】命令可以调用已经保存的波形图；执行【拷贝到剪切板】命令可以将当前的波形图拷贝到粘贴板中。

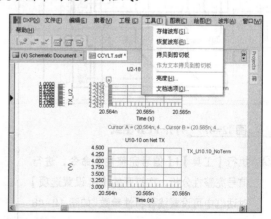

图 12-45　【工具】菜单

12.6　课堂练习 12-1：变频器信号完整性分析

本实例进行变频器信号完整性分析，分析效果如图 12-46 所示。变频（或混频）是将信号频率由一个量值变换为另一个量值的过程，具有这种功能的电路称为变频器（或混频器）。要进行该变频器信号完整性分析，可首先打开 PCB 电路图，并进行完整性分析信号设置，其中包括设置中止方式，即可获得对应网络信号完整性分析效果。

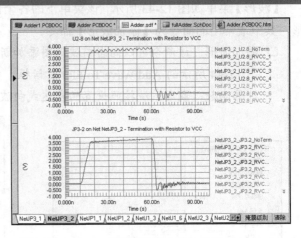

图 12-46　变频器信号完整性分析

操作步骤：

1. 启动 Altium Designer 8.0 软件，然后用打开文件的方法打开本书配套光盘文件 Adder.PCBDOC，效果如图 12-47 所示。

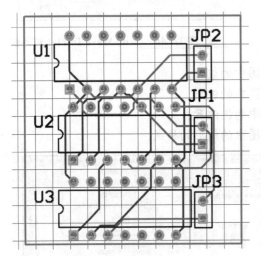

图 12-47　打开 PCB 图纸

2. 执行【工具】|【信号完整性】命令，进行信号完整性分析，在打开的【SI 设置选项】对话框中可设置线程特性参数，如图 12-48 所示。

3. 单击该对话框中的【分析设计】按钮，将打开【信号完整性】管理器。此时按住 Ctrl 键依次选取图 12-49 所示的多个网络名称。

图 12-48　【SI 设置选项】对话框

图 12-49　【信号完整性】管理器

4. 选取网络名称后，单击 ▶ 按钮，即可添加到待分析的网络列表中，并在【标识】栏中显示网络对应的元器件引脚名称和类型，如

图 12-50 所示。

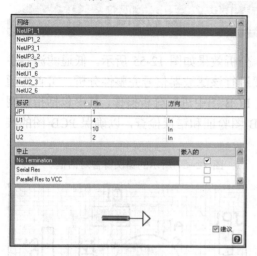

图 12-50　添加网络

5. 启用 Parallel Res to VCC（电源 VCC 端并联电阻模式）复选框，然后按照图 12-51 所示修改分析参数值。

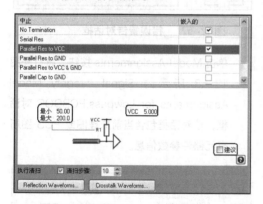

图 12-51　设置中止方式和参数

6. 完成上述操作后，在该管理器中单击 Reflections... 按钮，将启动波形分析，系统将对所选网络名称进行转化，图 12-52 所示为转化过程。

图 12-52　转化过程

7. 在执行上述转化过程后，将形成各网络对应的完整性分析曲线图。分别切换至 NetJP1_1 和 NetJP1_2 标签对应曲线图，从两图可以看出在时间范围内电压幅值呈直线分布，如图 12-53 所示。

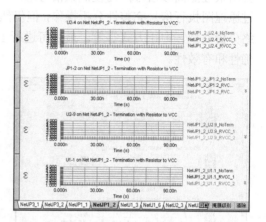

图 12-53　**NetJP1_1 和 NetJP1_2** 曲线图

8. 分别切换至 NetU1_3、NetU1_6、NetU2_3 和 NetU2_6 标签对应曲线图，从 4 个图可以看出在时间范围内电压幅值呈 n 形分布，并且各段对应的曲线各不相同，但总体曲线方向一致，如图 12-54 所示。

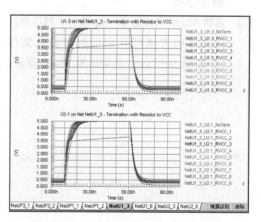

图 12-54　**NetU1_3、NetU1_6、NetU2_3 和 NetU2_6** 曲线图

9. 分别切换至 NetJP3_1 和 NetJP3_2 曲线图，从曲线可以看出两网络对应的曲线图类似，表示在一定时间内电压幅值曲线显示效果。

12.7 课堂练习 12-2：低通滤波器信号完整性分析

本实例进行低通滤波器信号完整性分析，分析效果如图 12-55 所示。低通滤波器主要用来过滤高频信号，而使低频信号通过。要进行该滤波器信号完整性分析，可首先通过原理图执行信号完整性分析操作，但仍然在 PCB 图中进行分析操作，其中包括指定网络分析类型、中止方式等等。最后可进行 PCB 图验证和错误检查，以确保 PCB 图的准确性和有效性。

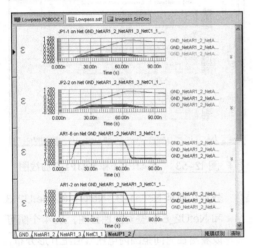

● 图 12-55 低通滤波器信号完整性分析

操作步骤：

1 启动 Altium Designer 8.0 软件，然后用打开文件的方法打开本书配套光盘文件 Lowpass.SchDoc，效果如图 12-56 所示。

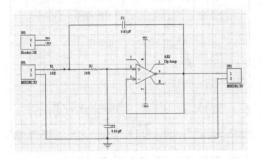

● 图 12-56 打开 PCB 图纸

2 执行【工具】|【信号完整性】命令，将启动内部信号完整性分析器，并且切换至原理图对应 PCB 图窗口中。由于该 PCB 图有部分元器件没有定义信号完整性模型，将打开图 12-57 所示的错误警告对话框。

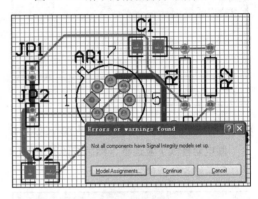

● 图 12-57 错误警告对话框

3 单击 Model Assignmernts 按钮，将打开图 12-58 所示的 Signal Integrity Model Assignments for Lowpass.PCBDOC 对话框，该对话框包含当前原理图或 PCB 图所有元器件参数信息。

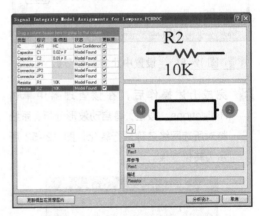

● 图 12-58 Signal Integrity Model Assignments for Lowpass.PCBDOC 对话框

4 单击该对话框中的【分析设计】按钮进行信

号完整分析,将打开【SI 设置选项】对话框,在该对话框中可设置线程特性参数,如图 12-59 所示。

图 12-59 【SI 设置选项】对话框

5 单击该对话框中的【分析设计】按钮,将打开【信号完整性】管理器。此时按住 Ctrl 键依次选取图 12-60 所示的网络名称。

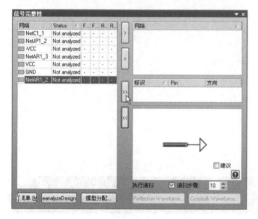

图 12-60 【信号完整性】管理器

6 选取网络名称后,单击 - 按钮,即可添加到待分析的网络列表中,并在【标识】栏中显示网络对应的元器件引脚名称和类型,如图 12-61 所示。

7 启用 Parallel Res to VCC（电源 VCC 端并联电阻模式）复选框,然后按照图 12-62 所示修改分析参数值。

8 完成上述操作后,在该管理器中单击 Reflections... 按钮,将启动波形分析,系统

将对所选网络名称进行转化,图 12-63 所示为转化过程。

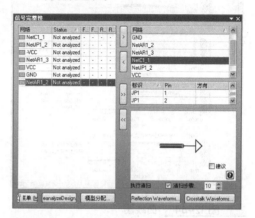

图 12-61 添加网络

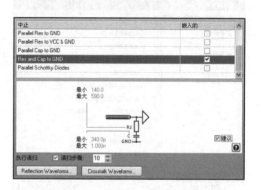

图 12-62 设置中止方式和参数

图 12-63 转化过程

9 在执行上述转化过程后,将形成各网络对应的完整性分析曲线图。分别切换至标签即可查看对应曲线图,如图 12-64 所示。从这几个标签曲线图可以看出,对应的曲线效果是完全相同的。

10 打开低通滤波器 PCB 图,然后执行【工具】|【设计规则检查】命令,将打开【设计规则检测】对话框,如图 12-65 所示。

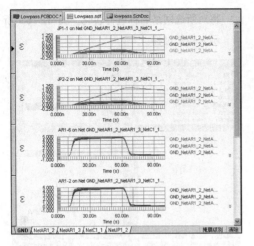

▶ 图 12-64 曲线图

▶ 图 12-65 【设计规则检测】对话框

11 默认该对话框参数设置，并单击【运行 DRC】按钮，系统将执行 PCB 图设计规则检测，生成检查报告，如图 12-66 所示。

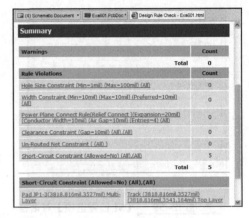

▶ 图 12-66 设计规则检查报告

12.8 思考与练习

一、填空题

1. 信号完整性分析就是研究信号传输过程中的_____问题。随着电子技术的飞速发展，PCB 电路板变得越来越复杂，功能也越来越强大。

2. Altium Designer 中提供了信号完整性分析的工具，系统自带的_____采用了验证的方法进行计算，保证了分析结果的可靠性。

3. _____是相互连接的结构的输入信号延迟，它是实际的输入电压到门限电压之间的时间，小于这个时间将驱动一个基准负载，该负载直接与输出相连。

4. _____是信号与门限电压 VT 下降或上升到一个有效电平的时间定义，分别包含下降和上升边沿斜率规则。

5. 当设置好信号完整性分析操作规则后，即可通过对 PCB 图设计_____，即快速定位不符合设计需求的网络，明确波形后并进行详细测量。

二、选择题

1. 在【网络】列表框中选中某个网络，然后单击_____按钮，即可将该网络从待分析的网络列表中移去。

  A. ＞   B. ＜
  C. ＞＞   D. ＜＜

  2. 在【信号完整性】管理器下的【_____】列表框中显示的是在【网络】列表中选中的网络所连接元件引脚，并可以显示信号的方向。

  A. 网络   B. 中止
  C. 标识   D. 执行清扫

  3. _____在电源 VCC 接收输入端并联的电阻是和传输线阻抗相匹配的。对于线路信号反射，这是一种比较完美的中止条件。

  A. 地端并联电容
  B. 电源 VCC 端并联电阻模式
  C. 并联肖特基二极管
  D. 地和电源都并联电阻

  4. _____模式使用电容和电阻的优点在于：使用该模式终结网络中没有直流电流流过。

  A. 地端并联电阻和电容
  B. 地端并联电容
  C. 电源 VCC 端并联电阻模式
  D. 并联肖特基二极管

  5. _____规则定义信号在高电平状态时的电压值，因此该规则也称为信号高电平，使用这个规则可以定义该电压值的最小值。

  A. 飞升时间的下降边沿
  B. 飞升时间的上升边沿
  C. 信号上位值
  D. 阻抗约束

三、问答题

1. 简要介绍添加信号完整性模型的方法。
2. 简要说明各种中止方式的定义方法。
3. 信号完整性设计规则有哪些？
4. 如何进行信号完整性分析？

四、上机练习

1. 声发射源定位及分析系统信号性分析

本练习进行声发射源定位及分析系统信号性分析，分析效果如图 12-67 所示。从该电路板 PCB 图可以看出，该电路图包含多个元器件组成。要进行该图 PCB 信号完整性分析，可首先打开电路板对应的 PCB 图，然后执行【信号完整性分析】命令，并根据设计需要指定网络分析内容，以及设置中止方式，即可执行分析操作。

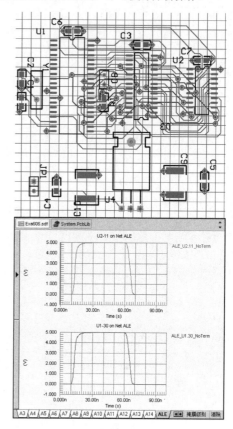

图 12-67 声发射源定位及分析系统信号性分析